Pour comprendre

LES MATHS

PROGRAMMES 2018

CE1
CYCLE 2

Guide pédagogique

N. Bramand
Professeur des écoles

P. Bramand
Professeur agrégé

É. Lafont
Professeur des écoles

C. Maurin
Formateur en mathématiques

D. Peynichou
Maître formateur

A. Vargas
Directeur d'école

AF854482

hachette
ÉDUCATION

Création de la maquette de couverture : Florence Le Maux

Exécution de la maquette de couverture : Médiamax

Création et exécution de la maquette intérieure : Médiamax

Illustrations : Marie Paruit, Sylvain Frécon (Mathix)

Dessins techniques : Jacky Choi, Anaïs Thibaud

Fabrication : Marc Chalmin

Édition : Thierry Amouzou

ISBN : 978-2-01-627234-3

www.hachette-education.com

Avant-propos

Ce guide est conçu comme l'outil permettant la mise en œuvre la plus efficace et la plus complète du fichier de l'élève conforme **au Programme du cycle 2 paru en novembre 2018**, élaboré à partir du programme publié au ***BOEN* spécial n° 11 du 26 novembre 2015** et des nouvelles dispositions publiées au ***BOEN* n° 30 du 26 juillet 2018**. Ce programme fixe la liste des compétences et des connaissances associées que les élèves doivent avoir acquis à l'issue du **cycle 2**, dans le cadre du **Socle commun de connaissances, de compétences et de culture**.

Nos **objectifs principaux** sont les suivants :
- permettre à tous les enseignants de créer des situations d'apprentissage motivantes et efficaces, adaptées au niveau des élèves tout en respectant les contenus des programmes du CE1 (deuxième année du cycle 2) ;
- permettre aux élèves de découvrir le plaisir de faire des mathématiques avec des **activités manipulatoires ludiques**.
- alléger la tâche des enseignants qui ont la charge d'enseigner toutes les disciplines, en facilitant le travail de préparation des séances et le suivi des élèves au travers d'évaluations formatives et sommatives ;
- faciliter la gestion de la classe et celle des temps d'enseignement.

Nos choix ont pris appui tout à la fois sur :
- les apports, relativement récents, des **neurosciences** qui confirment que le cerveau humain est apte à de nombreux apprentissages précoces (Stanislas Dehaene) ;
- les travaux de théoriciens en didactique des mathématiques comme Guy Brousseau ou Yves Chevallard ;
- les travaux de chercheurs en didactique ou en psychologie cognitive comme Gérard Vergnaud ou Jean Julo qui se sont penchés sur la résolution de problèmes ;
- les travaux de François Boule qui préconise de prendre appui sur la **manipulation** avant d'aborder la phase de **représentation** puis éventuellement la **symbolisation** ;
- les publications des IREM et notamment de la COPIRELEM ;
- l'expérience, enfin, et la culture pédagogique des enseignants.

C'est en concevant des **outils simples de maniement pour l'enseignant, des outils structurés et clairs d'accès pour l'élève**, que l'on conduit celui-ci à aimer et à comprendre les mathématiques.

Ce guide comporte successivement :
- un court exposé de nos choix pédagogiques explicités par **domaines mathématiques** ;
- des propositions de manipulations préparatoires, structurées en plusieurs étapes : **manipulations d'objets concrets, débat,** passage aux **représentations schématiques** et aux **écritures symboliques** ;
- la mise en œuvre des leçons du fichier de l'élève pour chacune des séances, avec des batteries de calcul mental, les commentaires des exercices et, éventuellement, des compléments pédagogiques ou des éléments d'informations mathématiques... ;
- dans les leçons consacrées à la résolution de problèmes, nous proposons du matériel photocopiable contenant des **problèmes de référence** destinés à être affichés dans la classe et collés sur le cahier de références mathématiques ;
- des outils d'évaluation des compétences réparties dans l'année scolaire, des conseils pour analyser les évaluations et mettre en œuvre la **différenciation** en classe en utilisant les photofiches de remédiation et/ou de consolidation, proposées dans notre collection ***Pour Comprendre les Maths*** ;
- les annexes relatives à des questions importantes du travail pédagogique.

Afin d'harmoniser l'écriture des nombres, les rectifications de l'orthographe de 1990 préconisent l'emploi du trait d'union entre chacun des termes, même s'il ne s'agit pas de dizaines et d'unités, ou même lorsqu'il y a « et », par exemple : six-cent-quatre ; trois-mille-neuf-cent-douze ; trente-et-un ; un-million. Cependant, à la demande d'une majorité d'utilisateurs, nous avons conservé les règles traditionnelles de l'écriture des nombres. Nous laissons aux enseignants le choix d'adopter ou non ces rectifications dans leur classe.

Les auteurs

Sommaire

Nombres et calculs · Espace et géométrie · Grandeurs et mesures

Période 3

Période 4

Période 5

Annexes

Introduction

« Au cycle 2, la résolution de problèmes est au centre de l'activité mathématique des élèves, développant leurs capacités à chercher, raisonner et communiquer. [...]
L'introduction et l'utilisation des symboles mathématiques sont réalisées au fur et à mesure qu'ils prennent sens dans des situations basées sur des manipulations, en relation avec le vocabulaire utilisé assurant une entrée progressive dans l'abstraction.
Les élèves consolident leur compréhension des nombres entiers, déjà rencontrés au cycle 1. Ils étudient différentes manières de désigner les nombres, notamment leurs écritures en chiffres, leurs noms à l'oral, les compositions-décompositions fondées sur les propriétés numériques, ainsi que les décompositions en unités de numération. [...]
La pratique quotidienne du calcul mental conforte la maîtrise des nombres et des opérations.
En lien avec le travail mené dans "Questionner le monde", les élèves rencontrent des grandeurs qu'ils apprennent à mesurer, ils construisent des connaissances de l'espace essentielles et abordent l'étude de quelques relations géométriques et de quelques objets en étant confrontés à des problèmes dans lesquels ces connaissances sont en jeu. L'étude des grandeurs et de leurs mesures doit faire l'objet d'un enseignement structuré et explicite qui s'appuie sur des situations de manipulation. »[1]

• Nos intentions

Deuxième niveau du cycle 2, le fichier de l'élève CE1 de la collection ***Pour comprendre les Maths*** a été conçu dans une optique constructiviste qui réclame une activité sociale dont le langage est le médiateur principal. L'échange avec les pairs, d'une part, le rôle de l'adulte, d'autre part, prennent une part déterminante dans le processus d'apprentissage. Les théories de l'apprentissage qui sous-tendent notre travail prennent leur source dans les idées développées par Gaston Bachelard au cours du siècle dernier[2] : « Les connaissances nouvelles s'élaborent contre les connaissances anciennes qui font obstacle à celles-là. » Chaque étape de la progression place l'élève dans des situations qui lui imposent d'élaborer et de verbaliser les images mentales, les outils et les concepts logiques et mathématiques. Cela demande du temps, cela exige aussi la mémorisation et le renforcement des notions et des concepts ainsi construits. Cela permet enfin à l'enfant de conquérir son autonomie.

• La gestion du temps

« Laisser du temps au temps » de l'apprentissage est l'une de nos préoccupations permanentes. C'est pour cette raison que la première demi-période est consacrée à la **liaison CP-CE1** entre le Cours Préparatoire et le Cours Élémentaire 1re année.

Il faut laisser aux élèves le temps de construire les concepts et les outils fondamentaux du programme (droit à l'erreur, tâtonnement expérimental...). L'enseignant doit donc prévoir un dosage équilibré entre les activités de découverte, d'expérimentation et de manipulations, les phases de conceptualisation, les exercices d'entraînement, les exercices de remédiation, de consolidation et de réinvestissement, les prolongements dans des activités pluridisciplinaires.

Pour lui faciliter la tâche, nous avons modifié le fichier et son guide pédagogique en leur apportant plus de structure et de clarté.
Dans le fichier élève, nous avons regroupé toutes les informations liées à chaque leçon dans le cartouche du haut de la page : compétences, calcul mental, prérequis oral, réinvestissement, différenciation.
Dans ce guide pédagogique, en couleur, nous proposons des rubriques fort utiles à l'enseignant telles que la réflexion sur les erreurs possibles des élèves ainsi que leur remédiation.

Nous recommandons à l'enseignant de s'assurer des acquis des élèves avant de débuter chaque leçon. Présenté dans le cartouche en haut de la page, le **Prérequis** est une activité orale qui peut prendre la forme d'un questionnement, d'un calcul... **C'est la condition *sine qua non* pour comprendre la leçon**. Pour les élèves en difficulté face à ces prérequis, l'enseignant proposera un travail de remédiation.

• La pratique quotidienne du calcul mental

Nous en proposons la mise en place dès la première semaine de la rentrée. L'entraînement de la mémoire, la familiarité avec les nombres, l'acquisition et le renforcement des mécanismes de calcul, la reconnaissance de la multiplicité des procédures applicables à un même calcul conduisent de façon progressive au calcul pensé et maîtrisé, socle du calcul mental.
Le **calcul mental** facilite les apprentissages des algorithmes traditionnels de calcul. Il permet aux élèves qui le maîtrisent de ne pas « perdre » de temps dans le calcul des opérations et donc d'en consacrer plus au travail sur le sens que nécessite la résolution de problèmes.
Une classe qui maîtrise le calcul mental permet à l'enseignant de transférer une grande partie du temps habituellement consacré aux leçons portant sur l'apprentissage des mécanismes de calcul aux leçons portant sur les situations problèmes.
Chaque leçon prévoit un emplacement destiné à recevoir les réponses à cinq items de la séquence de calcul mental « automatisé » parmi les dix items proposés dans ce guide.

• La manipulation

Manipuler est une phase indispensable. Nous présentons donc de nombreuses situations dans le guide pédagogique comme **Manipulations préparatoires** au travail sur le fichier.
Chaque phase de manipulation est finalisée : on ne manipule pas pour manipuler, mais pour répondre à une question ou résoudre un problème.
Cette activité est structurée :
- Les élèves s'engagent dans une situation problème par la recherche liant l'observation, la manipulation et l'expérimentation.
- Ils sont amenés à représenter cette situation en la dessinant, la schématisant...
- Ils présentent ensuite leurs résultats à la classe et échangent leurs arguments lors d'un débat conduit par l'enseignant.
- Enfin, ils modélisent les problèmes en utilisant les symboles mathématiques.

Toute manipulation débouche sur une phase orale puis une phase écrite. La rubrique **Découvrons** du fichier peut être considérée comme la trace écrite de l'activité manipulatoire,

1. Programmes cycle 2 – Novembre 2018.
2. G. Bachelard, *La Formation de l'esprit scientifique*, Vrin.

que l'élève complète en s'appuyant sur les découvertes faites au cours de cette activité.
Enfin, une phase d'**institutionnalisation orale** clôture ce travail de la partie **En collectif**. L'enseignant trouvera dans ce guide, pour chaque leçon, une conclusion orale possible de la séance.
Certaines leçons possèdent un tampon matériel (A) qui renvoie à des pages situées en fin d'ouvrage. Elles contiennent du matériel prédécoupé (monnaie, horloge, figures, règles, unités, dizaines, centaines...) pour faciliter la mise en œuvre des leçons sans perte de temps et sans imposer un travail de préparation trop lourd aux enseignants.

• La conquête de l'autonomie

Après la phase de recherche collective en classe entière ou en petits groupes, nous proposons différents types d'exercices dans la partie **En individuel**. Ce travail commence par des exercices d'applications ou des problèmes dans la rubrique **Je m'entraîne**. Les consignes sont rédigées de telle sorte que, très vite, les élèves puissent les lire et les comprendre facilement et ainsi travailler en complète autonomie.
Pendant que la plupart des élèves travaillent seuls, l'enseignant s'occupe de ceux qui rencontrent des difficultés pour acquérir les savoirs du Socle commun de connaissances, de compétences et de culture.
Un tampon mémo (MÉMO 1) renvoie l'enseignant et les élèves au livret indépendant intitulé **Mémo** qui regroupe l'essentiel des notions à retenir. Les élèves peuvent colorier l'étoile dès qu'ils ont appris une notion.
Pratiquer des « retours en arrière » renforce l'acquisition des procédures et permet de réactualiser les connaissances anciennes pour éviter qu'elles ne s'usent, faute d'être utilisées. C'est en particulier le rôle dévolu aux exercices de **réinvestissement** indépendants de la leçon, entourés d'un filet vert :
– Des exercices présentent les sauts de « Rainette » sur la bande numérique et concernent le calcul.
– D'autres, les plus nombreux, reprennent, dans les différents domaines, des notions étudiées quelques jours auparavant et permettent de consolider les acquis des élèves.

• La pratique des jeux mathématiques

Cette activité contribue au développement de la pensée logique et de la capacité à anticiper. Élément très motivant, prolongé par le questionnement individuel ou collectif, le jeu devient un outil pédagogique efficace.
Ainsi, les activités manipulatoires qui préparent la partie **Découvrons** du fichier proposent des situations ludiques ou de recherche exploitables en classe.
Le coin du chercheur est également une activité ludique : travail d'observation en début d'année, puis travail d'approfondissement ou travail de recherche par la suite.

• L'initiation à la résolution de problèmes

De nombreuses situations de résolution de problèmes du champ additif et du champ multiplicatif sont proposées de façon progressive aux élèves dans les pages **Problèmes** du fichier. La structure du champ additif mise en évidence par G. Vergnaud nous a guidés dans la progression des problèmes proposés. La lecture des énoncés est facilitée par la présence de schémas ou d'illustrations porteurs de l'information utile à la résolution du problème. L'écriture en gras met en relief la question du problème ; la phrase réponse à compléter est écrite en cursive.
Dans le guide pédagogique, l'enseignant trouvera en fin de chaque leçon problème, en matériel photocopiable, un **problème de référence** que l'élève pourra coller dans son cahier de références mathématiques et que l'enseignant pourra afficher en classe.
Au cours de chaque période, les pages **Jeu du chapeau** (qui peut être facilement joué) et celles de **Maths Aventures** permettent aux élèves de se confronter à des problèmes de manière ludique et non conventionnelle.
Quant aux pages **Je cherche**, à la fin de chaque période, elles proposent aux élèves de CE1 des problèmes pour apprendre à chercher qui les obligent à faire des essais successifs. Montrer que trouver le résultat d'un problème n'est pas le fruit de la chance ou du hasard mais celui d'une démarche qui s'appuie sur des premiers essais infructueux, qu'il faut corriger pour atteindre la réponse, est l'objectif de cette leçon. Cette démarche demande de l'initiative, de la réflexion, de la méthode aussi. Elle ouvre une autre voie à l'activité mathématique, différente de la résolution des problèmes arithmétiques portant sur les différentes opérations, sans en amoindrir l'importance. Elle peut permettre à de nombreux élèves de retrouver confiance en eux.
Des **cahiers de problèmes** viennent compléter l'offre de la collection ***Pour comprendre les maths*** : dans chaque catégorie de problèmes, l'élève va résoudre des problèmes progressifs afin d'acquérir une méthode de résolution.

• La différenciation

L'observation des élèves permet à l'enseignant de proposer des parcours adaptés aux difficultés rencontrées par certains d'entre eux.
Une **photofiche** est associée à chacune des leçons. Ces photofiches sont les outils des séances de différenciation : celles pour la **remédiation** reprennent les exercices portant sur la compétence dans ce qu'elle a de simple avec une aide forte (dessin figuratif) et des nombres plus petits ; celles de **consolidation** proposent avec des nombres plus grands et une aide moindre des situations différentes mais proches sur le fond de celles du fichier.
Des **parcours numériques d'entraînement** viennent également compléter l'offre de la collection ***Pour comprendre les maths*** : des exercices interactifs sont proposés sur deux niveaux de difficulté dans lesquels l'enseignant guidera l'élève en fonction des besoins qu'il aura repérés.

• Les domaines mathématiques

Si la progression dans le domaine des nombres constitue la charpente de l'année de CE1, nous n'avons cependant pas pour autant négligé l'approche des autres domaines.
Nous avons consacré une place importante à l'apprentissage de l'espace et au repérage dans le temps, à la découverte de la monnaie, à l'utilisation des outils de mesure...

• L'évaluation

L'enseignant doit procéder régulièrement au bilan des compétences des élèves. Nous en proposons un par demi-période (pages **Je fais le point**), inspiré de la grille de référence du Socle commun de connaissances, de compétences et de culture.
L'élève fait le point sur ses connaissances. Les résultats permettent aussi à l'enseignant de repérer les notions et les techniques opératoires maîtrisées par la majorité des élèves et celles qui doivent donner lieu à un travail de remédiation en atelier.
Comme les items des pages **Je fais le point** peuvent être anticipés à la maison, l'enseignant peut leur préférer ceux proposés dans le guide pédagogique pour réaliser les évaluations finales des demi-périodes. Il utilisera alors les pages du fichier comme activités préparatoires aux évaluations finales.

Domaines mathématiques

1. Nombres et calculs

Plusieurs principes nous ont guidés :

▪ S'appuyer sur les connaissances des élèves acquises au CP ou dans la vie sociale extérieure à l'école, en matière de comptage. Cependant le comptage est loin de suffire pour maîtriser le fonctionnement de notre système de numération et ne doit pas s'ériger en obstacle dans l'accès au calcul.

▪ Dépasser le comptage, puis le surcomptage, pour arriver au calcul implique une bonne compréhension des groupements en dizaines puis en centaines, ce qui nous a conduits à accorder une attention extrême à la construction des concepts et des notions nouvelles et à les introduire dans la mesure du possible comme réponses et outils pertinents de résolution de problèmes.

C'est le cas notamment des écritures additives, des groupements par dix et de la notion de dizaine en matière de numération.

▪ Conduire les élèves à choisir les méthodes de calcul les plus appropriées aux circonstances : calcul mental, calcul en ligne, utilisation d'une table, calcul posé.

▪ Pratiquer un entraînement systématique du calcul mental et du calcul en ligne pour réactualiser des connaissances anciennes et éviter que les élèves ne les oublient faute de les utiliser et pour en acquérir de nouvelles par analogie. C'est en particulier le rôle dévolu aux exercices, entourés d'un filet vert, placés en fin des pages du fichier.

▪ La connaissance des nombres ou des techniques opératoires n'est pas une fin en soi. C'est en résolvant des problèmes que les élèves peuvent prendre conscience de l'utilité de ces apprentissages. La résolution de problèmes est au cœur de l'ouvrage.

Les nombreuses pages de matériel prédécoupé du fichier permettent de mettre en oeuvre les manipulations sans perte de temps et sans imposer un travail de préparation trop lourd aux enseignants.

ATTENDUS DE FIN DE CYCLE 2	CONNAISSANCES ET COMPÉTENCES ASSOCIÉES	LEÇONS DU FICHIER
Comprendre et utiliser des nombres entiers pour dénombrer, ordonner, repérer, comparer	– Dénombrer, constituer et comparer des collections en les organisant, notamment par des groupements par dizaines, centaines et milliers : ➜ Désignation du nombre d'éléments de diverses façons : écritures additives ou multiplicatives, écritures en unités de numération, écriture usuelle. ➜ Utilisation de ces diverses désignations pour comparer des collections.	8 Décomposer les nombres jusqu'à 69 18 Décomposer les nombres jusqu'à 99 23 Dénombrer une grande collection
	– Repérer un rang ou une position dans une file ou sur une piste. – Faire le lien entre le rang dans une liste et le nombre d'éléments qui le précèdent : ➜ Relation entre ordinaux et cardinaux.	107 Repérer un rang ou une position
	– Comparer, ranger, encadrer, intercaler des nombres entiers, en utilisant les symboles $=, \neq, <, >$. ➜ Égalité traduisant l'équivalence de deux désignations du même nombre. ➜ Ordre. ➜ Sens des symboles $=, \neq, <, >$.	2 Comparer, ordonner les nombres jusqu'à 29 9 Comparer, ordonner les nombres jusqu'à 69 19 Comparer, ordonner, intercaler les nombres jusqu'à 99 31 Comparer, ordonner les nombres jusqu'à 199 44 Comparer, ordonner les nombres jusqu'à 999 45 Intercaler, encadrer les nombres jusqu'à 999

ATTENDUS DE FIN DE CYCLE 2	CONNAISSANCES ET COMPÉTENCES ASSOCIÉES	LEÇONS DU FICHIER
Nommer, lire, écrire, représenter des nombres entiers	– Utiliser diverses représentations des nombres (écritures en chiffres et en lettres, noms à l'oral, graduations sur une demi-droite, constellations sur des dés, doigts de la main, etc.). – Passer d'une représentation à une autre, en particulier associer les noms des nombres à leurs écritures chiffrées.	**1** Lire, écrire, décomposer les nombres jusqu'à 29 **5** Lire, écrire les nombres jusqu'à 69 **16** Lire, écrire les nombres jusqu'à 99 **30** Lire, écrire, décomposer les nombres jusqu'à 199 **34** Lire, écrire, décomposer les nombres jusqu'à 999
	– Interpréter les noms des nombres à l'aide des unités de numération et des écritures arithmétiques. – Utiliser des écritures en unités de numération (5d 6u, mais aussi 4d 16u ou 6u 5d pour 56) : ➜ Unités de numération (unités simples, dizaines, centaines, milliers) et leurs relations (principe décimal de la numération en chiffres). ➜ Valeur des chiffres en fonction de leur rang dans l'écriture d'un nombre (principe de position). ➜ Noms des nombres. – Itérer une suite de 1 en 1, de 10 en 10, de 100 en 100.	**7** Connaître dizaines et unités **22** Échanger dix dizaines contre une centaine **49** Connaître le nombre 1 000 **109** Compléter une suite de nombres
	– Associer un nombre entier à une position sur une demi-droite graduée, ainsi qu'à la distance de ce point à l'origine. – Graduer une demi-droite munie d'un point origine à l'aide d'une unité de longueur. – Associer un nombre ou un encadrement à une grandeur en mesurant celle-ci à l'aide d'une unité. – Faire le lien entre unités de numération et unités du système métrique étudiées au cycle 2.	**20** Construire la droite graduée
Résoudre des problèmes en utilisant des nombres entiers et le calcul	– Résoudre des problèmes issus de situations de la vie quotidienne ou adaptés de jeux portant sur des grandeurs et leur mesure, des déplacements sur une demi-droite graduée, … conduisant à utiliser les quatre opérations : ➜ Sens des opérations. ➜ Problèmes relevant des structures additives (addition/soustraction). ➜ Problèmes relevant des structures multiplicatives, de partages ou de groupements (multiplication/division). – Modéliser ces problèmes à l'aide d'écritures mathématiques : ➜ Sens des symboles +, −, ×, ÷.	**12** Problèmes (1) : Rechercher l'état final **24** Problèmes (2) : Rechercher l'état initial (1) **38** Problèmes (3) : Rechercher l'état initial (2) **50** Problèmes (4) : Comparaisons additives **76** Problèmes (6) : Situations multiplicatives **91** Situation de division : groupements **92** Situation de division : partages **102** Problèmes (8) : Situations additives ou soustractives **108** Problèmes (9) : Utiliser la décomposition des nombres **114** Problèmes (10) : Résoudre des problèmes à étapes (1) **118** Problèmes (11) : Résoudre des problèmes à étapes (2) **123** Problèmes (13) : Résoudre des problèmes du champ additif ou multiplicatif
	Organisation et gestion de données – Exploiter des données numériques pour répondre à des questions. – Présenter et organiser des mesures sous forme de tableaux : ➜ Modes de représentation de données numériques : tableaux, graphiques simples, etc.	**83** Problèmes (7) : Extraire des données

ATTENDUS DE FIN DE CYCLE 2	CONNAISSANCES ET COMPÉTENCES ASSOCIÉES	LEÇONS DU FICHIER
Calculer avec des nombres entiers	– Mémoriser des faits numériques et des procédures : ➜ Tables de l'addition et de la multiplication. ➜ Décompositions additives et multiplicatives de 10 et de 100, compléments à la dizaine supérieure, à la centaine supérieure, multiplication par 10 et par 100, doubles et moitiés de nombres d'usage courant, etc. – Mobiliser en situation ses connaissances de faits numériques et ses connaissances sur la numération pour, par exemple : ➜ Répondre à des questions comme : 7 × 4 = ? ; 28 = 7 × ? ; 28 = 4 × ?, etc. ➜ Retrouver que 24 × 10, c'est 24 dizaines, c'est 240.	10 Calculer le complément à la dizaine supérieure 21 Calculer le complément à un nombre 40 Calcul en ligne : Calculer la moitié d'un nombre 41 Calcul en ligne : Calculer le complément à une centaine 46 Calcul en ligne : Calculer la moitié d'un nombre formé de dizaines entières 54 Construire la table de 2 de la multiplication 63 Construire la table de 5 de la multiplication 69 Calcul en ligne : Multiplier par 10 74 Construire la table de 4 de la multiplication 80 Construire la table de 3 de la multiplication 87 Apprendre les tables de multiplication
	Calcul mental et calcul en ligne – Traiter à l'oral et à l'écrit des calculs relevant des quatre opérations. – Élaborer ou choisir des stratégies, expliciter les procédures utilisées et comparer leur efficacité : ➜ Addition, soustraction, multiplication, division. ➜ Propriétés implicites des opérations. ➜ Propriétés de la numération. ➜ Propriétés du type : 5 × 12 = 5 × 10 + 5 × 2.	11 Jeu du chapeau (1) 35 Calcul en ligne : Passer la centaine 47 Découvrir le signe × de la multiplication 48 Calculer un produit en utilisant l'addition réitérée 64 Jeu du chapeau (2) 97 Multiplier par un nombre entier de dizaines, de centaines 101 Jeu du chapeau (3)
	Calcul mental – Calculer sans le support de l'écrit, pour obtenir un résultat exact, pour estimer un ordre de grandeur ou pour vérifier la vraisemblance d'un résultat. – Résoudre mentalement des problèmes arithmétiques, à données numériques simples. En particulier : ➜ Calcul sur les nombres 1, 2, 5, 10, 20, 50, 100 en lien avec la monnaie. ➜ Calcul sur les nombres 15, 30, 45, 60, 90 en lien avec les durées.	*Calcul mental quotidien (cf. Progression page suivante)* 99 Estimer un ordre de grandeur
	Calcul en ligne – Calculer avec le support de l'écrit, en utilisant des écritures en ligne additives, soustractives, multiplicatives, mixtes.	3 Calcul en ligne : Ajouter un petit nombre (1) 4 Calcul en ligne : Retrancher un petit nombre (1) 14 Calcul en ligne : Ajouter un petit nombre (2) 15 Calcul en ligne : Retrancher un petit nombre (2) 29 Calcul en ligne : Ajouter des dizaines à un nombre de deux chiffres 37 Calcul en ligne : Additionner deux nombres de deux chiffres 61 Calcul en ligne : Retrancher des dizaines entières 66 Calcul en ligne : Retrancher un nombre de deux chiffres 90 Calcul en ligne : Calculer la somme de nombres de deux ou trois chiffres 94 Calcul en ligne : Calculer un produit (1) 98 Calcul en ligne : Calculer un produit (2)
	Calcul posé – Mettre en œuvre un algorithme de calcul posé pour l'addition, la soustraction, la multiplication.	55 Poser une addition sans retenue 56 Poser une addition avec retenue (1) 59 Poser une addition avec retenue (2) 71 Poser et effectuer une soustraction sans retenue (1) 100 Poser et effectuer une soustraction sans retenue (2) 111 Poser et effectuer une soustraction avec retenue

Progression du calcul mental

Période 1

Nombres jusqu'à 30

- 1-2 Écrire les 5 nombres suivants (nombres ≤ 30).
- 3 Ajouter 1 (nombres ≤ 20).
- 4 Sommes de deux nombres ≤ 5.
- 5 Différences entre deux petits nombres (nombres ≤ 10).
- 6 Sommes d'un nombre ≤ 10 et d'un nombre ≤ 5.
- 7 Sommes de deux nombres ≤ 10.

Nombres jusqu'à 100

- 8 Dictée de nombres (nombres < 60).
- 9 Dictée de nombres (nombres < 70).
- 10 Dictée de nombres (nombres < 70).
- 11 Dictée de nombres en dizaines et unités.
- 12 Écrire les 5 nombres suivants (nombres ≤ 70).
- 14 Écrire les 5 nombres précédents (nombres ≤ 70).
- 15 Décomposition canonique (nombres < 70).
- 16 Décomposition canonique (nombres < 70).
- 17 Écrire le plus grand de deux nombres (nombres < 70).
- 18 Écrire le plus grand des trois nombres (nombres < 70).
- 19 Compléments à 10.
- 20 Compléments à la dizaine supérieure (nombres < 100).
- 21 Compléments à la dizaine supérieure (nombres < 100).
- 22 Ajouter un petit nombre (sans franchissement de la dizaine).
- 23 Ajouter un petit nombre (avec franchissement de la dizaine).
- 24 Retrancher un petit nombre (sans franchissement de la dizaine).

Période 2

- 28 Dictée de nombres (nombres < 100).
- 29 Dictée de nombres (nombres < 100).
- 30 Dictée de nombres en dizaines et unités.
- 31 Écrire les 5 nombres suivants (nombres ≤ 100).
- 32 Écrire les 5 nombres précédents (nombres ≤ 100).
- 33 Décomposition canonique (nombres < 100).
- 34 Décomposition canonique (nombres < 100).
- 35 Écrire le plus grand de deux nombres (nombres < 100).
- 36 Écrire le plus grand des trois nombres (nombres < 100).
- 37 Retrancher un petit nombre (avec franchissement de la dizaine).
- 38 Sommes de dizaines entières.
- 40 Ajouter des unités de numération.
- 41 Ajouter des dizaines à un nombre de deux chiffres (sans franchissement de la centaine).

Nombres jusqu'à 1 000

- 42 Dictée de nombres (nombres < 200).
- 43 Dictée de nombres (nombres < 1 000 avec centaines, dizaines, unités).
- 44 Dictée de nombres (nombres < 1 000 avec centaines, dizaines, unités).
- 45 Dictée de nombres < 1 000 avec centaines, dizaines, unités.
- 46 Ajouter 10 avec passage de la centaine (nombres < 500).
- 47 Ajouter 10 avec passage de la centaine (nombres < 1 000).
- 48 Écrire les 5 nombres suivants (sans franchissement de la centaine).
- 49 Écrire les 5 nombres suivants (avec franchissement de la centaine).
- 50 Unités de numération (centaines et dizaines).

Période 3

- 54 Sommes de dizaines (franchissement de 100).
- 55 Sommes de centaines.
- 56 Ajouter un petit nombre à un nombre de trois chiffres (franchissement de la dizaine).
- 57 Ajouter un petit nombre à un nombre de trois chiffres (franchissement de la centaine).
- 58 Comparer les nombres < 1 000 (centaines différentes).
- 59 Comparer les nombres < 1 000 (même centaine).
- 60 Calculer la moitié d'un nombre pair < 20.
- 61 Sommes de dizaines et de centaines.
- 62 Calculer la moitié d'un nombre formé de dizaines entières.
- 63 Différences de dizaines.
- 64 Différences de centaines.
- 66 Différences de nombres < 10.
- 67 Différences de nombres < 10.
- 68 Différences de nombres.
- 69 Soustraire des dizaines entières à un nombre de trois chiffres.
- 70 Table de multiplication par 2.
- 71 Table de multiplication par 2.
- 72 Unités de numération.
- 73 Unités de numération.
- 74 Ajouter un nombre d'un chiffre à un nombre de trois chiffres (sans franchissement de la centaine).
- 75 Ajouter un nombre d'un chiffre à un nombre de trois chiffres (avec franchissement de la centaine).
- 76 Retrancher un nombre d'un chiffre à un nombre de trois chiffres (sans franchissement de la centaine).

Période 4

- 80 Multiplier par 10.
- 81 Multiplier par 10.
- 82 Multiplier par 10.
- 83 Table de multiplication par 5.
- 84 Table de multiplication par 5.
- 85 Tables d'addition.
- 86 Complément à un nombre < 20.
- 87 Différences de nombres < 10.
- 88 Différences de nombres.
- 89 Table de multiplication par 4.
- 90 Table de multiplication par 4.
- 91 Dictée de nombres.
- 92 Retrancher des dizaines à des nombres de trois chiffres.
- 94 Retrancher des centaines à des nombres de trois chiffres.
- 95 Table de multiplication par 3.
- 96 Table de multiplication par 3.
- 97 Compléments à 10.
- 98 Compléments à la dizaine supérieure.
- 99 Compléments à 100 d'une dizaine entière.
- 100 Compléments à la centaine supérieure.
- 101 Multiplier par un nombre entier de dizaines.
- 102 Multiplier par un nombre entier de dizaines ou de centaines.

Période 5

- 106 Tables de multiplication par 5 et par 10.
- 107 Sommes de dizaines entières.
- 108 Ajouter des dizaines à un nombre de deux chiffres.
- 109 Retrancher des dizaines entières à des nombres de trois chiffres.
- 110 Tables de multiplication par 2 et par 4.
- 111 Sommes de deux nombres de deux chiffres (sans retenue).
- 112 Doubles de nombres < 20.
- 113 Suite de nombres.
- 114 Table de multiplication par 3.
- 116 Suite de nombres.
- 117 Sommes de deux nombres de deux chiffres.
- 118 Dictée de nombres.
- 119 Tables de multiplication par 2, 3, 4, 5.
- 120 Suite de nombres.
- 121 Doubles de nombres usuels.
- 122 Tables de multiplication par 2, 3, 4, 5.
- 123 Tables de multiplication par 2, 3, 4, 5.

2. Grandeurs et mesures

Les activités proposées dans le fichier visent à construire le sens de la grandeur, indépendamment de la mesure. Au CE1, deux domaines sont approfondis : les mesures de longueur et la structuration du temps. Une dizaine de leçons sont consacrées à ces deux domaines.

- En ce qui concerne les longueurs, la construction et l'utilisation d'outils de mesures, l'observation de l'environnement et la résolution de problèmes de la vie courante sont privilégiés. Les acquis du CP sont consolidés en CE1 et les unités de mesure sont abordées : centimètre, décimètre, mètre et kilomètre.
- La structuration du temps se poursuit tout au long de l'année en référence à la vie de tous les jours. Cependant, il est nécessaire de mettre l'accent sur la lecture du cadran de l'horloge.
- Les notions de masse et de contenance sont abordées essentiellement en référence à leur environnement social. Les unités les plus usuelles sont introduites : gramme et kilogramme, litre.

Certaines pages du domaine Grandeurs et mesures sont présentées en format paysage dans le fichier de l'élève. Cette organisation facilite l'utilisation de la règle ; la pliure du fichier ne gênant plus son maniement.
Les nombreuses pages de matériel prédécoupé du fichier permettent de mettre en oeuvre les manipulations sans perte de temps et sans imposer un travail de préparation trop lourd aux enseignants.

ATTENDUS DE FIN DE CYCLE 2	CONNAISSANCES ET COMPÉTENCES ASSOCIÉES	LEÇONS DU FICHIER
Comparer, estimer, mesurer des longueurs, des masses, des contenances, des durées **Utiliser le lexique, les unités, les instruments de mesures spécifiques de ces grandeurs**	– Estimer les ordres de grandeurs de quelques longueurs, masses et contenances en relation avec les unités métriques. – Vérifier avec un instrument dans les cas simples : ➜ Ordres de grandeur des unités usuelles en les associant à quelques objets familiers. ➜ Rapports très simples de longueurs (double et moitié).	88 Connaître le mètre, le décimètre, le centimètre 95 Connaître le mètre, le kilomètre 106 Mesurer des masses
	– Dans des cas simples, mesurer des longueurs, des masses et des contenances en reportant une unité (bande de papier ou ficelle, poids, récipient) : ➜ Notion d'unité : grandeur arbitraire prise comme référence pour mesurer les grandeurs de la même espèce. – Dans des cas simples, mesurer des longueurs, des masses et des contenances en utilisant un instrument adapté (règle graduée, bande de 1 cm de long graduée ou non, mètre gradué ou non, balance à plateaux, balance à lecture directe, verre mesureur) : ➜ Unités de mesures usuelles : ▪ longueur : m, dm, cm, mm, km et relations entre m, dm, cm et mm ainsi qu'entre km et m ; ▪ masse : g, kg, tonne et relations entre kg et g ainsi qu'entre tonne et kg ; ▪ contenance : L, dL, cL et leurs relations. – Encadrer une mesure de grandeur par deux nombres entiers d'unités (par exemple : le couloir mesure entre 6 m et 7 m de long).	33 Mesurer une longueur avec différentes unités 57 Mesurer une longueur avec la règle graduée de la trousse 60 Tracer un segment de longueur donnée 88 Connaître le mètre, le décimètre, le centimètre 95 Connaître le mètre, le kilomètre 106 Mesurer des masses 120 Mesurer des contenances : le litre
	– Lire l'heure sur une horloge ou une montre à aiguilles. – Comparer, estimer, mesurer des durées. ➜ Unités de mesure usuelles de durées : jour, semaine, heure, minutes, seconde, mois, année, siècle, millénaire. ➜ Relations entre ces unités.	68 Lire l'heure (1) 70 Lire l'heure (2) 84 Connaître les durées : la semaine, le jour, l'heure, la minute
	– Dans des cas simples, représenter une grandeur par une longueur, notamment sur une demi-droite graduée : ➜ Des objets de grandeurs égales sont représentés par des segments de longueurs égales. ➜ Une grandeur double est représentée par une longueur double. ➜ La règle graduée en cm comme cas particulier d'une demi-droite graduée. – Lire les graduations représentant des grandeurs : cadran d'une balance, frise chronologique, axes d'un graphique gradués en unités.	36 Construire et utiliser une règle graduée en centimètres 81 Mesurer et ajouter des longueurs

ATTENDUS DE FIN DE CYCLE 2	CONNAISSANCES ET COMPÉTENCES ASSOCIÉES	LEÇONS DU FICHIER
Résoudre des problèmes impliquant des longueurs, des masses, des contenances, des durées, des prix	– Résoudre des problèmes, notamment de mesurage et de comparaison, en utilisant les opérations sur les grandeurs ou leurs mesures : → Addition, soustraction, multiplication par un entier, division : recherche du nombre de parts et de la taille d'une par. → Principes d'utilisation de la monnaie (en euros et centimes d'euros). → Lexique lié aux pratiques économiques. → Mesurer des segments pour calculer la longueur d'une ligne brisée ou le périmètre d'un polygone. – Résoudre des problèmes impliquant des conversions simples d'une unité usuelle à une autre : → Relations entre les unités usuelles. → Lien entre les unités de mesure décimales et les unités de numération.	73 Payer avec la monnaie 116 Rendre la monnaie 122 Problèmes (12) : Résoudre des problèmes sur les durées

3. Espace et géométrie

Les mathématiques ne se réduisent pas aux activités numériques. Elles impliquent aussi une « éducation de l'œil et de la main », tout spécialement au cycle 2. Nous avons consacré une place importante à l'apprentissage de l'espace (observation guidée d'objets de l'espace et de formes planes, manipulations, constructions) et de la géométrie (tracés de droites, repérage d'alignements, découverte de quelques propriétés des formes simples, reproduction sur papier quadrillé).

- L'alignement est une notion qui ne va pas de soi : l'idée de droite est une construction abstraite de l'esprit humain qui semble naturelle à un adulte, mais que les enfants du cycle 2 doivent prendre le temps de construire grâce aux activités que leur propose l'enseignant. Le guide pédagogique fait des propositions dans ce sens que le fichier illustre et prolonge.
- La notion d'angle droit reste très difficile à percevoir et à identifier par les élèves, bien au-delà du cycle 2.
- Avec la découverte des propriétés géométriques fondamentales du carré et du rectangle, la reconnaissance de ces figures ne sera plus perceptive mais fondée sur la vérification de ces propriétés.
- Le travail sur les axes de symétrie est associé au pliage, puis repris à travers l'utilisation du papier calque pour aider les élèves à identifier les propriétés de cette transformation.
- Le cube et le pavé ne sont qu'approchés par des activités simples permettant d'identifier les notions de face, d'arête et de sommet.

Certaines pages du domaine **Espace et géométrie** sont présentées en format paysage dans le fichier de l'élève. Cette organisation facilite l'utilisation des instruments de géométrie, la pliure du fichier ne gênant plus son maniement.
Les nombreuses pages de matériel prédécoupé du fichier permettent de mettre en œuvre les manipulations sans perte de temps et sans imposer un travail de préparation trop lourd aux enseignants.

ATTENDUS DE FIN DE CYCLE 2	CONNAISSANCES ET COMPÉTENCES ASSOCIÉES	LEÇONS DU FICHIER
(Se) repérer et (se) déplacer en utilisant des repères	– Se repérer dans son environnement proche. – Situer des objets ou des personnes les uns par rapport aux autres ou par rapport à d'autres repères : ➜ Vocabulaire permettant de définir des positions (gauche, droite, au-dessus, en dessous, sur, sous, devant, derrière, près, loin, premier plan, second plan, nord, sud, est, ouest...). ➜ Vocabulaire permettant de définir des déplacements (avancer, reculer, tourner à droite/à gauche, monter, descendre, etc.). – Produire des représentations des espaces familiers (l'école, les espaces proches de l'école, le village, le quartier) et moins familiers (vécus lors de sorties) : ➜ Quelques modes de représentation de l'espace (maquettes, plans, photos).	67 Problèmes (5) : Se repérer sur un plan
	– S'orienter et se déplacer en utilisant des repères. – Réaliser des déplacements dans l'espace et les coder pour qu'un autre élève puisse les reproduire. – Produire des représentations d'un espace restreint et s'en servir pour communiquer des positions. – Programmer les déplacements d'un robot ou ceux d'un personnage sur un écran : ➜ Repères spatiaux. ➜ Relations entre l'espace dans lequel on se déplace et ses représentations.	72 Se repérer dans l'espace 113 Programmer un déplacement avec un logiciel 121 Programmer un robot
Reconnaître, nommer, décrire, reproduire quelques solides	– Reconnaître et trier les solides usuels parmi des solides variés. – Reconnaître des solides simples dans son environnement proche. – Décrire et comparer des solides en utilisant le vocabulaire approprié. – Réaliser et reproduire des assemblages de cubes et pavés droits et associer de tels assemblages à divers types de représentations (photos, vues, etc.). – Fabriquer un cube à partir d'un patron fourni : ➜ Vocabulaire approprié pour : ▪ nommer des solides (cube, pavé droit, boule, cylindre, cône, pyramide) ; ▪ décrire des polyèdres (face, sommet, arête). ➜ Les faces d'un cube sont des carrés. ➜ Les faces d'un pavé droit sont des rectangles (qui peuvent être des carrés).	96 Reconnaître, décrire des solides 110 Construire un cube

<table>
<tr><th>ATTENDUS DE FIN DE CYCLE 2</th><th>CONNAISSANCES ET COMPÉTENCES ASSOCIÉES</th><th>LEÇONS DU FICHIER</th></tr>
<tr><td rowspan="3">Reconnaître, nommer, décrire, reproduire, construire quelques figures géométriques

Reconnaître et utiliser les notions d'alignement, d'angle droit, d'égalité de longueurs, de milieu, de symétrie</td><td>– Décrire, reproduire sur papier quadrillé ou uni des figures ou des assemblages de figures planes (éventuellement à partir d'éléments déjà fournis de la figure à reproduire qu'il s'agit alors de compléter).
– Utiliser la règle, le compas ou l'équerre comme instruments de tracé.
– Reconnaître, nommer les figures usuelles : carré, rectangle, triangle, triangle rectangle, polygone, cercle, disque.
– Décrire à partir des côtés et des angles droits, un carré, un rectangle, un triangle rectangle. Les construire sur un support uni connaissant la longueur des côtés.
– Construire un cercle connaissant son centre et un point, ou son centre et son rayon :
➜ Vocabulaire approprié pour décrire les figures planes usuelles :
▪ carré, rectangle, triangle, triangle rectangle, polygone, côté, sommet, angle droit ;
▪ cercle, disque, rayon, centre ;
▪ segment, milieu d'un segment, droite.
➜ Propriété des angles et égalités de longueur des côtés pour les carrés et les rectangles.
➜ Lien entre propriétés géométriques et instruments de tracé :
▪ droite, alignement et règle non graduée ;
▪ angle droit et équerre ;
▪ cercle et compas.</td><td>6 Tracer et prolonger un segment
28 Identifier les polygones
32 Construire des triangles
58 Reconnaître un triangle rectangle
75 Tracer un triangle rectangle
82 Reconnaître les carrés et les rectangles
85 Tracer un carré ou un rectangle à l'aide d'un gabarit
86 Tracer un carré ou un rectangle sur papier uni
112 Tracer des cercles
117 Reproduire un assemblage de figures
119 Compléter un assemblage de figures</td></tr>
<tr><td>– Utiliser la règle (non graduée) pour repérer et produire des alignements.
– Repérer et produire des angles droits à l'aide d'un gabarit, d'une équerre.
– Reporter une longueur sur une droite déjà tracée, en utilisant une bande de papier avec un bord droit ou la règle graduée ou le compas (en fin de cycle).
– Repérer ou trouver le milieu d'un segment, en utilisant une bande de papier avec un bord droit ou la règle graduée :
➜ Alignement de points et de segments.
➜ Angle droit.
➜ Égalité de longueurs.
➜ Milieu d'un segment.</td><td>17 Trouver, compléter un alignement
42 Reconnaître un angle droit
43 Tracer un angle droit</td></tr>
<tr><td>– Reconnaître si une figure présente un axe de symétrie (à trouver), visuellement et/ou en utilisant du papier calque, des découpages, des pliages.
– Reconnaître dans son environnement des situations modélisables par la symétrie (papillons, bâtiments, etc.).
– Compléter une figure pour qu'elle soit symétrique par rapport à un axe donné :
➜ Symétrie axiale.
➜ Une figure décalquée puis retournée qui coïncide avec la figure initiale est symétrique : elle a un axe de symétrie (à trouver).
➜ Une figure symétrique pliée sur son axe de symétrie, se partage en deux parties qui coïncident exactement.</td><td>62 Reconnaître un axe de symétrie
89 Compléter une figure par symétrie</td></tr>
</table>

Repères de progressivité au cycle 2

	Attendus de fin de cycle	CP	CE1	CE2
Nombres et calculs	Comprendre et utiliser des nombres entiers pour dénombrer, ordonner, repérer, comparer	*– Étude des relations numériques entre des nombres inférieurs à 20 – Étude de la numération décimale écrite en chiffres et celle de la désignation orale pour les nombres jusqu'à 100 – Prise en compte de la complexité de la numération orale pour les nombres supérieurs à 69*	*– Consolidation des connaissances sur les nombres jusqu'à 100 – Étude de la numération décimale écrite jusqu'à 1 000 – Automatisation des compléments à 10*	*– Consolidation des connaissances sur les nombres jusqu'à 1 000 – Étude de la numération décimale écrite jusqu'à 10 000*
	Nommer, lire, écrire, représenter des nombres entiers			
	Résoudre des problèmes en utilisant des nombres entiers et le calcul	*– Résolution de problèmes additifs et soustractifs – Résolution de situations simples de problèmes multiplicatifs, de situations de partage ou de groupement*	*– Résolution de problèmes additifs, soustractifs et multiplicatifs – Résolution de situations de partage ou de groupement – Résolution de problèmes à deux étapes*	*– Résolution de problèmes additifs, soustractifs et multiplicatifs et de division – Résolution de problèmes plus complexes, à plusieurs étapes – Exploration d'un tableau ou d'un graphique*
	Calculer avec des nombres entiers	*– Mémorisation de faits numériques (décompositions, recompositions additives, tables d'addition) et de procédures de calculs élémentaires (additions, soustractions) – Apprentissage des doubles des nombres inférieurs à 10 et des moitiés des nombres inférieurs à 20 – Additions en colonnes avec des nombres de deux chiffres*	*– Mémorisation de faits numériques (tables d'addition et de multiplication par 2, 3, 4, 5 et 10) et de procédures de calculs élémentaires (soustractions et multiplications) – Maîtrise de l'addition avec des nombres plus grands et de taille différente – Apprentissage d'une technique de calcul posé pour la soustraction*	*– Mémorisation de faits numériques (tables de multiplication, multiplication par 100) et de procédures de calculs élémentaires (quotient et reste d'une division euclidienne) – Maîtrise de la soustraction – Apprentissage d'une technique de calcul posé pour la multiplication*
Grandeurs et mesures	Comparer, estimer, mesurer des longueurs, des masses, des contenances, des durées	*– Longueur (comparaison, double) – Règle graduée en unité arbitraire, puis en centimètres – Relation 1 m = 100 cm – Masse : utilisation de balance (plus lourd, plus léger) – Durée (jour et semaine et leur relation, mois) – Lecture des heures entières – Prix (euros)*	*– Longueur (relation cm, dm et m, relation m et km) – Masse (relation g et kg) – Contenance (en litres) – Durée (relation j et h, relation h et min) – Lecture des heures entières et des demi-heures – Prix (relation euros et centimes d'euros)*	*– Longueur (km, relation : m, dm, cm, mm) – Masse (relation g et kg, relation kg et tonne) – Contenance (relations L, dL et cL) – Durée (relations jour, mois et année, relations année, siècle et millénaire, relations h, min et s) – Lecture de l'heure – Complexification des situations utilisant l'euro et les centimes d'euro*
	Utiliser le lexique, les unités, les instruments de mesures spécifiques à ces grandeurs			
	Résoudre des problèmes impliquant des longueurs, des masses, des contenances, des durées, des prix			

	Attendus de fin de cycle	CP	CE1	CE2
Espace et géométrie	(Se) repérer et (se) déplacer en utilisant des repères et des représentations	*– Représentation des lieux et le codage des déplacements se situant dans la classe ou dans l'école – Codage des déplacements à l'aide d'un logiciel de programmation adapté*	*– Représentation des lieux et le codage des déplacements se situent dans le quartier proche – Codage des déplacements à l'aide d'un logiciel de programmation adapté*	*– Représentation des lieux et le codage des déplacements se situent dans un quartier étendu ou le village – Compréhension et production d'algorithmes simples*
	Reconnaître, nommer, décrire, reproduire quelques solides	*– Reconnaissance perceptive puis analytique de solides variés (cube, pavé droit, boule, cône, cylindre, pyramide) – Vocabulaire : face, sommet*	*– Nommer et décrire des solides variés (cube, pavé droit, boule, cône, cylindre, pyramide) – Construction d'un cube avec des carrés ou avec des tiges que l'on peut assembler – Vocabulaire : face, sommet, arête*	*– Nommer et décrire des solides variés (cube, pavé droit, boule, cône, cylindre, pyramide) – Approche de la notion de patron du cube*
	Reconnaître, nommer, décrire, reproduire, construire quelques figures géométriques	*– Reproduction sur papier quadrillé ou pointé : carré, rectangle et triangle ou des assemblages de ces figures*	*– Consolidation de la reproduction sur support uni : carré, rectangle et triangle – Construction d'un cercle sans contrainte*	*– Consolidation de la reproduction de figures géométriques sur tout support – Construction d'un cercle à partir du centre et du rayon puis à partir du centre et du diamètre*
	Reconnaître et utiliser les notions d'alignement, d'angle droit, d'égalité de longueurs, de milieu, de symétrie	*– Utilisation de la règle comme un outil de tracé de segment, de la règle graduée comme un outil de mesure ou de report de longueur – Perception des éléments symétriques dans l'environnement proche*	*– Consolidation de l'utilisation de la règle graduée – Utilisation de l'équerre pour tracer ou reconnaître des angles droits – Utilisation du compas pour tracer des cercles – Reconnaissance de l'axe de symétrie d'une figure, visuellement et/ou en utilisant du papier calque, des découpages, des pliages*	*– Consolidation de l'utilisation de la règle graduée, de l'équerre, du compas – Report de longueur sur une droite déjà tracée, avec le compas – Compléter une figure pour qu'elle soit symétrique par rapport à un axe donné*

Commentaires des leçons

Bienvenue au CE1

Fichier p. 7

Remarques préalables	La présentation et les objectifs de cette première leçon sont différents de ceux des leçons qui suivent. Cette page comporte des activités attrayantes sur le thème du parc d'attractions qui, nous l'espérons, permettront aux élèves d'aborder agréablement l'année scolaire en général, et les mathématiques en particulier. Elle n'est ni une révision, ni un bilan, ni un apprentissage, mais une remise en route qui permet à l'enseignant(e) d'observer le comportement des élèves. Comprennent-ils les consignes ? Réclament-ils une aide ? Participent-ils à la discussion collective ?... En début d'année, connaître le comportement des élèves est aussi important que connaître leur niveau scolaire. Il serait hasardeux de vouloir évaluer dès les premiers jours de classe.

Les activités 20 min

En collectif

Activité 1 : Découverte du fichier

- Faire découvrir le fichier aux élèves, les laisser feuilleter et faire part de leurs observations. Il est important que, dès leur premier contact, ils prennent conscience qu'ils vont y trouver des activités motivantes et parfois ludiques, des illustrations agréables, des pages différentes dont ils découvriront l'utilité au cours des semaines suivantes...
- Rappeler ce qu'est un sommaire et son utilité.
- Analyser une page du fichier. Les élèves doivent repérer le titre de la leçon, les cinq espaces réservés pour les réponses du Calcul mental ☐ ☐ ☐ ☐ ☐, le **Découvrons**, partie collective de la leçon, le **Je m'entraîne** partie individuelle...
- Repérer les personnages récurrents du fichier : Léa, Théo, Mélissa, Boris, Mathix.
- Attirer leur attention sur **Le coin du chercheur**. Ils pourront les résoudre quand ils le souhaitent, puisque ces coins sont indépendants des leçons. Un moment de concertation collective pourra être organisé, une fois par semaine par exemple, pour confronter les réponses des élèves à ces énigmes.

Activité 2 : Découverte de la page

La réalisation des exercices de la page **Bienvenue au CE1** peut être conduite en une seule séance.

- Demander d'observer et de décrire les situations et de réfléchir au travail à accomplir. Une discussion collective permet de vérifier si les élèves interprètent correctement les dessins et les consignes.

« Comment s'appellent les personnages que nous allons retrouver dans les leçons du fichier ? »

« Chercher Boris. » Nous le retrouverons aussi dans les leçons du fichier. *« Que dit-il ? »* Décrire Mathix. *« Où se trouve-t-il ? »*

« Où se situe la scène de cette page ? »

Les exercices 35 min

En individuel

Les élèves travaillent seuls, mais peuvent demander des explications en cas de difficulté. Pendant l'activité, observer leur comportement et leur démarche. Questionner, encourager et aider éventuellement ceux qui semblent éprouver des difficultés importantes, par exemple en lisant la consigne avec eux.

1 Il faut analyser le début de la numérotation des wagons pour comprendre que celle-ci est une suite qui va de 10 en 10 : 10 ; 20 ; 30 ; 40 ; 50.
Mathix est dans le premier wagon.

2 La consigne rappelle aux élèves que les nombres s'écrivent en lettres et en chiffres : ici 47.

3 L'élève doit ordonner 3 nombres inférieurs à 30.

4 Une fois expliqué le mot « adulte », les élèves sont appelés à résoudre un problème additif. Montrer l'intérêt de regrouper 5 + 5.

5 Les figures géométriques sont reconnues et coloriées selon la consigne. Exiger un travail soigné. Le carré sur sa pointe ne doit pas être oublié !

1 Lire, écrire, décomposer les nombres jusqu'à 29

Fichier p. 8

Programme 2018	**Nommer, lire, écrire, représenter des nombres entiers** Passer d'une représentation à une autre, en particulier associer les noms des nombres à leurs écritures chiffrées.
Compétences	Lire, écrire, décomposer les nombres inférieurs à 30. Connaître l'ordre des nombres sur la bande numérique.
Remarques préalables	▪ Depuis le début du cycle 2, les élèves ont acquis des compétences dans l'utilisation des nombres jusqu'à 30. Elles doivent être renforcées : maîtrise de la comptine orale, utilisation du dénombrement, association des écritures chiffrée et littérale… Les difficultés de lecture des nombres de 11 à 16 sont prévisibles, elles doivent être retravaillées. ▪ Au cours de cette leçon, les élèves vont retrouver les noms des nombres compris entre 10 et 20, ainsi que le rôle joué par le nombre 10 dans leur décomposition et découvrir ainsi les régularités entre les écritures en chiffres et les décompositions de ces nombres. **Difficultés de la leçon** – Mémoriser les noms des nombres compris entre 11 et 16. – La lecture et l'écriture des nombres de 11 à 16. **Aide** Affichage mural des nombres de 1 à 10 et des nombres de dizaines entières de 20 à 90 avec leur écriture en lettres (cf. Mémo pages 1 et 2).

Calcul mental 5 min

➜ *L'enseignant choisit une suite de 5 nombres qui figureront sur les 5 cases réservées au calcul mental. Dire un nombre : « 11 » ; l'élève écrit les 5 nombres suivants.*
***Items :** 11 ; 9 ; 15 ; 24 ; 19 ; 7 ; 20 ; 23 ; 14 ; 5.*

Prérequis oral

« Comptez jusqu'à 30. »
Cela permet de s'assurer que la suite numérique est connue jusqu'à 30.

Manipulations préparatoires 15 min

En collectif

Matériel	Activité 1 : Dessiner au tableau une bande numérique de 29 cases (les neuf premières sont numérotées de 1 à 9). Fabriquer : – neuf étiquettes portant des nombres écrits en chiffres : 10, 20, 12, 14, 16, 17, 19, 23, 29 ; – cinq étiquettes portant des nombres écrits en lettres : onze, treize, quinze, dix-huit, vingt-cinq. Activité 2 : 2 sacs transparents de 10 jetons rouges chacun ; 9 jetons bleus.
Organisation	Groupe classe.

Activité 1 : Le jeu des étiquettes

▪ Dessiner au tableau une bande numérique de 29 cases. Les neuf premières cases portent les nombres de 1 à 9.
▪ Distribuer les 14 étiquettes du matériel.
▪ Demander à l'élève qui a l'étiquette 10 de la placer sur la case où elle doit se situer.
Procéder de même pour les étiquettes 20 et 29.
▪ Demander ensuite de placer des étiquettes qui se situent entre 10 et 20, puis après 20.
▪ Quand toutes les étiquettes ont été placées, remarquer que certaines cases sont vierges.
▪ Demander aux élèves qui n'ont reçu aucune étiquette de venir compléter ces cases.

Activité 2 : Avec des jetons

Manipuler

▪ Un élève choisit un nombre sur la bande numérique précédente, par exemple 23.
▪ Un autre élève va chercher le nombre indiqué de jetons : les jetons rouges se prennent par paquets de dix, les jetons bleus se prennent à l'unité. Il prend donc 2 paquets de 10 jetons rouges et 3 jetons bleus.

Débattre, schématiser

▪ Demander à un élève de venir schématiser la situation en mettant en évidence les groupements de dix :

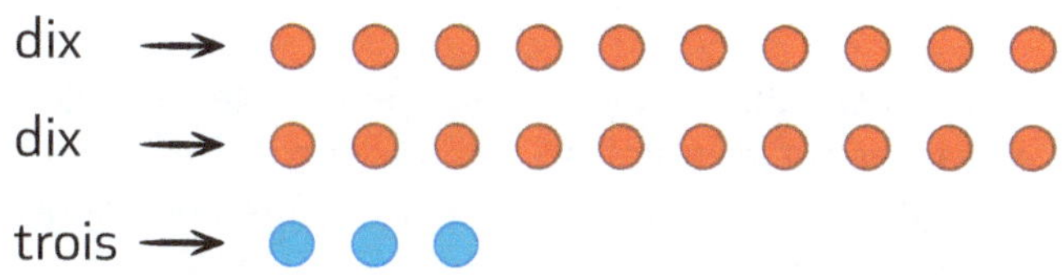

Symboliser

▪ *« Comment traduire le résultat précédent en utilisant des nombres écrits en chiffres et des signes (+ et =) ? »*
▪ Après discussion, il ressort que l'on peut écrire :
$23 = 10 + 10 + 3$
$23 = 20 + 3$

Découvrons 15 min

1 ▪ Lire les consignes et analyser le dessin.
▪ S'assurer de la compréhension des tâches à effectuer : compléter les cases, puis colorier celles qui correspondent aux étiquettes.

▪ La correction collective est immédiate.

2 ▪ En coloriant les jetons avec les couleurs rouge, bleue et jaune, les élèves effectuent la décomposition canonique de 24 ; ils complètent les égalités 24 = 10 + 10 + 4 ; 24 = 20 + 4.

▪ Les cercles de couleur sont une aide pour compléter la première égalité.

▪ La correction collective est immédiate.

Institutionnalisation orale

Poser la question : « *Qu'avons-nous appris aujourd'hui ?* »
Réponse attendue proche de : « *Nous avons appris à lire, écrire, décomposer les nombres jusqu'à 29.* »

Je m'entraîne

15 min

En individuel

3 Cet exercice vérifie la connaissance de la suite des nombres de 10 à 29 en demandant l'écriture des nombres suivant ou précédant les nombres donnés.

Erreur possible

Écriture erronée des précédents.

Remédiation

Faire rechercher le précédent d'un nombre sur la suite numérique.

4 Ce tableau synthétise l'ensemble des connaissances sur les nombres compris entre 10 et 29 : lecture/écriture en chiffres, en lettres et leurs décompositions canoniques.

12	douze	10 + 2
16	seize	10 + 6
19	dix-neuf	10 + 9
25	vingt-cinq	20 + 5
29	vingt-neuf	10 + 10 + 9

Erreur possible

Difficulté de lecture/écriture des nombres en lettres.

Remédiation

– Mathix propose une première remédiation.
– L'affichage mural des écritures en lettres des nombres de 1 à 10 et des nombres de dizaines entières de vingt à quatre-vingt-dix.
– Lire le **Mémo** pages 1 et 2.

Réinvestissement

5 Dans cet exercice indépendant de la leçon, Rainette fait sa première apparition.
Faire réaliser réellement la tâche de Rainette par les élèves sur une bande numérique placée au sol. Un élève tient le rôle de Rainette : il se positionne sur la case 3 et se déplace de 6 cases. Il fait ainsi 6 petits sauts de case en case et énonce le numéro de la case d'arrivée. Sur le fichier, plusieurs élèves éprouveront le besoin de cocher les cases au fur et à mesure de la progression de Rainette avant de colorier la case d'arrivée (9).

Différenciation

Remédiation Photofiche 1R

Cette photofiche propose trois exercices.
Le premier exercice demande d'écrire précédents ou suivants de nombres donnés.
Dans le deuxième, l'élève doit écrire la décomposition canonique de trois nombres en s'appuyant sur une représentation concrète des nombres.
Le troisième demande de compléter un tableau d'après un exemple fourni en tête du tableau (écriture en chiffres, écriture littérale, décomposition).

---

1 Lire, écrire, décomposer les nombres jusqu'à 29

Matériel photocopiable

10 | 20 | 12 | 14 | 16 | 17 | 19 | 23 | 29

onze | treize | quinze | dix-huit | vingt-cinq

2 Comparer, ordonner les nombres jusqu'à 29

Fichier p. 9

Programme 2018	**Comprendre et utiliser des nombres entiers pour dénombrer, ordonner, repérer, comparer** Comparer, ranger, encadrer, intercaler des nombres entiers, en utilisant les symboles =, ≠, <, >.
Compétences	Comparer, ordonner les nombres inférieurs à 30.
Remarques préalables	▪ Les nombres inférieurs à 30 sont connus des élèves qui les ont étudiés durant l'année de CP. ▪ Cette leçon permet de les remettre en place en prenant appui sur les paquets de dix qui facilitent leur décomposition et leur comparaison et permettent de les ordonner sans hésitation. **Difficulté de la leçon** Réussir à comparer les nombres inférieurs à 30 en se référant à leur décomposition en paquets de dix. **Aide** Des groupes de 2 ou 3 élèves montrent les différents nombres énoncés par l'enseignant avec leurs doigts. Chaque paquet de 10 est matérialisé par 2 mains ouvertes.

Calcul mental 5 min

➜ *L'enseignant choisit une suite de 5 nombres qui figureront sur les 5 cases réservées au calcul mental.*
Dire un nombre : « 17 » ; l'élève écrit les 5 nombres suivants.
***Items :** 17 ; 19 ; 16 ; 22 ; 18 ; 6 ; 21 ; 9 ; 13 ; 15.*

Prérequis oral

« Quel nombre vient après 12 ? »
« Quel est le plus grand des deux ? »
Cela permet de vérifier si les élèves savent que, dans la bande numérique, les nombres sont rangés dans l'ordre croissant.

Manipulations préparatoires 15 min

En collectif

Matériel	Deux jeux de 52 cartes à jouer. Supprimer les rois, dames et valets. Préparer 5 piles de cartes retournées. Pile 1 : 1 carte de 10 et 1 carte de 5. Pile 2 : 2 cartes de 10. Pile 3 : 2 cartes de 10 et 1 carte de 3. Pile 4 : 1 carte de 10 et 1 carte de 8. Pile 5 : 2 cartes de 10 et 1 carte de 6.
Organisation	Groupe classe.

Activité 1 : Jouons aux cartes Qui a le plus de points ?

Manipuler

▪ Les 5 piles de cartes retournées sont sur le bureau de l'enseignant(e).
Deux élèves viennent au tableau et choisissent chacun une pile. Ils montrent les cartes : par exemple, Pile 4 : 10 et 8 ; Pile 1 : 10 et 5.
▪ Les autres élèves écrivent sur l'ardoise les nombres de points correspondant à chaque pile : Pile 4 : 18 points et Pile 1 : 15 points.
▪ Poser la question : *« Qui a le plus de points ? »*

Débattre

▪ Les techniques de comparaison sont discutées.
Dans le cas présent, les deux cartes 10 sont déclarées *ex æquo*, ce sont les cartes du 8 et du 5 qui permettent d'établir une comparaison à l'avantage du 8.
▪ Si un élève utilise la bande numérique de la classe pour y repérer les nombres 15 et 18 et déclarer que « 18 c'est plus que 15 parce que 18 est situé après 15 », la méthode est validée.

Symboliser

▪ *« Comment traduire le résultat précédent en utilisant des nombres écrits en chiffres et des signes (+ et =) ? »*
▪ Après discussion, il ressort que l'on peut écrire :
18 = 10 + 8
15 = 10 + 5
▪ On compare 2 étiquettes additives. *« Comme 8 est supérieur à 5, 18 est supérieur à 15. »*

Reprendre le jeu avec d'autres élèves.

Activité 2 : Ranger

Manipuler

▪ 3 élèves viennent et retournent 2 cartes de la pile de leur choix.
Chacun montre les cartes et écrit le nombre de points sur son ardoise.
▪ Demander aux trois élèves de se placer face à la classe de telle sorte que leurs trois nombres soient rangés du plus petit au plus grand.

Débattre

▪ Demander à la classe de justifier ce rangement.
▪ Insister sur la méthode de rangement : on cherche le plus petit des trois nombres, puis le plus petit de ceux qui restent.

Découvrons 15 min

1 ▪ Inciter les élèves à utiliser les décompositions en paquets de dix pour écrire les nombres de billes : 16 pour Théo, 14 pour Léa et 21 pour Mélissa.
▪ Pour comparer ces nombres, il faut commencer par comparer les sacs de 10 billes. Mélissa possède donc le plus grand nombre de billes. Théo et Léa ont tous les deux un sac de 10 billes, mais Théo a 6 billes supplémentaires et Léa seulement 4. Théo a donc un plus grand nombre de billes que Léa.

- Ranger les nombres de billes par ordre croissant en écrivant, comme le conseille Mathix, le plus petit nombre en premier : 14 ; 16 ; 21.

14 ; 16 ; 21

Institutionnalisation orale

Poser la question : « *Qu'avons-nous appris aujourd'hui ?* » Réponse attendue proche de : « *Nous avons appris à comparer et à ordonner les nombres inférieurs à 30.* »

Je m'entraîne

15 min

En individuel

2 Tous les éléments sont visibles sur le dessin. Le dénombrement est donc possible, mais il n'est pas à encourager.
Écrire les nombres de billes représentés par des sacs de 10 et des unités séparées permet de vérifier que les élèves sont capables d'associer les nombres 12 ; 15 et 24 à leur décomposition en paquets de dix.

Erreur possible

Difficulté à retrouver l'écriture chiffrée de ces nombres.

Remédiation

- Utiliser le Mémo page 1.
- Rappeler que les nombres contenant un seul paquet de dix se situent entre 10 et 19, tandis que ceux qui en contiennent deux se situent entre 20 et 29.

3 Dans les représentations proposées, le dénombrement n'est plus permis. En cas de besoin, la décomposition additive en paquets de dix peut être rapprochée des représentations avec des sacs de dix utilisées dans l'exercice 2. Le rangement des nombres 18, 23 et 20 par ordre croissant est facilité par leurs décompositions.

Range-les du plus petit au plus grand. 18 ; 20 ; 23

Erreur possible

Difficulté à retrouver l'écriture en chiffres et à ranger ces nombres.

Remédiation

Se reporter aux conseils de l'exercice précédent.

Réinvestissement

4 « Quatorze » est difficile à écrire.

14 : quatorze
22 : vingt-deux

Erreur possible

Écritures erronées.

Remédiation

- Utiliser le Mémo page 1.
- Se reporter à la numérotation des pages du fichier.

Problème de recherche personnelle

Différenciation

Remédiation Photofiche 2R
Cette photofiche propose trois exercices de rangement dans lesquels il faut ranger trois nombres par ordre croissant.
Dans les deux premiers, les nombres sont représentés concrètement par des points ou des perles regroupés en paquet de dix et unités.
Dans le dernier, les collections sont représentées par des cartes chiffrées.

3 Calcul en ligne : Ajouter un petit nombre (1)

Fichier p. 10

Programme 2018	**Calculer avec des nombres entiers** Calcul en ligne : calculer en utilisant des écritures en ligne additives, soustractives, multiplicatives, mixtes.
Compétence	Calcul en ligne : Ajouter un petit nombre à un nombre inférieur à 30.
Remarques préalables	▪ Les élèves vont d'abord apprendre à utiliser la technique du surcomptage avec l'aide de leurs doigts, puis à utiliser la bande numérique, technique efficace lorsqu'on ajoute de petits nombres. ▪ Par la suite, ces techniques laisseront place à un véritable calcul utilisant la décomposition des nombres (*cf.* leçon 14 avec l'utilisation du complément à la dizaine supérieure). **Difficulté de la leçon** Difficulté pour maîtriser le surcomptage avec les doigts à partir du plus grand des deux nombres. **Aide** En comptant les cases à partir du plus grand nombre, l'utilisation de la bande numérique permet de comprendre le surcomptage des doigts utilisé spontanément par les élèves. Pour les élèves en difficulté avec le surcomptage, l'utilisation régulière de la bande numérique, comme le propose le réinvestissement avec Rainette, s'impose. Un retour au dénombrement de jetons sera nécessaire pour ceux qui ont encore des difficultés à adopter le surcomptage.

Calcul mental — 5 min

→ *Ajouter 1. Dire : « 7 + 1 » ; l'élève écrit 8.*
Items : *7 + 1 ; 9 + 1 ; 15 + 1 ; 4 + 1 ; 23 + 1 ; 19 + 1 ; 18 + 1 ; 9 + 1 ; 16 + 1 ; 28 + 1.*

Prérequis oral

« Calculez : 9 + 1 ; 12 + 1. »
Cette activité permet de s'assurer que les élèves associent l'avancée d'une case sur la bande numérique à l'addition d'une unité.

Manipulations préparatoires — 15 min

En collectif

Matériel	Pour l'enseignant : une boîte opaque et une vingtaine de jetons. Pour l'élève : 12 jetons et une bande numérique (cf. matériel photocopiable ci-après).
Organisation	Groupe classe.

Activité : Des jetons en plus

Manipuler

▪ Montrer 8 jetons et les placer dans la boîte. En ajouter 3 et demander : *« Combien y a-t-il de jetons dans la boîte maintenant ? »*
▪ Les élèves peuvent utiliser leurs jetons, la bande numérique, le surcomptage.
Ils écrivent le résultat sur leur ardoise.

Débattre, schématiser

▪ Demander aux élèves comment ils ont procédé.
Certains peuvent avoir dessiné (dessin de 8 jetons et encore 3 jetons), puis compté le tout :

D'autres peuvent avoir compté sur la bande numérique à partir du nombre 8, en avançant de 3 cases :

D'autres enfin peuvent avoir surcompté en utilisant leurs doigts.
▪ Vérifier le résultat en comptant les jetons présents dans la boîte : 11.

Symboliser

▪ *« Comment traduire le résultat précédent en utilisant des nombres écrits en chiffres et les signes + et = ? »*
▪ Après discussion, il ressort que l'on peut écrire : 8 + 3 = 11.

Reprendre l'activité avec d'autres nombres de jetons.

Découvrons — 15 min

1 ▪ Faire expliciter la technique de Mélissa en lisant sa bulle.
▪ Les élèves surcomptent comme Mélissa avec l'aide de leurs doigts et complètent l'égalité : 18 + 4 = 22.

18 + 4 = 22

2 Léa utilise la bande numérique pour calculer la même opération que Mélissa : elle part de la case 18 et avance de 4 cases. Les élèves entourent le nombre 22 et complètent l'égalité.

Erreurs possibles

– Mauvais surcomptage avec les doigts : le nombre mis dans la tête est nommé avec le premier doigt levé.
– Mauvais surcomptage sur la bande numérique : la case du grand nombre est comptée comme case à ajouter.

Remédiation

– Reprendre la technique utilisant les doigts en faisant toucher la tête avec la main au moment où l'élève prononce le nombre 18 qu'il a « mis dans sa tête ».
– Reprendre la technique utilisant la bande numérique en faisant placer un jeton par case : placer 18 jetons dans les 18 premières cases, puis placer 4 jetons supplémentaires dans les cases suivantes.

Institutionnalisation orale

Poser la question : *« Qu'avons-nous appris aujourd'hui ? »*
Réponse attendue proche de : *« Nous avons appris à ajouter un petit nombre à un nombre inférieur à 30. »*

Je m'entraîne — 15 min

En individuel

3 Les élèves sont invités à effectuer 6 additions. Ils sont libres d'utiliser la méthode de leur choix. Le second nombre est toujours inférieur ou égal à 5, afin de favoriser le surcomptage en utilisant les doigts. La présence des bandes numériques peut les inciter à utiliser la méthode de Léa. Ces bandes permettront de comparer les deux méthodes de surcomptage.

7 + 4 = 11
8 + 2 = 10
4 5 6 7 8 9 10 11

8 + 5 = 13
9 + 3 = 12
7 8 9 10 11 12 13 14 15

17 + 3 = 20
19 + 4 = 23
16 17 18 19 20 21 22 23 24

Erreur possible

Surcomptage erroné. Le franchissement de la dizaine peut être une éventuelle difficulté pour certains élèves.

Remédiation

Se reporter à la remédiation précédente ou reprendre la technique utilisant les doigts en s'appuyant en parallèle sur la bande numérique.

4 L'élève doit calculer 9 + 7 avec la méthode de son choix. Le franchissement de la dizaine peut encore être une difficulté pour quelques élèves.

9 + 7 = 16
Maintenant, Nils a 16 poissons

Erreurs possibles et Remédiation

Les mêmes que précédemment.

Réinvestissement

5 On retrouve Rainette avec la bande numérique et un dé. Elle doit avancer de 6 cases. Toutes les cases sont visibles.

Erreurs possibles

– La case 11 est entourée (la case de départ sur laquelle est posée Rainette est comptée comme premier point du dé).
– L'addition 6 + 6 est erronée.

Remédiation

– Faire réaliser réellement la tâche de Rainette par les élèves sur une bande numérique placée au sol. Un élève tient le rôle de Rainette : il se positionne au départ et se déplace de case en case. Il s'immobilise et énonce le numéro de la case d'arrivée.
– Sur le fichier : à partir de la case 6, Rainette réalise 6 bonds de 1 case correspondant à la constellation du dé.
– Rappeler qu'on ne compte pas la case de départ. Les élèves peuvent cocher les cases au fur et à mesure de l'énoncé de la comptine avant d'entourer la case d'arrivée.
– Faire remarquer que 6 + 6 = 12 est un calcul de double appris au CP.

Différenciation

Consolidation Photofiche 3c
Cette fiche propose trois exercices de comptage.
Dans le premier, l'élève surcompte dans sa tête comme Mélissa. Dans le deuxième, il surcompte comme Léa grâce à la bande numérique. Dans le troisième, il résout un petit problème en utilisant la méthode de son choix pour le calcul.

---

3 Calcul en ligne : Ajouter un petit nombre (1)

Matériel photocopiable

1	2	3	4	5	6	7	8	9	10	11	12	13	14	15	16	17	18	19	20	21	22	23	24

1	2	3	4	5	6	7	8	9	10	11	12	13	14	15	16	17	18	19	20	21	22	23	24

4 Calcul en ligne : Retrancher un petit nombre (1)

Fichier p. 11

Programme 2018	**Calculer avec des nombres entiers** Calcul en ligne : calculer en utilisant des écritures en ligne additives, soustractives, multiplicatives, mixtes.
Compétence	Calcul en ligne : Retrancher un petit nombre à un nombre inférieur à 20.
Remarques préalables	▪ Le dessin sur lequel on barre des éléments avant de recompter les éléments restants, le décomptage avec les doigts (tant que les nombres à retrancher sont ⩽ 5) ou les déplacements à rebours sur une bande numérique sont des techniques soustractives rassurantes pour les élèves. ▪ Cependant elles ne seront plus viables quand la taille des nombres augmentera. Elles laisseront alors place au calcul (*cf.* leçon 15) fondé sur les décompositions des nombres. ▪ En ce début d'année, il nous a toutefois semblé nécessaire d'utiliser ces techniques rassurantes pour ouvrir les leçons sur la soustraction. **Difficultés de la leçon** – Le comptage à rebours (sans nommer le nombre de départ). – L'utilisation de la bande numérique en partant du premier terme de la différence. **Aide** Mettre en parallèle le dénombrement des éléments restants et le compte à rebours ou le déplacement à reculons sur la bande numérique, pour montrer qu'ils conduisent au même résultat.

Calcul mental **5 min**

→ *Somme de deux nombres ⩽ 5. Dire : « 3 + 4 » ; l'élève écrit 7.*
***Items :** 3 + 4 ; 2 + 2 ; 5 + 3 ; 4 + 4 ; 5 + 5 ; 3 + 3 ; 1 + 5 ; 2 + 4 ; 3 + 5 ; 1 + 4.*

Prérequis oral

« Quel nombre vient avant 8 ? »
Savoir reculer dans la suite des nombres prépare à la soustraction : 8 – 1 = 7.

Manipulations préparatoires **15 min**

En collectif

Matériel	Pour l'enseignant : une boîte opaque et une vingtaine de jetons. Pour l'élève : une dizaine de jetons et une bande numérique.
Organisation	Groupe classe.

Activité : Des jetons en moins

Manipuler

▪ Montrer 8 jetons et les placer dans la boîte. En retirer 3 et demander : *« Combien de jetons reste-t-il dans la boîte ? »*
▪ Les élèves peuvent utiliser ou non leurs jetons, utiliser ou non la bande numérique.
Ils écrivent le résultat sur l'ardoise.

Débattre, schématiser

▪ Demander aux élèves comment ils ont procédé.
Certains peuvent avoir dessiné 8 jetons et en avoir barré 3 :

D'autres peuvent avoir compté à rebours sur la bande numérique à partir du nombre 8, en reculant de 3 cases.

▪ Vérifier le résultat en comptant les jetons présents dans la boîte.

Symboliser

▪ *« Comment traduire le résultat précédent en utilisant des nombres écrits en chiffres et des signes (– et =) ? »*
▪ Après discussion, il ressort que l'on peut écrire : 8 – 3 = 5.

Reprendre l'activité avec d'autres nombres de jetons.

Découvrons **15 min**

1 ▪ Faire expliciter la technique de Mélissa en lisant sa bulle. La justifier en faisant remarquer qu'on ne peut pas lever 12 doigts.
Les élèves dessinent 12 jetons, en barrent 5 et comptent ceux qui restent.
▪ Demander quelle opération effectue Mélissa.
▪ Compléter l'égalité : 12 – 5 = 7.

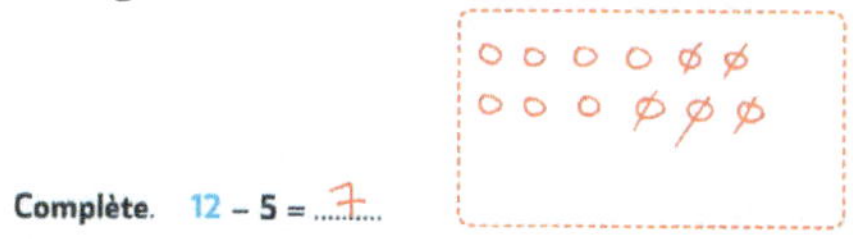

2 ▪ Lire la bulle de Léa. Elle calcule, comme Mélissa, 12 – 5 mais en utilisant la bande numérique : elle part de la case 12 et recule de 5 cases. Le nombre 7 est celui de la case d'arrivée du cinquième bond en arrière.
▪ Compléter l'égalité : 12 – 5 = 7.

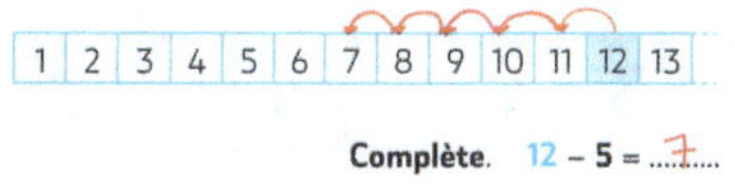

Erreur possible
Compter la case de départ dans le déplacement sur la bande numérique.

Remédiation
Reprendre l'apprentissage des déplacements sur une bande numérique où seuls les « pas » sont comptés.

Institutionnalisation orale
Poser la question : « *Qu'avons-nous appris aujourd'hui ?* »
Réponse attendue proche de : « *Nous avons appris à soustraire un petit nombre.* »

Je m'entraîne

15 min

En individuel

3 Mathix indique à l'élève qu'il peut choisir la méthode de calcul de son choix. Dans le cas où il préfère utiliser la méthode de Mélissa, lui proposer de dessiner les jetons sur son ardoise. Le nombre à retrancher est toujours inférieur ou égal à 6 pour faciliter le décomptage avec les doigts.

9 – 4 = 5
7 – 3 = 4

1	2	3	4	5	6	7	8	9

15 – 4 = 11
16 – 3 = 13

9	10	11	12	13	14	15	16	17

13 – 6 = 7
12 – 4 = 8

6	7	8	9	10	11	12	13	14

Erreur possible
Sur la bande numérique, la case de départ est comptée comme première case retranchée.

Remédiation
Reprendre l'utilisation de la bande numérique en dessinant une bande numérique sur le sol et en faisant se déplacer des élèves qui comptent leurs pas.

4 Pour résoudre ce problème, l'élève peut utiliser la méthode de son choix.
Il peut utiliser les sucettes de l'illustration ou les dessiner sur son ardoise.
La ligne pointillée est réservée à l'écriture de la soustraction ; cette exigence n'est pas perçue comme utile par la plupart des élèves, mais elle doit être justifiée comme la traduction mathématique du calcul effectué.

8 - 5 = 3
Il lui reste 3 sucettes.

Erreur possible
Erreur de calcul.

Remédiation
Utiliser des jetons représentant les sucettes pour simuler la situation.

Réinvestissement

5 Réinvestissement de la leçon 2 qui demande de ranger ces nombres par ordre croissant.

14 21 8 24 17
8 ; 14 ; 17 ; 21 ; 24

Erreur possible
Rangement erroné.

Remédiation
La bande numérique sera un bon outil de référence pour la remédiation.

Problème de recherche personnelle

La troisième ficelle est celle qui fait un noeud.

Le coin du chercheur
Colorie la ficelle qui fait un nœud.

Différenciation

Consolidation Photofiche 4c
Cette photofiche propose quatre exercices.
Les deux premiers demandent un comptage à rebours de 2 en 2 et de 3 en 3.
Le troisième demande trois calculs s'appuyant sur une bande numérique.
Le quatrième demande trois calculs sans support.

4 Calcul en ligne : Retrancher un petit nombre (1)

Matériel photocopiable

1	2	3	4	5	6	7	8	9	10	11	12	13	14	15	16	17	18	19	20	21	22	23	24

1	2	3	4	5	6	7	8	9	10	11	12	13	14	15	16	17	18	19	20	21	22	23	24

5 Lire, écrire les nombres jusqu'à 69

Fichier p. 12

Programme 2018	**Nommer, lire, écrire, représenter des nombres entiers** Passer d'une représentation à une autre, en particulier associer les noms des nombres à leurs écritures chiffrées.
Compétences	Lire, écrire les nombres inférieurs à 70.
Remarques préalables	▪ Depuis le CP, les élèves ont acquis des compétences dans l'utilisation des nombres jusqu'à 69. Elles doivent être renforcées : maîtrise de la comptine, association des écritures chiffrée et littérale… ▪ Au cours de cette leçon, les élèves retrouvent un outil déjà utilisé au CP : *le tableau des nombres*. Ce type de tableau favorise le repérage des régularités de l'écriture chiffrée : sur une même ligne, les nombres commencent tous par le même chiffre ; sur une même colonne, les nombres finissent tous par le même chiffre. Les élèves vont donc retrouver la régularité chiffrée mais aussi la régularité de la désignation orale des nombres jusqu'à 69. **Difficulté de la leçon** Cette leçon revisitant les nombres étudiés au CP, elle ne devrait pas soulever de difficulté. Cependant, en ce début d'année, le changement de dizaine peut être parfois hésitant. **Aide** – Collective : Affichage mural des nombres de 1 à 99 et des nombres de dizaines entières de 10 à 90 avec leur écriture en lettres. – Individuelle : Mémo page 2.

Calcul mental 5 min

➜ *Différence entre deux petits nombres.*
Écrire 6 – 2 = … ; l'élève écrit 4.
***Items** : 6 – 2 ; 5 – 3 ; 4 – 3 ; 7 – 1 ; 6 – 3 ; 5 – 2 ; 6 – 4 ; 7 – 4 ; 8 – 3 ; 9 – 2.*

Prérequis oral

« Écrivez en chiffres : dix, vingt. »
Les écritures des premières dizaines doivent être connues de tous.

Manipulations préparatoires 15 min

En collectif

Matériel	Par groupe d'élèves : les bandes numériques (cf. matériel photocopiable ci-après) ; une feuille A5 ; une paire de ciseaux ; un tube de colle.
Organisation	Groupes de 2 élèves.

Activité : De la bande au château

Manipuler

▪ Distribuer les bandes numériques et une feuille A5 à chaque groupe.
▪ Demander de lire quelques nombres, puis annoncer que l'on va organiser ces bandes d'une autre façon.
▪ Couper chaque bande après le premier nombre se terminant par 9.
▪ Ranger et coller ces nouvelles bandes les unes au-dessous des autres sur la feuille A5 en commençant par la famille des unités.
▪ Prendre soin de respecter l'alignement des chiffres des unités dans les colonnes du tableau qui apparaît progressivement.

Débattre

▪ *« Quel chemin suivre sur ce tableau des nombres pour retrouver l'ordre de la bande numérique ? »*
On retrouve la même organisation que dans la lecture d'un texte.
▪ *« Quelles sont les régularités qui apparaissent dans ce tableau ? »*
Les faire énoncer.

Découvrons 15 min

1 ▪ Demander de lire et de reformuler les consignes.
▪ Faire constater la régularité des écritures.
Chaque ligne horizontale du tableau est réservée à une « famille de nombres » nommée en début de ligne par son nom écrit en lettres et caractérisée par le chiffre de gauche de tous les nombres de la ligne. Dans une même colonne, les chiffres de droite sont les mêmes. On retrouve ceux de la première ligne horizontale du tableau.
▪ Demander pourquoi chaque ligne s'arrête sur un nombre terminé par 9.
▪ Associer le nombre qui précède 50 au précédent de 50 et le nombre qui suit 39 au suivant de 39.
▪ Faire compléter les cases et colorier en bleu le nombre 49 et en vert le nombre 40.

	0	1	2	3	4	5	6	7	8	9
dix	10	11	12	13	14	15	16	17	18	19
vingt		21	22	23	24	25	26	27	28	29
trente	30	31	32	33	34	35	36	37	38	39
quarante	40	41		43	44	45	46	47	48	49
cinquante	50	51	52	53	54	55	56		58	59
soixante	60	61	62	63	64	65	66	67	68	

Institutionnalisation orale

Poser la question : « *Qu'avons-nous appris aujourd'hui ?* » Réponse attendue proche de : « *Nous avons appris à lire et écrire les nombres jusqu'à 69 en les organisant dans un tableau par famille de nombres.* »

Je m'entraîne

15 min

En individuel

2 Les élèves apprennent à se déplacer sur le tableau des nombres pour rechercher les nombres cachés par les têtes des enfants.

Erreur possible

Mauvais repérage des particularités de la ligne ou de la colonne.

Remédiation

Confronter les techniques de repérage des nombres : suivre horizontalement l'ordre de la suite numérique en partant du nombre de dizaines, se servir des nombres voisins, utiliser les bandes verticales, lire le tableau comme un tableau cartésien.

3 L'élève doit écrire des nombres en lettres ou en chiffres. Cet exercice s'apparente donc à une lecture/dictée de nombres.

37	trente-sept
45	quarante-cinq

53	cinquante-trois
58	cinquante-huit

Erreurs possibles

- Erreur de lecture ou erreur orthographique.
- Mauvaise écriture en chiffres.

Remédiation

- Rappeler que le chiffre de gauche initie le nom du nombre : 3 indique la famille du trente, 4 celle de quarante…
- Se référer aux numéros des pages du fichier.
- Utiliser le **Mémo** pages 2 et 3.

Réinvestissement

4 Cet exercice de calcul réinvestit la leçon 3. La bande numérique est tronquée pour privilégier le calcul de 11 + 4. Rainette arrivera sur la case 15, qu'il faut colorier.

Erreur possible

Erreur de calcul.

Remédiation

Vérifier le calcul avec la bande numérique entière.

Différenciation

Remédiation Photofiche 5R

Cette photofiche propose deux exercices.

Dans le premier, il s'agit de relier des nombres à leur place dans une suite de nombres présentée sous la forme d'un collier d'étoiles. Les nombres de dizaines entières sont indiqués.

Dans le second, il faut écrire en chiffres les nombres dont les noms sont donnés en lettres.

5 Lire, écrire les nombres jusqu'à 69

Matériel photocopiable

0	1	2	3	4	5	6	7	8	9										
10	11	12	13	14	15	16	17	18	19	20	21	22	23	24	25	26	27	28	29
30	31	32	33	34	35	36	37	38	39	40	41	42	43	44	45	46	47	48	49
50	51	52	53	54	55	56	57	58	59	60	61	62	63	64	65	66	67	68	69

6 Tracer et prolonger un segment

Fichier p. 13

Programme 2018	**Reconnaître et utiliser les notions d'alignement, d'angle droit, d'égalité de longueurs, de milieu, de symétrie** Utiliser la règle, le compas ou l'équerre comme instruments de tracé.
Compétences	Utiliser la règle pour tracer et prolonger un segment.
Remarques préalables	▪ L'objectif de cette leçon est la maîtrise de techniques indispensables pour travailler en géométrie. Tracer un segment dont les extrémités sont données requiert une technique dont les éléments peuvent être clairement identifiés : – placer le bord de sa règle en prenant appui sur la mine du crayon qu'on a placée sur la première extrémité du segment, puis en faisant pivoter la règle jusqu'à ce que son bord se trouve légèrement sous la seconde extrémité du segment. L'aide de la mine du crayon comme point d'appui peut être déterminante pour certains élèves encore malhabiles ; – placer ses doigts sur la règle afin de l'immobiliser sans faire obstacle au passage du crayon sur le bord de celle-ci ; – tenir son crayon pour que le bout de la mine soit en contact avec la feuille à l'endroit précis où le bord de la règle la touche. Cela nécessite d'incliner légèrement le crayon vers l'avant. ▪ Veiller à l'apprentissage simultané de ces trois gestes. ▪ Le prolongement d'un segment nécessite de placer la règle suffisamment en amont de l'extrémité à partir de laquelle on souhaite prolonger le segment tout en alignant le bord de la règle avec le segment à prolonger pour conserver l'alignement du prolongement. Certains élèves ne perçoivent pas cette contrainte. Ce procédé permet aussi de savoir si certains points sont ou non alignés avec un segment. **Difficultés de la leçon** – Le positionnement de la règle. – L'immobilisation de la règle. **Aide** – Utilisation quotidienne de la règle : souligner la date, le nom des matières, les titres… – Utilisation en art plastique.

Calcul mental 5 min

➜ *Somme d'un nombre ≤ 10 et d'un nombre ≤ 5.*
Dire : « 8 + 4 » ; l'élève écrit 12.
***Items :** 8 + 4 ; 7 + 5 ; 9 + 2 ; 8 + 5 ; 6 + 4 ; 7 + 3 ; 9 + 5 ; 8 + 3 ; 6 + 5 ; 9 + 4.*

Prérequis oral

« À quoi sert une règle ? »
Une règle a deux fonctions : tracer des « traits » et mesurer des longueurs quand elle est graduée. C'est cette fonction « savante» que les élèves citeront sûrement en premier. Montrer alors une règle non graduée pour provoquer la réflexion.
Signaler qu'au CP (Fichier PCLM leçon 17), les élèves ont construit une règle avec une feuille de papier pliée pour vérifier un alignement.

Manipulations préparatoires 15 min

En collectif

Matériel	Règle et crayon bien taillé.
Organisation	Groupe classe.

Activité 1 : Tracer un segment

Manipuler

▪ Demander aux élèves de placer deux points suffisamment écartés sur leur cahier d'essai et de tracer le segment reliant ces deux points.

▪ Ne pas imposer le sens du tracé : si les droitiers tracent les segments en allant du point gauche au point droit, les gauchers iront majoritairement du point droit au point gauche.

Débattre

▪ Observer les méthodes et les résultats obtenus par les élèves ; analyser les difficultés rencontrées et proposer des techniques pour les surmonter.

▪ Montrer comment décomposer les étapes du tracé d'un segment au tableau :
– Tracer deux points.
– Placer la craie sur l'un des deux points.
– Placer la règle contre la craie et la faire tourner jusqu'à sa rencontre avec le second point ; elle ne doit pas le recouvrir, on doit laisser un espace entre la règle et le point (ici l'épaisseur de la craie).
– Positionner correctement les doigts sur la règle pour l'immobiliser sans gêner le tracé.
– Effectuer le tracé.

▪ Demander aux élèves d'appliquer chacune de ces étapes au tracé d'un nouveau segment sur leur cahier d'essai.

Activité 2 : Prolonger un segment

Manipuler

▪ Tracer un segment oblique au tableau.

▪ Demander à un élève de venir le prolonger vers la droite (ou vers la gauche).

Débattre

▪ Faire analyser les gestes techniques, les commenter : placer le bord de la règle sur le segment tracé, immobiliser la règle, prolonger le tracé vers la droite (ou vers la gauche).

▪ Demander aux élèves de prolonger, dans les deux sens, le segment tracé sur leur cahier d'essai lors de l'activité 1.

Découvrons

15 min

1 ▪ Faire observer et commenter le modèle à reproduire.

▪ Faire lire les deux consignes.

▪ Rechercher une progression dans la difficulté des tracés. Les segments horizontaux sont les plus faciles à tracer. Les segments obliques et verticaux sont plus délicats à tracer. Pour éviter une partie des difficultés, on peut tourner le fichier pour transformer tous les segments en segments horizontaux.

▪ Attirer l'attention sur l'importance de la couleur des points qui est une aide pour repérer les extrémités des segments à tracer.

▪ Prolonger le segment bleu (la mer) jusqu'aux deux bords verticaux du cadre : prolongement à droite et prolongement à gauche.

Erreurs possibles

– Les segments passent à côté des points de couleur.
– Les prolongements sont « en baïonnette ».

Remédiation

– Crayon à retailler.
– Reprendre le positionnement de la règle dans les deux cas d'erreur.

Institutionnalisation orale

Poser la question : « *Qu'avons-nous appris aujourd'hui ?* »
Réponse attendue proche de : « *Nous avons appris à bien tenir notre règle et notre crayon pour joindre deux points ou pour prolonger un segment.* »

Je m'entraîne

En individuel — 15 min

2 Attirer l'attention sur l'importance de la couleur des points qui est une aide pour repérer les extrémités des segments à tracer. Les élèves doivent tracer 7 segments différents.

Erreurs possibles

– Tous les segments ne sont pas tracés.
– Les segments passent à côté des points de couleur.
– Les prolongements sont « en baïonnette ».

Remédiation

– Pointer chaque segment du modèle.
– Crayon à retailler.
– Reprendre le positionnement de la règle dans les deux cas d'erreur.

Différenciation

Remédiation Photofiche 6R

Cette photofiche propose deux exercices.
Dans le premier, il faut joindre des points numérotés de 1 à 14 dans l'ordre et avec la règle. Les segments sont horizontaux, verticaux ou obliques et de différentes longueurs. Les tracés terminés, on découvre la façade d'une maison.
Dans le second, il faut terminer le dessin d'une enveloppe en prolongeant des segments partiellement tracés.

7 Connaître dizaines et unités

Fichier p. 14

Programme 2018	**Nommer, lire, écrire, représenter des nombres entiers** Interpréter les noms des nombres à l'aide des unités de numération et des écritures arithmétiques : • Unités de numération (unités simples, dizaines, centaines, milliers) et leurs relations (principe décimal de la numération en chiffres). • Valeur des chiffres en fonction de leur rang dans l'écriture d'un nombre (principe de position).
Compétences	Coder et décoder un nombre de deux chiffres.
Remarques préalables	• En réalisant des paquets de 10 et en les échangeant contre des dizaines, les élèves se rendent compte que ce nouvel « objet » est comptabilisé comme une nouvelle « unité » bien qu'il soit formé de dix unités initiales. Ils réalisent aussi que c'est la position de chaque chiffre dans l'écriture d'un nombre de deux chiffres qui va permettre de savoir s'il indique un nombre de dizaines ou un nombre d'unités isolées. • Le chiffre de gauche est le chiffre des dizaines : il indique le nombre de paquets de 10. Le chiffre de droite est le chiffre des unités : il représente les unités isolées. En accolant dans l'ordre les tableaux « dizaines » et « unités », on écrit en chiffres le nombre correspondant, même si on ne sait pas encore en dire le nom (par exemple 78 : « soixante-dix-huit »). **Difficulté de la leçon** Importance de la position des chiffres dans la numération. **Aide** Utilisation du tableau de numération.

Calcul mental 5 min

➜ *Somme de deux nombres ≤ 10. Dire : « 8 + 6 » ; l'élève écrit 14.*
Items : *8 + 6 ; 7 + 7 ; 9 + 6 ; 8 + 7 ; 6 + 6 ; 7 + 6 ; 9 + 9 ; 8 + 8 ; 7 + 9 ; 9 + 7.*

Prérequis oral

« Comment appelle-t-on un paquet de dix ? »
Cette question est posée pour rappeler l'importance de la dizaine dans la numération de position qui va être étudiée dans la leçon.

Manipulations préparatoires 15 min

En collectif

Matériel	Au tableau de la classe, dessiner autant de tableaux de numération que de groupes de 4 élèves. Par groupes d'élèves : – un paquet de jetons jaunes (entre 15 et 30) ; – 5 barres vertes et 9 jetons jaunes. Pour l'enseignant(e) : une réserve de barres vertes et une réserve de jetons jaunes.
Organisation	Groupes de 4 élèves.

Activité 1 : Jeux de jetons

Manipuler, schématiser

• Distribuer à chaque groupe un nombre de jetons compris entre 15 et 30, ainsi qu'une ardoise.
• Demander à chaque groupe de dénombrer ses jetons et d'écrire ce nombre en chiffres sur l'ardoise.
• Demander ensuite de réaliser des groupements de 10 jetons afin de venir échanger auprès de l'enseignant(e) chaque paquet de 10 jetons contre une barre verte (dizaine) (cf. page matériel A).
• Compter les dizaines et noter leur nombre dans la colonne « dizaine » du tableau de numération dessiné au tableau de la classe ; compter les unités isolées et noter leur nombre dans la colonne « unité » du même tableau.
• Comparer les chiffres du nombre obtenu après le dénombrement avec les chiffres écrits dans les tableaux de numération.

Débattre

• Constater, par exemple, que le premier chiffre (2) du nombre 23 correspond au nombre de dizaines (paquets de 10) et que le second chiffre (3) correspond au nombre d'unités isolées.
Le premier chiffre est appelé le « chiffre des dizaines » et le second le « chiffre des unités ».

Activité 2 : Barres dizaines et jetons unités

Manipuler, schématiser

• Distribuer à chaque groupe des barres vertes (entre 1 et 3) et des jetons en faisant apparaître des distributions croisées : 12 et 21 ; 23 et 32 ; 31 et 13.
• Faire écrire le nombre qui correspond à chaque distribution dans un tableau de numération dessiné au tableau de la classe. Faire lire de nombre.
• Demander à chaque groupe d'aller échanger chaque barre verte contre 10 jetons auprès de l'enseignant(e), puis de compter les jetons un à un avant d'écrire ce nombre sur leur ardoise. Constater que l'on retrouve le même nombre.

Débattre

• Prendre conscience de l'importance de la place de chaque chiffre dans l'écriture d'un nombre : les nombres 21 et 12 s'écrivent avec les mêmes chiffres, pourtant 21 ≠ 12.
• Vérifier la compatibilité des deux écritures (tableau et hors du tableau).

Découvrons

15 min

1 ▪ Vérifier, en les dénombrant un à un, que Théo possède 25 jetons.
▪ Grouper les jetons par 10 : 2 paquets de 10 et 5 jetons isolés. Chaque paquet de 10 jetons correspond à une barre dizaine.
▪ Lire la bulle de Mathix, compléter le tableau et retrouver l'écriture du nombre 25 :
25 = 2 dizaines 5 unités.
2 est le chiffre des dizaines et 5 le chiffre des unités.

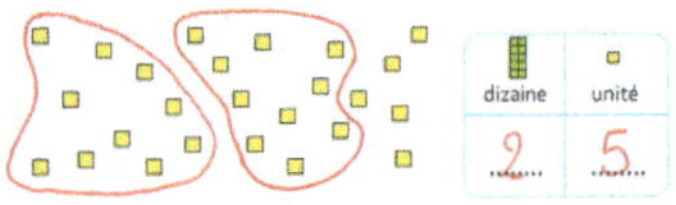

2 ▪ Mettre en garde sur l'ordre dans lequel Léa énonce son nombre de jetons.
▪ Compléter le tableau qui permet de trouver le nombre de jetons égal à 3 dizaines 2 unités. Léa possède 32 jetons.
▪ Lors de la correction, rappeler l'importance de la position des chiffres des dizaines et des unités.

Institutionnalisation orale

Poser la question : « *Qu'avons-nous appris aujourd'hui ?* »
Réponse attendue proche de : « *Nous avons appris que la valeur de chaque chiffre dépend de sa position dans l'écriture d'un nombre. Dans un nombre de deux chiffres, le premier chiffre (celui de gauche) est le chiffre des dizaines et le second (celui de droite) le chiffre des unités.* »

Je m'entraîne

15 min

En individuel

3 Il y a 2 paquets de 10 jetons et 7 jetons isolés. Le nombre de jetons est donc égal à 2 dizaines 7 unités. Il y a donc 27 jetons.
Montrer que le comptage un à un de l'ensemble des jetons comporte un plus grand risque d'erreur que l'utilisation des règles de la numération.

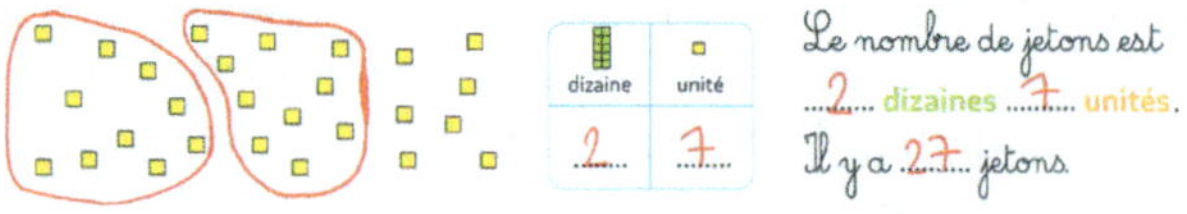

Erreur possible
Erreur en entourant des paquets de dix jetons.

Remédiation
Cocher les jetons au fur à mesure du comptage des paquets de 10.

4 Lors de la correction, rappeler que, dans l'écriture d'un nombre, le chiffre de gauche représente les dizaines (barre verte) et celui de droite les unités (jeton jaune).

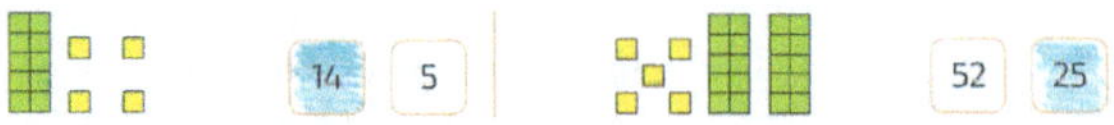

Erreurs possibles
– La dizaine est comptée comme unité.
– Inversion du chiffre des dizaines avec celui des unités dans l'écriture des nombres.

Remédiation
– Faire l'échange inversé :
1 dizaine = 10 jetons ; 10 jetons et 4 jetons font 14 jetons et non 5 jetons.
– Utiliser le tableau de numération.

Réinvestissement

5 L'exercice réinvestit la leçon 5. Il faut écrire le précédent et le suivant de nombres inférieurs à 70.

Erreur possible
Confusion entre *précédent* et *suivant*.

Remédiation
Utiliser le tableau des nombres.

Différenciation

Remédiation Photofiche 7R
Cette photofiche propose trois exercices.
Dans le premier, il faut effectuer les paquets de dix jetons avant d'écrire le nombre dans le tableau de numération et de compléter la phrase réponse.
Dans le deuxième, les nombres sont présentés en barres dizaines et jetons unités.
Ils doivent être exprimés en d et u.
Dans le troisième, il faut écrire le nombre exprimé dans un texte sans représentation concrète, sans les mots dizaines et unités mais en paquets de dix billes et billes seules.

8 Décomposer les nombres jusqu'à 69

Fichier p. 15

Programme 2018	**Comprendre et utiliser des nombres entiers pour dénombrer, ordonner, repérer, comparer** Dénombrer, constituer et comparer des collections en les organisant, notamment par des groupements par dizaines, centaines et milliers : ▪ Désignation du nombre d'éléments de diverses façons : écritures additives ou multiplicatives, écritures en unités de numération, écriture usuelle.
Compétences	Décomposer et recomposer un nombre inférieur à 70 en dizaines et unités.
Remarques préalables	▪ Cette leçon est le prolongement de la leçon 1, dans laquelle étaient abordées les décompositions canoniques des nombres inférieurs ou égaux à 29. ▪ Les élèves vont constater que ces décompositions additives s'étendent de la même façon aux nombres jusqu'à 69. **Difficultés de la leçon** – Convertir une somme de 10 en dizaines. – Utiliser correctement le tableau de numération. **Aide** Utiliser le matériel de numération pour représenter les nombres en échangeant les paquets de 10 contre des barres dizaines.

Calcul mental — 5 min

➜ *Dictée de nombres inférieurs à 60. Dire : « 52 » ; l'élève écrit 52.*

***Items :** 52 ; 46 ; 38 ; 29 ; 30 ; 20 ; 13 ; 17 ; 59 ; 45.*

Prérequis oral

« 10 + 10 + 10 cela fait combien de dizaines ? »

Savoir nommer « dizaine » un paquet de 10 unités est indispensable pour décomposer canoniquement les nombres de deux chiffres.

Manipulations préparatoires — 15 min

En collectif

Matériel	6 bandes de 10 gommettes ; 6 barres vertes dizaines.
Organisation	Groupe classe.

Activité 1 : Échanger des gommettes

▪ Annoncer : *« Comment écrire une somme de dix avec un nombre de deux chiffres ? »*

Manipuler, schématiser

▪ Distribuer 5 bandes de 10 gommettes à un élève.

▪ Désigner un élève banquier qui échangera chaque bande de dix contre une barre dizaine.

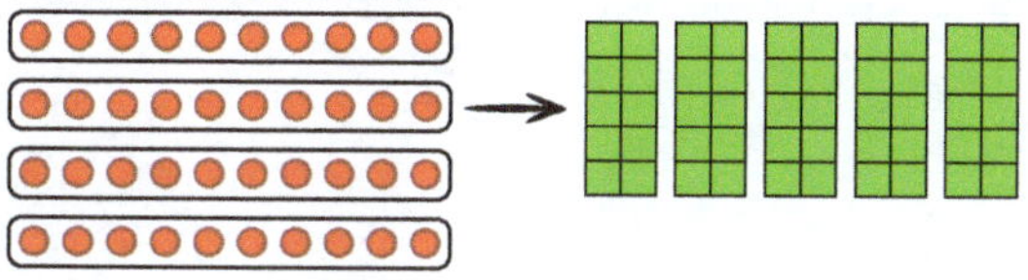

Débattre, symboliser

▪ *« Quel est le nombre de gommettes ? »*

L'élève écrit 5 dans la colonne des dizaines du tableau de numération dessiné sur le tableau de la classe.

▪ *« Comment s'écrit ce nombre en dehors du tableau de numération ? »*

Il faut compléter la colonne des unités par un zéro pour marquer l'absence d'unité isolée :

dizaine	unité
5	0

→ 50

5 dizaines = 50

10 + 10 + 10 + 10 + 10 = 50

Activité 2 : Décomposer un nombre

« Peut-on décomposer le nombre 53 en somme de 10 ? »

Manipuler, schématiser

Un élève vient représenter ce nombre avec le matériel de numération, les barres dizaines ne suffisent pas, il faut aussi des jetons unités.

Débattre, symboliser

D'après la schématisation ci-dessus, on peut écrire :

53 = 10 + 10 + 10 + 10 + 10 + 3

53 = 50 + 3

Reprendre cette situation avec d'autres nombres : 48 ; 35 ; 26...

Découvrons — 15 min

1 ▪ Les élèves doivent traduire sous forme d'une somme de dix les points obtenus par Mélissa.

Ils convertissent ensuite chaque nombre 10 en dizaine et écrivent ce nombre de dizaines dans le tableau de numération.

▪ Ils complètent ce tableau en écrivant zéro dans la colonne des unités. Ils lisent alors 40.

Mélissa possède 40 points.

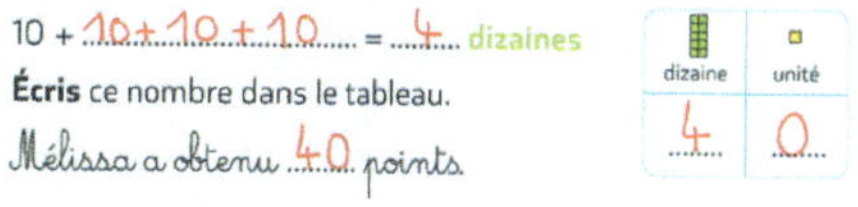

Erreurs possibles
- Confondre « dizaine » et « unité » dans la disposition des chiffres dans le tableau.
- Passer du tableau au nombre de points.

Remédiation
Utiliser le tableau de numération à partir du matériel de numération.

2 La décomposition de 42 est facilitée par l'utilisation du tableau de numération.

dizaine	unité
4	2

42 = 4 dizaines 2 unités
42 = 10 + 10 + 10 + 10 + 2
42 = 40 + 2

Institutionnalisation orale
Poser la question : « *Qu'avons-nous appris aujourd'hui ?* »
Réponse attendue proche de : « *Nous avons appris à décomposer les nombres jusqu'à 69.* »

Je m'entraîne

15 min

En individuel

3 Dans le premier item, l'écriture en dizaines et unités est donnée ; c'est une aide pour l'écriture de la première égalité. L'écriture de la somme demande cependant de l'attention afin de vérifier le nombre exact de « 10 », puis de compléter la décomposition canonique.
Le second item comporte moins d'aide. L'élève doit décomposer 41 en dizaines et unité avant d'écrire la somme de 10 et la décomposition canonique.

57 = 5 dizaines 7 unités
57 = 10 + 10 + 10 + 10 + 10 + 7
57 = 50 + 7

41 = 4 dizaines 1 unité
41 = 10 + 10 + 10 + 10 + 1
41 = 40 + 1

Erreur possible
Le nombre de paquets de 10 ne correspond pas au chiffre des dizaines.

Remédiation
Nommer le chiffre des dizaines et compter le nombre de paquets de 10.

4 Il y a 6 cartes de 10 points et un jeton de 4 unités.

10 + 10 + 10 + 10 + 10 + 10 + 4 = 6 dizaines 4 unités
Boris a obtenu 64 points

Erreurs possibles
- Oubli de nombres 10, du nombre 4 ou de signes +.
- La correspondance entre les cartes de 10 points et la notion de « dizaine » est mal établie.

Remédiation
- Observer que le signe + s'écrit toujours entre deux nombres. Écrire les signes + manquant dans la somme.
- Rappeler la correspondance entre un paquet de 10 et une dizaine.

Réinvestissement

5 Pour colorier la case d'arrivée, il faut calculer : 3 + 8 = 11. C'est la case 11 qu'il faut colorier.

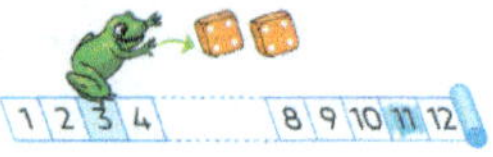

Erreur possible
Coloriage erroné.

Remédiation
Effectuer un déplacement sur une bande complète.

Problème de recherche personnelle

La somme 1 + 2 + 3 + 4 + 5 + 6 = 21 = 3 × 7. Donc, pour qu'un dé soit équilibré, les faces opposées doivent avoir un total de 7. Il y a donc 2 points sur la face opposée à celle du 5.

Le coin du chercheur
Combien de points y a-t-il sur la face posée sur la table ? 2

Différenciation

Remédiation Photofiche 8R
Cette photofiche propose deux exercices.
Dans le premier, il faut décomposer canoniquement six nombres qui sont représentés concrètement.
Dans le second, les trois décompositions demandées ne bénéficient d'aucune aide.

9 Comparer, ordonner les nombres jusqu'à 69

Fichier p. 16

Programme 2018	**Comprendre et utiliser des nombres entiers pour dénombrer, ordonner, repérer, comparer** Comparer, ranger, encadrer, intercaler des nombres entiers, en utilisant les symboles =, ≠, <, >.
Compétences	Comparer, ordonner les nombres inférieurs à 70.
Remarques préalables	▪ Cette leçon est un prolongement de la leçon 2 dans laquelle les élèves ont appris à comparer les nombres inférieurs à 29 en les décomposant en paquets de dix. ▪ Nous allons maintenant établir les règles plus générales de comparaison en nous appuyant sur la numération de position qui fait intervenir la décomposition des nombres en dizaines et unités. ▪ Dans la représentation d'un nombre avec le matériel de numération, le nombre de barres dizaines correspond au chiffre des dizaines et le nombre de jetons isolés au chiffre des unités. D'où l'utilisation du mot « chiffre » dans les règles de comparaison. ▪ Cette leçon n'aborde pas l'intercalation qui sera étudiée en leçon 19. **Difficulté de la leçon** Dans un premier temps, le matériel de numération sert de justification aux comparaisons. Petit à petit, les élèves devront comparer et ordonner les nombres à partir de leur seule écriture chiffrée en utilisant les propriétés de la numération de position. **Aide** Utiliser le matériel de numération comme support de comparaison.

Calcul mental 5 min

→ *Dictée de nombres inférieurs à 70. Dire : « 63 » ; l'élève écrit 63.*
***Items :** 63 ; 52 ; 40 ; 30 ; 61 ; 60 ; 38 ; 15 ; 13 ; 65.*

Prérequis oral

« Quel est le plus grand nombre : 5 ou 8 ? 9 ou 6 ? »
Ce prérequis permet de vérifier que les élèves savent comparer les nombres inférieurs à 10, ce qui est indispensable pour aborder cette leçon.

Manipulations préparatoires 30 min

En collectif

Matériel	Matériel de numération ; ardoises.
Organisation	Groupes de 4 élèves.

Activité 1 : Le matériel de numération
Comparer deux nombres

Manipuler, schématiser

▪ Écrire deux nombres au tableau : 42 et 35. *« Quel est le plus grand de ces deux nombres ? »*
▪ Travailler par groupes ; chaque groupe dispose de 8 barres dizaines et 9 jetons unités.
▪ Demander de représenter ces deux nombres avec le matériel de numération.
▪ Conseiller d'aligner les deux représentations pour faciliter la comparaison avant d'écrire le plus grand sur l'ardoise.

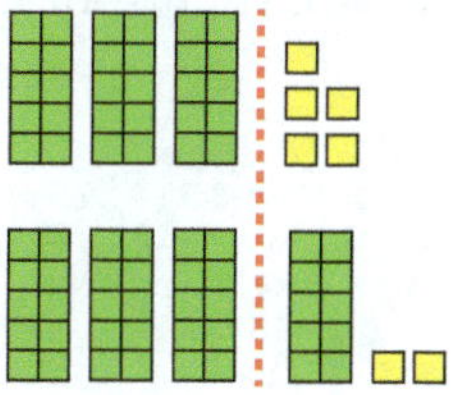

Débattre, symboliser

▪ Chaque groupe doit justifier son choix.
35 est représenté par 3 barres vertes (dizaines) et 5 jetons unités.
42 est représenté par 4 barres vertes et 2 jetons unités.
Les 5 unités de 35 ne suffisent pas à former une quatrième dizaine, donc 42 est plus grand que 35 car il contient 4 dizaines.
▪ On peut aussi utiliser la comparaison d'étiquettes additives :
35 = 10 + 10 + 10 + 5
42 = 10 + 10 + 10 + 10 + 2
▪ Conclure que le nombre le plus grand est celui qui a le chiffre des dizaines le plus grand.

Reprendre l'activité avec deux nombres ayant le même chiffre des dizaines.
La comparaison est facilitée puisque l'égalité des chiffres des dizaines conduit à la comparaison des chiffres des unités.

Activité 2 : Ordonner

▪ Écrire trois nombres au tableau : 51 ; 38 et 43.
▪ Demander de comparer ces nombres en utilisant la conclusion de l'activité précédente puis de les écrire sur l'ardoise en les rangeant du plus grand au plus petit.
▪ Chaque groupe justifie son choix et donne sa méthode de rangement ; par exemple : *« Écrire en premier le plus grand des trois nombres, puis écrire le plus grand des deux nombres qui restent... »*

Activité 3 : Le jeu du portrait

Il met en application, de façon ludique, les compétences précédemment acquises.
Un élève vient au tableau, écrit un nombre inférieur à 70 sur une feuille qu'il place dans sa poche. Les élèves

de la classe doivent trouver ce nombre en ne posant des questions que du type : « *Est-il plus grand que... ?* », « *Est-il plus petit que... ?* » L'élève au tableau ne peut répondre que par « oui » ou par « non ». Les questions sont écrites au tableau afin d'être débattues.

Découvrons

15 min

1 ▪ Préciser que la lettre verte **d** est l'abréviation du mot « dizaine » et que la lettre jaune **u** est l'abréviation du mot « unité ».

▪ Montrer l'importance des traits pointillés rouges dans la comparaison des nombres : la comparaison se ramène à celle de nombres plus petits.

▪ Demander de compléter le fichier puis de rappeler les règles de comparaison.

42 = 4 d 2 u
42 = 10 + 10 + 10 + 10 + 2
34 = 3 d 4 u
34 = 10 + 10 + 10 + 4
42 est plus grand que 34

32 = 30 + 2
36 = 30 + 6
36 est plus grand que 32

Erreur possible

Mauvaise interprétation de la décomposition des nombres.

Remédiation

Utiliser le matériel de numération : faire des correspondances terme à terme pour comparer les barres dizaines et éventuellement les jetons unités.

2 ▪ Cette activité demande de ranger par ordre croissant les quatre nombres de la partie 1 du *Découvrons*.

▪ Rappeler la technique du rangement, qui est déjà connue depuis le CP et qui a été revue en activité manipulatoire 2.

32 ; 34 ; 36 ; 42

Institutionnalisation orale

Poser la question : « *Qu'avons-nous appris aujourd'hui ?* »
Réponse attendue proche de : « *Pour comparer deux nombres, on compare d'abord les chiffres des dizaines. Si les deux nombres ont le même chiffre des dizaines, on compare les chiffres des unités.* »

En individuel

S'exercer

15 min

3 Application directe de la règle de comparaison de deux nombres de deux chiffres.

Erreur possible

Confusion entre 56 et 65.

Remédiation

Revoir les règles de comparaison en distinguant bien chiffre des dizaines et chiffre des unités.

4 Cet exercice de rangement est l'occasion de rappeler la technique : chercher le plus petit des quatre nombres, l'inscrire dans le premier camion, le barrer de la liste, puis recommencer avec les nombres restants.

Erreurs possibles

Les nombres sont rangés du plus grand au plus petit.

Remédiation

Revenir sur la méthodologie du rangement.

Réinvestissement

5 Exercice de tracé. Être attentif à la précision du tracé.

Erreurs possibles

- Le trait dépasse des points.
- Le trait est au-dessus ou au-dessous des points.
- Le trait n'est pas rectiligne car la règle a bougé.
- Les 3 traits n'ont pas tous été tracés.

Remédiation

- Adapter la remédiation à la cause d'erreur.
- Demander à un élève qui a bien réussi de venir corriger l'exercice au tableau en utilisant la règle de la classe.

Différenciation

Remédiation Photofiche 9R

Elle propose trois exercices.
Dans les deux premiers exercices, l'élève doit comparer deux nombres avec l'aide du matériel de numération.
Le troisième propose de comparer deux nombres sans l'aide visuelle de leur représentation avec le matériel de numération.

10 Calculer le complément à la dizaine supérieure

Fichier p. 17

Programme 2018	**Calculer avec des nombres entiers** Mémoriser des faits numériques et des procédures.
Compétence	Calculer le complément à la dizaine supérieure.
Remarques préalables	▪ En ce début d'année, les élèves ont la possibilité d'utiliser tous les moyens en leur possession pour obtenir le résultat d'un calcul. S'ils manipulent des jetons, ils dénombreront, mais ne calculeront pas. La dimension abstraite du calcul est absente. Toutefois, si un élève ne sait pas faire autrement, on lui permettra de manipuler des jetons pour qu'à terme, il puisse imaginer cette manipulation et, peu à peu, la modéliser par des calculs. ▪ Un élève qui mémorise le nombre initial de la collection et utilise ses doigts pour en représenter l'augmentation ou la diminution se livre à un surcomptage ou un décomptage. Un tel élève n'est pas encore entré dans le calcul : il se situe entre le dénombrement et le calcul. On doit accepter qu'il procède ainsi, sachant qu'il devra progressivement aller vers le calcul. ▪ Alors que l'élève qui compte sur ses doigts utilise la comptine numérique orale (qu'il récite dans sa tête), celui qui utilise la bande numérique s'appuie sur l'écriture chiffrée des nombres figurant dans les cases. Cette dernière façon de faire facilite la prise de conscience des régularités de la numération écrite et favorise l'accès au calcul. ▪ De plus, un élève ne peut pas calculer s'il ne mémorise pas un répertoire minimum de résultats. Pour les mémoriser de façon fiable, il est souhaitable qu'il ait eu l'occasion de les construire. **Difficulté de la leçon** Conduire tous les élèves vers le calcul. **Aide** Utiliser des jetons ou la bande numérique dans un premier temps, puis abandonner ces aides pour construire un répertoire (compléments à 10) pour permettre les calculs des compléments à la dizaine supérieure.

Calcul mental 5 min

→ *Dictée de nombres inférieurs à 70. Dire : « 53 » ; l'élève écrit 53.*
***Items :** 53 ; 58 ; 42 ; 68 ; 51 ; 60 ; 37 ; 65 ; 59 ; 69.*

Prérequis oral

« Montrer 7 doigts. "Combien de doigts sont cachés ?" »
C'est une introduction ludique à la leçon. Les 3 doigts sont le complément à 10.

Manipulations préparatoires 30 min

En collectif

Matériel	Des boîtes vides de 10 œufs. Une réserve de noix dans laquelle certaines noix sont peintes en rouge.
Organisation	Groupes de 4 élèves.

Activité : Combien de noix manque-t-il ?

Manipuler

▪ Distribuer trois boîtes vides à chaque groupe ainsi que 8 noix. Écrire le nombre 8 au tableau.
▪ Demander à un élève de chaque groupe de venir chercher le nombre de noix rouges pour compléter la première boîte.
▪ Distribuer maintenant 18 noix à chaque groupe. Écrire le nombre 18 au tableau.
▪ Demander combien de boîtes sont complètes et combien il manque de noix pour compléter la deuxième boîte.
▪ Comme précédemment, demander à un élève de chaque groupe de venir chercher le nombre de noix rouges pour compléter la deuxième boîte.
▪ Reprendre la situation en distribuant 28 noix à chaque groupe. Écrire le nombre 28 au tableau.

Débattre

« Dans chacun des cas précédents, combien de noix rouges avez-vous ajoutées pour compléter la dernière boîte ? »
« Combien faudrait-il de noix pour compléter la dernière boîte avec 38 noix ? »

Schématiser, symboliser

▪ Dessiner au tableau une barre de 10 carreaux (8 bleus et 2 rouges) en demandant aux élèves ce que représentent ce dessin, puis demander comment compléter l'égalité :

8 +... = 10

Puis

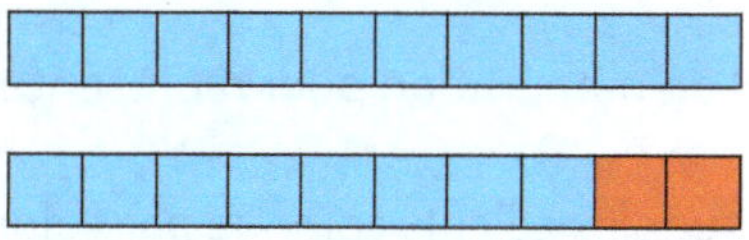

18 +... = 20

Puis

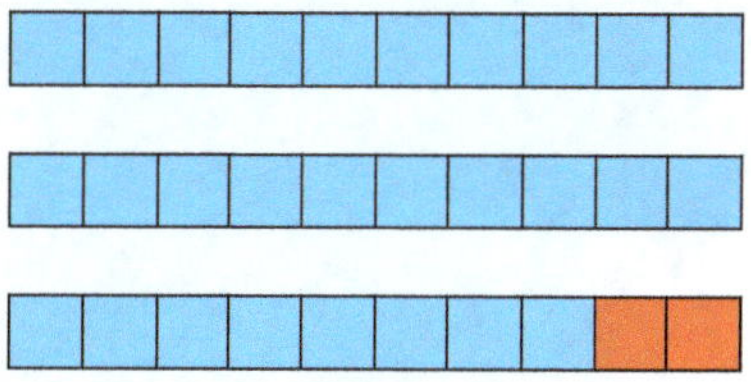

28 +... = 30

Reprendre l'activité avec 9, 19, 29 noix.

Découvrons

15 min

1 ▪ Les élèves retrouvent la même démarche que dans l'activité préparatoire.

▪ Demander à quoi correspondent les couleurs jaune et blanche.

▪ Demander de compléter les égalités de Mélissa.

Les élèves constatent la répétition du même nombre dans les égalités d'une même colonne. La remarque de Mélissa confirme que, si l'on connaît les compléments à 10, on connaît les compléments aux autres dizaines.

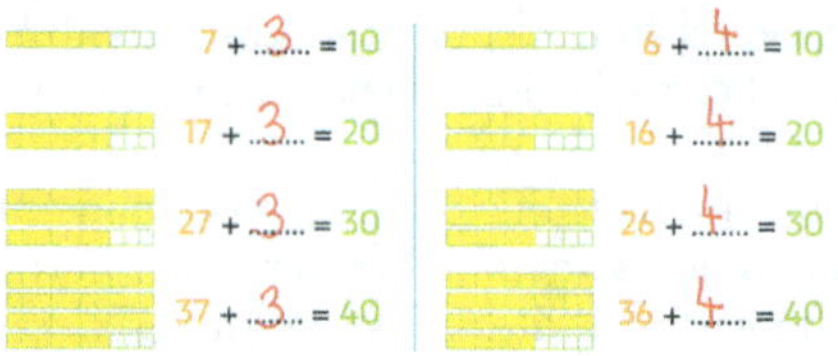

2 Cette situation prolonge le premier exercice en évoquant le matériel mais sans le représenter.

Les élèves doivent établir le lien entre les cas étudiés précédemment et la question qui leur est posée : calculer le complément de 57 à 60.

57 + 3 = 60 . 3 cubes sont rouges.

Institutionnalisation orale

Poser la question : « *Qu'avez-vous appris aujourd'hui ?* »

Réponse attendue proche de : « *Nous avons appris à trouver le complément à la dizaine supérieure.* »

Je m'entraîne

15 min

En individuel

3 Les élèves retrouvent les calculs du complément à la dizaine supérieure en s'appuyant sur le complément à 10.

8 + 2 = 10	6 + 4 = 10	4 + 6 = 10
28 + 2 = 30	36 + 4 = 40	44 + 6 = 50

Erreur possible

L'élève ne voit pas la relation entre le calcul du complément à 10 et le calcul à une dizaine supérieure.

Remédiation

– Utiliser le matériel de numération pour représenter les nombres.

– Demander d'effectuer les calculs colonne par colonne.

– S'aider de la bande numérique.

4 Ce problème de la vie courante propose une situation concrète de complément à la dizaine supérieure utilisant la monnaie.

Remédiation

– Utiliser la monnaie fictive du matériel du fichier.

– Utiliser la bande numérique.

– S'aider du tableau des nombres.

Réinvestissement

5 Exercice de tracé.

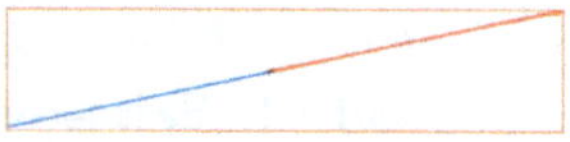

Erreurs possibles

– Tracé sans utilisation du matériel.

– Mauvais positionnement de la règle.

Remédiation

Proposer des tracés à la règle comme en leçon 6.

Problème de recherche personnelle

Erreur possible

Confusion avec la figure 3.

Remédiation

Proposer de rechercher une méthode pour comparer les figures (colonne par colonne ou ligne par ligne).

Différenciation

Remédiation Photofiche 10R

Cette photofiche propose un premier exercice réservé aux élèves qui n'auraient pas réussi l'exercice 3 du fichier. Le second exercice traite le calcul du complément à la dizaine supérieure en utilisant la bande numérique.

11 Jeu du chapeau (1)

Fichier p. 18

Programme 2018	**Calculer avec des nombres entiers** – Traiter à l'oral et à l'écrit des calculs relevant des quatre opérations. – Élaborer ou choisir des stratégies, expliciter les procédures utilisées et comparer leur efficacité : ▪ Addition, soustraction, multiplication, division.
Compétence	Trouver la valeur de l'état final dans un problème de transformation d'état.
Remarques préalables	▪ L'enjeu de cette leçon est de trouver la valeur du résultat final. Il faut préciser combien de points ont été ajoutés en prenant en compte la valeur de chaque jeton selon sa couleur. Cette leçon renforce donc la compréhension de la numération décimale. ▪ Les leçons portant sur le *Jeu du chapeau* peuvent être traitées de deux façons : soit avec le support des illustrations du fichier, soit en jouant effectivement les situations représentées sur le fichier. Dans le premier cas, les comparaisons entre les illustrations ne font pas fonctionner la mémoire, l'enjeu porte essentiellement sur la valeur des jetons ; alors que dans le second cas, l'utilisation de la mémoire est essentielle à la réussite de l'exercice. **Difficultés de la leçon** – Mémoriser la valeur des jetons selon la couleur. – Mémoriser l'ajout. – Tenir compte de la valeur des jetons pour traduire le résultat final en nombre de points. **Aide** – Travailler la mémoire visuelle (jeux de Kim) des élèves. – Jeu des échanges : échanger des jetons verts contre des jetons jaunes. – Reprendre le jeu en lieu et place des séances consacrées au Calcul mental.

Calcul mental — 5 min

➜ *Dictée de nombres en dizaines et unités.*
Dire : « 4 dizaines 5 unités » ; l'élève écrit 45.
Items : *4 dizaines 5 unités ; 6 dizaines 1 unité ; 5 dizaines ; 8 unités ; 3 dizaines 9 unités ; 2 dizaines 6 unités ; 2 dizaines ; 6 dizaines ; 5 unités ; 3 dizaines 4 unités.*

Problèmes du fichier — 15 min

En collectif

Matériel	1 chapeau (ou une boîte) ; une dizaine de jetons verts et une dizaine de jetons jaunes.
Organisation	Groupe classe.

1 ▪ Indiquer que deux types de jetons vont être utilisés dans ce jeu du chapeau : des jetons verts qui valent 10 points et des jetons jaunes qui valent 1 point.

▪ Faire le rapprochement avec les barres vertes du fichier qui représentent les dizaines et les jetons jaunes qui représentent les unités.

▪ Déposer un chapeau sur le bureau et y dissimuler 1 jeton vert et 3 jetons jaunes après les avoir montrés à la classe.

▪ Soulever légèrement le chapeau et y glisser ostensiblement 1 nouveau jeton vert.

▪ Poser la question : *« Quand je vais soulever le chapeau, combien de jetons verts et de jetons jaunes vais-je trouver ? »*

Pour savoir si les élèves ont correctement répondu, demander à un élève de venir soulever le chapeau et de compter les jetons qui s'y trouvent : 2 jetons verts et 3 jetons jaunes.

▪ Poser ensuite la question :

« À combien de points cela correspond-il ? »

– Certains élèves vont calculer : 10 +10 + 1 + 1 + 1 = 23.

– D'autres feront fonctionner les règles de la numération, utilisant dizaines (jetons verts) et unités (jetons jaunes). Ces jetons correspondent à : 2 dizaines 3 unités = 23.

On obtient 23 points. On privilégiera cette méthode pour les autres exercices.

1

Quand on soulève le chapeau, on trouve 2... jetons verts et 3... jetons jaunes.
Donc on obtient 23 points.

Erreurs possibles

– Difficulté à imaginer la situation.

– Erreur de calcul.

Remédiation

– Supprimer le chapeau pour les élèves qui éprouvent des difficultés à mémoriser.

– Utiliser un tableau de numération : placer le nombre de jetons verts dans la colonne des dizaines et le nombre de jetons jaunes dans la colonne des unités. Le nombre de points apparaît sans calcul !

Problèmes du fichier

30 min

En individuel

Ils sont conduits sur le même modèle en laissant un temps suffisant à la classe pour répondre aux questions du fichier.
La validation des réponses de chaque situation se fait par dénombrement des jetons verts et jaunes suivi de leur traduction en termes de points.

2 Au départ : 2 jetons verts et 3 jetons jaunes.
On retranche 1 jeton vert et 1 jeton jaune.
À la fin il reste : 1 jeton vert et 2 jetons jaunes.
1 dizaine 2 unités = 12
On obtient 12 points.

3 Au départ : 4 jetons jaunes.
On rajoute 1 jeton vert et 2 jetons jaunes.
À la fin : 1 jeton vert et 6 jetons jaunes.
1 dizaines 6 unités = 16
On obtient 16 points.

En conclusion de la séance, l'enseignant(e) signale que, grâce aux règles de la numération, le nombre de jetons verts et de jetons jaunes peut être écrit dans un tableau de numération ce qui permet d'obtenir le nombre de points sans faire de calculs.

Différenciation

Consolidation Photofiche 11c
Elle présente trois exercices similaires à ceux présentés dans le fichier.
Dans le premier, les élèves doivent uniquement ajouter des dizaines.
Dans le deuxième exercice, les élèves doivent uniquement retirer des unités.
Dans le troisième exercice, les élèves doivent ajouter des dizaines et des unités.

12 Problèmes (1) : Rechercher l'état final

Fichier p. 19

Programme 2018	**Résoudre des problèmes en utilisant des nombres entiers et le calcul** – Résoudre des problèmes issus de situations de la vie quotidienne ou adaptés de jeux conduisant à utiliser les quatre opérations : ▪ Problèmes relevant des structures additives (addition/soustraction). – Modéliser ces problèmes à l'aide d'écritures mathématiques : ▪ Sens des symboles +, −, ×, ÷.
Compétences	Rechercher l'état final dans des situations additives ou soustractives. S'aider d'un schéma.
Remarques préalables	▪ Dans cette première leçon consacrée à la résolution de problèmes additifs ou soustractifs, nous souhaitons que les élèves prennent conscience de leur capacité à anticiper le résultat d'une manipulation ou d'une situation simple portant sur l'augmentation ou la diminution d'une collection de jetons. ▪ Dans les situations problèmes, il faut que l'élève établisse le lien entre la situation proposée par l'énoncé du problème et le calcul qu'il doit mobiliser pour répondre à la question que pose cet énoncé. Nous nous référerons au travail de Gérard Vergnaud (voir « Annexe 1 » à la fin de cet ouvrage) pour proposer des problèmes de transformation d'états avec recherche de l'état final, catégorie de problèmes que les élèves de CP associent spontanément à l'addition quand la transformation correspond à une augmentation et à la soustraction quand la transformation correspond à une diminution. Les élèves de début de CE1 devraient donc établir facilement la correspondance entre la situation décrite et une démarche qui permet d'en anticiper le résultat. Cette leçon peut être découpée en deux séances : la première est consacrée aux manipulations préparatoires, la seconde aux activités sur le fichier. **Difficulté de la leçon** Écrire la traduction mathématique d'une situation additive ou soustractive. **Aide** – Rappeler les différentes procédures possibles (dessin, surcomptage, décomptage, utilisation de la bande numérique, calcul) permettant de prévoir la valeur de l'état final. – Rappeler la traduction mathématique de ces calculs dont l'élève ne perçoit pas la nécessité.

Calcul mental **5 min**

➜ *Dire un nombre « 38 » ; l'élève écrit les 5 suivants.*
L'enseignant choisit une suite de 5 nombres qui figureront sur les 5 cases réservées au calcul mental.
***Items :** 38 ; 45 ; 57 ; 25 ; 54 ; 16 ; 32 ; 28 ; 49 ; 55.*

Manipulations préparatoires — 15 min

En collectif

Matériel	Une boîte ; 20 jetons ; ardoises.
Organisation	Groupe classe.

Activité 1 : Situation additive
Combien de jetons dans la boîte ?

Manipuler

▪ Mettre 7 jetons dans la boîte et dire : « *Il y a 7 jetons dans la boîte.* »
▪ Un élève place 5 autres jetons dans la boîte.
▪ Demander : « *Comment représenter cette situation pour trouver le nombre de jetons qu'il y a maintenant dans la boîte ?* »

Débattre, schématiser

▪ Mettre en commun les propositions des élèves.
▪ Privilégier la schématisation suivante :

▪ Demander : « *Quelle opération faut-il faire ?* »
La classe reconnaît une situation additive.

▪ Demander ensuite : « *Combien de jetons y a-t-il dans la boîte ?* »
▪ Laisser un temps de recherche suffisant avant de mettre en commun les propositions des élèves. Les écrire au tableau.
▪ Vider le contenu de la boîte ; un élève vient compter les jetons. La boîte en contenait 12.
▪ Dire : « *Ceux qui ont répondu "12" ont réussi à résoudre le problème. Ils ont trouvé combien de jetons contenait la boîte.* »
▪ Mettre en avant les procédures qui ont conduit à la bonne réponse : le dénombrement, le surcomptage avec les doigts ou la bande numérique, le calcul…
▪ Corriger les procédures erronées : la classe se mobilise pour trouver les erreurs et les corriger.

Symboliser

▪ Faire écrire l'égalité qui traduit la situation additive de façon mathématique : 7 + 5 = 12.
Cette écriture uniformise toutes les procédures correctes proposées par les élèves.

Activité 2 : Situation soustractive
Combien de jetons dans la boîte ?

Manipuler

▪ Mettre 8 jetons dans la boîte sous le regard des élèves ; puis en retirer 3 et les placer sur le couvercle de la boîte.
▪ Demander : « *Comment représenter cette situation pour trouver le nombre de jetons qu'il y a maintenant dans la boîte ?* »

Débattre, schématiser

- Mettre en commun les propositions des élèves.
- Privilégier la schématisation suivante :

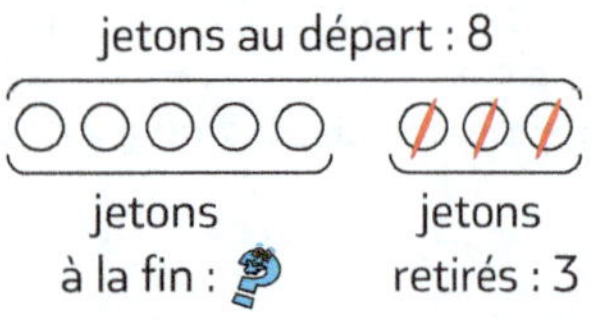

- Demander : *« Quelle opération faut-il faire ? »*

La classe reconnaît une situation soustractive.

- Demander ensuite : *« Combien de jetons reste-t-il dans la boîte ? »*
- Laisser un temps de recherche suffisant avant de mettre en commun les propositions des élèves. Les écrire au tableau.
- Vider le contenu de la boîte ; un élève vient compter les jetons. Il reste 5 jetons dans la boîte.
- Dire : *« Ceux qui ont répondu "5" ont réussi à résoudre le problème. Ils ont trouvé combien de jetons il restait dans la boîte. »*
- Mettre en avant les procédures qui ont conduit à la bonne réponse : le dénombrement, le décomptage avec les doigts ou la bande numérique.
- Corriger les procédures erronées : la classe se mobilise pour trouver les erreurs et les corriger.

Symboliser

- Faire écrire l'égalité qui traduit la situation de façon mathématique : 8 – 3 = 5.

Cette écriture uniformise toutes les procédures correctes proposées par les élèves.

Problèmes du fichier

30 min

En collectif

1 - Décrire la situation et s'assurer que tous ont compris le problème.

- Utiliser du matériel pour mimer la situation et préparer la validation.
- Utiliser la même démarche que celle employée pour résoudre le problème de l'activité manipulatoire 1.
- Observer et commenter le schéma puis lire la bulle qui explique comment le compléter.
- Compléter le schéma.
- En déduire l'opération à effectuer, l'écrire et la calculer puis compléter la phrase réponse.

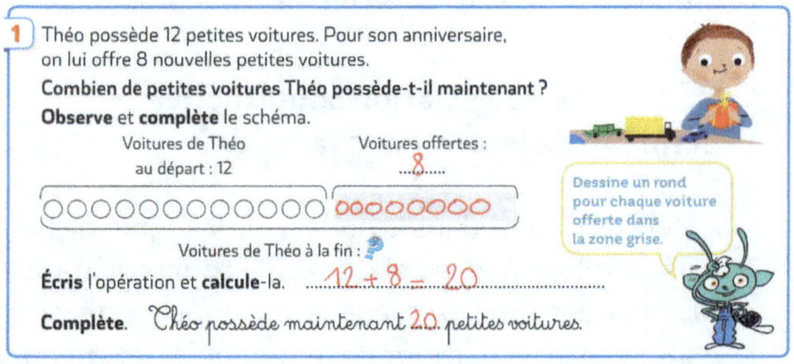

PROBLÈME DE RÉFÉRENCE 1

(matériel photocopiable)

Ce problème va servir de référence à toute une catégorie de problèmes analogues. Il est destiné à être affiché sur le mur des mathématiques et collé sur le cahier de référence mathématique des élèves.

Dans ce problème de référence, le schéma n'est plus figuratif mais abstrait.

Faire l'analogie avec le schéma précédent en indiquant que les ronds peuvent être mis dans des boîtes de différentes longueurs que l'on appellera par la suite bandes.

Cette représentation est adaptée aux grands nombres, car dans ce cas il n'est plus possible de représenter chaque objet.

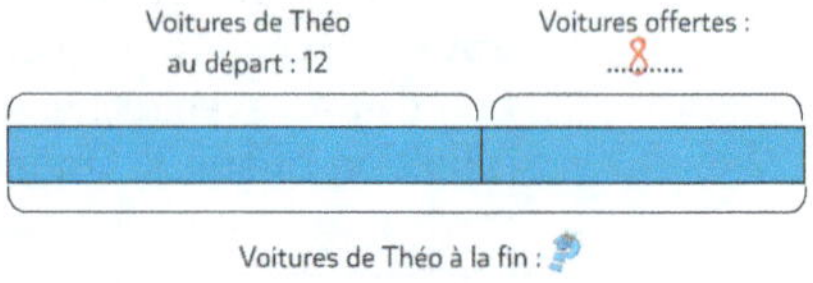

2 - S'assurer que les élèves ont compris le problème : la flèche indique que des élèves descendent du car ; il en descend 10.

- Mettre en place la situation qui va permettre la validation : placer 26 jetons dans une boîte puis en retirer 10. Combien en reste-t-il ?
- Utiliser la même démarche que celle employée pour résoudre le problème de l'activité manipulatoire 2.
- Observer et commenter le schéma : le schéma a évolué. Il est abstrait comme celui du problème de référence précédent. L'expliciter.
- Lire la bulle qui explique comment le compléter.
- Compléter le schéma.
- En déduire l'opération à effectuer, l'écrire et la calculer puis compléter la phrase réponse.
- Procéder à la validation en comptant les jetons qui restent dans la boîte.

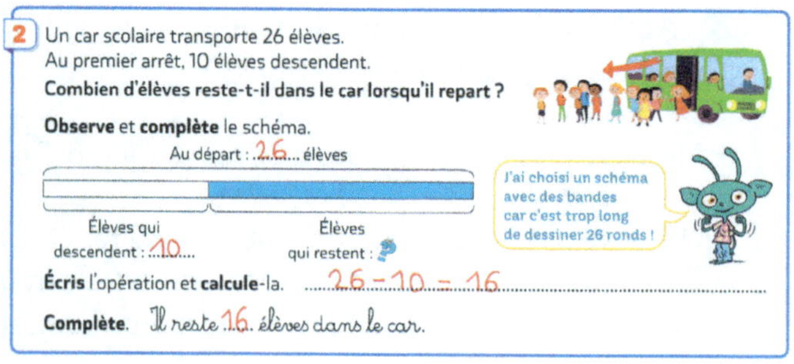

PROBLÈME DE RÉFÉRENCE 2

(matériel photocopiable)

Ce problème va servir de référence à toute une catégorie de problèmes analogues. Il est destiné à être affiché sur le mur des mathématiques et collé sur le cahier de références mathématiques des élèves.

Problèmes du fichier

15 min

En individuel

3 ▪ Vérifier que tous les élèves ont compris l'énoncé du problème.
▪ Les élèves travaillent seuls.
▪ Proposer de réaliser, sur l'ardoise, un schéma semblable à celui du problème n° 2.
▪ Conduire la correction de ce troisième problème comme celle du deuxième (situation soustractive).

3 25 hirondelles sont posées sur un fil électrique.
7 hirondelles s'envolent.
Combien d'hirondelles reste-t-il sur le fil ?

Écris l'opération et **calcule**-la. 25 – 7 = 18

Complète. Il reste 18 hirondelles sur le fil.

Erreur possible

Mauvaise interprétation de l'énnoncé.

Remédiation

– Demander si le nombre d'hirondelles est plus important au début ou à la fin pour favoriser la compréhension de la situation.
– Si nécessaire, faire vivre la situation à des élèves en diminuant les valeurs numériques de l'énoncé.

Différenciation

Consolidation Photofiche 12c
Elle propose, sous forme dialoguée, trois situations de même type que celles étudiées dans le fichier : des enfants échangent des cartes.
Deux situations additives (problèmes 1 et 2).
Une situation soustractive (problème 3).
Cette fiche permet donc de renforcer l'étude de ce type de situations.

Cahier Problèmes : Leçon 1 et Leçon 4

PROBLÈME DE RÉFÉRENCE 1

Je sais…
résoudre un problème d'ajout

> Une boîte contient 25 jetons. Tom en ajoute 7.
>
> **Combien de jetons cette boîte contient-elle maintenant ?**

Que dois-je chercher ?

→ Je dois chercher le nombre de jetons que contient la boîte à la fin.

J'imagine la situation.

Je schématise.

Je choisis l'opération.

→ Je dois calculer une **addition**.
J'utilise le signe +.

Je calcule.

25 + 7 = 32

Je rédige une phrase réponse.

Maintenant, cette boîte contient 32 jetons.

PROBLÈME DE RÉFÉRENCE 2

Je sais…
résoudre un problème de retrait

Au départ, cette boîte contient 25 jetons. Tom en retire 7.

Combien de jetons cette boîte contient-elle maintenant ?

Que dois-je chercher ?

➜ Je dois chercher le nombre de jetons qu'il reste dans la boîte.

J'imagine la situation.

Je schématise.

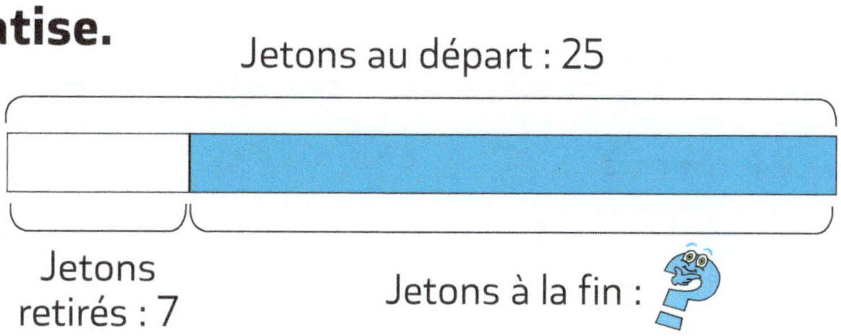

Je choisis l'opération.

➜ Je dois calculer une **soustraction**.
J'utilise le signe –.

Je calcule.

$25 - 7 = 18$

Je rédige une phrase réponse.

Maintenant, cette boîte contient 18 jetons.

13 Je fais le point (1)

Fichier pp. 20-21

Procéder régulièrement au bilan des compétences des élèves. L'élève fait le point sur ses connaissances. Les résultats permettent aussi de repérer les notions mathématiques et les techniques de calcul maîtrisées par la majorité des élèves et celles qui doivent donner lieu à un travail de remédiation en atelier.
Comme les items des pages « Je fais le point » peuvent être faits à la maison, leur préférer ceux proposés dans le guide pédagogique pour réaliser les évaluations finales des demi-périodes. Utiliser alors les pages « Je fais le point » du fichier comme activités préparatoires aux évaluations finales.

Consignes de passation

Pour chaque exercice, les élèves travaillent individuellement. Lire une fois la consigne à haute voix. Leur laisser un temps raisonnable pour réfléchir, calculer et rédiger la réponse puis passer à l'exercice suivant. L'ensemble des exercices de la page peut être traité en deux séances. La correction se fera à la fin de chaque séance.

Connaissances et compétences	Commentaires	Propositions de remédiation
1. **Nommer, lire, écrire, représenter des nombres entiers.** → Connaître la suite des nombres.	Les difficultés sont les deux passages à la dizaine supérieure (30 et 40). Un échec à cet exercice montre que la maîtrise de la numération écrite des 60 premiers nombres n'est pas acquise.	Regrouper les élèves en difficulté et demander à l'un d'eux de dire oralement la suite des nombres. Demander à un autre élève de continuer, puis à un autre, et ainsi de suite. Procéder de même à rebours, puis passer à l'écrit. → **Mémo** page 1 → **Photofiches 1R ; 5R**
2. **Comprendre et utiliser des nombres entiers pour dénombrer, ordonner, repérer, comparer.** → Connaître le précédent, le suivant.	C'est généralement le passage à la dizaine supérieure ou inférieure qui provoque des erreurs.	Demander de lire les trois nombres de chaque étiquette complétée : ils doivent être consécutifs. Revenir à la comptine. → **Mémo** page 1 → **Photofiches 1R ; 5R**
3. **Nommer, lire, écrire, représenter des nombres entiers.** → Passer de l'écriture en lettres à l'écriture en chiffres.	Comparer les résultats à ceux d'une dictée de nombres. Si un élève écrit correctement des nombres en chiffres au cours d'une dictée de nombres et ne réussit pas cet exercice, c'est la lecture qui est en cause.	Selon le cas, procéder à des dictées de nombres ou à un travail de lecture. → **Photofiche 5R**
4. **Nommer, lire, écrire, représenter des nombres entiers.** → Connaître dizaines et unités.	Cet exercice permet de vérifier si la numération de position est en cours d'acquisition.	Revenir au tableau de numération (barre verte de 10 et jeton jaune unité) à compléter. → **Photofiche 7R**
5. **Nommer, lire, écrire, représenter des nombres entiers.** → Décomposer un nombre.	Dans cet exercice, on retrouve les écritures d'un même nombre : en chiffres, en lettres, en décomposition canonique.	S'assurer que l'erreur ne provient pas d'un défaut de lecture de l'écriture littérale. → **Mémo** page 2 → **Photofiche 8R**

Connaissances et compétences	Commentaires	Propositions de remédiation
6. Comprendre et utiliser des nombres entiers pour dénombrer, ordonner, repérer, comparer. → Comparer deux nombres.	Exercice de comparaison de nombres inférieurs à 70 : les deux nombres ont des chiffres de dizaines différents.	Demander d'énoncer les règles de comparaison et, si besoin, avoir recours au matériel de numération. → Mémo page 6 → **Photofiche 9R**
7. Comprendre et utiliser des nombres entiers pour dénombrer, ordonner, repérer, comparer. → Ordonner des nombres.	Cet exercice nécessite : – de connaître la notion d'ordre, la valeur des nombres ; – d'élaborer une méthodologie d'exploration sans omission ni répétition. C'est l'observation des élèves au travail et l'examen des réponses qui permettront de déceler les causes d'erreurs et de proposer des remédiations adaptées.	En cas de difficulté, inciter les élèves à utiliser une méthode : – chercher le plus grand nombre ; – l'écrire, puis le barrer ; – procéder de même avec les autres nombres. Utiliser aussi le placement des nombres sur la bande numérique. → Mémo page 7 → **Photofiche 9R**
8. Calculer avec des nombres entiers. → Ajouter, retrancher un petit nombre.	S'assurer que chaque élève utilise une méthode fiable pour effectuer ses calculs. Vérifier d'où proviennent les erreurs : – maîtrise insuffisante des signes =, + et – ; – erreur de calcul.	Reprendre ce travail en petits groupes avec de tout petits nombres, oralement d'abord, puis par écrit. Ensuite, augmenter la taille des nombres.
9. Résoudre des problèmes en utilisant des nombres entiers et le calcul. → Résoudre un problème du champ additif.	Ce problème est très proche du problème 1 de la leçon 12. S'assurer de la bonne compréhension de l'énoncé.	Vérifier si l'erreur provient simplement du calcul. Jouer la situation.
10. Reconnaître et utiliser les notions d'alignement, d'angle droit, d'égalité de longueurs, de milieu, de symétrie. → Tracer un segment.	S'assurer de la bonne compréhension de l'énoncé : il faut relier à la règle les deux points rouges, puis les deux points verts. Exiger un tracé de qualité.	Utiliser la règle de la classe. Reprendre l'exercice au tableau avec un élève ayant bien réussi le tracé. Insister sur le positionnement de la règle et sur sa tenue. → **Photofiche 6R**
11. Reconnaître et utiliser les notions d'alignement, d'angle droit, d'égalité de longueurs, de milieu, de symétrie → Prolonger un segment.	S'assurer de la bonne compréhension de l'énoncé : il faut prolonger à la règle les rayons du soleil jusqu'au bord du cadre rouge.	Utiliser la règle de la classe. Tracer un trait au tableau et demander à élève ayant bien réussi le tracé de prolonger ce trait. Insister sur le positionnement de la règle et sur sa tenue. → **Photofiche 6R**

E1

Évaluation (1)

Fichier CE1
Leçons 1 à 12

Prénom .... **Date** ....

Connaissances et compétences **Évaluation**

Nombres et calculs	
Nommer, lire, écrire, représenter des nombres entiers	
1. Connaître la suite des nombres.	
2. Passer de l'écriture en lettres à l'écriture en chiffres.	
3. Connaître dizaines et unités.	
4. Décomposer un nombre.	
Comprendre et utiliser des nombres entiers pour dénombrer, ordonner, repérer, comparer	
5. Comparer les nombres inférieurs à 70.	
6. Ordonner les nombres inférieurs à 70.	
Calculer avec les nombres entiers	
7. Ajouter un petit nombre.	
8. Retrancher un petit nombre.	
Résoudre des problèmes en utilisant des nombres entiers et le calcul	
9. Résoudre une situation soustractive.	

1 **Complète** les suites de nombres.

36	37	38	....	....	....

....	....	....	61	62	63

2 **Écris** en chiffres.

quarante-six : .... | soixante : .... | cinquante-deux : ....

3 **Écris** en chiffres.

5 dizaines 7 unités : .... | 4 dizaines : .... | 6 unités : ....

4 **Complète**.

68	soixante-huit	60 + ...
....	cinquante-trois	.... + 3
....	....	50 + 6
....	quarante-cinq	.... + ...

5 **Colorie** le plus grand nombre de chaque étiquette.

53	57

90	48

6 **Range** ces nombres du plus grand au plus petit.

.... ; .... ; .... ; ....

7 **Calcule**.

18 + 5 = ...   17 + 7 = ...

16	17	18	19	20	21	22	23	24

8 **Calcule**.

14 – 5 = ...   13 – 6 = ...

6	7	8	9	10	11	12	13	14

9 **Combien** de jetons reste-t-il dans la boîte ?

....

Maintenant cette boîte contient .... jetons.

Connaissances et compétences **Évaluation**

Espace et géométrie	
(Se) repérer et (se) déplacer en utilisant des repères	
10. Tracer un segment.	
11. Prolonger un segment.	

10 **Trace** un triangle en reliant les points à la règle.

11 **Prolonge** ce trait jusqu'au bord du cadre.

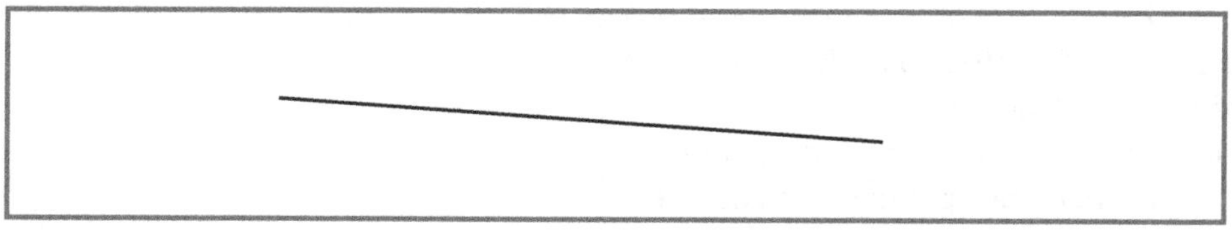

14 Calcul en ligne : Ajouter un petit nombre (2)

Fichier p. 22

Programme 2018	**Calculer avec des nombres entiers** Calcul en ligne : Calculer, avec le support de l'écrit, en utilisant des écritures en ligne additives, soustractives, multiplicatives, mixtes.
Compétence	Calcul en ligne : Ajouter un nombre d'un chiffre à un nombre de deux chiffres.
Remarques préalables	▪ Ajouter un petit nombre à un nombre de deux chiffres est une technique complexe qui se décompose en plusieurs étapes : – La première étape préparatoire sert à identifier le complément à la dizaine supérieure du nombre de deux chiffres. – La deuxième étape consiste à décomposer mentalement le « petit nombre » en une somme dont le premier terme est égal au complément précédent. – La troisième étape sera d'effectuer le calcul. **Difficultés de la leçon** Ces différentes étapes sont quasi simultanées pour un adulte, mais sont difficiles pour les élèves de CE1 qui n'ont pas encore automatisé ces différentes tâches. S'assurer, avant de passer à l'étape suivante, que les élèves maîtrisent chacune des étapes précédentes. **Aide** Montrer aux élèves l'intérêt de l'écriture mathématique des différentes étapes du calcul. Elle est une aide précieuse pour comprendre l'organisation du calcul et un point d'appui pour les étapes intermédiaires.

Calcul mental 5 min

➜ *Dire un nombre : « 45 » ; l'élève écrit les 5 précédents.*
***Items :** 45 ; 37 ; 59 ; 26 ; 54 ; 32 ; 23 ; 41 ; 62 ; 20.*

Prérequis oral

« La somme 8 + 5 est-elle supérieure à 10 ? »
Cette question permet de vérifier si, sans calcul du résultat, les élèves savent si la somme de 2 petits nombres est supérieure à dix. Cette connaissance sera utilisée dans la leçon.

Manipulations préparatoires 30 min

En collectif

Matériel	Ardoise ; une provision de noix ; des boîtes vides de 10 œufs ; une bande numérique.
Organisation	Groupes de 4 élèves.

Activité : Des boîtes de 10 œufs

Manipuler

▪ Remettre à chaque groupe 4 boîtes vides et une collection de 28 noix.
▪ Demander de placer les 28 noix dans des boîtes de dix.
« Combien de boîtes avez-vous remplies ? »
▪ Distribuer 7 noix de plus à chaque groupe et demander de compléter la collection précédente.
« Combien de noix avez-vous maintenant ? »

Débattre, schématiser

▪ *« Avec 28 noix, il manque 2 noix pour remplir la troisième boîte. Avec 7 noix, on remplit la troisième boîte et il reste encore 5 noix. Au total, on obtient 3 boîtes de 10 et 5 noix : ce qui fait 35 noix. »*
▪ Faire le lien avec la bande numérique sur laquelle le passage de 28 à 35 est schématisé par deux déplacements successifs : le premier correspond au remplissage de la troisième boîte, le second correspond aux noix restant dans la quatrième boîte. Commenter et justifier ce schéma :

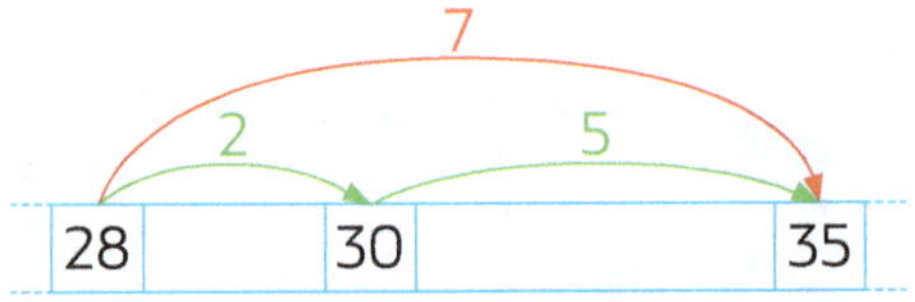

Symboliser

▪ Traduire ces actions par une écriture mathématique :
28 + 7 = 28 + 2 + 5
28 + 7 = 30 + 5
28 + 7 = 35

Le même type de situation est repris deux ou trois fois de suite avec 25 + 9, 16 + 8, suivis de leur traduction schématique et mathématique.

Découvrons 15 min

1 ▪ Les élèves observent comment Léa et Théo organisent le calcul de 27 + 8. La bulle de Léa précise qu'il y a un changement de dizaine.
Théo explique que, pour ajouter 8, il ajoute d'abord 3 pour atteindre 30 : 27 + 3 = 30 ; puis il ajoute 5 car 8 = 3 + 5 ; 30 + 5 = 35.
▪ Les élèves complètent le schéma explicatif, puis le calcul : 27 + 8 = 35.
▪ Attirer leur attention sur l'importance de connaître par cœur les compléments à dix.

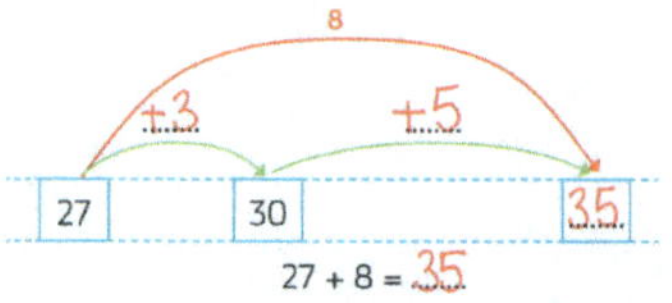

Institutionnalisation orale

Poser la question : « *Qu'avons-nous appris aujourd'hui ?* »
Réponse attendue proche de : « *Nous avons appris à ajouter un petit nombre avec passage d'une dizaine.* »

Je m'entraîne

15 min

En individuel

2 Les quatre items de cet exercice reprennent la méthode utilisée par Théo. Dans chaque cas, elle est étayée par un schéma associé à des déplacements sur la bande numérique.

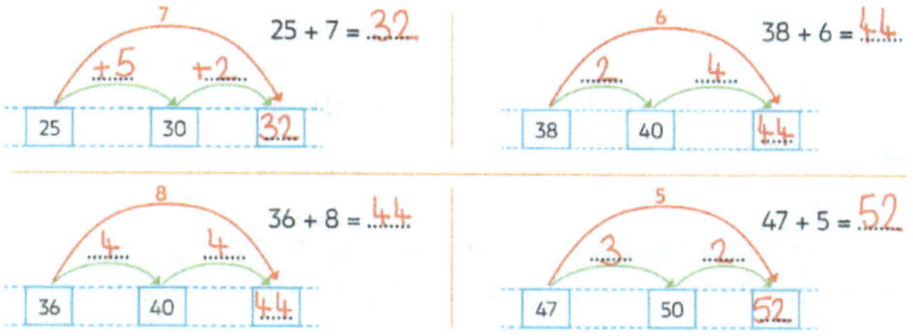

Erreur possible

Difficulté à maîtriser l'étape intermédiaire (complément à la dizaine) et à interpréter le schéma.

Remédiation

Reprendre la correction de ces exercices avec les boîtes d'œufs de l'activité préparatoire ou avec le matériel de numération en procédant à l'échange de 10 jetons unités contre une barre verte.

3 Ce problème nécessite le calcul d'une addition avec passage à la dizaine supérieure :
36 + 7 = 36 + 4 + 3 = 43.
Les élèves peuvent utiliser l'espace entouré de pointillés pour détailler les étapes de leur calcul.

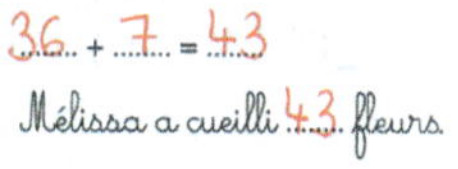

Erreur possible

Difficulté à organiser le calcul en l'absence de l'aide d'un schéma.

Remédiation

Demander : « *Quelle est la dizaine immédiatement supérieure à 36 ? Sera-t-elle dépassée ?* » Proposer de commencer par atteindre cette dizaine.

Réinvestissement

4 Comparer des nombres jusqu'à 69.
Cet exercice réinvestit la leçon 9 : « Comparer, ordonner les nombres jusqu'à 69 ».

Remédiation

Si nécessaire, matérialiser ces nombres par les barres dizaines et les jetons unités.

Différenciation

Remédiation Photofiche 13R

Cette photofiche propose deux exercices.
Le premier comporte six items semblables à ceux de l'exercice 2. L'élève a les schémas comme support visuel. Il peut aussi utiliser la bande numérique pour vérifier ses calculs.
Le second exercice est un problème qui nécessite le calcul d'une addition avec passage à la dizaine supérieure. Le schéma n'est pas renseigné.

15 Calcul en ligne : Retrancher un petit nombre (2)

Fichier p. 23

Programme 2018	**Calculer avec des nombres entiers** Calcul en ligne : Calculer, avec le support de l'écrit, en utilisant des écritures en ligne additives, soustractives, multiplicatives, mixtes.
Compétence	Calcul en ligne : Retrancher un nombre d'un chiffre à un nombre de deux chiffres.
Remarques préalables	▪ Dans cette leçon, les élèves vont apprendre à calculer une différence en franchissant une dizaine. ▪ Comme dans la leçon précédente, nous proposons d'organiser le calcul en deux étapes : atteindre la dizaine, puis retirer le complément du nombre. ▪ Ces calculs de différences sont plus délicats que les calculs de sommes étudiés précédemment. Compter à rebours provoque plus d'erreurs que compter en avançant. Il faut donc accepter de laisser plus de temps aux élèves pour organiser la seconde partie de leur calcul. **Difficultés de la leçon** Comprendre l'intérêt de décomposer le calcul en deux étapes. Parvenir à gérer l'ensemble des deux étapes du calcul. Interpréter correctement le schéma prenant appui sur la bande numérique. **Aide** – Montrer aux élèves l'intérêt de l'écriture mathématique des différentes étapes du calcul. Elle est une aide précieuse pour comprendre l'organisation du calcul et un point d'appui pour son organisation (mémorisation de la différence intermédiaire). – Lire le Mémo page 11.

Calcul mental 5 min

➜ *Décomposition canonique. Dire : « 40 + 7 » ; l'élève écrit 47.*
***Items :** 40 + 7 ; 30 + 6 ; 50 + 8 ; 20 + 3 ; 10 + 9 ; 60 + 2 ; 20 + 3 ; 40 + 1 ; 60 + 7 ; 30 + 5.*

Prérequis oral

« Montrer 10 doigts. "Combien de doigts reste-t-il si j'en abaisse 3 ?" »

Cette activité vérifie, sans formalisme, le retrait d'une quantité à une dizaine.

Manipulations préparatoires 10 min

En collectif

Matériel	Ardoise ; une provision de noix ; des boîtes vides de 10 œufs ; une bande numérique.
Organisation	Groupes de 4 élèves.

Activité : Des boîtes de 10 œufs

Manipuler

▪ Remettre à chaque groupe 3 boîtes vides et une collection de 24 noix.

▪ Demander de placer les 24 noix dans des boîtes de dix.
« Combien de boîtes avez-vous remplies ? »

▪ Demander de retirer 6 noix de cette collection.
« Combien de noix contient maintenant la nouvelle collection de noix ? »

Débattre, schématiser

▪ *« Avec 24 noix, on a rempli 2 boîtes de 10 et il y a 4 noix dans la troisième boîte. Pour enlever 6 noix, on enlève d'abord ces 4 noix (il reste 2 boîtes pleines de 10 noix) puis encore 2 noix à la deuxième boîte : il reste donc 1 boîte de 10 noix et 8 noix ce qui fait 18 noix. »*

▪ Faire le lien avec la bande numérique sur laquelle le passage de 24 à 18 est schématisé par deux déplacements successifs : le premier correspond au retrait des 4 noix de la troisième boîte, le second correspond aux 2 noix restant à retirer dans la deuxième boîte. Commenter et justifier ce schéma :

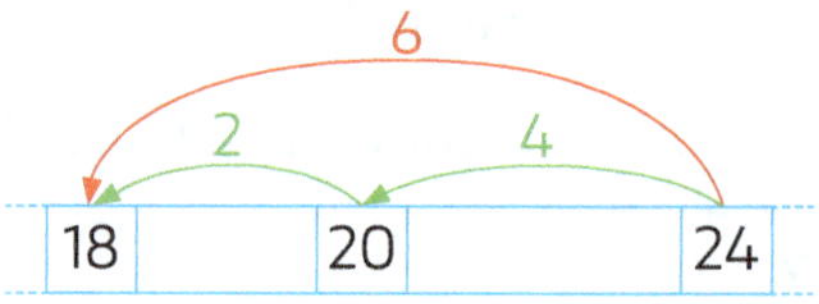

Symboliser

▪ Traduire ces actions par une écriture mathématique :
24 – 4 = 20 et 20 – 2 = 18
24 – 6 = 18

Reprendre la même situation avec un ou deux autres calculs : 23 – 7 ; 25 – 9.

Découvrons 15 min

1 ▪ Théo précise que le calcul de 34 – 7 va donner un résultat plus petit que 30 ; il faudra donc changer de dizaine.

▪ Léa explique que, pour retrancher 7, elle retranche d'abord 4 pour atteindre la dizaine inférieure :
34 – 4 = 30, cette soustraction est facile à réussir, puis elle retranche 3 car 7 = 4 + 3 ; 30 – 3 = 27, ce dernier calcul est à rapprocher de 10 – 3 = 7.

▪ Compléter le schéma explicatif puis le calcul : 34 – 7 = 27.

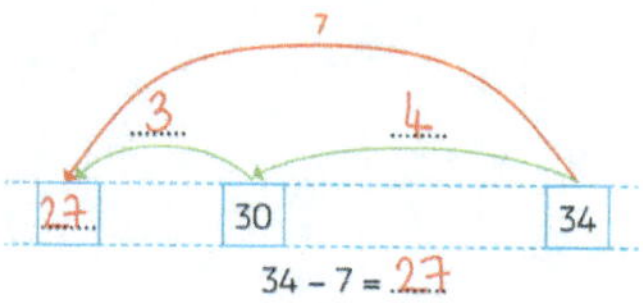

Institutionnalisation orale

Poser la question : « *Qu'avons-nous appris aujourd'hui ?* »
Réponse attendue proche de : « *Nous avons appris à retrancher un petit nombre avec passage d'une dizaine.* »

Je m'entraîne

15 min

En individuel

2 Les quatre items de cet exercice reprennent la méthode utilisée par Théo et Léa. Chaque calcul est étayé par un schéma qui décompose les deux étapes du calcul. S'assurer de sa compréhension.

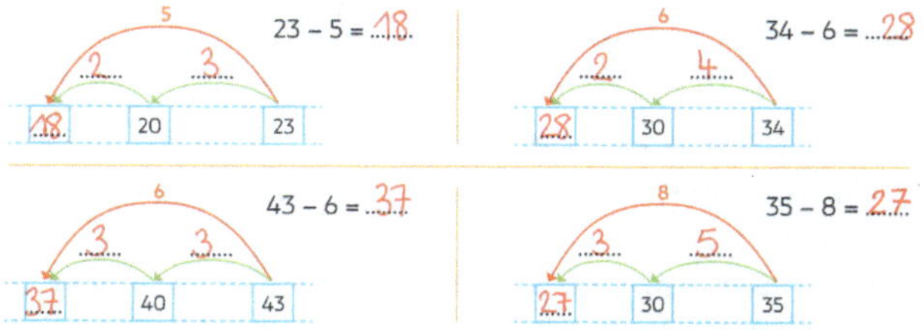

Erreurs possibles

- Difficulté à décomposer le petit nombre pour accéder à la dizaine inférieure.
- Difficulté à réussir la deuxième étape du calcul.

Remédiation

- Reprendre les boîtes d'œufs utilisées dans l'activité préparatoire ou le matériel de numération en échangeant une barre dizaine contre 10 jetons unités.
- **Mémo** page 11.

3 Ce problème nécessite le calcul d'une différence avec passage à la dizaine inférieure :
32 – 2 = 30 ; 30 – 3 = 27 ; 32 – 5 = 27.
Les élèves peuvent utiliser l'espace entouré de pointillés pour détailler les étapes de leur calcul.

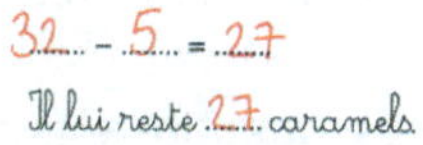

Erreur possible

Difficulté à gérer les deux étapes du calcul.

Remédiation

Reprendre le calcul avec le matériel de numération ou les boîtes d'œufs.

Réinvestissement

4 Ordonner des nombres jusqu'à 69.
Cet exercice réinvestit la leçon 9 : « Comparer, ordonner les nombres jusqu'à 69 ».

39 ; 51 ; 58 ; 60

Remédiation

- Utiliser le matériel de numération.
- Faire constater qu'une fois le rangement terminé les nombres doivent être rangés du plus petit au plus grand comme sur la bande numérique.

Problème de recherche personnelle

Le coin du chercheur

Combien de triangles comptes-tu dans la figure ? 5

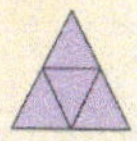

Erreur possible

Oubli du grand triangle qui renferme les 4 autres.

Remédiation

Faire colorier de différentes couleurs les différents triangles sur deux photocopies vierges de façon à distinguer le grand triangle des quatre autres.

Différenciation

Remédiation Photofiche 14R

Cette photofiche propose deux exercices.
Dans le premier, l'élève a comme support visuel les schémas. Il peut aussi utiliser la bande numérique pour vérifier ses calculs.
Le second est un problème qui nécessite le calcul d'une soustraction avec passage de la dizaine inférieure. Ici aussi le schéma est une aide forte.

16 Lire, écrire les nombres jusqu'à 99

Fichier p. 24

Programme 2018	**Nommer, lire, écrire, représenter des nombres entiers** Passer d'une représentation à une autre, en particulier associer les noms des nombres à leurs écritures chiffrées.
Compétences	Lire, écrire les nombres inférieurs à 100.
Remarques préalables	▪ Malgré l'inconvénient du passage à la ligne, le tableau des nombres rangés par dizaines propose une présentation qui favorise la prise de conscience des régularités des écritures chiffrées : dans chaque colonne, le chiffre de droite reste le même ; sur chaque ligne, le chiffre de gauche reste le même. ▪ Avec les nombres de 70 à 99, les élèves vont être confrontés aux irrégularités de la numération orale, mais retrouver aussi les mêmes régularités d'écriture chiffrée qu'avec les nombres de 10 à 69. **Difficulté de la leçon** Faire comprendre le lien entre les numérations orale et chiffrée de cette tranche de nombres. Il faudra du temps pour que tous les élèves l'acquièrent. **Aide** – La mise en évidence de la régularité dans la suite des nombres est une aide pour la compréhension de la numération décimale ; elle souligne le rôle de chaque chiffre et l'importance de leur position dans le nombre. Le nom de chaque dizaine est associé à un étage du tableau et à une famille de nombres. – Lectures et dictées de nombres fréquentes seront les meilleurs moyens pour y parvenir avec la mise en éveil des élèves sur les nombres dont le nom commence par « soixante » ou par « quatre-vingts ». – Se référer au Mémo pages 2 et 3.

Calcul mental — 5 min

➜ *Décomposition canonique. Dire : « 53 » ; l'élève écrit 50 + 3.*
***Items :** 53 ; 37 ; 48 ; 29 ; 17 ; 62 ; 43 ; 58 ; 61 ; 36.*

Prérequis oral

« Écrivez en chiffres : trente, quarante. »
Ce retour sur la leçon 5 rappelle la régularité de la numération.

Manipulations préparatoires — 30 min

En collectif

Matériel	Par groupes d'élèves : les bandes numériques (voir matériel photocopiable) ; une feuille A5 ; une paire de ciseaux ; un tube de colle.
Organisation	Groupes de 2 élèves.

Activité : De la bande au château

Manipuler

▪ Distribuer les bandes numériques et une feuille A5 à chaque groupe.
▪ Demander de lire quelques nombres, puis annoncer que l'on va organiser ces bandes d'une autre façon.
▪ Couper chaque bande après le premier nombre se terminant par 9.
▪ Ranger et coller ces nouvelles bandes les unes au-dessous des autres sur la feuille A5 en commençant par la plus petite tranche : celle de la famille des quarante. Prendre soin de respecter l'alignement des chiffres des unités dans les colonnes du tableau qui apparaît progressivement.

Débattre

▪ Demander le chemin à suivre sur ce tableau des nombres pour retrouver l'ordre de la bande numérique.
▪ *« Retrouve-t-on les régularités qui étaient apparues dans le tableau des nombres jusqu'à 69 ? »*

Découvrons — 15 min

1 ▪ Observer l'illustration du fichier : on reconnaît le tableau qui vient d'être fabriqué en activité préparatoire.
▪ Compléter les étiquettes qui portent le nom des dizaines et les cases grisées du tableau.
▪ Demander, une fois le tableau complété, quelle particularité possèdent les nombres de la première colonne, de la deuxième colonne, etc.
▪ Renouveler ces questions à propos des différentes lignes.
▪ Demander de compléter les cases grises, puis de les lire. Insister sur les nombres de la famille du 70 et sur ceux de la famille du 90 dont l'écriture chiffrée suit la même règle que celle des autres dizaines malgré leur prononciation curieuse.
▪ Rappeler que, lors d'une dictée de nombres, avant d'écrire un nombre en chiffres commençant par « soixante » ou « quatre-vingts », il faut attendre que le nombre dicté soit complètement prononcé pour savoir s'il commence par 6 ou par 7 ou bien par 8 ou par 9.

cinquante		51	52	53	54	55	56	57	58	59
soixante	60	61	62	63	64	65	66	67	68	
soixante-dix	70	71	72	73	74	75	76	77	78	79
quatre-vingts	80	81		83	84	85	86	87	88	89
quatre-vingt-dix	90	91	92	93	94	95	96	97	98	

Institutionnalisation orale

Poser la question : « *Qu'avons-nous appris aujourd'hui ?* »
Réponse attendue proche de : « *Dans le tableau des nombres, les nombres de la même ligne commencent par le même chiffre, les nombres de la même colonne finissent par le même chiffre.* »

Je m'entraîne — 15 min

En individuel

2 Cet exercice exploite le château des nombres sous forme ludique par la présence, dans ce château, des personnages connus du fichier.

Erreur possible
Cases mal renseignées.

Remédiation
– Revenir aux pages 2 et 3 du **Mémo**.
– Rappeler que les nombres sont rangés dans l'ordre de la bande numérique. On trouve le suivant en ajoutant 1 et le précédent en retranchant 1.

3 L'élève doit compléter les écritures en chiffres et les écritures littérales des nombres pris dans la tranche délicate des nombres de 70 à 99.

98	quatre-vingt-dix-huit
72	soixante-douze
75	Soixante-quinze

97	quatre-vingt-dix-sept
88	quatre-vingt-huit
80	quatre-vingts

Erreurs possibles
– Difficulté à orthographier correctement les nombres à écrire en lettres.
– Erreurs d'écriture en chiffres pour la tranche des nombres entre soixante et soixante-dix-neuf, et entre quatre-vingts et quatre-vingt-dix-neuf.

Remédiation
– S'assurer que la lecture des étiquettes n'est pas un obstacle, sinon lire chaque étiquette aux élèves en difficulté.
– Revenir pendant la correction collective sur les irrégularités orales des noms des nombres des familles « soixante-dix », « quatre-vingts » et « quatre-vingt-dix ». Faire lire ces nombres écrits en chiffres à haute voix.

Réinvestissement

4 Se déplacer sur la bande numérique.
C'est une situation additive vue au CP : ajouter 10.
Rainette part de la case 3 et fait un bond de 10 cases (5 + 5). Elle arrive donc sur la case 13 : (3 + 10 = 13).

Remédiation
Si nécessaire, compléter la bande numérique entre 4 et 8 pour que les cases puissent être comptées une à une.

Différenciation

Consolidation Photofiche 15c
Elle propose un tableau de nombres partiellement rempli et des morceaux de tableau qu'il faut compléter et recoller à leur place.
Lors de la correction, on peut utiliser le tableau des nombres du *Découvrons* pour retrouver la place des pièces du puzzle.

16 Lire, écrire les nombres jusqu'à 99

Matériel photocopiable

40	41	42	43	44	45	46	47	48	49	50	51	52	53	54	55	56	57	58	59
60	61	62	63	64	65	66	67	68	69	70	71	72	73	74	75	76	77	78	79
80	81	82	83	84	85	86	87	88	89	90	91	92	93	94	95	96	97	98	99

17 Trouver, compléter un alignement

Fichier p. 25

Programme 2018	**Reconnaître et utiliser les notions d'alignement, d'angle droit, d'égalité de longueurs, de milieu, de symétrie** Utiliser la règle non graduée pour repérer et produire des alignements.
Compétence	Utiliser la règle pour trouver des points alignés et compléter un alignement.
Remarques préalables	▪ Pour un élève de CE1, l'alignement des points n'est pas une propriété évidente. Il faut qu'il comprenne que des points alignés doivent tous appartenir à une même ligne droite, qui doit souvent être imaginée car non tracée. Parce que, par 2 points quelconques, passe toujours une seule droite, 2 points sont toujours alignés. Être « alignés », pour une série de points, ne devient donc une propriété intéressante que lorsque le nombre de points est supérieur à 2. ▪ L'alignement ne se perçoit pas avec les mêmes « outils » dans un espace comme celui de la cour de récréation (« méso-espace ») et dans un espace comme celui de la feuille de papier (« micro-espace »). ▪ Il est donc souhaitable de travailler sur l'alignement dans la cour de récréation, en utilisant des enfants ou des objets de grande taille, avant de travailler sur la feuille de papier. Sur celle-ci, les alignements qui suivent des horizontales ou des verticales sont évidemment plus facilement perçus que ceux qui suivent des obliques. **Difficultés de la leçon** – Difficulté à comprendre que des points alignés doivent tous appartenir à une même ligne droite. – Difficulté dans le choix des outils pour appréhender un alignement. **Aide** – Dans le premier cas (méso-espace), utilisation de la visée ou un fil tendu comme moyen de contrôle. – Dans le second cas (micro-espace), utilisation du bord de la règle ou des lignes d'un quadrillage.

Calcul mental — 5 min

→ *Dire 2 nombres < 70 ; l'élève écrit le plus grand.*
Items : *(48, 65) ; (39, 22) ; (47, 53) ; (59, 49) ; (45, 43) ; (24, 33) ; (37, 36) ; (29, 48) ; (29, 50) ; (65, 58).*

Prérequis oral

« Alignez trois aimants sur le tableau. »
Cette activité orale permet de savoir si le mot « alignement » est compris des élèves.

Manipulations préparatoires — 30 min

En collectif

Matériel	Activité 1 : deux fanions verticaux et leur support ; une corde ou grosse ficelle de 10 m ou plus. Activité 2 : pour chacun des groupes d'élèves : une plaque de polystyrène d'environ 40 cm × 60 cm ; deux clous ; 5 cure-dents et un fil de 30 cm de long.
Organisation	Activité 1 : Groupe classe. Activité 2 : Groupes de 4 élèves.

Activité 1 : Alignez-vous !

▪ Devant la classe rassemblée dans la cour ou sur un terrain de sport, disposer deux fanions fixés sur deux poteaux verticaux à 4 m ou 5 m l'un de l'autre et demander à un élève de venir s'aligner avec ces deux fanions.
▪ Lorsque le premier élève a choisi sa position, un second élève est chargé de contrôler son alignement avec les deux fanions. Un débat s'engage sur le meilleur moyen de procéder à ce contrôle.
▪ Si la visée n'est pas proposée par la classe, la présenter, en précisant que, dans le cas où l'alignement est réussi, le premier objet doit cacher tous les autres ou se superposer à eux. Pour réussir sa visée, l'élève « vérificateur » doit donc se placer à l'extérieur du segment ayant pour extrémités les deux fanions. C'est aussi ce qu'aurait dû faire le premier élève, qui tente généralement de se placer entre les deux fanions, perdant tout moyen de contrôle visuel sur son propre alignement.
▪ Une fois l'alignement contrôlé et éventuellement corrigé, demander à d'autres élèves de venir compléter l'alignement, les élèves déjà alignés pouvant les diriger. Inciter les élèves à ne pas se placer uniquement entre les deux fanions.
▪ Tendre, sur le sol une corde entre les deux élèves les plus éloignés : on constate que tous les élèves sont en contact avec la corde.

Activité 2 : Aligner des cure-dents

Manipuler

▪ Diviser la classe en groupes de 4 élèves. Chaque groupe reçoit une plaque de polystyrène de 60 cm de long et 40 cm de large, sur laquelle deux clous sont déjà plantés à 20 cm l'un de l'autre, ainsi qu'une collection de cure-dents.
▪ Demander d'aligner 5 cure-dents avec les deux clous, en laissant environ 3 ou 4 cm entre deux cure-dents successifs.

Débattre

▪ Analyser les différentes productions.
▪ Pour vérifier les alignements, utiliser le fil tendu entre les deux clous.
▪ Faire remarquer que le fil tendu entre les deux clous, peut être remplacé par une longue règle prenant appui sur les deux clous.

Symboliser

▪ Tracer la droite qui passe par les deux clous. En déduire que des points alignés sont sur une même droite.

Découvrons

15 min

1 ▪ Lire et reformuler la consigne : trouver des points alignés avec les deux points rouges. On coloriera ces points en vert.

▪ Souligner, à cette occasion, que 2 points sont toujours alignés et que l'alignement ne devient intéressant qu'à partir de 3 points alignés.

▪ Demander : « *Quel outil utiliser pour trouver les points alignés ?* » (la règle)

▪ Laisser les élèves trouver individuellement les points alignés avec les 2 points rouges. Une fois ces points découverts à l'aide de la règle, les colorier en vert, puis répondre à la question.

Institutionnalisation orale

Poser la question : « *Qu'avons-nous appris aujourd'hui ?* »
Réponse attendue proche de : « *Nous avons appris à placer des points alignés et à contrôler des alignements.* »

Je m'entraîne

15 min

En individuel

2 Les élèves doivent trouver, à l'aide de leur règle, 4 étoiles alignées parmi un groupe de 11 étoiles. Ils les relient en traçant une droite à l'aide de leur règle.

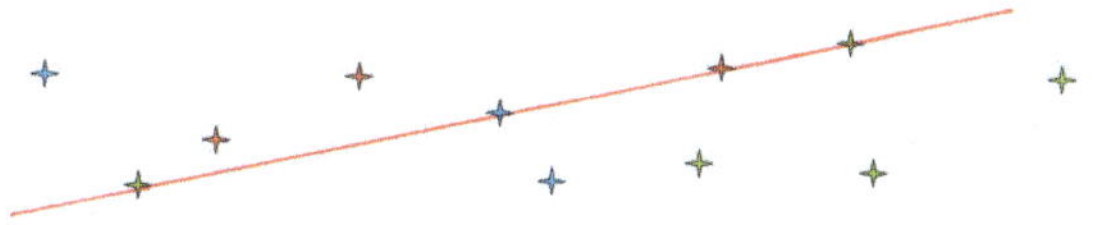

Erreur possible

Repérage incorrect des étoiles.
Remarque : il existe un alignement de 3 étoiles qui ne convient pas, car il faut trouver 4 étoiles alignées.

Remédiation

– Vérifier de quelle manière les élèves en difficulté utilisent leur règle. Les guider dans son utilisation comme outil de vérification de l'alignement.
– Placer le bord de la règle sur le centre des étoiles.

3 Il est sous-entendu que les points choisis doivent être des nœuds du quadrillage, mais cette contrainte facilitatrice peut ne pas être respectée. Les solutions possibles n'en sont que plus nombreuses.
Il est facile de trouver 2 points rouges alignés avec les deux autres car ils sont sur une ligne du quadrillage.
Il est plus délicat de trouver deux points bleus car ils nécessitent l'usage de la règle pour tracer la ligne droite qui les relie.

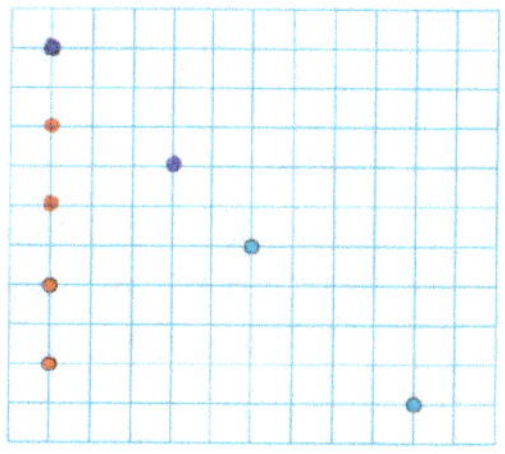

Erreur possible

Repérage incorrect des points bleus.

Remédiation

Vérifier si les élèves utilisent correctement leur règle.

Différenciation

Consolidation Photofiche 16c
Elle propose trois exercices.
Dans le premier, il faut trouver à l'aide de la règle les jetons alignés avec les jetons noirs.
Dans le deuxième, il faut trouver le jeton aligné à la fois avec les jetons noirs et les étoiles.
Dans le troisième, il faut dessiner sur un quadrillage 3 points alignés avec les points noirs déjà tracés.
Cette fiche fait donc le point sur les différentes situations d'alignement.

18 Décomposer les nombres jusqu'à 99

Fichier p. 26

Programme 2018	**Comprendre et utiliser des nombres entiers pour dénombrer, ordonner, repérer, comparer** Dénombrer, constituer et comparer des collections en les organisant, notamment par des groupements par dizaines, centaines et milliers : ▪ Désignation du nombre d'éléments de diverses façons : écritures additives ou multiplicatives, écritures en unités de numération, écriture usuelle.
Compétences	Décomposer et recomposer un nombre inférieur à 100 en dizaines et unités.
Remarques préalables	▪ Les élèves ont vu en leçon 8 les décompositions additives des nombres jusqu'à 69. Ils vont constater que ces décompositions additives fonctionnent de la même façon avec les nombres de 70 à 99 malgré les bizarreries de la numération orale pour cette tranche de nombres. ▪ Insister sur l'utilisation d'un tableau de numération pour décomposer ou recomposer un nombre. **Difficultés de la leçon** – Établir un lien entre une somme de 10 et un nombre de dizaines. – Utiliser correctement le tableau de numération, même pour des nombres dont on ne sait pas encore très bien dire le nom. **Aide** – Utiliser du matériel de numération pour représenter les nombres de 70 à 99. Montrer qu'il s'utilise de la même façon que pour les nombres inférieurs à 70. – Mémo page 5.

Calcul mental 5 min

➜ *Dire trois nombres < 70 ; l'élève écrit le plus grand.*
Items : *(35, 18, 63) ; (39, 27, 42) ; (53, 12, 47) ; (39, 59, 49) ; (45, 43, 48) ; (15, 24, 33) ; (37, 56, 28) ; (57, 29, 48) ; (40, 29, 60) ; (65, 35, 55).*

Prérequis oral

« Quel nombre correspond à 3 dizaines ? »
Cette question vérifie si le mot « dizaine » est acquis et si 30 est associé à 3 dizaines (leçon 7).

Manipulations préparatoires 30 min

En collectif

Matériel	9 bandes de 10 gommettes ; 9 barres dizaines vertes ; 9 jetons unités jaunes.
Organisation	Groupe classe.

Activité 1 : Échanger des gommettes

▪ Annoncer : *« Comment écrire une somme de dix avec un nombre de deux chiffres ? »*

Manipuler, schématiser

▪ Distribuer 8 bandes de 10 gommettes à un élève.
▪ Désigner un élève banquier qui échangera chaque bande de 10 contre une barre dizaine.

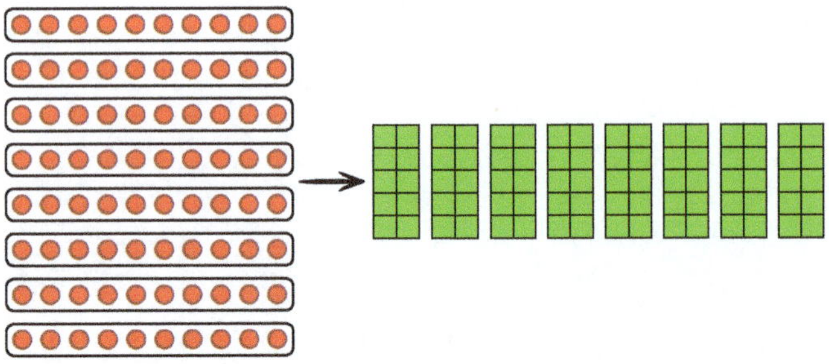

Débattre, symboliser

▪ *« Quel est le nombre de gommettes ? »*
L'élève écrit 8 dans la colonne des dizaines du tableau de numération dessiné sur le tableau de la classe.
▪ *« Comment s'écrit ce nombre en dehors du tableau de numération ? »*
Il faut compléter la colonne des unités par un zéro pour indiquer qu'il n'y a aucune unité isolée et conserver le chiffre 8 dans sa position de chiffre des dizaines :

dizaine	unité
8	0

→ 80

8 dizaines = 80
10 + 10 + 10 + 10 + 10 + 10 + 10 + 10 = 80

Activité 2 : Décomposer un nombre

Manipuler, schématiser

« Comment écrire le nombre 83 en somme de 10 ? »
Un élève vient représenter ce nombre avec le matériel de numération :

Débattre, symboliser

▪ *« Comment représenter ce nombre en une somme de dix ? »*
D'après la schématisation ci-dessus, on peut écrire :
83 = 10 + 10 + 10 + 10 + 10 + 10 + 10 + 10 + 3
83 = 80 + 3
Reprendre les deux activités avec d'autres nombres.

Découvrons

15 min

1 ▪ Les élèves doivent traduire une somme de 10 en un nombre de 2 chiffres.
Ils convertissent chaque paquet de dix en dizaine et écrivent ce nombre de dizaines dans le tableau de numération.
▪ Ils complètent ce tableau en écrivant 8 dans la colonne des dizaines et 0 dans celle des unités. Ils lisent alors 80. Mélissa possède 80 points.

10 + 10 + 10 + 10 + 10 + 10 + 10 + 10 = 8 d

Écris ce nombre dans le tableau. Mélissa a 80 points

dizaine	unité
d	u
8	0

Erreurd possibles

- Non-prise en compte du premier 10.
- Confondre dizaine et unité dans la disposition des chiffres dans le tableau.

Remédiation

Faire correspondre le tableau de numération avec le matériel de numération.

2 ▪ Écrire 84 dans le tableau de numération.
▪ Constater que 84 = 8 d 4 u.
▪ Écrire alors : 84 = 80 + 4.
▪ Souligner l'équivalence entre ces deux expressions du nombre 84.

dizaine	unité
d	u
8	4

84 = 8 d 4 u
84 = 80 + 4

Institutionnalisation orale

Poser la question : « *Qu'avons-nous appris aujourd'hui ?* »
Réponse attendue proche de : « *Nous avons appris à décomposer les nombres jusqu'à 99 en utilisant le tableau de numération.* »

Je m'entraîne

15 min

En individuel

3 Cet exercice reprend la décomposition des nombres proposée dans la partie 2 du *Découvrons*.

Erreur possible

Difficulté à établir l'équivalence entre la décomposition en dizaines et unités et la forme canonique du nombre.

Remédiation

- Utiliser le matériel de numération et le tableau de numération pour écrire les nombres. Souligner le passage 8 d = 80 qui permet de comprendre le passage d'une forme à l'autre.
- **Mémo** page 5.

4 Ce problème reprend l'activité préparatoire 2. Les élèves doivent recomposer le nombre 75. Montrer la rapidité que permet l'utilisation de la notion de dizaine et du tableau de numération par rapport au comptage additif de 10 en 10.

10 + 10 + 10 + 10 + 10 + 10 + 10 + 5 = 75
Louis a obtenu 75 points.

Erreur possible

Difficulté à recomposer le nombre à partir des cartes.

Remédiation

- Remplacer les cartes par des barres dizaines et jetons unités.
- Utiliser le tableau de numération pour écrire le nombre.

Réinvestissement

5 Se déplacer sur la bande numérique.
C'est une situation additive : ajouter 12.
Rainette part de la case 6 et fait un bond de 12 cases (6 + 6). Elle retombe donc sur la case 18 : (6 + 12 = 18).

Remédiation

Faire jouer la situation sur une piste tracée au sol sur laquelle un élève joue le rôle de Rainette : il doit faire 12 pas en avant et anticiper le numéro de sa case d'arrivée.

Différenciation

Remédiation Photofiche 17R

Elle propose deux exercices.
Un exercice ludique dans lequel des camions portant des décompositions additives à compléter sont réliés à une bande numérique.
Un second exercice propose de compléter des décompositions de nombres de la tranche 70 à 99 et de relier d'autres décompositions aux cases d'une bande numérique.

19 Comparer, ordonner, intercaler les nombres jusqu'à 99

Fichier p. 27

Programme 2018	**Comprendre et utiliser des nombres entiers pour dénombrer, ordonner, repérer, comparer** Comparer, ranger, encadrer, intercaler des nombres entiers, en utilisant les symboles =, ≠, <, >.
Compétences	Comparer, ordonner, intercaler les nombres inférieurs à 100.
Remarques préalables	▪ Cette leçon est un prolongement de la leçon 9 dans laquelle les élèves ont appris à comparer les nombres inférieurs à 69 en comparant leurs chiffres des dizaines puis, éventuellement, leurs chiffres des unités. Cette règle de comparaison s'appuie sur les propriétés de la numération décimale de position et n'est en rien perturbée par les bizarreries de la numération orale pour les nombres de 70 à 99. ▪ Cette leçon reprend les signes de comparaison > et < introduits au CP, ainsi que la notion d'intercalation. **Difficulté de la leçon** Amener les élèves à comparer les nombres à partir de leur seule écriture chiffrée en utilisant les propriétés de la numération de position. **Aide** Utiliser le matériel de numération comme support de comparaison.

Calcul mental 5 min

→ *Compléments à 10. Dire : « 7 » ; l'élève écrit 3.*
***Items** : 7 ; 4 ; 8 ; 5 ; 6 ; 3 ; 9 ; 2 ; 1 ; 0.*

Prérequis oral

« Quel est le plus grand de ces deux nombres : 39 ou 51 ? »
Cette question vérifie si les règles de comparaison de la leçon 9 (qui vont être généralisées à tous les nombres de 2 chiffres), sont acquises.

Manipulations préparatoires

10 min

En collectif

Matériel	Activité 1 : matériel de numération ; ardoises. Activité 2 : des étiquettes grand format (feuille A4) : 40 ; 60 ; 90 ; 37 ; 54 ; 76 ; 95.
Organisation	Activité 1 : groupes de 4 élèves. Activité 2 : groupe classe.

Activité 1 : Comparer deux nombres

Manipuler, schématiser

▪ Distribuer 15 barres vertes et 9 jetons jaunes par groupe.
▪ Faire rappeler les règles de comparaison de 2 nombres inférieurs à 70.
« Ces règles sont-elles encore valables pour les nombres plus grands que 70 ? »
▪ Afficher au tableau les nombres 81 et 75.
▪ Demander de les comparer avec l'aide du matériel de numération (voir leçon 9).

Débattre

▪ Chaque groupe doit justifier son choix.
81 est représenté par 8 barres dizaines et 1 jeton unité.
75 est représenté par 7 barres dizaines et 5 jetons unités.
Les 5 unités de 75 ne suffisent pas à former une huitième dizaine ; donc 81 est plus grand que 75 car il contient 8 dizaines.
▪ Reprendre l'activité avec deux nombres ayant le même chiffre des dizaines. La comparaison est facilitée puisque l'égalité des chiffres des dizaines conduit à la comparaison des chiffres des unités.
▪ Conclure le débat en disant que les règles de comparaison établies avec les nombres inférieurs à 70 sont valables pour tous les nombres de 2 chiffres.

Symboliser

▪ Rappeler les signes de comparaison vus au CP.
▪ Indiquer que le signe > se lit « est plus grand que » : 81 > 75.
▪ Indiquer que le signe < se lit « est plus petit que » : 75 < 81.
▪ Donner un moyen mnémotechnique : « *Le petit nombre est du côté de la pointe du signe* ».

Activité 2 : Intercaler

▪ Distribuer à 7 élèves les étiquettes indiquées dans la rubrique **Matériel**.
▪ Demander aux élèves portant les étiquettes 40 et 60 de se mettre de part et d'autres du tableau, étiquettes visibles, la plus petite à gauche.
▪ Demander quel est l'élève qui peut venir s'intercaler entre eux de telle sorte que les nombres soient rangés du plus petit au plus grand.
▪ Reprendre l'activité en changeant les étiquettes repère : 60 et 90 puis 37 et 54.
▪ Faire remarquer, par exemple, qu'entre 54 et 95 il y a plusieurs étiquettes nombres qui peuvent s'intercaler : respectivement 60, 76, 90.

Activité 3 : Le jeu du portrait

Il met en application, de façon ludique, les compétences précédemment acquises. Se reporter à l'activité 3 de la leçon 9.

Découvrons

15 min

1 ▪ Souligner que les dizaines doivent être comparées en premier car il n'est jamais possible de former une dizaine supplémentaire avec les unités isolées.
▪ Attirer l'attention sur les signes de comparaison qui apparaissent pour la première fois de l'année.
▪ Indiquer que les règles de comparaison établies pour les nombres jusqu'à 69 s'étendent à tous les nombres inférieurs à 100.

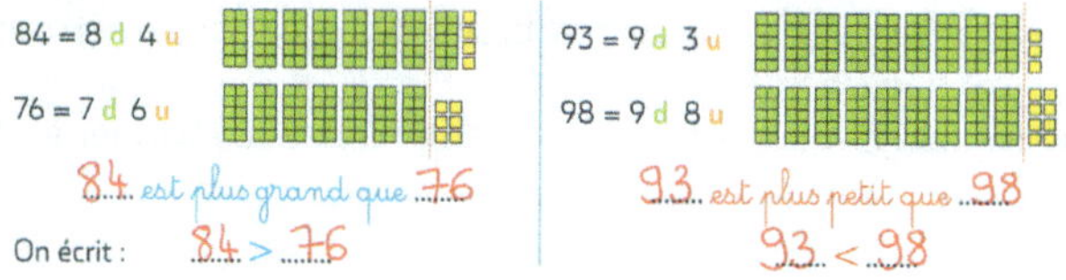

Erreur possible

La relation entre l'écriture en chiffres et la décomposition des nombres à l'aide du matériel de numération n'est pas comprise. La comparaison perd sa signification.

Remédiation

Revenir aux paquets de 10 et à la notion de dizaine. Manipuler le matériel de numération.

2 Rappeler la technique du rangement, qui est déjà connue depuis la leçon 9.

98 > 93 > 84 > 76

Institutionnalisation orale

Poser la question : « *Qu'avons-nous appris aujourd'hui ?* »
Réponse attendue proche de : « *Nous avons appris à comparer les nombres entre 70 et 99. Ils se comparent comme les autres, même si leur prononciation est plus compliquée.* »

Je m'entraîne

15 min

En individuel

3 Exercice de comparaison de nombres deux à deux qui vérifie la connaissance de la règle de comparaison.

Erreur possible

Confusion entre 87 et 78.

Remédiation

– Revoir les règles de comparaison et l'importance de l'ordre des chiffres dans l'écriture d'un nombre.
– **Mémo** page 6.

4 Cet exercice de rangement contrôle l'application de la technique rencontrée dans la seconde partie du *Découvrons*.

90 > 89 > 81 > 78

Erreur possible

Les nombres sont rangés du plus petit au plus grand.

Remédiation

– Revoir les règles de comparaison et la signification des signes < et >.
– **Mémo** page 7.

5 Cet exercice d'intercalation est plus difficile qu'un exercice de rangement, puisqu'il faut trouver des nombres qui se placent entre deux nombres donnés.

75 | 84 | 85 | 87 | 94 | 95

Erreur possible

Nombres mal placés dans les intervalles.

Remédiation

Rappeler lors de la correction la méthode d'intercalation : « *Parmi les trois nombres proposés, quel est celui qui est plus grand que 75 et plus petit que 85 ? Etc.* »

Réinvestissement

6 Cet exercice réinvestit les compétences de la leçon 14 : ajouter un petit nombre à un nombre de deux chiffres.

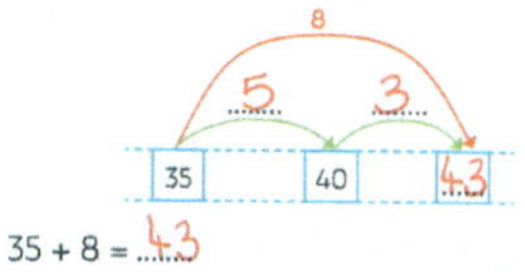

Remédiation

Rappeler la raison de la décomposition du calcul en deux étapes : c'est pour avoir deux calculs « faciles » à la place d'un seul calcul « difficile ». C'est pourquoi on cherche d'abord à atteindre 40. De 35 à 40 « il y a » 5. Donc 8 doit être décomposé en 5 + 3.

Problème de recherche personnelle

Cet exercice se résout par comparaison visuelle des deux collections.

Différenciation

Remédiation Photofiche 18R
Elle propose trois exercices.
Les deux premiers exercices permettent de comparer deux nombres avec l'aide du matériel de numération.
Le troisième propose de comparer des nombres sans aide visuelle.

20 Construire la droite graduée

Fichier p. 28

Programme 2018	**Nommer, lire, écrire, représenter des nombres entiers** – Associer un nombre entier à une position sur une demi-droite graduée, ainsi qu'à la distance de ce point à l'origine. – Graduer une demi-droite munie d'un point origine à l'aide d'une unité de longueur.
Compétence	Passer de la bande numérique à la droite graduée.
Remarques préalables	▪ Le passage de la bande numérique dans laquelle chaque nombre occupe une case, à la droite graduée dans laquelle chaque nombre correspond à un trait de la graduation ne se limite pas à une question de position des nombres. ▪ Il s'agit en fait d'un changement total de concept : on passe d'un univers discret où, entre deux cases consécutives il n'y a rien, à un univers continu où, entre deux graduations, il peut y avoir de nombreuses graduations intermédiaires correspondant à des nombres que les élèves découvriront au cycle 3. ▪ C'est en passant par la notion de « longueur » que les élèves peuvent le mieux comprendre ce changement, c'est ce que nous proposons. **Difficulté de la leçon** Comprendre la différence entre bande numérique et droite graduée. **Aide** L'espace vide entre le trait correspondant à 5 et le trait correspondant à 6 correspond à des extrémités de bandes mesurant un peu plus de 5 mais un peu moins de 6. On peut se contenter d'évoquer des longueurs de bandes qui se terminent entre les deux, sans parler pour l'instant de nombres associés à ces longueurs mais en disant qu'ils étudieront cela plus tard, notamment au CM1.

Calcul mental 5 min

➜ *Complément à la dizaine supérieure. Dire : « 48 » ; l'élève écrit 2.*

***Items :** 48 ; 16 ; 35 ; 43 ; 51 ; 62 ; 70 ; 84 ; 78 ; 99.*

Prérequis oral

« Connaissez-vous des objets qui portent des graduations ? »

Cette question vérifie la connaissance du mot « graduation ».

Manipulations préparatoires 15 min

En collectif

Matériel	Dix bandes de papier de même largeur (par exemple 5 cm), mais de couleurs différentes. La première a une longueur de 100 cm, elle est découpée en 10 cases de 10 cm de longueur, dans la dernière case est écrit 10 ; la deuxième mesure 90 cm, elle est découpée en 9 cases de 10 cm de longueur, dans la dernière case est écrit 9 (voir ci-dessous) et ainsi de suite jusqu'à la dernière bande marquée 1.
Organisation	Groupe classe.

Activité : Les bandes

▪ Placer horizontalement sur le tableau la première bande de 10 cases (100 cm de longueur) et compter les cases : il y en a 10. La dernière case indique donc le nombre de cases de la bande.

▪ Placer sous cette bande une deuxième bande de 9 cases (90 cm de longueur) et faire compter les cases.

Puis superposer la bande de 9 cases sur la bande de 10 cases en faisant coïncider leurs extrémités par la gauche. Les élèves ne voient plus alors que la case 10 de la première bande qui dépasse de la bande de 9 cases.

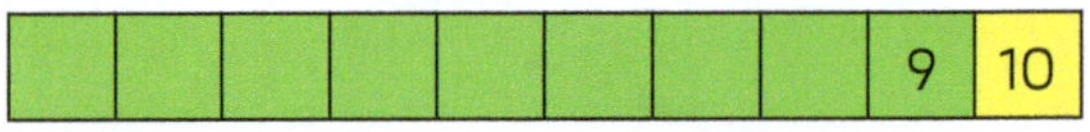

Présenter ensuite de la même manière la bande de 8 cases.

▪ Continuer de la même manière jusqu'à la dernière bande d'une case.

▪ Tracer une droite au-dessus des bandes superposées, la graduer en marquant un petit trait en face de l'extrémité droite de chacune des bandes.

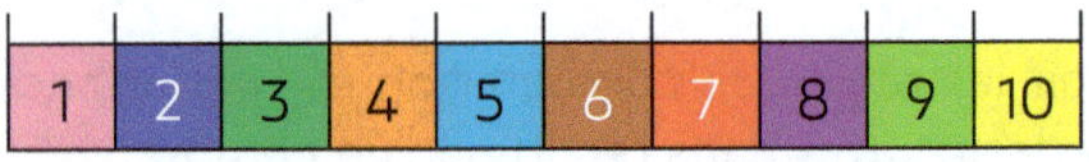

▪ Demander quel nombre il faut écrire sur le premier trait de la graduation qui correspond à la bande d'une case : il faut écrire 1.

Sur le deuxième, il faut écrire 2 et ainsi de suite jusqu'au nombre 10.

▪ Demander quel nombre il faut écrire au-dessus de la graduation qui correspond à l'extrémité gauche des bandes : il faut écrire le nombre 0 et montrer la cohérence de ce choix. Montrer que les intervalles entre les

graduations sont égaux, que la graduation 10 est plus éloignée du 0 que la graduation 8…
▪ Conclure en précisant que l'on a construit une « droite graduée ».

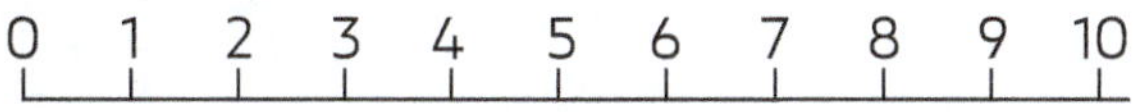

Découvrons

15 min

1 ▪ Les élèves complètent les nombres 3, 4, 5 et 6 sur la droite graduée.
▪ Les remarques de Léa et de Théo rappellent les différences entre bande numérique et droite graduée.

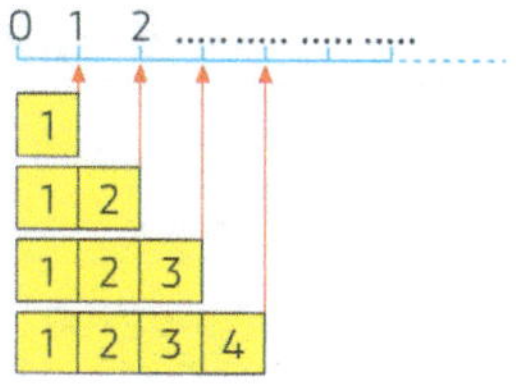

2 ▪ C'est le travail le plus important de l'activité du *Découvrons* : il faut relier des étiquettes nombres à leur place sur la droite graduée ou compléter des étiquettes déjà reliées à cette droite. Utiliser l'aide de Mathix.

Institutionnalisation orale

Poser la question : *« Qu'avons-nous appris aujourd'hui ? »*
Réponse attendue proche de : « *Nous avons appris à construire et à utiliser une droite graduée.* »

Je m'entraîne

15 min

En individuel

3 Le zéro n'étant plus visible, le repérage relatif des nombres guide leur positionnement sur la droite.
Rappeler la bulle de Mathix qui indique que sur la droite graduée les nombres sont rangés par ordre croissant (comme dans la bande numérique).
Faire remarquer le signe < qui signifie « plus petit que » ou « inférieur à ».

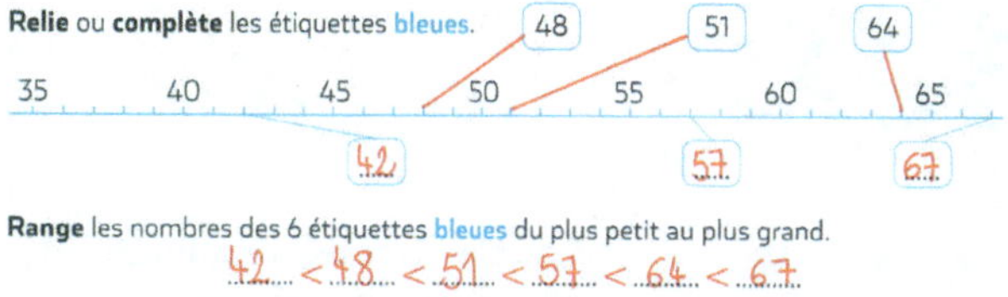

Erreur possible

– Repérage erroné des graduations.
– Erreur de rangement.

Remédiation

Écrire les nombres pour chaque graduation et entourer les six nombres à ranger.

Réinvestissement

4 Connaître des décompositions additives des nombres inférieurs à 100.
Cet exercice réinvestit la leçon 18 en utilisant la monnaie comme support.

Erreurs possibles

– Erreur de calcul.
– Difficulté à recomposer le nombre à partir des billets.

Remédiation

– Remplacer les billets par des barres dizaines et jetons unités.
– Utiliser le tableau de numération pour écrire le nombre.

Différenciation

Consolidation Photofiche 19c
Cette photofiche propose trois exercices.
Dans le premier, il faut construire une section de droite graduée à l'aide de morceaux de bandes numériques.
Dans le deuxième, il faut placer des étiquettes chiffrées à leur place sur une droite graduée.
Dans le troisième, il faut écrire le nombre manquant de chaque étiquette reliée à une graduation.

21 Calculer le complément à un nombre

Fichier p. 29

Programme 2018	**Calculer avec des nombres entiers** Mémoriser des faits numériques et des procédures : ▪ Compléments à la dizaine supérieure.
Compétence	Calculer le complément à un nombre.
Remarques préalables	▪ Avant d'aborder la technique opératoire de la soustraction, les élèves se familiarisent avec des procédures de calcul mental pour calculer des différences. Leur traitement relève d'un calcul réfléchi qui s'appuie sur la connaissance des nombres et des opérations et sur les résultats mémorisés. ▪ La différence, $a - b = d$, de deux nombres peut se présenter sous plusieurs aspects. Dans cette leçon, on s'intéressera à ceux-ci : – un aspect ensembliste : la différence *d* est le complément de *b* relativement à *a* ; – un aspect écart : sur la droite graduée, *d* est le nombre de graduations qui séparent *b* de *a*. **Difficultés de la leçon** – Découvrir la pluralité des compléments à un nombre. – Passer à la dizaine supérieure. **Aide** – Utiliser les « maisons des nombres ». – Utiliser le surcomptage.

Calcul mental 5 min

→ *Complément à la dizaine supérieure. Dire : « 54 » ; l'élève écrit 6.*
***Items :** 54 ; 18 ; 36 ; 43 ; 61 ; 52 ; 38 ; 84 ; 78 ; 65.*

Prérequis oral

« Combien faut-il ajouter à 37 pour obtenir 40 ? »
Rappel du complément à la dizaine supérieure. Les élèves donneront le résultat surtout par surcomptage.

Manipulations préparatoires 15 min

En collectif

Matériel	Une réserve de noix peintes en rouge à la disposition de l'enseignant. Par groupe : 18 noix non peintes et 3 boîtes de 10 œufs vides. Activité 2 : Pièces et billets factices des pages matériel E et F.
Organisation	Groupes de 4 élèves.

Activité 1 : Compléter une collection de noix

Manipuler

▪ Distribuer trois boîtes d'œufs vides à chaque groupe ainsi que 18 noix. Écrire le nombre 18 au tableau.
▪ Placer ces 18 noix dans les deux boîtes en remplissant la première boîte.
▪ Demander combien il manque de noix pour avoir une collection de 25 noix.
▪ Chaque groupe d'élèves demande à l'enseignant(e) le nombre exact de noix qu'il juge nécessaire. Donner alors des noix de couleur rouge pour compléter leur collection à 25 noix.
▪ Chaque groupe complète la deuxième boîte avec des noix rouges et place celles qui restent dans la troisième boîte.
▪ Demander de vérifier qu'il y a bien 25 noix sans toutes les dénombrer une à une.

Débattre, représenter

▪ Le remplissage des boîtes peut se représenter par :

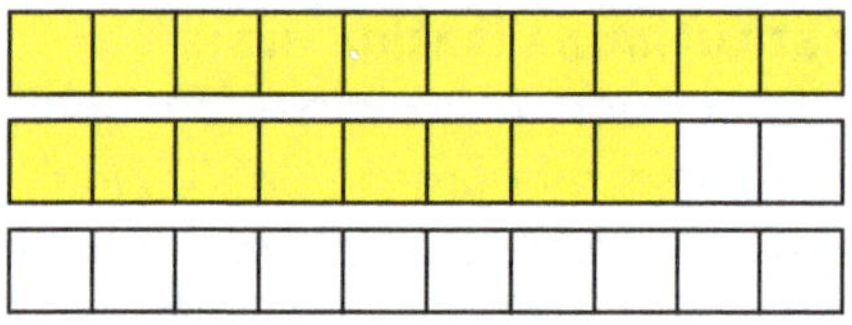

▪ Pour avoir 25 noix, il en manque 2 pour compléter la deuxième boîte et il en faudra 5 dans la troisième 25 = 10 + 10 + 5.

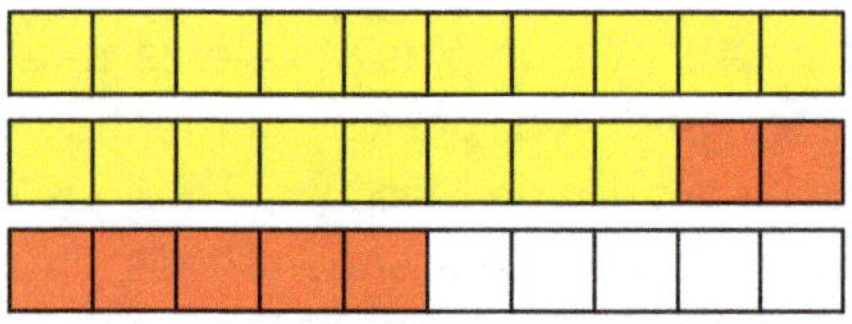

Il faudra donc 7 noix rouges.

Schématiser, symboliser

▪ Dessiner au tableau le schéma suivant et demander de le compléter :

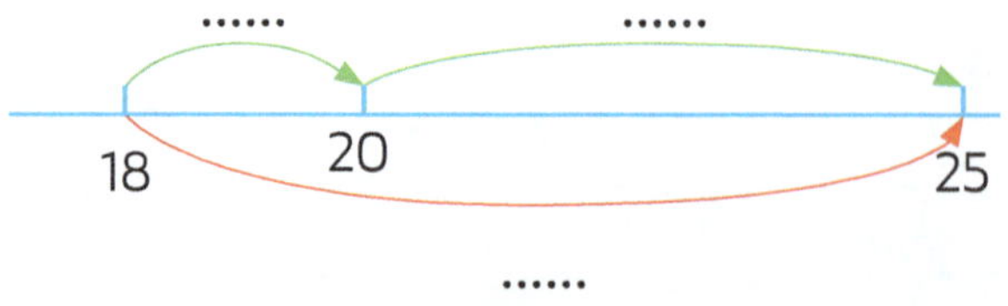

▪ Compléter ensuite l'addition à trou : 18 + ... = 25
On a calculé le complément de 18 à 25.

Activité 2 : Jouons avec la monnaie

- Reprendre l'activité avec la monnaie.
- Un élève dispose de 18 € avec de la monnaie factice du matériel qu'il regroupe devant lui.

Il doit aller chercher la monnaie qui lui manque pour acheter un jeu à 25 €.

- Montrer la similitude des 2 situations.

L'élève doit prendre une pièce de 2 € puis un billet de 5 €.

Découvrons

15 min

1 ▪ Observer l'illustration du fichier. L'activité présentée est une situation analogue à celle que viennent de vivre les élèves dans l'activité manipulatoire.

▪ Insister sur le passage à 30 qui simplifie les calculs : il manque 5 pour passer de 25 à 30, puis il manque 2 pour passer de 30 à 32.

En tout, il manque 7 images à Léa.

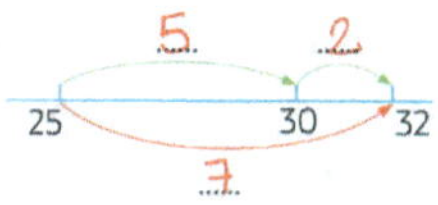

25 + ...7... = 32 Il lui manque ...7... images

Institutionnalisation orale

Poser la question : « *Qu'avons-nous appris aujourd'hui ?* »
Réponse attendue proche de : « *Aujourd'hui, nous avons appris à calculer le complément à un nombre en passant par une dizaine.* »

Je m'entraîne

15 min

En individuel

2 Dans cet exercice, les élèves calculent comme Léa, en ayant recours à la droite graduée.

28 + ...3... = 31

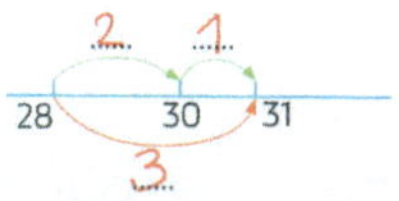

47 + ...5... = 52

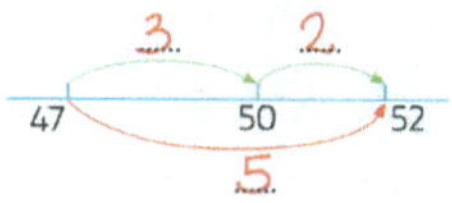

Erreur possible
Erreur de calcul.

Remédiation
- Procéder par étapes.
- Utiliser la technique du surcomptage.

3 Dans ce problème, l'aide de la droite numérique a disparu : le travail de recherche est réalisé dans le cadre en pointillés rouges sur le fichier.
Il manque 8 billes à Tom pour avoir 45 billes.

37 + ...8... = 45
Tom doit gagner ...8... billes.

Erreur possible
Erreur de calcul.

Remédiation
Utiliser une droite numérique comme dans l'exercice 2.

Réinvestissement

4 Comparer deux nombres inférieurs à 100.
Cet exercice réinvestit la leçon 19 : « Comparer, ordonner les nombres jusqu'à 99 ».

Remédiation
Si nécessaire, matérialiser ces nombres par les barres dizaines et les jetons unités.

Problème de recherche personnelle

Cette disposition est celle d'un tableau à double entrée : les couleurs en colonne, leur nombre en ligne.

Différenciation

Remédiation Photofiche 20R
Cette photofiche propose quatre exercices. Les calculs des compléments se font avec l'aide de droites graduées qui incitent les élèves à passer par les dizaines.

22 Échanger dix dizaines contre une centaine

Fichier p. 30

Programme 2018	**Nommer, lire, écrire, représenter des nombres entiers** Interpréter les noms des nombres à l'aide des unités de numération et des écritures arithmétiques : ▪ unités de numération (unités simples, dizaines, centaines, milliers) et leurs relations (principe décimal de la numération en chiffres) ; ▪ valeur des chiffres en fonction de leur rang dans l'écriture d'un nombre (principe de position).
Compétence	Échanger dix dizaines contre une centaine.
Remarques préalables	▪ Les élèves vont pouvoir dénombrer de très grandes collections en faisant des groupements de dix dizaines appelés « centaines ». Ils seront alors capables d'écrire en chiffres le nombre d'éléments d'une grande collection, même s'ils ne savent pas le lire. ▪ La lecture des nombres de trois chiffres fera l'objet d'une leçon en début de période 2. Dans cette leçon, le groupement sera effectué pour une seule centaine. **Difficulté de la leçon** Accepter qu'un paquet de dix dizaines devienne un paquet centaine. **Aide** Pratiquer les groupements en atelier remédiation.

Calcul mental 5 min

→ *Ajouter un petit nombre (sans franchissement de la dizaine). Dire : « 24 + 3 » ; l'élève écrit 27.*
Items : *24 + 3 ; 16 + 2 ; 16 + 3 ; 27 + 2 ; 36 + 3 ; 24 + 5 ; 11 + 7 ; 32 + 3 ; 42 + 4 ; 21 + 8.*

Prérequis oral

« Combien de dizaines y a-t-il dans le nombre 100 ? »
La question vérifie que les élèves ont mémorisé depuis le CP que dans 100, il y a 10 dizaines et les prépare à la règle d'échange.

Manipulations préparatoires 25 min

En collectif

Matériel	Tableaux de numération (cf. matériel photocopiable ci-après). Trois tables (ou lieux espacés) ; 12 enveloppes ; matériel de numération (page matériel A du fichier).
Organisation	Groupe classe.

Activité : Jeu du banquier

Manipuler

▪ Sur une table, un grand nombre de jetons ont été placés (125). Annoncer aux élèves : *« Plus de cent jetons sont posés sur la table. Vous devez trouver le nombre exact et l'écrire en chiffres. »*
▪ Rappeler la règle d'échange « 10 contre 1 » et l'écrire au tableau :
– On connaît la règle d'échange dizaines-unités :
10 unités ↔ 1 dizaine (barre verte) ;
– On présente la règle étendue :
10 dizaines ↔ 1 centaine (plaque bleue de cent).

▪ Demander à un élève de placer 10 jetons dans une enveloppe.
▪ Continuer l'activité jusqu'au dernier paquet de 10 jetons.
▪ Faire porter les enveloppes à un premier banquier qui les change en dizaines.
▪ Faire porter 10 dizaines à un deuxième banquier qui les change en une centaine. Sur la première table, il reste 5 jetons ; sur la deuxième table, il reste 2 barres dizaines ; sur la troisième, il y a la centaine échangée.

Symboliser

▪ Dessiner le tableau de numération connu avec deux colonnes : celle des dizaines et celle des unités au tableau. L'agrandir avec la nouvelle colonne, celle des centaines.
▪ Distribuer le tableau de numération (cf. matériel photocopiable en fin de leçon).
▪ Demander d'écrire le nombre de jetons dans le tableau et hors du tableau : chiffre 1 dans la colonne des centaines, chiffre 2 dans la colonne des dizaines et chiffre 5 dans la colonne des unités. Il y a 125 jetons.

Reprendre l'activité avec un autre nombre inférieur à 125.

Découvrons 15 min

1 ▪ Lire la consigne et commenter la règle d'échange.
▪ Demander à un élève de la reformuler.
▪ Entourer 10 dizaines. Conformément à la règle d'échange, le paquet de 10 dizaines est nommé 1 centaine, symbolisée par le carré bleu. Il reste 5 dizaines et 4 unités.
▪ Commenter le tableau de numération : jusqu'à présent, le tableau de numération ne comportait que deux colonnes, celle des unités et celle des dizaines formées de paquets de 10 unités, maintenant, le tableau va comporter une nouvelle colonne, celle des centaines qui sont formées par des paquets de 10 dizaines.
▪ Comme l'écriture des nombres de deux chiffres en dehors du tableau de numération, l'écriture du nombre de trois chiffres conserve l'ordre des chiffres écrits dans le tableau.

• Compléter la phrase : « Théo possède 154 jetons. »

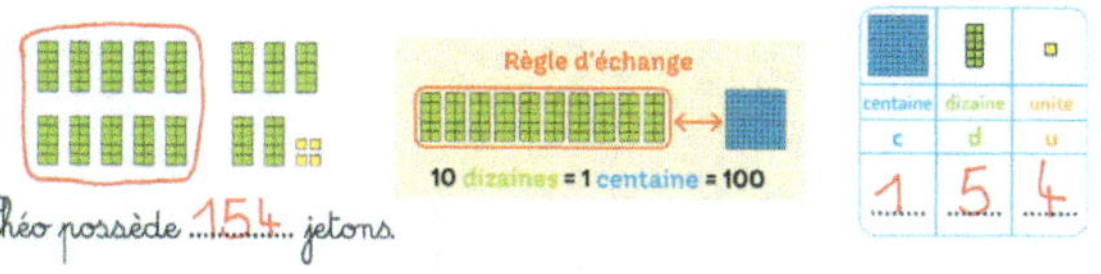

2 • La connaissance de la place des nombres dans le tableau de numération permet de nommer les différents chiffres d'un nombre :
1 est le chiffre des centaines, 5 celui des dizaines et 4 celui des unités.

Dans le nombre de jetons de Théo, quel est : le chiffre des centaines ? 1
le chiffre des dizaines ? 5 le chiffre des unités ? 4

Institutionnalisation orale

Poser la question : *« Qu'avons-nous appris aujourd'hui ? »*
Réponse attendue proche de : *« Nous avons appris à échanger des paquets de dix dizaines contre une centaine et à écrire des nombres supérieur à 100. »*

Je m'entraîne

15 min

En individuel

3 Entourer 10 dizaines, c'est une centaine. Il reste 3 dizaines et 6 unités.
- Compléter le tableau de numération :
1 centaine, 3 dizaines, 6 unités.
- Compléter la phrase : « Léa possède 136 jetons. »

Erreur possible

Il n'y a que 9 dizaines entourées ou toutes les dizaines sont entourées.

Remédiation

- Rappeler la définition de la « centaine ».
- Faire pointer les 10 dizaines une à une en les marquant d'une croix.

4 Même type d'exercice que le précédent mais il n'y a pas d'unités.
Insister sur le fait que lorsqu'il n'y a pas de jeton unité, il est indispensable d'écrire 0 dans la colonne unité du tableau de numération. Sans le 0, Mélissa aurait 16 jetons et non 160 !

Dans ce nombre, quel est le chiffre des unités ? 0

Erreurs possibles

- Erreur d'échange.
- Absence de 0 dans la colonne des unités.

Remédiation

Rappeler que lorsqu'il n'y a pas de jeton unité, il est indispensable d'écrire 0 dans la colonne unité du tableau de numération.

Réinvestissement

5 Se déplacer sur la bande numérique.
La bande tronquée rend le calcul obligatoire.
15 + 7 = 22 ; c'est la case 22 qui doit être coloriée.

Erreur possible

Erreur de calcul.

Remédiation

Vérifier le calcul avec la bande numérique entière.

Problème de recherche personnelle

Il y en a 4 très visibles mais encore 4 formés chacun par l'assemblage de deux triangles très visibles. Ce qui fait 8 triangles.

Différenciation

Remédiation Photofiche 21R

Cette photofiche propose trois exercices.
Dans le premier, il faut échanger 10 dizaines contre une centaine et écrire le nombre de jetons à l'intérieur et à l'extérieur d'un tableau de numération.
Dans le deuxième, le nombre à écrire réclame un 0 dans la colonne des dizaines.
Dans le troisième, il faut écrire dans un tableau de numération un nombre comportant un 0 dans la colonne des unités et savoir nommer chaque chiffre du nombre.

22 Échanger dix dizaines contre une centaine

Matériel photocopiable

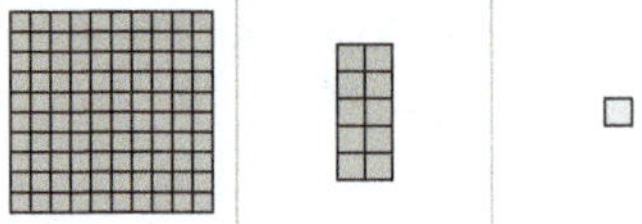

c	d	u

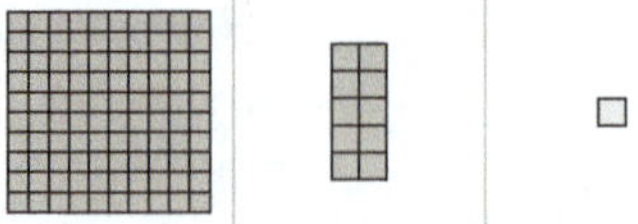

c	d	u

c	d	u

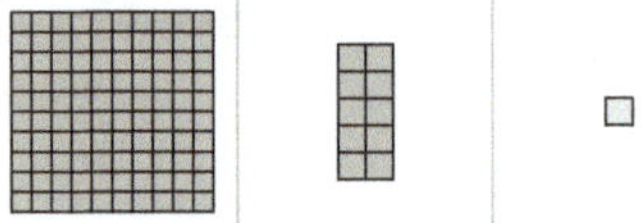

c	d	u

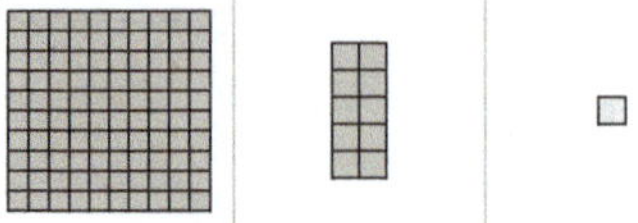

c	d	u

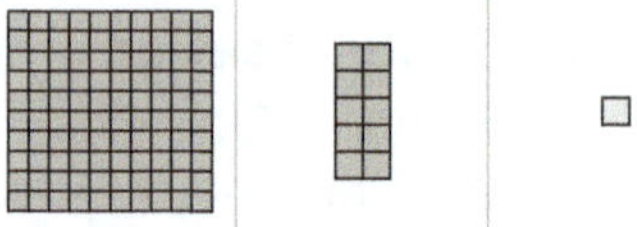

c	d	u

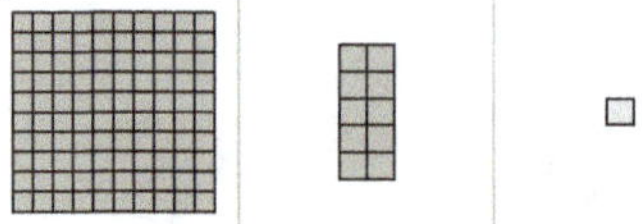

c	d	u

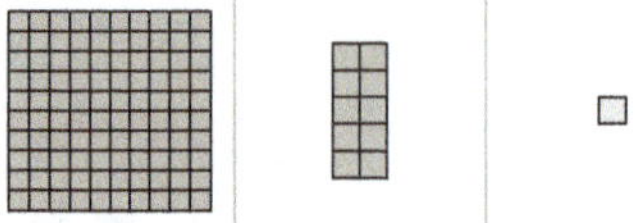

c	d	u

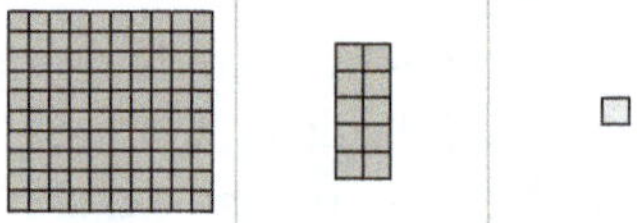

c	d	u

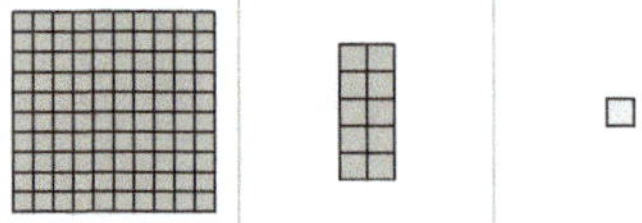

c	d	u

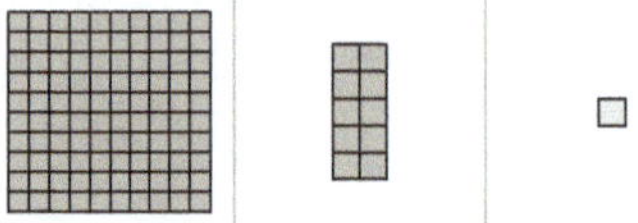

c	d	u

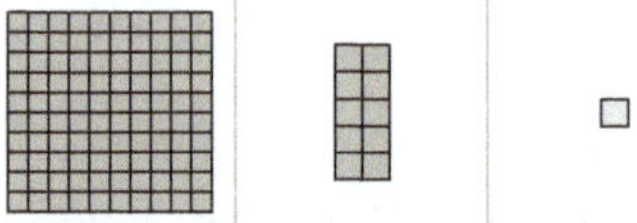

c	d	u

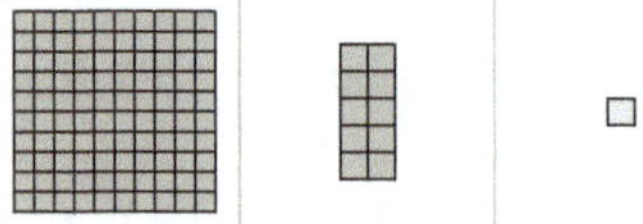

c	d	u

c	d	u

c	d	u

23 Dénombrer une grande collection

Fichier p. 31

Programme 2018	**Comprendre et utiliser des nombres entiers pour dénombrer, ordonner, repérer, comparer** Dénombrer, constituer et comparer des collections en les organisant, notamment par des groupements par dizaines, centaines et milliers.
Compétence	Dénombrer une grande collection organisée.
Remarques préalables	▪ Dans cette leçon, les élèves vont mettre en pratique les connaissances acquises à la leçon précédente. Ils vont constater qu'il est possible de dénombrer une grande collection en effectuant des groupements par dix, par cent éléments et en utilisant un tableau de numération. ▪ Cette technique est plus rapide et plus sûre que le dénombrement un par un, qui devient impossible face à de grandes collections. **Difficulté de la leçon** Faire fonctionner un tableau de numération. **Aide** – Associer des paquets de dix à des dizaines, des paquets de cent à des centaines que l'on place dans un tableau de numération. Même chose pour les éléments restants que l'on associera aux unités. – Mémo page 8.

Calcul mental 5 min

➜ *Ajouter un petit nombre (avec franchissement de la dizaine). Dire : « 37 + 5 » ; l'élève écrit 42.*
Items *: 37 + 5 ; 18 + 4 ; 26 + 7 ; 19 + 4 ; 34 + 7 ; 45 + 7 ; 28 + 3 ; 57 + 4 ; 29 + 3 ; 58 + 7.*

Prérequis oral

« Combien y a-t-il d'unités dans une dizaine ? de dizaines dans une centaine ? »
Cette question permet de vérifier rapidement si la relation entre paquets de 10 et dizaines, puis entre paquets de 100 et centaines est acquise.

Manipulations préparatoires — 30 min

En collectif

Matériel	Des boîtes de trombones ; un tableau de numération.
Organisation	Groupes de 4 élèves.

Activité : Combien de trombones ?

Manipuler

▪ Distribuer en vrac entre 150 et 250 trombones ainsi qu'un tableau de numération à chaque groupe.
▪ Demander de s'organiser le mieux possible pour compter les trombones et pour que la vérification par un autre groupe soit la plus rapide et efficace possible.

Débattre, symboliser

▪ Demander d'expliciter la méthode choisie lors de la mise en commun.
▪ Privilégier :
– Le dénombrement par paquets de 100, par paquets de 10. Par exemple :
100 + 100 + 10 + 10 + 10 + 4 = 234
– Le dénombrement utilisant les centaines, dizaines et unités. Par exemple :
2 c + 3 d + 4 u = 234
– L'utilisation du tableau de numération. Par exemple :

centaine	dizaine	unité
c	d	u
2	3	4

Découvrons — 15 min

1 ▪ Demander comment calculer le nombre de spectateurs dans un carré sans les compter un à un.
▪ Dans chaque carré, il y a 10 rangées de 10 spectateurs, ce qui fait 10 dizaines de spectateurs donc 100 spectateurs.
▪ Les élèves constatent qu'il y a 3 c + 2 d + 4 u ou 300 + 20 + 4 spectateurs soit 324.

▪ Le nombre de spectateurs a donc été trouvé sans comptage 1 par 1.

Institutionnalisation orale

Poser la question : « *Qu'avons-nous appris aujourd'hui ?* »
Réponse attendue proche de : « *Nous avons appris à dénombrer une grande collection en utilisant les centaines, dizaines et unités et un tableau de numération.* »

Je m'entraîne

15 min

En individuel

2 Application directe du *Découvrons* car les timbres sont regroupés par 100 ou par 10. Il y a 200 + 40 + 3 = 243 timbres.
Inciter les élèves à utiliser le tableau de numération.

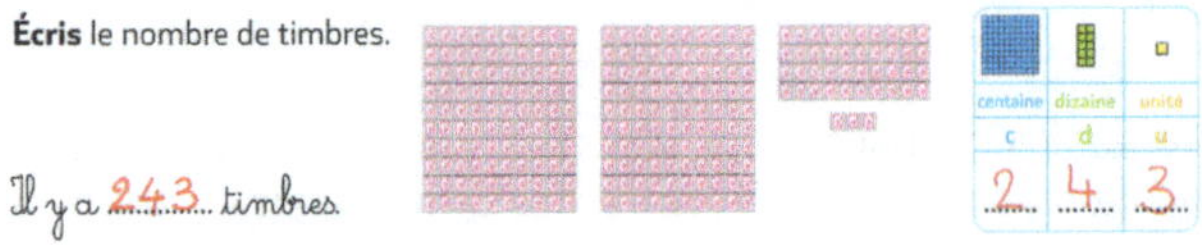

Erreurs possibles

- Dénombrement un à un inefficace.
- Confusion entre centaines et dizaines.

Remédiation

- Montrer qu'il est facile de vérifier l'effectif de chaque paquet de cent, de chaque paquet de dix, des unités.
- Utiliser le tableau de numération pour voir apparaitre l'écriture du nombre de timbres en dénombrant centaines, dizaines et unités.

3 Les billes ne sont pas visibles dans le sac.
Attirer l'attention des élèves sur la remarque de Mathix.

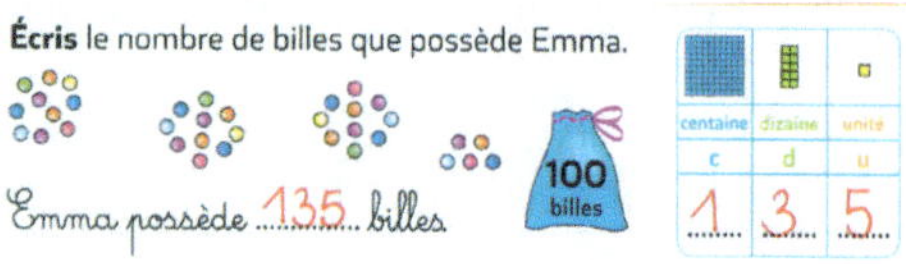

Erreurs possibles

- Erreur de comptage si les élèves ont dénombré les éléments un par un.
- Ne pas voir la relation entre un paquet de 10 et une dizaine, entre un paquet de 100 et une centaine.
- Mauvaise utilisation du tableau de numération.

Remédiation

- Entourer les paquets de 10 billes en vert, couleur de la dizaine.
- Entourer le paquet de 100 billes en bleu, couleur de la centaine.

4 Il faut colorier 12 lignes de 10 carreaux.
Proposer d'utiliser un crayon bleu pour la centaine (10 lignes de 10 carreaux) et un crayon vert pour les dizaines (2 lignes de 10 carreaux).

Faire remarquer qu'il n'y a pas d'unités à colorier car 0 est écrit dans la colonne des unités du tableau de numération.

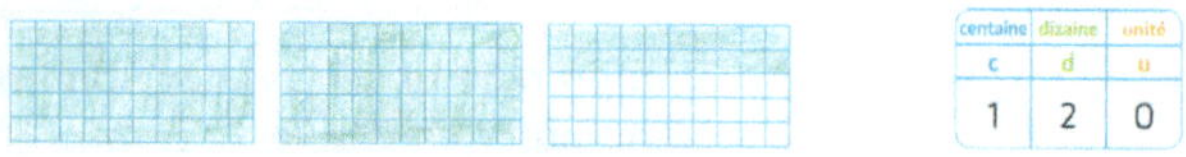

Réinvestissement

5 Utiliser la règle pour trouver des points alignés.
L'élève doit trouver 3 étoiles alignées.

Erreurs possibles

- Seules 2 étoiles sont reliées.
- Repérage incorrect des étoiles.

Remédiation

- Relire la consigne.
- Placer le bord de la règle sur le centre des étoiles.
- Reprendre l'exercice au tableau avec une grande règle. Montrer que 3 points alignés se trouvent sur une même droite.

Problème de recherche personnelle

Suite numérique arithmétique obtenue en ajoutant 5 au dernier terme.

Le coin du chercheur
Complète la suite de nombres.
75 ; 80 ; 85 ; 90 ; 95 ; 100

Différenciation

Remédiation Photofiche 22R
Elle propose quatre exercices progressifs où les élèves doivent utiliser le tableau de numération pour connaître le nombre total d'éléments d'une collection.

24 Problèmes (2) : Recherche de l'état initial (1)

Fichier p. 32

Programme 2018	**Résoudre des problèmes en utilisant des nombres entiers et le calcul** – Résoudre des problèmes issus de situations de la vie quotidienne ou adaptés de jeux portant sur des grandeurs et leur mesure, des déplacements sur une demi-droite graduée, etc., conduisant à utiliser les quatre opérations : ▪ problèmes relevant des structures additives (addition/soustraction). – Modéliser ces problèmes à l'aide d'écritures mathématiques : ▪ Sens des symboles +, −, ×, ÷.
Compétence	Trouver la valeur de l'état initial dans un problème de transformation d'état.
Remarques préalables	▪ Dans cette leçon consacrée à la résolution de problèmes additifs, nous souhaitons que les élèves prennent conscience de leur capacité à anticiper le résultat d'une situation. Il faut que l'élève établisse le lien entre la situation proposée par l'énoncé du problème et le calcul qu'il doit mobiliser pour répondre à la question que pose cet énoncé. ▪ Nous nous référerons au travail de Gérard Vergnaud pour proposer des problèmes de transformation d'états. ▪ Dans la leçon 12, il fallait trouver l'état final de ces transformations. Ces situations sont généralement bien comprises par les élèves de CE1, les erreurs de résolution proviennent souvent d'une mauvaise maitrise des calculs mais rarement de la façon dont les élèves ont modélisé le problème. Avec cette leçon, les élèves vont être confrontés à la recherche de l'état initial, ce qui pose problème car il devient nécessaire de renverser l'ordre chronologique pour obtenir une solution. Dans ce type de situation, il est souhaitable de confronter les élèves à des « résolutions par l'action », c'est-à-dire à des situations manipulatoires dans lesquelles le problème est résolu en agissant sur le matériel. Cette phase d'action doit être suivie d'une phase de verbalisation de l'action, puis d'une représentation schématique avant de déboucher sur une modélisation par le calcul. Selon le degré de difficulté rencontré par les élèves, la phase manipulatoire peut être reprise plusieurs fois de suite afin d'établir le lien avec la schématisation puis avec le calcul. ▪ Les données sont triées et organisées grâce au schéma, cela devrait permettre d'accéder à une image mentale de la situation. Au cours de cette leçon, nous abordons deux types d'images mentales : - figuratives, caractérisées par des dessins représentant l'aspect visuel des informations (dessin de ronds pour évoquer les jetons dans le premier problème) ; - symboliques, c'est-à-dire des schémas plus élaborés avec un degré d'abstraction supérieur aux schémas figuratifs, présentant les relations entre les données (bandes de différentes longueurs pour évoquer les nombres d'élèves dans le deuxième problème). ▪ Cette leçon peut être découpée en deux séances : la première est consacrée aux manipulations préparatoires, la seconde aux activités sur le fichier. **Difficulté de la leçon** Comprendre qu'il faut inverser la chronologie de l'énoncé. **Aide** – Les illustrations avec les flèches de couleur, les points d'interrogation et surtout la bulle de Mathix permettent de mieux comprendre la situation. – L'utilisation de petits nombres facilite la maîtrise des calculs et ne fait pas obstacle à la compréhension.

Calcul mental 5 min

→ *Retrancher un petit nombre (sans franchissement de la dizaine). Dire : « 38 – 3 » ; l'élève écrit 35.*
***Items :** 38 – 3 ; 17 – 5 ; 23 – 2 ; 38 – 5 ; 45 – 4 ; 53 – 3 ; 35 – 4 ; 28 – 6 ; 75 – 2 ; 86 – 4.*

Manipulations préparatoires 30 min

En collectif

Matériel	Une boîte ; des jetons.
Organisation	Groupe classe.

Activité : Jeu de la boîte

Manipuler, débattre

▪ Montrer une boîte sans montrer les 9 jetons qu'elle contient et annoncer : *« La boîte contient des jetons ; j'en ajoute 6. »*

▪ Ouvrir la boîte. Un élève compte le nombre total de jetons : 15.

▪ Demander : *« Comment faire pour savoir combien il y avait de jetons au départ ? »*

▪ La discussion fait apparaître qu'il faut retirer les jetons qui ont été ajoutés pour trouver le nombre de jetons au départ. Un élève retire 6 jetons et compte les jetons restants.

Schématiser

▪ Proposer le schéma suivant :

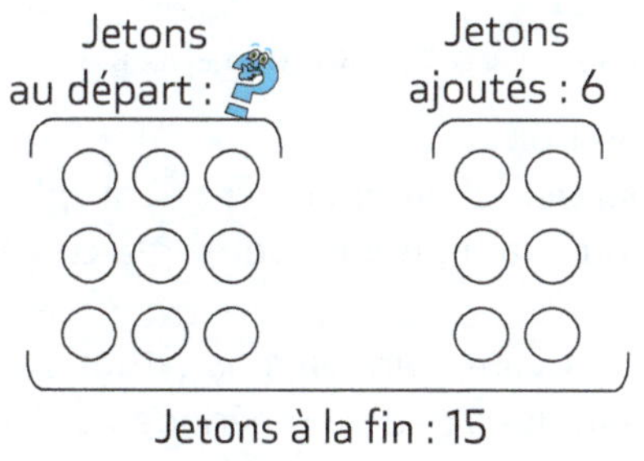

▪ Demander alors : *« Quelle opération permet de retrouver le nombre de jetons au départ ? »*

Symboliser

- Les élèves en déduisent qu'une addition à trou permet de retrouver le nombre de jetons au départ.
- Montrer que cette addition à trou peut se traduire également par une soustraction.
- En mathématiques, on traduit la manipulation précédente par l'égalité : 15 – 6 = 9.

Ne pas hésiter à reprendre la situation avec des nombres différents de jetons.

Problèmes du fichier

15 min

1 ▪ Faire décrire la situation et s'assurer que les élèves ont compris le problème, la signification de la flèche jaune et la signification du point d'interrogation bleu.

- Former des groupes de quatre élèves.
- Poser la question : « *Comment trouver le nombre de jetons contenus dans la boîte au début ?* »
- Laisser chaque groupe débattre.
- Un élève vient rapporter la conclusion de son groupe.

Pour trouver le nombre de jetons contenus dans la boîte au début, il suffit d'enlever de la boîte les jetons que Léa a ajoutés. Il faut inverser l'ordre des actions. Comme dans l'activité préparatoire, la valeur à découvrir apparaît comme l'état final de la transformation inversée.

- Compléter le schéma figuratif : les élèves dessinent un rond pour chaque jeton contenu dans la boîte au début.
- Écrire l'opération qui convient sur la ligne en pointillés et la calculer : 16 – 9 = 7.
- Compléter la phrase réponse.

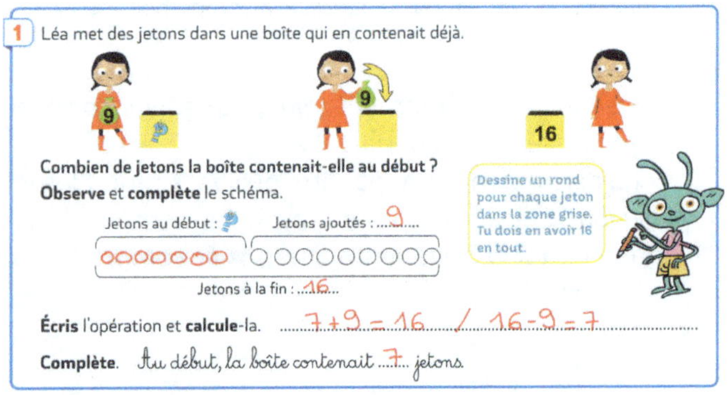

Erreur possible

Mauvaise interprétation de l'énoncé.

Remédiation

- Demander si la boîte contient plus de jetons au début ou à la fin pour favoriser la compréhension de la situation.
- Si nécessaire, faire vivre la situation à des élèves en diminuant les valeurs numériques de l'énoncé.

PROBLÈME DE RÉFÉRENCE 3

(matériel photocopiable)

Ce problème va servir de référence à toute la catégorie de problèmes dans lesquels il faut calculer l'état initial en situation d'ajout. Il est destiné à être affiché sur le mur des mathématiques et collé sur le cahier de références mathématiques des élèves.

Problèmes du fichier

15 min

En individuel

2 ▪ Laisser les élèves résoudre individuellement ce problème qui est du même type que le problème 1, même si le contexte est différent.

- Présenter le schéma symbolique : les élèves ne peuvent plus dessiner de ronds figuratifs pour la raison invoquée par Mathix.
- La correction est collective.

18 – 6 = 12.

Au début, le car transportait 12 élèves.

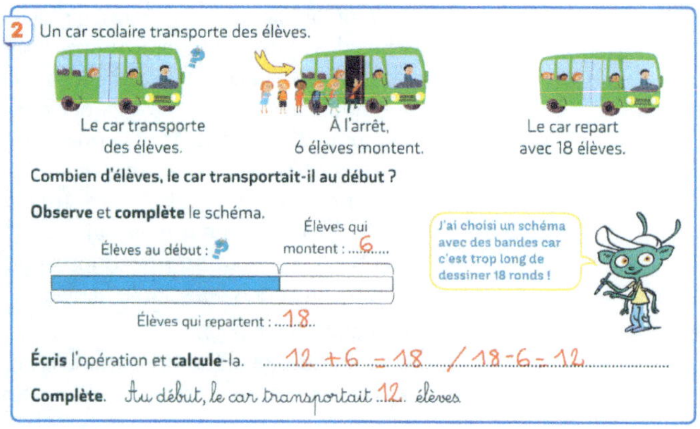

Erreur possible

Mauvaise interprétation de l'énoncé.

Remédiation

- Si nécessaire, faire vivre la situation à des élèves en diminuant les valeurs numériques de l'énoncé.
- Revenir à un schéma figuratif.

Différenciation

Consolidation Photofiche 23c

Cette photofiche propose trois problèmes semblables au problème 2 du fichier : à l'arrêt du car, des élèves montent : il faut donc les soustraire au nombre de l'état final.

Dans le premier et le deuxième, la bulle de Mathix est une aide pour comprendre le problème.

Dans les trois problèmes, les nombres de l'état final sont plus grands que ceux de la leçon.

Cahier Problèmes : Leçon 2

PROBLÈME DE RÉFÉRENCE 3

Je sais…
résoudre un problème où il faut trouver le nombre de départ quand la collection augmente

Un car transporte des élèves. À l'arrêt, 6 élèves montent.
Le car repart avec 19 élèves.
Avant l'arrêt, combien d'élèves le car transportait-il ?

Que dois-je chercher ?

→ Je dois chercher le nombre d'élèves que le car transporte avant l'arrêt.

J'imagine la situation.

Le car arrive.

À l'arrêt,
6 élèves montent.

Le car repart
avec 19 élèves.

Je schématise.

Je choisis l'opération.

→ Je dois calculer une **soustraction**.
J'utilise le signe –.

Je calcule.

$19 - 6 = 13$

Je rédige une phrase réponse.

Avant l'arrêt, le car transportait 13 élèves.

25 Maths Aventures (1)
La course à la voile

Fichier p. 33

Programme 2018	**Attendus de fin de cycle 2** Au cycle 2, la résolution de problèmes est au centre de l'activité mathématique des élèves, développant leurs capacités à chercher, raisonner et communiquer. Les problèmes permettent d'aborder de nouvelles notions, de consolider des acquisitions, de provoquer des questionnements. Ils peuvent être issus de situations de vie de classe ou de situations rencontrées dans d'autres enseignements, notamment « Questionner le monde ». Ils ont le plus souvent possible un caractère ludique.
Remarques préalables	▪ Les pages « Maths Aventures » concluent chacune des cinq périodes. Le contexte de ces pages, bien que plus ludique, est plus complexe que celui d'un problème classique. Répondre aux cinq ou six questions nécessite une recherche d'informations et le réinvestissement des notions et des techniques étudiées durant la période. ▪ Les cinq pages « Maths Aventures » sont traitées de la même façon, le jour même : – Lecture et explications de l'enseignant. – Travail individuel. **Difficulté de la leçon** Difficulté à réinvestir les manipulations et les compétences des leçons de la période dans un contexte inédit. **Aide** – Reformulation des énoncés. – Revenir aux *Découvrons* des leçons concernées.

La découverte — 15 min

En collectif

Pendant quelques minutes, les élèves observent le dessin, puis communiquent leurs observations à la classe.

▪ Poser quelques questions pour attirer leur attention sur les points qui n'ont pas été relevés et sur les éléments indispensables pour répondre aux questions.

▪ Lire ou faire lire chaque bulle à voix haute, puis la commenter, surtout si le texte, ou le contexte, n'est pas compris par certains :

– *« Vous devez prolonger les rayons du soleil jusqu'au nuage. De quels instruments avez-vous besoin ? »*

– *« Combien de bateaux voyez-vous ? Qu'est-ce qu'une voile ? À quoi sert-elle ? »*

– *« Combien devez-vous colorier de flotteurs ? »*

– *« Que fait Léa ? Où sont les informations qui vont vous permettre de calculer combien il lui manque ? »*

– *« Où sont placés les tarifs ? Que faut-il faire ? »*

– *« Où sont placés les dossards des photographes ? Que faut-il faire ? »*

Les problèmes — 15 min

En individuel

▪ Laisser les élèves travailler individuellement. Aider les élèves en cas de difficulté. Quand tous ont complété les réponses aux questions, ils peuvent comparer leurs résultats par groupes de 2, 3 ou 4, sans corriger leurs réponses. Les groupes s'entendent sur une solution qui sera présentée lors de la mise en commun. Cette dernière permet de confronter les réponses données, de les justifier ou éventuellement de les corriger.

1 Les élèves qui ont prolongé correctement au moins quatre des cinq rayons du soleil pourront colorier l'étoile.

2 Les trois calculs franchissent la dizaine supérieure (28 + 5 = 33 ; 57 + 4 = 61 ; 39 + 3 = 42). Accepter une erreur sur les 3 calculs.

3 Observer l'utilisation, par les élèves, de la règle ou de la bande de papier pour vérifier l'alignement des trois flotteurs.

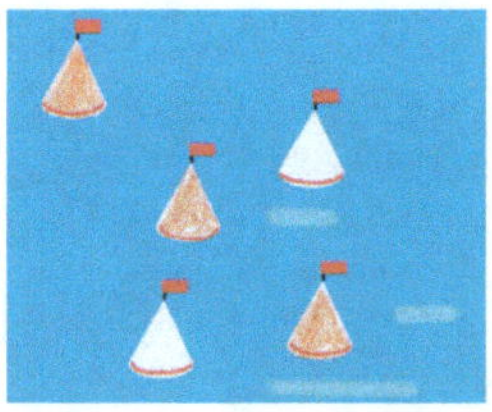

4 C'est une recherche du complément à 20, présentée sous la forme d'un problème. Il manque 3 € à Léa.

> **4** ☆ Léa a 17 €. Combien lui manque-t-il pour acheter ce tee-shirt ?
> Il lui manque ...3... €.

5 Il s'agit d'ordonner quatre nombres dans l'ordre croissant. Ces nombres sont indiqués sur le panneau des tarifs des activités.

> **5** ☆ **Range** ces tarifs du plus petit au plus grand.
> ...32... < ...35... < ...45... < ...50...

6 Il faut compléter la suite numérique. La difficulté réside dans le changement de dizaine.

Erreurs possibles

- Difficulté à utiliser correctement la règle lors du prolongement des rayons du soleil ou pour trouver un alignement.
- Difficulté à réussir les calculs de sommes.
- Difficulté pour calculer le complément à 20 avec la monnaie.
- Difficulté à ordonner des nombres.

Remédiation

- En cas de difficulté de compréhension de l'énoncé, l'élève demande l'aide de l'enseignant(e).
- Demander aux élèves qui ont réussi d'expliquer à leur(s) camarade(s).
- Travailler en petits groupes les notions non acquises.

Le bilan

- L'activité terminée, l'élève compte les exercices qu'il a réussis, c'est-à-dire son nombre d'étoiles : s'il a colorié 5 ou 6 étoiles, il colorie la médaille d'or ; 3 ou 4 étoiles, il colorie la médaille d'argent ; sinon il colorie la médaille de bronze. Ainsi, tous les élèves colorient une médaille.
- Pour recenser et comparer les résultats obtenus pour toutes les périodes de l'année, photocopier, pour chaque élève, la fiche récapitulative sur laquelle l'élève note son score en coloriant les étoiles et la médaille correspondante (*cf.* matériel photocopiable ci-après). Ces informations seront utiles pour d'éventuelles séances de remédiation organisées avant les évaluations de fin de période.
- Ce type d'évaluation à la fois ludique et rapide informe sur le degré de réussite de la classe. Son information sera complétée par les résultats à l'évaluation qui suivra dans laquelle les élèves feront le point sur la demi-période écoulée.

25 Maths Aventures (1) – La course à la voile

Prénom :	Maths Aventures						
Exercice	**1**	**2**	**3**	**4**	**5**	**6**	**Médaille**
Période 1	☆	☆	☆	☆	☆	☆	
Période 2	☆	☆	☆	☆	☆	☆	
Période 3	☆	☆	☆	☆	☆	☆	
Période 4	☆	☆	☆	☆	☆	☆	
Période 5	☆	☆	☆	☆	☆		

26 Je fais le point (2)

Fichier pp. 34-35

Procéder régulièrement au bilan des compétences des élèves. L'élève fait le point sur ses connaissances. Les résultats permettent aussi de repérer les notions mathématiques et les techniques de calcul maîtrisées par la majorité des élèves et celles qui doivent donner lieu à un travail de remédiation en atelier.
Comme les items des pages « Je fais le point » peuvent être faits à la maison, leur préférer ceux proposés dans le guide pédagogique pour réaliser les évaluations finales des demi-périodes. Utiliser alors les pages « Je fais le point » du fichier comme activités préparatoires aux évaluations finales.

Consignes de passation

Pour chaque exercice, les élèves travaillent individuellement. Lire une fois la consigne à haute voix. Leur laisser un temps raisonnable pour réfléchir, calculer et rédiger la réponse puis passer à l'exercice suivant. L'ensemble des exercices de la page peut être traité en deux séances. La correction se fera à la fin de chaque séance.

Connaissances et compétences	Commentaires	Propositions de remédiation
1. **Comprendre et utiliser des nombres entiers pour dénombrer, ordonner, repérer, comparer.** → Échanger dix dizaines contre une centaine.	Rappeler que pour symboliser un échange, on peut entourer des paquets de 10.	Revenir sur la règle de l'échange : 10 dizaines, c'est une centaine. Revoir l'utilisation du tableau de numération et l'écriture du nombre hors du tableau. → **Photofiche 21R**
2. **Nommer, lire, écrire, représenter des nombres entiers.** → Passer de l'écriture en lettres à l'écriture en chiffres.	Comparer les résultats à ceux d'une dictée de nombres. Si un élève écrit correctement des nombres en chiffres au cours d'une dictée de nombres et ne réussit pas cet exercice, c'est la lecture qui est en cause.	Selon le cas, procéder à des dictées de nombres ou à un travail de lecture. → **Mémo** page 3
3. **Comprendre et utiliser des nombres entiers pour dénombrer, ordonner, repérer, comparer.** → Décomposer un nombre.	S'assurer que les élèves comprennent la consigne à partir de l'exemple. Des erreurs dans la deuxième colonne montrent que l'élève n'a sans doute pas compris les sens des mots dizaines et unités.	Reprendre ce travail en atelier avec du matériel structuré, oralement d'abord puis par écrit. → **Photofiche 17R**
4. **Comprendre et utiliser des nombres entiers pour dénombrer, ordonner, repérer, comparer.** → Comparer deux nombres.	Dans le premier item, les deux nombres appartiennent à la même dizaine. Dans le second item, les chiffres des dizaines des nombres à comparer sont différents.	On peut avoir recours : – à la comptine ou à la bande numérique ; – à l'utilisation de barres et de jetons pour décomposer les nombres en dizaines et unités. → **Mémo** page 6 → **Photofiche 18R**

Connaissances et compétences	Commentaires	Propositions de remédiation
5. **Comprendre et utiliser des nombres entiers pour dénombrer, ordonner, repérer, comparer.** → Ordonner les nombres.	Cet exercice nécessite de connaître la notion d'ordre, la valeur des nombres et d'élaborer une méthodologie d'exploration sans omission ni répétition. C'est l'examen des réponses qui permettra de déceler les causes d'erreur et de proposer des remédiations adaptées.	En cas d'erreur : – vérifier si les élèves savent comparer les nombres deux à deux ; – vérifier s'ils mettent en place une méthodologie pour ranger les nombres (barrer les nombres ou les entourer une fois utilisés). → **Mémo** page 7 → **Photofiche 18R**
6. **Calculer avec des nombres entiers.** → Ajouter, retrancher un petit nombre.	Ces exercices privilégient le passage à la dizaine supérieure (cas de l'addition avec recherche du complément à la dizaine supérieure) ou à la dizaine inférieure (cas de la soustraction).	Reprendre chaque exercice en détaillant les étapes. S'assurer que les compléments à 10 sont acquis. Demander aux élèves en difficulté d'utiliser la bande numérique complète. → **Photofiches 13R et 14R**
7. **Résoudre des problèmes en utilisant des nombres entiers et le calcul.** → Trouver la valeur de l'état initial dans un problème de transformation d'état.	Problème du champ additif. Les élèves sont amenés à calculer une soustraction pour calculer l'état initial.	Demander si le car contient plus d'élèves au début ou à la fin pour favoriser la compréhension de la situation. Faire jouer la situation en faisant redescendre du car les élèves qui sont montés à l'arrêt afin de trouver le nombre d'élèves avant l'arrêt.
8. **Comprendre et utiliser des nombres entiers pour dénombrer, ordonner, repérer, comparer.** → Dénombrer une grande collection organisée.	Le dénombrement un à un n'est pas possible. L'utilisation des « paquets » de 100 et des « paquets » de 10 est donc nécessaire.	Remplacer chaque boîte de 100 feutres par une plaque centaine bleue, chaque boîte de 10 feutres par une barre dizaine verte. → **Photofiche 22R**
9. **Reconnaître et utiliser la notion d'alignement.** → Trouver un alignement.	Avec leur règle les élèves sont amenés à trouver 3 points alignés parmi les 5 points proposés.	Reprendre l'exercice au tableau avec une grande règle. Montrer que 3 points alignés se trouvent sur une même droite.

E2 Évaluation (2)

Fichier CE1
Leçons 14 à 24

Prénom .... **Date** ....

Connaissances et compétences	Évaluation
Nombres et calculs	
Nommer, lire, écrire, représenter des nombres entiers	
1. Passer de l'écriture en lettres à l'écriture en chiffres.	
Comprendre et utiliser des nombres entiers pour dénombrer, ordonner, repérer, comparer	
2. Décomposer un nombre en dizaines et unités.	
3. Comparer deux nombres inférieurs à 100.	
4. Intercaler un nombre.	
5. Ordonner quatre nombres inférieurs à 100.	
Calculer avec des nombres entiers	
6. Ajouter un petit nombre.	
7. Retrancher un petit nombre par un calcul en ligne.	
Résoudre des problèmes en utilisant des nombres entiers et le calcul	
8. Résoudre un problème du champ additif : recherche de l'état initial.	

1 **Écris** en chiffres.

quatre-vingts : .... | soixante-quinze : .... | quatre-vingt-douze : ....

2 **Complète**.

82	8 dizaines 2 unités	80 + ...
79	.... dizaines .... unités	.... + 9
....	.... dizaines .... unités	90 + 5

3 **Colorie** l'étiquette du plus grand nombre.

86 | 80 — 78 | 87 — 91 | 69

4 **Relie** chaque boule à sa place.

79 — 87 — 72

65 — ( ) — 75 — ( ) — 85 — ( ) — 95

5 **Range** du plus petit au plus grand les nombres 80, 98, 78, 89.

.... < .... < .... < ....

6 **Calcule.** 38 + 8

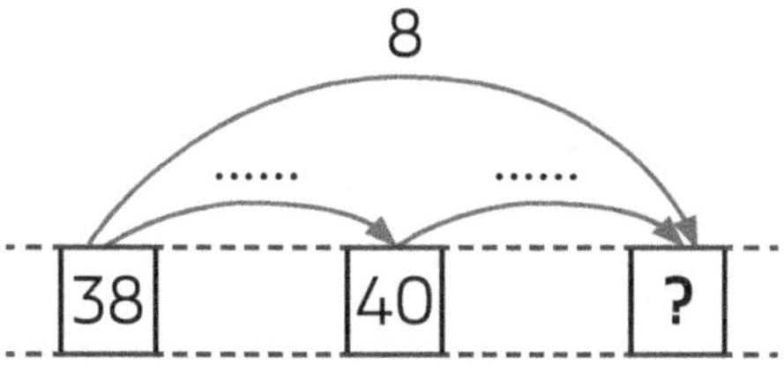

38 + 8 = ...

7 **Calcule.** 43 – 5

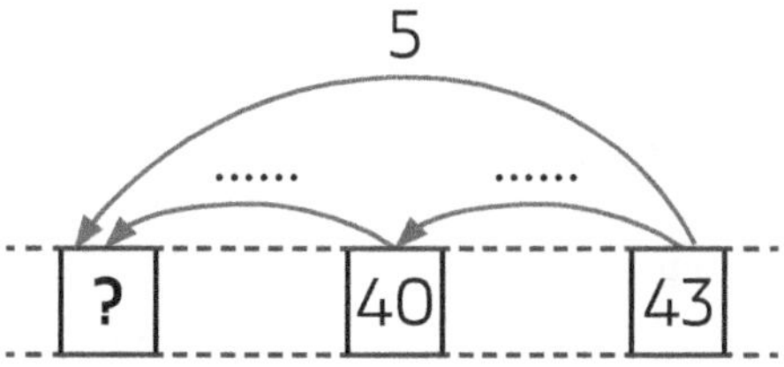

43 – 5 = ...

8 **Problème.**

Un car scolaire transporte des élèves. Au premier arrêt, 6 élèves descendent.
Il reste alors 24 élèves dans le car.
Combien d'élèves transportait le car avant l'arrêt ?

....

Le car transportait .... élèves avant l'arrêt.

Connaissances et compétences	Évaluation
Espace et géométrie	
Reconnaître et utiliser les notions d'alignement, d'angle droit, d'égalité de longueurs, de milieu, de symétrie	
9. Trouver un alignement.	

9 **Colorie** 3 ronds alignés.

27 Je cherche (1)

Fichier p. 36

Programme 2018	On veillera à proposer aux élèves dès le CP des problèmes pour apprendre à chercher qui ne soient pas de simples problèmes d'application à une ou plusieurs opérations mais nécessitant des recherches avec tâtonnements.
Compétence	Résoudre un problème de recherche personnelle dans la structuration de l'espace et dans la numération.
Remarques préalables	▪ Comme le recommandent les programmes de 2018, il est souhaitable de proposer aux élèves de CE1 des problèmes pour apprendre à chercher qui les obligent à faire des essais successifs. Montrer que trouver le résultat d'un problème n'est pas le fruit de la chance ou du hasard mais celui d'une démarche qui s'appuie sur des premiers essais infructueux, qu'il faut corriger pour atteindre la réponse. C'est l'objectif de cette leçon. ▪ Cette démarche demande de l'initiative, de la réflexion, de la méthode aussi. Elle ouvre une autre voie à l'activité mathématique différente de la résolution des problèmes arithmétiques portant sur les différentes opérations, sans en amoindrir l'importance. ▪ Elle peut permettre à de nombreux élèves de retrouver confiance en eux.

Activité 1

30 min

En individuel

Matériel	Une photocopie des dessins du fichier pour chaque élève afin de permettre de faire des essais en dehors du fichier. Une photocopie grand format à afficher au tableau.
Organisation	Travail individuel.

Solutions possibles :

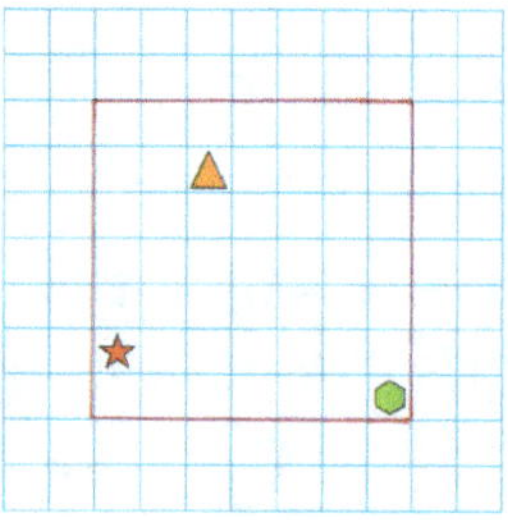

A

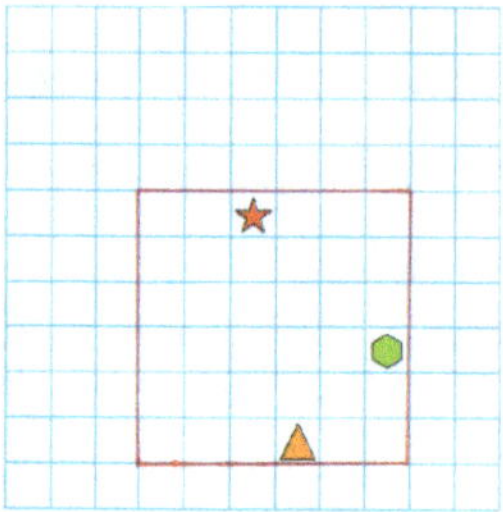

B

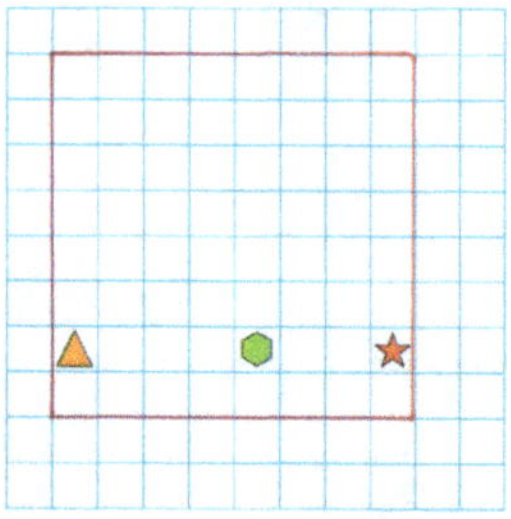

C

Cette recherche ne comporte aucun formalisme. La difficulté tient à la gestion de la double contrainte : obtenir un carré et rester dans les limites du quadrillage.

▪ Demander ce qu'est un carré et comment on peut tracer un carré en s'aidant d'un quadrillage.

▪ Demander à un élève de dessiner un carré sur un quadrillage que l'enseignant(e) aura dessiné au tableau.

▪ Faire constater la multiplicité des solutions.

▪ **Distribuer une photocopie des dessins du fichier.** Lire l'énoncé et s'assurer que tous l'ont compris.

▪ **Laisser un temps de recherche individuelle** de 10 minutes pour le premier carré avant de procéder à une mise en commun orale.

▪ Vérifier chaque proposition par comptage des carreaux.

▪ Mettre en évidence que plusieurs solutions sont possibles. Les dessiner sur la photocopie grand format affichée au tableau.

▪ **Laisser un temps de recherche individuelle** de 20 minutes pour les deux autres figures avant de procéder à une mise en commun orale.

▪ Procéder comme précédemment.

▪ **Conclure ce travail en évoquant un début de méthodologie :** chercher un segment qui pourrait constituer un côté du carré, puis fermer ce carré à main levée on vérifiant que tous les côtés ont la même longueur.

Activité 2

30 min

Matériel	Une photocopie du dessin du fichier pour chaque élève afin de permettre de faire des essais en dehors du fichier. Un dessin grand format tracé au tableau.
Organisation	Travail individuel.

Une solution

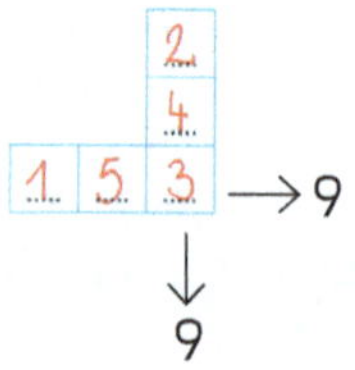

Cette recherche ne comporte aucun formalisme. La difficulté tient à la gestion de la double contrainte : utiliser tous les nombres 1, 2, 3, 4, 5 et les disposer pour que la somme de la ligne et de la colonne soit la même.

▪ **Distribuer une photocopie de la grille du fichier.** Lire l'énoncé et s'assurer que tous l'ont compris.

▪ Dessiner la grille ci-contre au tableau et demander si elle convient.

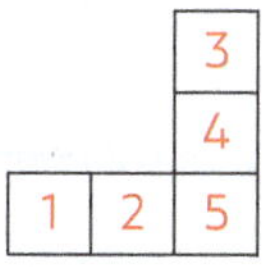

▪ Faire constater que la somme des nombres de la ligne :
1 + 2 + 5 est égale à 8 alors que la somme des nombres de la colonne :
3 + 4 + 5 est égale à 12.
Cette grille ne convient donc pas.

▪ **Laisser un temps de recherche individuelle** de 10 minutes avant de procéder à une mise en commun orale.

▪ Vérifier chaque proposition. Faire constater que plusieurs grilles sont valables.

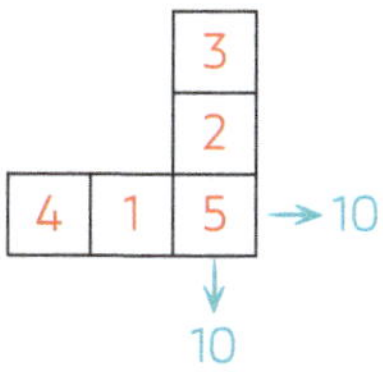

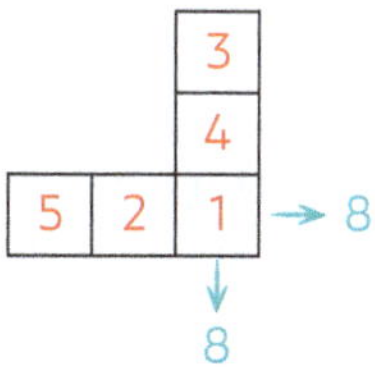

▪ **Conclure ce travail en évoquant un début de méthodologie :** Les écarts entre 2 nombres correspondant de « l'aile » doivent se compenser.

Différenciation

Consolidation Photofiche 24c

Elle propose deux autres problèmes de recherche personnelle portant sur le numérique.
Recherche d'un chemin le plus court (les chemins s'entrecroisent) et recherche de la valeur de différentes formes de perles (présentée par des additions dans lesquelles des nombres se cachent derrière les formes).

Cahier Problèmes : Leçon 14

28 Identifier les polygones

Fichier p. 37

Programme 2018	**Reconnaître, nommer, décrire, reproduire, construire quelques figures géométriques** Reconnaître, nommer les figures usuelles. ▪ Vocabulaire approprié pour décrire les figures planes usuelles : carré, rectangle, triangle, triangle rectangle, polygone, côté, sommet, angle droit.
Compétences	Reconnaître des polygones et identifier leurs sommets et leurs côtés.
Remarques préalables	▪ Au CP, les élèves ont essentiellement perçu les figures géométriques usuelles de façon globale. Dans cette leçon, ils vont devoir repérer les sommets et identifier les côtés de figures planes pour reconnaître celles qui sont des polygones. ▪ Les polygones sont des figures fermées dont les côtés sont des segments de droite. Il est utile de faire remarquer que le nombre de sommets d'un polygone est toujours égal au nombre de côtés et d'en expliquer la cause : la ligne brisée qui en délimite le contour est une ligne fermée. Si la ligne était ouverte, le nombre de sommets serait égal au nombre de côtés plus un. **Difficulté de la leçon** Reconnaître les figures concaves comme des polygones. **Aide** Renvoi à la définition : les côtés des polygones sont des segments de droite.

Calcul mental 5 min

→ *Dictée de nombres (nombres < 100). Dire : « 72 » ; l'élève écrit 72.*
***Items :** 72 ; 78 ; 81 ; 85 ; 92 ; 97 ; 67 ; 79 ; 90 ; 84.*

Prérequis oral

« Où se trouvent les sommets d'un triangle ? »
Cette question introduit le mot « sommet » à partir d'une figure simple connue. La notion de sommet sera généralisée dans cette leçon.

Manipulations préparatoires 15 min

En collectif

Matériel	Par groupe : 16 figures (cf. matériel photocopiable ci-après). Pour l'enseignant : les mêmes 16 figures agrandies.
Organisation	Groupes de 4 élèves.

Activité : Classer des figures

Manipuler

▪ Distribuer à chaque groupe de 4 élèves une collection de figures planes cartonnées (cf. matériel photocopiable en fin de leçon à coller sur du bristol et à découper).
▪ Demander de les classer en mettant ensemble celles qui ont des propriétés communes.

Débattre

▪ Chaque groupe annonce son classement en indiquant les numéros des figures qui ont été mises ensemble.
▪ Chaque classement est justifié.
▪ Accepter un classement entre : figures convexes (12 figures) et non convexes (2 figures).
▪ Proposer de classer les figures selon le nombre de leurs côtés, si ce classement n'a pas été envisagé.
▪ Introduire les mots « côtés » et « sommets » ainsi que le mot « segment » déjà abordé en leçon 6.
▪ Les figures sont classées au tableau.
▪ Dénombrer alors les quatre familles de polygones : trois triangles (4, 5, 13), cinq quadrilatères (1, 10, 12, 15, 16), quatre pentagones (6, 7, 11, 14) et deux hexagones (2, 9). Les noms « pentagone » et « hexagone » ne seront cités qu'à titre indicatif.
▪ Observer les deux figures (3 et 8) dont les côtés sont des courbes et non pas des segments : ce ne sont pas des polygones.
▪ Faire remarquer que les polygones ont autant de côtés que de sommets.

Découvrons 15 min

1 ▪ Chercher les figures qui possèdent des côtés courbes : ces côtés ne sont pas des segments et donc ces figures ne sont pas des polygones.
▪ Les figures C et F ne sont pas des polygones.
▪ Colorier les polygones A, B, D, E et G.

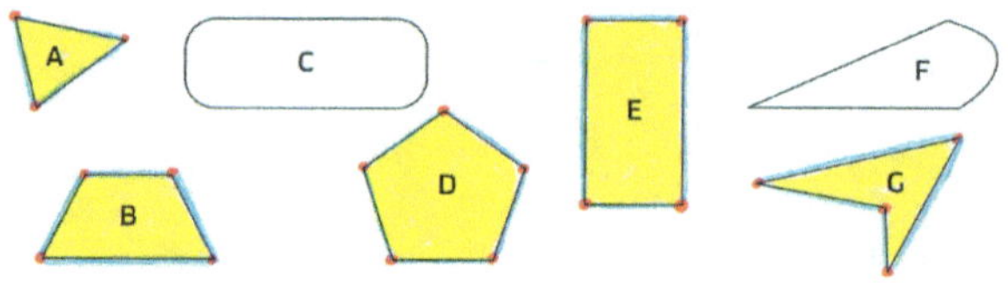

Erreurs possibles

– Les figures C et F sont considérées comme des polygones.
– La figure concave G n'est pas considérée comme un polygone.

Remédiation

Lire le rappel de Mathix :

- dans le premier cas, opposer segment et courbe pour déclarer que les figures C et F ne sont pas des polygones ;
- dans le deuxième cas, demander si tous les côtés de la figure G sont des segments.

2 Cet exercice introduit les mots « côtés » et « sommets ». Ces deux notions sont liées car un sommet est l'intersection de deux côtés.

L'élève doit cocher « oui ».

Coche. Un polygone possède autant de sommets que de côtés. ☒ oui ☐ non

Erreurs possibles

- Quatre sommets sont pointés en rouge sur la figure C.
- Les côtés sont mal dénombrés.

Remédiation

- Rappeler que les sommets sont la rencontre de deux segments qui forment une pointe et non une courbe.
- Repasser chaque côté d'une couleur différente pour pouvoir les compter facilement.

Institutionnalisation orale

Poser la question : *« Qu'avons-nous appris aujourd'hui ? »* Réponse attendue proche de : « *Nous avons appris à identifier des polygones et à reconnaître leurs côtés et leurs sommets.* »

Je m'entraîne

15 min

En individuel

3 Les polygones sont les figures B, C et D. Justifier le choix des figures.

Erreurs possibles

- Les figures A et E sont considérées comme des polygones.
- La figure concave D n'est pas considérée comme un polygone.

Remédiation

Revenir sur les notions de « côté » et de « sommet » en multipliant les exemples avec des figures dessinées au tableau.

4 Répondre progressivement aux différentes consignes.

Cette figure est-elle un polygone ? **Coche**. ☒ oui ☐ non

Dessine un point rouge sur chaque sommet.

Repasse chaque côté en bleu.

Complète.

Cette figure possède ...4... côtés et ...4... sommets.

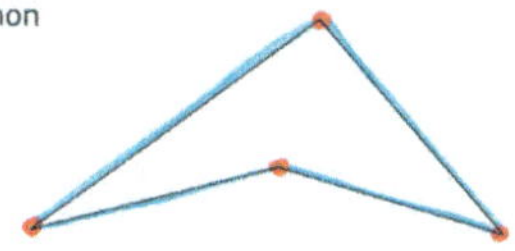

Erreurs possibles

- La figure n'est pas reconnue comme polygone.
- Le sommet rentrant n'est pas reconnu comme sommet.

Remédiation

Représenter cette figure avec des baguettes de bois. Déplacer les 2 baguettes rentrantes de façon à avoir un polygone convexe.

Différenciation

Remédiation Photofiche 25R

Cette photofiche propose trois exercices.

Le premier comporte deux items. Dans chacun d'eux, il faut pointer en rouge les sommets des polygones et colorier les côtés puis compter les sommets et les côtés pour compléter une phrase.

Dans le deuxième, il faut reconnaître les polygones parmi onze figures.

Dans le troisième, il faut barrer l'intrus dans une collection de polygones.

28 Identifier les polygones

Matériel photocopiable

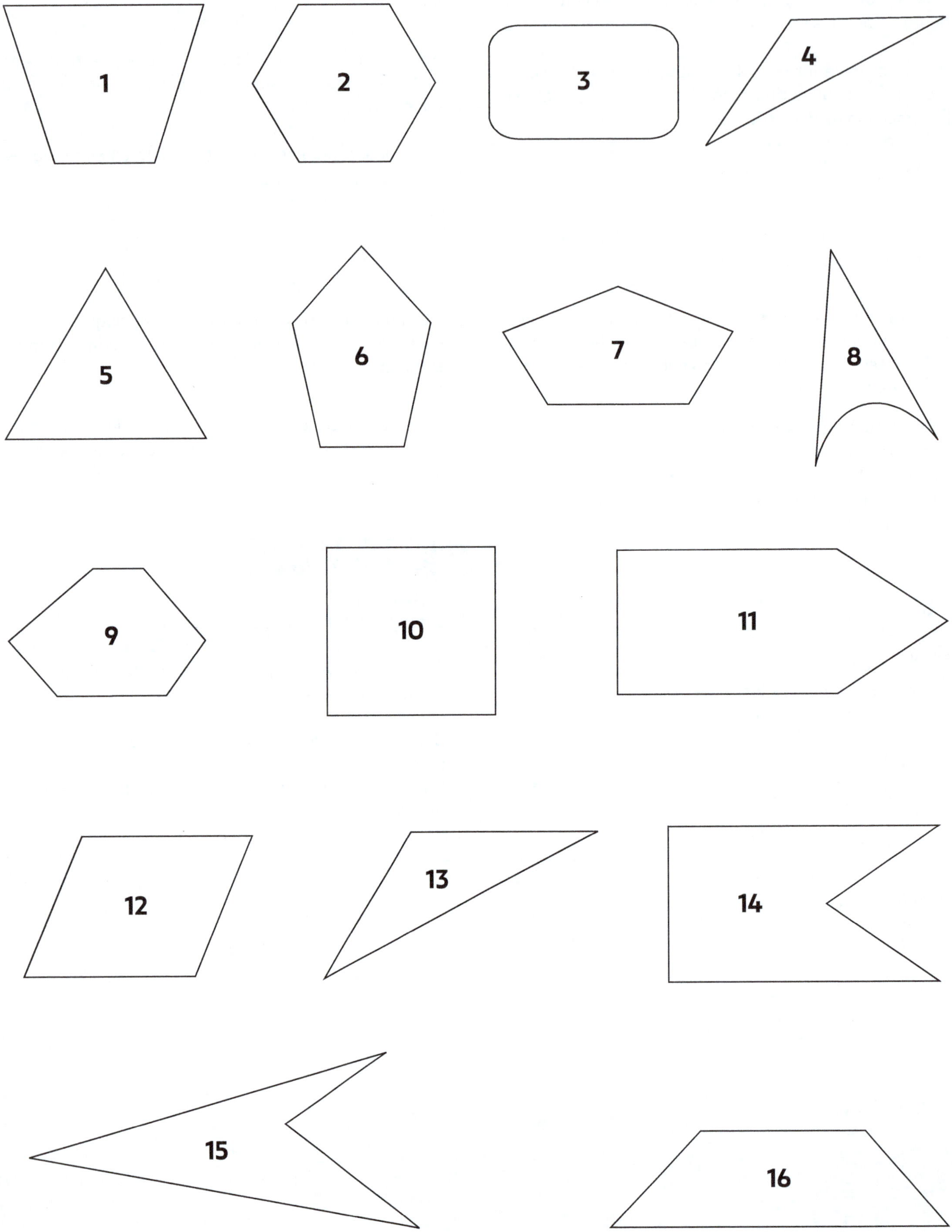

29 Calcul en ligne : Ajouter des dizaines à un nombre de deux chiffres

Fichier p. 38

Programme 2018	**Calculer avec des nombres entiers** Calcul en ligne : Calculer en utilisant des écritures en ligne additives, soustractives, multiplicatives, mixtes.
Compétence	Calcul en ligne : Ajouter des dizaines à un nombre de deux chiffres.
Remarques préalables	▪ Il est important, au cycle 2, de développer la maîtrise de l'addition « naturelle » en ligne de deux nombres de deux chiffres. ▪ Cette « addition naturelle », qui commence par le calcul de la somme des dizaines, se poursuit par le calcul de la somme des unités, et se termine par la somme de ces deux résultats, même si le second dépasse 10. Exemple : 26 + 37 = 20 + 30 + 6 + 7 = 50 + 13 = 63. ▪ Elle permet de calculer facilement les sommes des nombres de deux chiffres inférieures à cent et oriente vers le calcul mental. Elle évite aux élèves de poser l'addition en colonnes « dans leur tête » qui, en reprenant mentalement la technique de l'addition posée, ne se prête pas facilement au calcul mental. ▪ Dans cette leçon, les élèves vont apprendre à ajouter d'abord des dizaines à un nombre de dizaines puis à ajouter des dizaines à un nombre de deux chiffres. ▪ C'est dans la leçon 30 qu'ils apprendront à additionner en ligne deux nombres quelconques de deux chiffres en utilisant leurs décompositions canoniques. **Difficultés de la leçon** – Traiter une somme de dizaines (30 + 20) comme une somme d'unités (3 + 2). – Ajouter un nombre de deux chiffres à des dizaines entières. **Aide** – Utiliser le matériel de numération pour représenter les nombres et effectuer les additions. – Décomposer le nombre de deux chiffres en une somme de dizaines et d'unités pour pouvoir effectuer la somme des deux nombres.

Calcul mental 5 min

→ *Dictée de nombres. Dire : « 87 » ; l'élève écrit 87.*
Items : *87 ; 74 ; 92 ; 57 ; 62 ; 72 ; 80 ; 85 ; 95 ; 79.*

Prérequis oral

« Combien font 3 dizaines ? »
Cette question vérifie que les élèves savent faire correspondre nombre de dizaines et nombre de deux chiffres.

Manipulations préparatoires 15 min

En collectif

Matériel	Matériel de numération.
Organisation	Groupe classe.

Activité 1 : Somme de dizaines

Manipuler, schématiser

▪ Écrire l'énoncé d'un problème au tableau : *« Théo a 40 cartes. Léa lui en donne 20. Combien de cartes Théo possède-t-il maintenant ? »*
▪ Faire lire et reformuler le problème.
▪ Insister sur la chronologie de l'action et interroger les élèves : *« Théo en aura-t-il plus ou moins qu'au début ? »*
▪ Faire découvrir que le problème est une situation additive qui se résout par le calcul de 40 + 20.
▪ Laisser les élèves résoudre ce calcul avec la procédure de leur choix : utilisation du matériel de numération, calcul.

Débattre, symboliser

▪ Mettre en commun toutes les démarches.
▪ Utilisation du matériel.

→ 60

▪ Décomposition des deux nombres en paquets de 10 :
40 + 20 = 10 + 10 + 10 + 10 + 10 + 10 = 60
▪ Décomposition des deux nombres en dizaines :
40 + 20 = 4 dizaines + 2 dizaines
40 + 20 = 6 dizaines = 60.

Activité 2 : Ajouter des dizaines à un nombre de deux chiffres

Manipuler, schématiser

▪ Faire lire et reformuler le deuxième problème écrit au tableau : *« Léa a 40 cartes ; Théo lui en donne 24. Combien de cartes Léa possède-t-elle maintenant ? »*
▪ Insister sur la chronologie de l'action et interroger les élèves : *« Léa en aura-t-elle plus ou moins qu'au début ? »*
▪ Faire découvrir que le problème est une situation additive qui se résout par le calcul de 40 + 24.
▪ Laisser les élèves résoudre ce calcul avec la procédure de leur choix : dessin, utilisation de matériel structuré, calcul.

Débattre, symboliser

▪ Mettre en commun les résolutions et examiner toutes les propositions.

▪ Privilégier celle qui utilise la décomposition canonique de 24 et qui permet de réinvestir les acquis de l'activité précédente :

▪ Écrire au tableau les égalités suivantes et demander de les compléter :

40 + 24 = 40 + 20 + 4

40 + 24 = ... + 4 = ...

Découvrons

15 min

1 ▪ Écrire le calcul de Théo au tableau et l'observer.
▪ Demander d'écrire les nombres 30 et 20 sous forme de dizaines : 30 + 20 = 3 dizaines + 2 dizaines = 5 dizaines.
▪ Écrire 5 dizaines sous la forme d'un nombre de deux chiffres : 5 dizaines = 50.
Les élèves complètent le calcul sur leur fichier. Un élève complète le calcul au tableau.

30 + 20 = ..3.. dizaines + ..2.. dizaines
30 + 20 = ..5.. dizaines = ..50..

2 ▪ Écrire ensuite le calcul de Léa au tableau.
▪ Commenter comment celle-ci calcule 30 + 26 : elle décompose le deuxième nombre 26 en 20 + 6 ce qui permet de calculer comme Théo : 30 + 20 = 50, puis elle ajoute les 6 unités : 50 + 6 = 56.
Les élèves complètent le calcul sur leur fichier. Un élève complète le calcul au tableau.

30 + 26 = 30 + 20 + 6
30 + 26 = ..50.. + 6 = ..56..

Institutionnalisation orale

Poser la question : « *Qu'avons-nous appris aujourd'hui ?* »
Réponse attendue proche de : « *Nous avons appris à ajouter des dizaines à un nombre de deux chiffres.* »

Je m'entraîne

15 min

En individuel

3 Les trois items de cet exercice vérifient que les élèves savent calculer des sommes de dizaines.

10 + 30 = ..40.. | 30 + 40 = ..70.. | 50 + 40 = ..90..

Erreur possible
Confusion entre nombre de dizaines et nombre d'unités : 30 + 20 = 32.

Remédiation
– Utiliser le matériel de numération.
– Lire le Mémo page 9.

4 Les élèves utilisent la méthode de Léa. Le premier item est initié.

20 + 14 = 20 + 10 + ..4..
20 + 14 = ..30.. + ..4.. = ..34..

30 + 24 = 30 + ..20.. + ..4..
30 + 24 = ..54..

Erreur possible
Erreur de calcul.

Remédiation
Utiliser le matériel de numération.

5 Lire et commenter l'énoncé du problème. Il se résout par une addition dont le calcul est semblable à celui de Léa.

30 + 17 = 47
Suzie et Naomi ont cueilli ..47.. fleurs.

Erreurs possibles
– La situation n'est pas perçue comme une situation additive.
– Erreur de calcul.

Remédiation
– Jouer la situation.
– Utiliser le matériel de numération.

Réinvestissement

6 L'élève doit trouver 4 points alignés.

Erreur possible
Seuls 2 points ou 3 sont joints.

Remédiation
– Relire la consigne.
– Utiliser toute la longueur de la règle.

Différenciation

Remédiation Photofiche 26R
Cette photofiche propose trois exercices.
Dans le premier, il faut calculer une somme de dizaines.
Dans le deuxième, il faut ajouter des dizaines à un nombre de deux chiffres. Les nombres sont représentés par le matériel de numération. Dans le troisième, l'élève doit calculer deux sommes sans représentation des nombres.

30 Lire, écrire, décomposer les nombres jusqu'à 199

Fichier p. 39

Programme 2018	**Nommer, lire, écrire, représenter des nombres entiers** – Utiliser diverses représentations des nombres. – Passer d'une représentation à une autre, en particulier associer les noms des nombres à leurs écritures chiffrées.
Compétences	Lire, écrire, décomposer les nombres inférieurs à 200.
Remarques préalables	▪ Au CE1, un temps conséquent est consacré à la reprise de l'étude des nombres jusqu'à 100, notamment pour leur désignation orale et pour les stratégies de calcul mental ou écrit. Parallèlement, l'étude de la numération décimale écrite (centaines, dizaines, unités simples) est étendue par paliers, jusqu'à 199, puis 1 000. ▪ Les élèves ont découvert lors des leçons 22 et 23 que le nombre 100 et les nombres qui le suivent s'écrivent avec trois chiffres. L'objectif de cette leçon est de consolider les règles de la numération de position, de lire et d'écrire les nombres inférieurs à 200. Dans cette leçon, les élèves n'auront pas à pratiquer de groupements, les collections étant déjà organisées. **Difficulté de la leçon** Associer écriture chiffrée et écriture littérale d'un nombre de trois chiffres. **Aide** Utilisation du tableau de numération.

Calcul mental — 5 min

➜ *Dictée de nombres en dizaines et unités.*
Dire : « 7 dizaines 8 unités » ; l'élève écrit 78.
***Items :** 7 dizaines 8 unités ; 5 dizaines 6 unités ; 3 dizaines ; 9 dizaines 1 unité ; 3 dizaines 8 unités ; 9 dizaines ; 9 unités ; 1 dizaine 5 unités ; 6 dizaines ; 7 unités ; 3 dizaines 4 unités.*

Prérequis oral

« Quel nombre vient après 99 ? »
Cette question vérifie que les élèves connaissent 100 qui ouvre la suite des nombres qui s'écrivent avec trois chiffres.

Manipulations préparatoires — 15 min

En collectif

Matériel	Un paquet de cent enveloppes marqué 100, trois paquets de 10 enveloppes marqués 10 et cinq enveloppes ; si l'activité est reprise avec d'autres nombres : des paquets de 10 et des enveloppes supplémentaires ; matériel de numération.
Organisation	Groupe classe.

Activité : Les enveloppes

Manipuler, schématiser, débattre

▪ Placer un paquet de cent enveloppes, trois dizaines d'enveloppes et cinq enveloppes sur une table.
▪ Faire nommer chaque ensemble constitué.
▪ Demander de représenter le nombre d'enveloppes avec le matériel de numération.
▪ Faire justifier cette représentation.

Symboliser

▪ Dessiner le tableau de numération.
▪ Faire écrire le nombre dans le tableau puis hors du tableau.

Reprendre l'activité avec d'autres nombres inférieurs à 200.

Découvrons — 15 min

1 ▪ Observer et commenter l'illustration : il y a 1 paquet de cent enveloppes, 4 paquets de dix et 2 enveloppes.
▪ Justifier le nombre écrit par Mélissa dans le tableau de numération.
▪ Lire la bulle expliquant la lecture du nombre de trois chiffres. Mélissa commence par dire le nombre de centaines : une centaine se dit « cent » puis elle dit le nombre de deux chiffres « quarante-deux » qui donne le nombre de dizaines et d'unités.
▪ Donner la signification des lettres c, d et u.

Complète. 142 = ..1.. c ..4.. d ..2.. u 142 = ..100.. + ..40.. + ..2..

2 ▪ Faire lire le nombre « cent vingt-cinq ». Le nombre de trois chiffres s'entend dans la prononciation du nombre et facilite l'écriture en chiffres : cent ➜ 1 (centaine) ; vingt ➜ 2 (dizaines) ; cinq ➜ 5 (unités).

Théo a acheté **cent vingt-cinq** timbres. **Écris** ce nombre. ..125..

Institutionnalisation orale

Poser la question : « *Qu'avons-nous appris aujourd'hui ?* »
Réponse attendue proche de : « *Nous avons appris à lire, à écrire et à décomposer les nombres de trois chiffres.* »

Je m'entraîne

15 min

En individuel

3 Il faut reconnaître le nombre symbolisé par les plaques et les jetons parmi les écritures en chiffres et en lettres proposées.
Les écritures en lettres commencent par cent, il faut donc être attentif à l'écriture des nombres de dizaines et à celle des nombres d'unités.

Erreur possible
Confusion entre 132 et 123.

Remédiation
- Revenir sur la valeur de chaque chiffre dans un nombre de 3 chiffres.
- Utiliser un tableau de numération.

4 L'écriture des deux nombres dans le tableau de numération facilite les écritures des égalités qui réclament la décomposition canonique des deux nombres. Rappeler qu'il ne doit y avoir qu'un chiffre par colonne.

Images de Léa

154 = 1 c 5 d 4 u

154 = 100 + 50 + 4

Images de Gabriel

108 = 1 c 0 d 8 u

108 = 100 + 8

Erreurs possibles
- Le chiffre 0 est mal placé dans le tableau.
- Décomposition erronée du nombre 108.

Remédiation
Réutiliser le matériel de numération et le tableau de numération en petits groupes.

Réinvestissement

5 L'exercice réinvestit la leçon 29 (« Ajouter des dizaines à un nombre de deux chiffres »).

30 + 18 = 30 + 10 + 8

30 + 18 = 40 + 8 = 48

Erreurs possibles
- Erreur de calcul en effectuant les sommes de dizaines.
- Mauvaise décomposition canonique.

Remédiation
Utiliser le matériel de numération.

Problème de recherche personnelle

Suite arithmétique de raison 3. L'élève compte de 3 en 3 à partir de 4.

Le coin du chercheur

Complète la suite des nombres.

4	7	10	13	16

Différenciation

Consolidation Photofiche 27c

Cette photofiche propose trois exercices.
Dans le premier, il faut lire les bulles dans lesquelles sont donnés en nombres de centaines, dizaines et unités trois nombres inférieurs à 200 qu'il faut écrire dans des tableaux de numération et hors des tableaux. Le premier et le deuxième nombres comportent chacun un zéro dans leur écriture soit au rang des dizaines (107), soit à celui des unités (140), le troisième en comporte deux (100).
Le deuxième exercice propose deux items. Dans le premier, il faut décomposer trois nombres en utilisant l'écriture « c d u ». Dans le second, il faut écrire avec trois chiffres trois nombres écrits avec les lettres « c d u » mélangées.
Dans le troisième exercice, il faut relier les nombres écrits en lettres à ceux écrits en chiffres.

31 Comparer, ordonner les nombres jusqu'à 199

Fichier p. 40

Programme 2018	**Comprendre et utiliser des nombres entiers pour dénombrer, ordonner, repérer, comparer** Comparer, ranger, encadrer, intercaler des nombres en utilisant les symboles =, ≠, <, >.
Compétences	Comparer, ordonner les nombres inférieurs à 200.
Remarques préalables	Cette leçon est un prolongement de la leçon 19 dans laquelle les élèves ont appris à comparer les nombres de deux chiffres. La règle de comparaison qui va être étendue aux nombres de trois chiffres s'appuie sur les propriétés de la numération décimale de position en comparant leurs chiffres des centaines, des dizaines puis, éventuellement, leurs chiffres des unités. **Difficulté de la leçon** Amener les élèves à comparer les nombres à partir de leur seule écriture chiffrée en utilisant les propriétés de la numération de position. **Aide** Utiliser le matériel de numération comme support de comparaison.

Calcul mental 5 min

→ *Dire : « 68 » ; l'élève écrit les 5 nombres suivants.*
***Items** : 68 ; 75 ; 50 ; 43 ; 87 ; 95 ; 59 ; 62 ; 28 ; 67.*

Prérequis oral

« Quel est le plus grand de ces deux nombres : 10 ou 100 ? »

Cette question montre l'intérêt de 10 dans la décomposition des nombres.

Manipulations préparatoires 15 min

En collectif

Matériel	Matériel de numération, jetons unités, barres dizaines, plaques centaines.
Organisation	Groupes de 2 ou 3 élèves.

Activité 1 : Comparer un nombre de 2 chiffres et un nombre de 3 chiffres

Manipuler, schématiser

- Afficher au tableau les nombres 74 et 100.
- Demander de les comparer avec l'aide du matériel de numération.

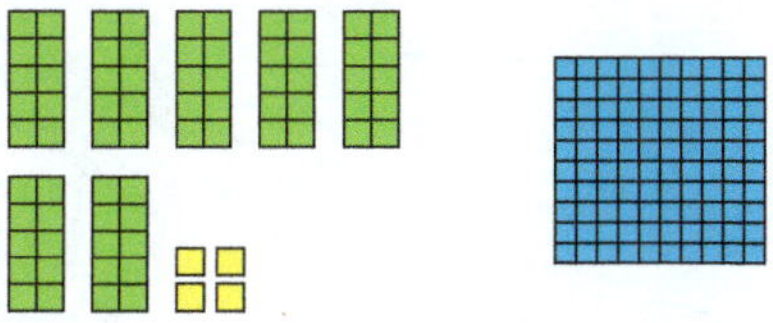

Débattre, symboliser

- Chaque groupe doit justifier son choix :

74 est représenté par 7 barres dizaines et 4 jetons unités.

100 est représenté par 1 plaque bleue. La plaque bleue peut être échangée contre 10 barres vertes car 100 c'est 10 dizaines.

Donc 100 est plus grand que 74.

Un nombre de 3 chiffres est plus grand qu'un nombre de 2 chiffres.

- Utiliser les signes de comparaison.

Rappeler que :

– le signe > se lit « est plus grand que » : 100 > 74 ;
– le signe < se lit « est plus petit que » : 74 < 100.

Activité 2 : Ordonner 3 nombres

Manipuler, schématiser

- Reprendre l'activité avec 3 nombres de 3 chiffres ayant une centaine chacun : 126, 105 et 149
- Représenter ces nombres avec le matériel de numération et demander de les ranger du plus petit au plus grand.

Débattre, symboliser

- Le débat montre qu'il faut d'abord comparer les chiffres des centaines de ces 3 nombres. La comparaison est facilitée puisque l'égalité des chiffres des centaines conduit à comparer 26, 5 et 49.

En utilisant la règle de comparaison des nombres de 2 chiffres on a : 5 < 26 < 49.

Donc : 105 < 126 < 149.

Découvrons 15 min

1 ▪ Observer que les nombres à comparer sont décomposés en sommes de 10.

- Pour comparer les deux nombres on ne tient pas compte de la partie commune : qui correspond à 8 dizaines. Cela revient à comparer 2 à 10 + 10

Comme 2 < 10 + 10, on conclut que 82 < 100.

82 ...<... 100

Erreur possible

Les décompositions en sommes de 10 ne sont pas exploitées.

Remédiation
Utiliser le matériel de numération, 10 étant représenté par une barre verte dizaine.

2 ▪ Faire remarquer que si on ne tient pas compte de la partie commune (la plaque bleue centaine) cela revient à comparer 52 et 24.

152 > 124

Erreur possible
La relation entre l'écriture en chiffres et la décomposition des nombres à l'aide du matériel de numération n'est pas comprise. La comparaison perd sa signification.

Remédiation
Revenir au principe de la numération de position. Utiliser un tableau de numération.

3 Rappeler la technique du rangement, qui est déjà connue depuis la leçon 19.

82 < 100 < 124 < 152

Erreur possible
Les nombres sont rangés du plus grand au plus petit.

Remédiation
Revoir les règles de comparaison et la signification des signes < et >.

Institutionnalisation orale
Poser la question : « *Qu'avons-nous appris aujourd'hui ?* »
Réponse attendue proche de : « *Nous avons appris à comparer deux nombres et à ranger plusieurs nombres du plus petit au plus grand.* »

Je m'entraîne

15 min

En individuel

4 Exercice de comparaison de nombres deux à deux. Dans 3 items les nombres possèdent 3 chiffres, dans un item un nombre possède 2 chiffres et l'autre nombre possède 3 chiffres.

100 145 | 67 106 | 150 105 | 154 192

Erreur possible
Confusion entre 150 et 105.

Remédiation
Revoir les règles de comparaison et l'importance de l'ordre des chiffres dans l'écriture d'un nombre.

5 Attirer l'attention des élèves sur la consigne : il faut ranger les 4 nombres du plus petit au plus grand et donc élaborer une stratégie.

78 < 100 < 173 < 180

Erreur possible
Rangement erroné.

Remédiation
Revenir sur l'activité manipulatoire 2.

Réinvestissement

6 Ajouter des dizaines à un nombre de deux chiffres : réinvestissement de la leçon 29.

40 + 25 = 40 + 20 + 5
40 + 25 = 60 + 5
40 + 25 = 65

30 + 28 = 30 + 20 + 8
30 + 28 = 50 + 8
30 + 28 = 58

Erreur possible
Calcul erroné.

Remédiation
Rappeler que lorsqu'on ajoute les dizaines, à un nombre, le chiffre des unités de ce nombre ne change pas.

Différenciation

Remédiation Photofiche 28R
Elle propose trois exercices.
Les deux premiers permettent de comparer deux nombres avec l'aide du matériel de numération.
Le troisième propose de ranger deux séries de nombres du plus petit au plus grand.

32 Construire des triangles

Fichier p. 41

Programme 2018	**Reconnaître, nommer, décrire, reproduire, construire quelques figures géométriques** Décrire, reproduire sur papier quadrillé ou uni des figures ou des assemblages de figures planes (éventuellement à partir d'éléments déjà fournis de la figure à reproduire qu'il s'agit alors de compléter).
Compétence	Construire des triangles à partir des sommets ou des côtés.
Remarques préalables	▪ Pour réussir la construction d'un triangle, il faut avoir associé une image mentale au mot « triangle ». ▪ La technique la plus efficace semble être celle qui consiste à fixer la position des trois sommets (non alignés), puis de les joindre deux à deux à la règle. Toutefois, la plupart des élèves commencent par ce qui est le plus visible, c'est-à-dire par tracer un côté, puis un deuxième côté sans très bien savoir quelle forme va avoir leur triangle. ▪ Dans cette leçon, les élèves vont apprendre à tracer un triangle à partir de l'un de ses côtés, mais aussi à partir de ses sommets. Ils découvriront sans doute que lorsque les trois sommets sont fixés, le triangle, bien que non encore dessiné, est déjà défini. **Difficulté de la leçon** Maîtriser techniquement le tracé des côtés passant par deux points et le tracé du prolongement des côtés. **Aide** Reprendre les conseils techniques donnés en leçon 6 (« Tracer et prolonger des segments »).

Calcul mental 5 min

→ *Dire : « 83 » ; l'élève écrit les 5 nombres précédents.*
***Items :** 83 ; 64 ; 23 ; 91 ; 85 ; 70 ;48 ; 52 ; 100 ; 60.*

Prérequis oral

« Dessinez un triangle à main levée. »
Cette consigne vérifie que les élèves ont une image mentale du triangle.

Manipulations préparatoires 15 min

En collectif

Matériel	Par groupe de 2 élèves : Un géoplan (planche à clous) ; une collection d'élastiques de couleur. Par élève : une feuille de papier pointé (cf. matériel photocopiable ci-après). Pour la classe : boules de pâte à modeler et pailles à boisson.
Organisation	Activité 1 : Groupe de 2 élèves. Activité 2 : Groupe classe.

Activité 1 : Triangles et planche à clous

▪ Distribuer un géoplan à chaque groupe de deux élèves (petite planche à clous) et une collection d'élastiques de couleur.
▪ Demander aux élèves de réaliser un triangle en accrochant un élastique aux points du géoplan.
Chaque groupe montre sa construction. La figure doit avoir trois sommets.
▪ Demander à chaque groupe de réaliser un deuxième triangle avec un deuxième élastique de telle sorte que ce nouveau triangle ait deux sommets en commun avec le premier triangle (et donc un côté commun).
▪ Chaque groupe montre sa construction. Une grande variété de figures apparaît, ainsi que de nombreux commentaires : les deux triangles forment un quadrilatère, les deux triangles forment une pointe de flèche…
▪ Reprendre la manipulation avec des triangles ayant un seul sommet en commun.

Activité 2 : Triangles et papier pointé

▪ Remettre à chaque élève une feuille de papier pointé (voir matériel photocopiable).

Construire deux triangles

▪ Faire observer la première figure constituée de deux points noirs et d'un segment.
▪ Demander la construction de deux triangles en utilisant une règle. Le segment est un de leurs côtés, un point noir est un de leurs sommets.

Construire un triangle

▪ Faire observer la deuxième figure constituée de trois segments.
▪ Demander comment construire un triangle.
▪ Faire prolonger les côtés.

Découvrons 15 min

1 ▪ Observer et commenter la première illustration du fichier.
Demander ce que représentent les boules jaunes en pâte à modeler et les baguettes jaunes.
Les boules jaunes sont les sommets d'un triangle et les baguettes sont les côtés du triangle.
▪ Encourager les élèves à visualiser un triangle pour pouvoir répondre à la consigne en entourant trois traits et trois boules.
Compléter la phrase réponse : « Un triangle possède 3 sommets et 3 côtés. »

▪ Valider la réponse en construisant un triangle en utilisant les boules de pâte à modeler et les pailles à boisson mises à disposition. Faire remarquer que dans le mot triangle, la syllabe tri signifie trois.

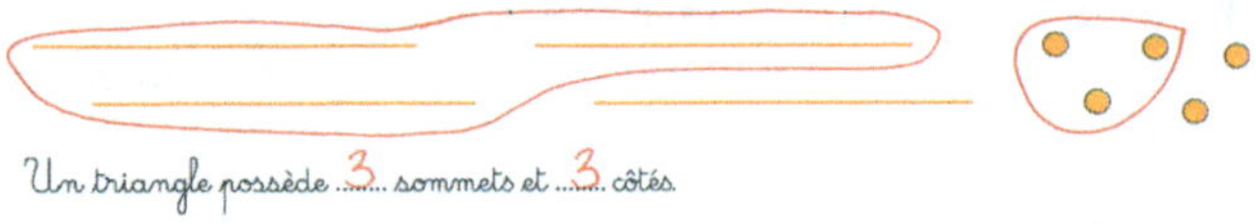

2 ▪ Les élèves reconnaissent la construction de l'activité manipulatoire 2. Il manque les trois sommets du triangle. Il faut le terminer en prolongeant ses trois côtés, puis marquer un point rouge sur chaque sommet, point de rencontre de deux côtés.

▪ Faire l'exercice au crayon gris afin de pouvoir effacer.

▪ Veiller à la précision des prolongements des côtés. Reprendre les conseils donnés lors de la leçon 6.

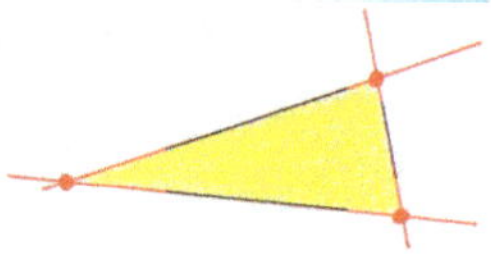

Institutionnalisation orale

Poser la question : « *Qu'avons-nous appris aujourd'hui ?* »
Réponse attendue proche de : « *Nous avons appris à construire des triangles à partir d'un de leurs côtés ou à partir de leurs sommets.* »

Je m'entraîne

15 min

En individuel

3 L'élève doit prolonger les deux segments pour faire apparaître un triangle. Cela montre qu'un triangle est défini par ses 3 sommets.

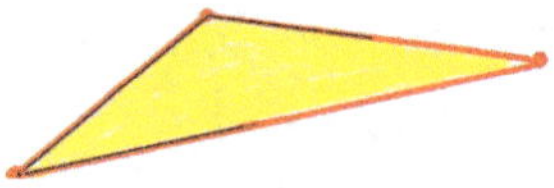

Erreur possible
Mauvais positionnement de la règle pour prolonger les côtés.

Remédiation
Reprendre les conseils donnés pour la leçon 6 (Tracer et prolonger un segment).

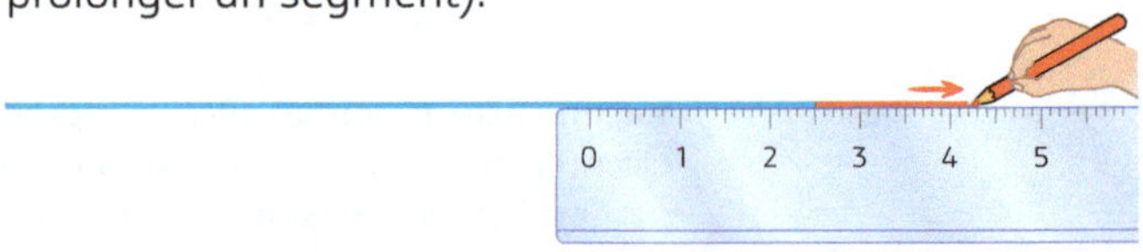

Pointer la mine bien taillée du crayon sur l'extrémité du côté à prolonger.
La règle doit toucher la pointe de la mine du crayon.
Placer une partie de la règle légèrement sous la partie terminale du côté à prolonger.
Appuyer sur la règle pour qu'elle ne bouge pas pendant le tracé du prolongement.

4 Il faut tracer deux triangles dont les sommets sont trois des quatre points rouges. Quatre possibilités s'offrent aux élèves pour tracer deux triangles puisqu'il suffit d'éliminer un des quatre points pour obtenir les trois sommets du triangle qu'on souhaite tracer. Les deux triangles auront nécessairement deux sommets en commun donc un côté en commun.

Erreur possible
Les segments passent à côté des points rouges.

Remédiation
Reprendre les conseils de la leçon 6 (« Tracer et prolonger un segment »).

Différenciation

Remédiation Photofiche 29R
Cette photofiche comporte deux exercices. Dans le premier, sur papier pointé, un côté du triangle est tracé, il faut choisir un sommet. Dans le second, il faut tracer deux triangles. Cinq points noirs en sont les sommets.

32 Construire des triangles

Matériel photocopiable

Figure 1

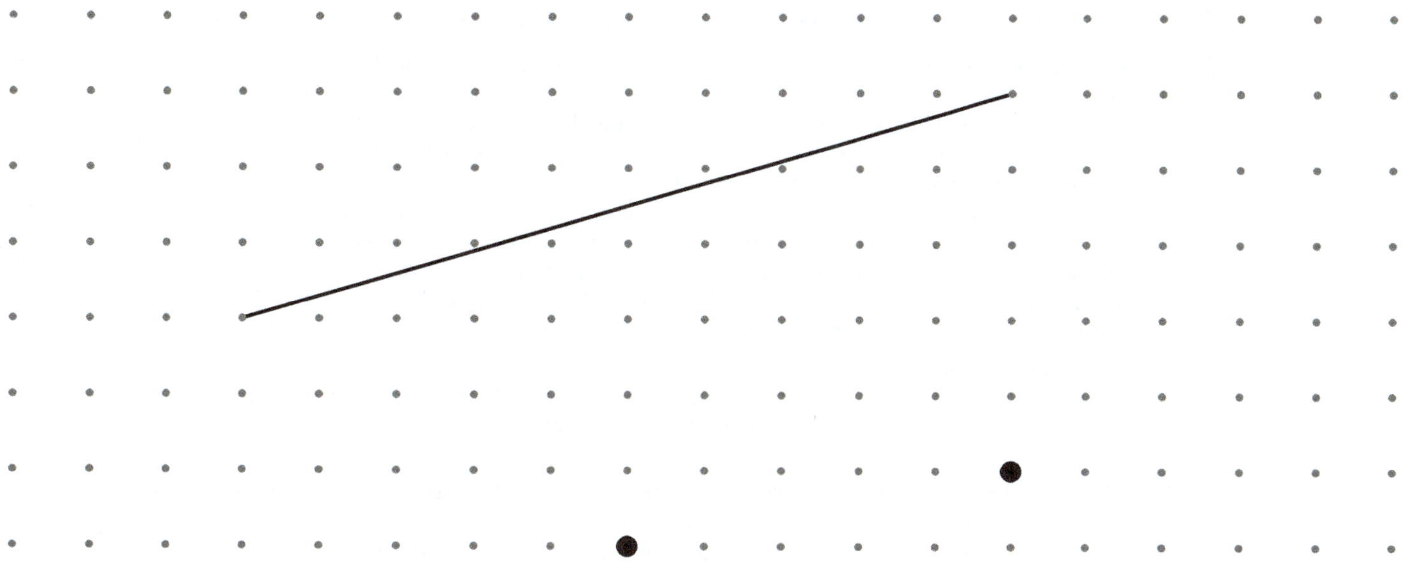

Figure 2

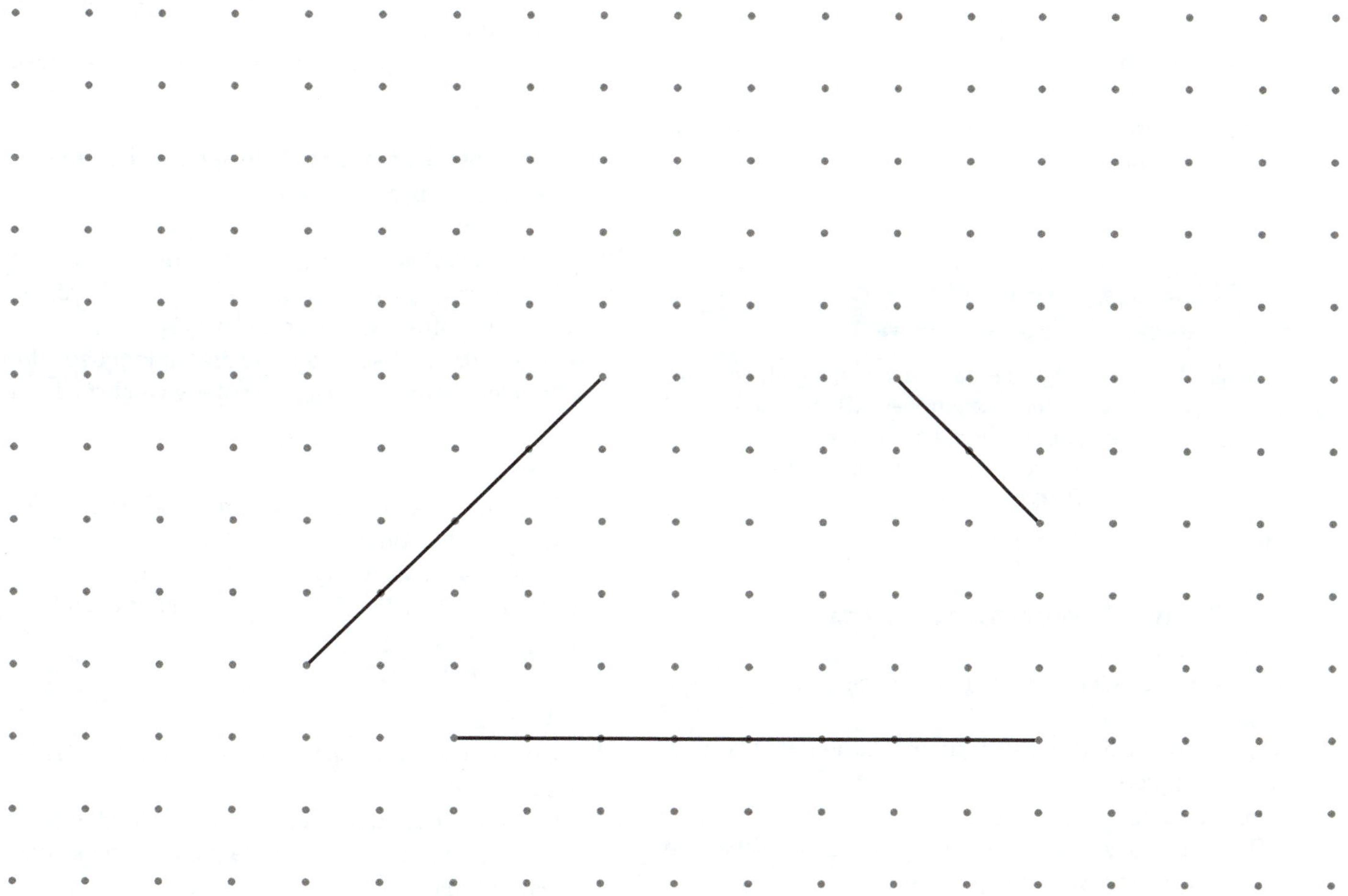

33 Mesurer une longueur avec différentes unités

Fichier p. 42

Programme 2018	**Comparer, estimer, mesurer des longueurs, des masses, des contenances, des durées** **Utiliser le lexique, les unités, les instruments de mesures spécifiques à ces grandeurs** Dans des cas simples, mesurer des longueurs, des masses et des contenances en reportant une unité.
Compétences	Mesurer une longueur par report d'une unité arbitraire. Découvrir que la mesure dépend du choix de l'unité.
Remarques préalables	▪ Auparavant, les unités de longueur étaient nombreuses (lieue, toise, pied, pouce, canne...) et pouvaient varier d'un village à l'autre. ▪ Une revendication des États Généraux de 1789 était d'unifier les unités et de les rendre universelles. C'est ainsi que naquirent le mètre (dix millionième partie du quart d'un méridien terrestre), le kilogramme, la seconde, l'ampère... Ces unités se sont imposées pratiquement dans tous les pays. ▪ Il est à noter qu'aujourd'hui le mètre est défini à partir de la vitesse de la lumière dans le vide. Un ouvrage historique très intéressant, *Le Mètre du monde* de Denis Guedj, montre comment et pourquoi, pendant la Révolution française, on a mesuré avec précision la longueur d'un méridien terrestre. ▪ Cette leçon poursuit comme objectifs d'exercer les élèves au report d'un étalon et de les aider à prendre conscience que la mesure obtenue dépend de l'unité choisie. Nous ne traitons pas l'encadrement des mesures. **Difficultés de la leçon** Le mesurage demande la précision des reports successifs de l'unité. Confusion entre « graduation » et « unité » (surtout si l'élève a marqué un trait de graduation au départ de la mesure). **Aide** Montrer qu'une graduation n'est pas l'unité reportée ; elle sert de séparation entre les unités reportées ; l'unité de mesure est la longueur comprise entre deux graduations. Les longueurs des segments à mesurer sont volontairement des multiples de l'unité.

Calcul mental 5 min

➜ *Décomposition canonique. Dire : « 80 + 7 » ; l'élève écrit 87.*

***Items :** (80 + 7) ; (90 + 1) ; (50 + 9) ; (70 + 5) ; (40 + 7) ; (80 + 9) ; (90 + 9) ; (20 + 7) ; (60 + 8) ; (70 + 8).*

Prérequis oral

« Mesurez la largeur de votre fichier avec votre gomme. »

Cette question vérifie que la technique du report de l'unité est connue.

Manipulations préparatoires 30 min

En collectif

Matériel	3 bandes de carton : bande bleue notée *u* de longueur 10 cm ; bande rouge notée *v* de longueur 15 cm ; bande verte notée *w* de longueur 25 cm.
Organisation	Groupe classe.

Activité 1 : Mesurer avec ses pieds

Manipuler

▪ Choisir deux élèves dont la différence de pointure est importante.

▪ Demander à chacun de mesurer la largeur de la classe avec leurs pieds.

▪ Comparer les deux mesures.

▪ Poser la question : « *Pourquoi ces deux élèves ne trouvent-ils pas la même mesure ?* »

Débattre

▪ Il ressort du débat que les deux élèves doivent avoir des pieds de longueurs différentes : ils n'ont pas la même pointure. Le vérifier.

▪ En conclure que les mesures obtenues dépendent de l'unité choisie.

▪ L'élève qui a le plus petit pied trouve la mesure la plus grande.

Activité 2 : Mesurer la longueur d'un trait avec des unités arbitraires

Manipuler

▪ Tracer au tableau un trait de 150 cm.

▪ Distribuer les trois bandes cartonnées de couleurs et longueurs différentes à trois élèves.

▪ Demander à chacun de mesurer la longueur du trait. Les aider à marquer avec une craie les reports de chaque bande.

Symboliser

▪ Demander de donner la mesure de la longueur du trait : « *Quelle est la longueur du trait avec l'unité u ?* »

Écrire au tableau : Longueur trait = 15 u.

▪ Procéder de même avec les deux autres unités.

Longueur du trait = 10 v ;

Longueur du trait = 6 w.

Débattre

▪ Demander pourquoi ces mesures sont différentes.

▪ Comparer les unités.

▪ Constater que l'unité la plus courte a produit la mesure la plus grande et que l'unité la plus longue a produit la mesure la plus petite.

Découvrons

15 min

1 ▪ Détacher les unités u et v de la page matériel B.

▪ Demander de mesurer la longueur du segment violet avec l'unité u puis avec l'unité v. On trouve 4 u et 6 v.

▪ La mesure dépend donc de l'unité choisie. Les élèves peuvent même grâce aux activités préliminaires rappeler que la plus grande unité donne la plus petite mesure et la plus petite la plus grande mesure.

La mesure de la longueur du segment dépend-elle de l'unité choisie ? ☒ oui ☐ non

Institutionnalisation orale

Poser la question : « *Qu'avons-nous appris aujourd'hui ?* »
Réponse attendue proche de : « *Nous avons appris à mesurer une longueur en reportant une unité et nous avons découvert que la mesure de la longueur d'un segment dépend de l'unité choisie. Plus l'unité est grande, plus la mesure est petite.* »

Je m'entraîne

15 min

En individuel

2 Le segment bleu mesure 6 u ou 9 v.

Erreurs possibles

– Mesures erronées à cause des reports peu précis.

– Comptage erroné des reports : l'élève a marqué un repère au début du segment et le compte comme un report.

Remédiation

Mémo page 13 :
Reprendre le marquage des reports d'unités, puis le comptage convenable des reports.

3 Il faut anticiper la réponse puis la vérifier. Les élèves peuvent penser que les deux sauts ont la même longueur car exprimés par un même nombre. Le saut de Zoé est le plus long parce que l'unité u est plus grande que l'unité v donc 5 u est plus grand que 5 v.

☒ Le saut de Zoé ☐ Le saut de Léon

Vérifie en traçant les sauts de Zoé et de Léon.

Erreur possible

Avoir coché le saut de Léon.

Remédiation

Comparer les 2 tracés.

Différenciation

Remédiation Photofiche 30R
Cette photofiche propose trois exercices de mesurage par reports d'unités.
Le dernier propose de mesurer la longueur d'un même segment avec 2 unités différentes.

34 Lire, écrire, décomposer les nombres jusqu'à 999

Fichier p. 43

Programme 2018	**Nommer, lire, écrire, représenter des nombres entiers** Passer d'une représentation à une autre, en particulier associer les noms des nombres à leurs écritures chiffrées.
Compétences	Lire, écrire et décomposer les nombres inférieurs à 1 000.
Remarques préalables	▪ L'objectif de cette leçon est de consolider les règles de la numération de position, la lecture, l'écriture et la décomposition des nombres de trois chiffres déjà traitées en leçon 31, en passant des nombres inférieurs à 200 aux nombres inférieurs à 1 000. ▪ Cette leçon confirme l'importance de la position des chiffres dans l'écriture d'un nombre. **Difficultés de la leçon** – Convertir un nombre en une somme : décomposition canonique. – Utiliser correctement le tableau de numération. **Aide** Utiliser le matériel de numération pour représenter les nombres.

Calcul mental — 5 min

➜ *Décomposition canonique. Dire : « 93 » ; l'élève écrit 90 + 3.*
Items *: 93 ; 72 ; 86 ; 97 ; 68 ; 79 ; 81 ; 91 ; 65 ; 78.*

Prérequis oral

Écrire au tableau 123. « *Comment se lit ce nombre ?* »
Cette question permet de vérifier que les élèves savent lire un nombre inférieur à 200.

Manipulations préparatoires — 15 min

En collectif

Matériel	Activité 1 : 3 boîtes de 100 crayons, 4 boîtes de 10 crayons et 6 crayons posés sur une table. Activité 2 : Matériel de numération.
Organisation	Activité 1 : Groupe classe. Activité 2 : Groupes de 2 élèves.

Activité 1 : Trouver le nombre de crayons

Manipuler, schématiser

▪ Dessiner, sur le tableau de la classe, un tableau de numération (dans lequel figure le matériel : plaque, barre et jeton unité).
▪ Poser sur une table 3 boîtes de 100 crayons, 4 boîtes de 10 crayons et 6 crayons.
▪ Demander comment trouver le nombre de crayons de cette grande collection.

Débattre, symboliser

▪ Dans le débat, privilégier l'écriture du nombre de crayons de la collection dans le tableau de numération.
▪ Un élève vient compléter ce tableau :
3 dans la colonne des centaines, 4 dans la colonne des dizaines et 6 dans celle des unités.
▪ Demander d'écrire ce nombre en dehors du tableau de numération.

centaine	dizaine	unité
c	d	u
3	4	6

→ 346

▪ Expliquer sa lecture : « *Je lis d'abord les centaines : "trois cents", puis le nombre de deux chiffres qui suit "quarante-six"* ».
▪ Généraliser en utilisant le tableau de numération pour expliquer la lecture des nombres à trois chiffres : les centaines se disent « cent », « deux cents »..., les dizaines se disent « dix », « vingt », « trente », « quarante »..., les unités se disent « un », « deux », « trois »...

Activité 2 : Décomposer un nombre

Manipuler, schématiser

▪ Demander à chaque groupe d'utiliser le matériel de numération pour décomposer ce nombre en une somme de centaines, dizaines et unités.

Débattre, symboliser

▪ On attend la représentation suivante :

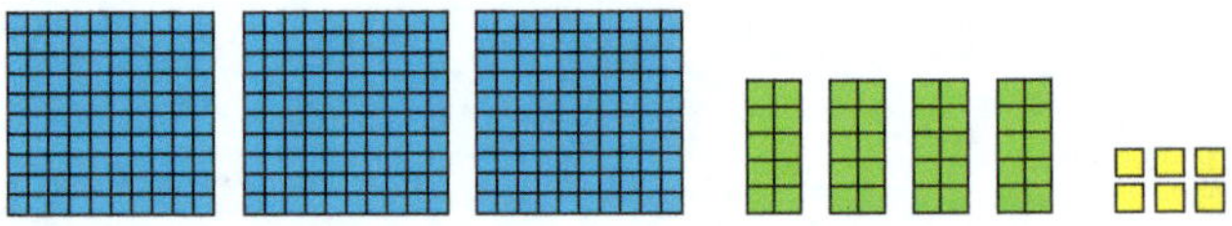

▪ D'après cette schématisation, on peut écrire :
346 = 3 c 4 d 6 u
346 = 300 + 40 + 6
▪ Proposer d'autres nombres. Il est important de proposer des nombres dans lesquels figurent des 0 à la fin ou intercalés, tels que 400, 450 ou 405.

Découvrons — 15 min

1 ▪ Justifier les chiffres écrits par Mélissa dans le tableau de numération.
▪ Lire la bulle de Mélissa expliquant la lecture du nombre de trois chiffres.

• Compléter la décomposition du nombre 435.

centaine c	dizaine d	unité u
4	3	5

435 = 4 c 3 d 5 u   435 = 400 + 30 + 5

2 • Lire ce nombre à haute voix et utiliser la remarque de Mélissa pour l'écrire en chiffres : 530.

Le directeur a reçu **sept cent trente** cahiers. **Écris** ce nombre : 730

Institutionnalisation orale

Poser la question : « *Qu'avons-nous appris aujourd'hui ?* » On attend une réponse proche de : « *Nous avons appris à lire, à écrire et à décomposer les nombres de trois chiffres.* »

Je m'entraîne

15 min

En individuel

3 Les écritures chiffrées utilisent toutes les chiffres 2, 3 et 5. Elles attirent ainsi l'attention des élèves sur l'importance de la position des chiffres dans le nombre.

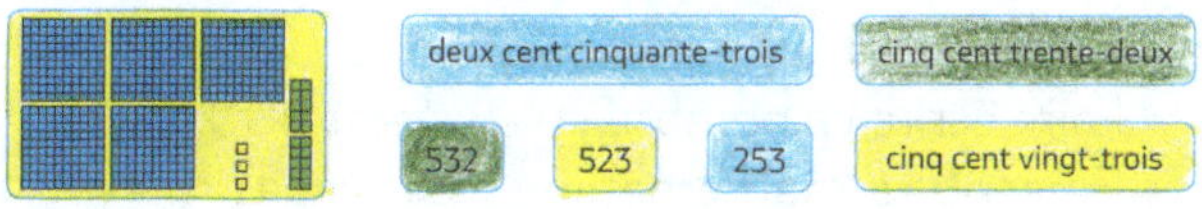

Erreurs possibles

- Difficulté de lecture.
- Confusion dans l'ordre des nombres.

Remédiation

Utiliser le tableau de numération.

4 Les élèves doivent écrire dans un tableau la décomposition canonique de chaque nombre, sous deux formes différentes.

Images de Léa

645 = 6 c 4 d 5 u

645 = 600 + 40 + 5

Images de Gabriel

802 = 8 c 0 d 2 u

802 = 800 + 2

Erreurs possibles

- Zéro n'est pas perçu comme un chiffre qu'il faut écrire dans le tableau de numération.
- Mauvaise utilisation du tableau de numération.

Remédiation

- Utiliser le tableau de numération.
- Correction collective au tableau.

Réinvestissement

5 Réinvestissement de la leçon 28 (« Identifier les polygones »). La première figure peut prêter à confusion avec un rectangle si l'élève n'a pas vu les coins arrondis : elle ne possède pas de sommet !

Problème de recherche personnelle

L'élève ne peut trouver que par essais successifs en prenant les moitiés des nombres 34 et 36 qui encadrent 35.

La solution experte consiste à résoudre ce système de 2 équations à 2 inconnues :

$x + y = 35$

$x - y = 1$

Par addition on trouve $2x = 36$

soit $x = 18$ et $y = x - 1 = 17$

Le coin du chercheur

En ajoutant 2 nombres qui se suivent on obtient 35.

Ces nombres sont : 17 et 18

Différenciation

Remédiation Photofiche 31R

Elle comporte trois exercices.

Dans le premier, il faut écrire trois nombres et leur décomposition canonique avec l'aide du matériel de numération et de trois tableaux de numération.

Le deuxième propose d'écrire les décompositions canoniques de trois nombres.

Le troisième propose d'écrire les décompositions canoniques de trois nombres possédant des zéros dans leur écriture.

35 Calcul en ligne : Passer la centaine

Fichier p. 44

Programme 2018	**Calculer avec des nombres entiers** Élaborer ou choisir des stratégies de calcul, expliciter les procédures utilisées et comparer leur efficacité.
Compétences	Calcul en ligne : Franchir une centaine en ajoutant 1 ou 10. Utiliser les décompositions en dizaines.
Remarques préalables	▪ En CP comme au début de l'année de CE1, les élèves ont déjà été confrontés au passage de dizaines. Avec la découverte des nombres à trois chiffres se pose le problème du franchissement d'une centaine. Son incidence sur l'écriture du résultat peut difficilement être réduite à un automatisme. Pour contrôler le résultat, il est nécessaire de revenir sur la décomposition canonique du premier terme de la somme afin de faire apparaître un nouveau nombre 100. ▪ Ce travail n'est donc pas qu'un simple exercice de calcul car il remet en jeu les principes de la numération décimale de position à propos des nombres à trois chiffres. **Difficulté de la leçon** Trouver, par le calcul, comment se fait le passage à la centaine supérieure. **Aide** Utilisation du matériel de numération pour pratiquer les échanges de 10 dizaines contre 1 centaine, et de la bande numérique pour vérifier les résultats.

Calcul mental 5 min

→ *Dire deux nombres < 100 ; l'élève écrit le plus grand.*
Items : *(75, 59) ; (37, 82) ; (80, 24) ; (79, 97) ; (65 , 56) ; (64, 68) ; (70, 92) ; (78, 73) ; (60, 90) ; (59 ; 60).*

Prérequis oral

« Quel nombre vient après 99 ? » Ce rappel est indispensable pour réussir les activités du fichier.

Manipulations préparatoires — 30 min

En collectif

Matériel	Matériel de numération de la page matériel A du fichier de l'élève ; la bande numérique de la classe.
Organisation	Groupes de 2 élèves.

Activité 1 : Ajouter 1 un nombre se terminant par 99

Manipuler, schématiser

▪ Demander aux élèves d'utiliser le matériel de numération de la page matériel A pour représenter le nombre 199.

▪ Demander : *« Que se passe-t-il si l'on ajoute une unité à ce nombre ? »*

Débattre

▪ Les élèves signalent l'apparition de dix unités donc d'une dizaine supplémentaire.

▪ Demander de réaliser ce premier échange à l'aide du matériel.

Lors de la leçon 32, les élèves ont appris que 10 dizaines s'échangeaient contre une centaine.

▪ Demander de réaliser ce deuxième échange à l'aide du matériel. Ils obtiennent deux centaines.

Symboliser

▪ Faire écrire ce nombre en chiffres : 200.

▪ En écriture mathématique, les étapes manipulatoires se traduisent par :

199 + 1 = 100 + 90 + 9 + 1
199 + 1 = 100 + 90 + 10
199 + 1 = 100 + 100 = 200

▪ Vérifier sur la bande numérique qu'en avançant d'une case à partir de 199 on arrive sur la case 200.

Activité 2 : Franchissement d'une centaine en ajoutant 10 à un nombre

Manipuler, schématiser

▪ Utiliser le matériel de numération de la page matériel A pour représenter le nombre 294.

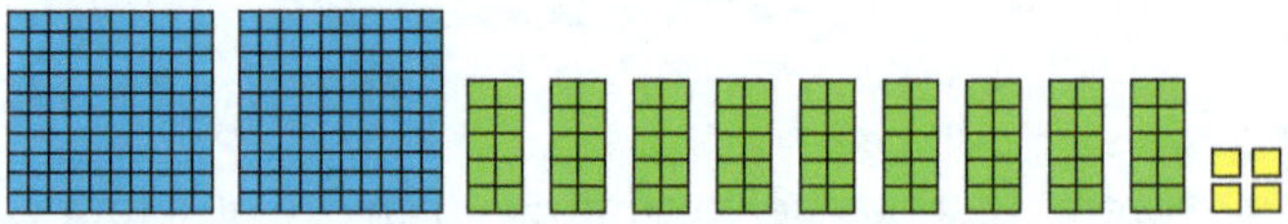

▪ Demander : *« Que se passe-t-il si l'on ajoute dix à ce nombre ? »*

Débattre

▪ Les élèves remarquent que le nombre 10 se représente sous la forme d'une nouvelle dizaine. Ils obtiennent alors dix dizaines. *« Que doit-on faire avec dix dizaines ? »* Les échanger contre une centaine.

▪ Demander de réaliser cet échange. On obtient trois centaines et quatre unités.

Symboliser

▪ Faire écrire ce nombre en chiffres : 304.

▪ En écriture mathématique, les étapes manipulatoires se traduisent par :
294 + 10 = 200 + 90 + 4 + 10
294 + 10 = 200 + 90 + 10 + 4
294 + 10 = 200 + 100 + 4
294 + 10 = 300 + 4 = 304
▪ Vérifier sur la bande numérique qu'en avançant de dix cases à partir de 294 on arrive sur la case 304.

Découvrons

15 min

1 ▪ Cette activité s'appuie sur la découverte du nombre 100 étudié en leçon 29 : 99 + 1 = 100.
▪ Le calcul qui suit 100 + 100 = 200 ne présente aucune difficulté.

199 + 1 = 100 + 99 + 1
199 + 1 = 100 + 100 = 200

2 ▪ Demander de justifier la décomposition de 196 en 100 + 90 + 6. Préciser que cela permet d'ajouter 10 préférentiellement au nombre 90 afin de former un nouveau nombre 100.
▪ La bande numérique permet de vérifier que :
196 + 10 = 206.

196 + 10 = 100 + 90 + 6 + 10
196 + 10 = 100 + 100 + 6 = 206

▪ Proposer d'autres nombres dans lesquels l'addition du nombre 10 provoque un changement de centaine.

Institutionnalisation orale
Poser la question : *« Qu'avons-nous appris aujourd'hui ? »*
Réponse attendue proche de : *« Nous avons appris à franchir une centaine en ajoutant 1 ou 10 à un nombre de trois chiffres. »*

Je m'entraîne

20 min

En individuel

3 Expliciter la consigne.
Cet exercice nécessite d'anticiper le résultat de chaque calcul afin de décider s'il doit être ou non entouré.

(99 + 1)	189 + 1	379 + 10	(499 + 10)
(95 + 10)	87 + 10	(393 + 10)	479 + 10

Erreurs possibles
- Difficulté à comprendre la consigne.
- Difficulté à effectuer mentalement le calcul.

Remédiation
Pour passer la centaine, on ne tient pas compte du chiffre des centaines : on s'intéresse au nombre formé des 2 derniers chiffres.

4 Cet exercice reprend la justification des étapes du calcul en écriture mathématique.
Observer si dans le second calcul les élèves prennent l'initiative de décomposer le nombre 299 en 200 + 99.

399 + 1 = 300 + 99 + 1
399 + 1 = 300 + 100 = 400

299 + 1 = 200 + 99 + 1
299 + 1 = 200 + 100 = 300

Erreur possible
Difficulté à décomposer le nombre de départ.

Remédiation
- Additionner 1 à 99 plutôt qu'à 299.
- S'appuyer sur la bande numérique pour constater la conformité du résultat.

5 Observer si dans le second calcul les élèves prennent l'initiative de décomposer le nombre 192 en 100 + 90 + 2. Justifier l'intérêt de cette décomposition pour former un nouveau nombre 100.

297 + 10 = 200 + 90 + 7 + 10
297 + 10 = 200 + 100 + 7 = 307

192 + 10 = 100 + 90 + 2 + 10
192 + 10 = 100 + 100 + 2 = 202

Erreur possible
Difficulté à prendre appui sur la décomposition du nombre pour expliciter le calcul.

Remédiation
- Additionner 10 à 190 plutôt qu'à 192.
- S'appuyer sur la bande numérique.

Réinvestissement

6 Cet exercice de géométrie réinvestit les acquis de la leçon 28.

Erreurs possibles
- Erreur de comptage.
- Le sommet « rentrant » de la flèche n'est pas perçu comme un sommet.

Remédiation
Faire dessiner un rond à chaque sommet.

Différenciation

Consolidation Photofiche 32c
Cette photofiche comporte quatre exercices qui permettent d'avoir une vision complète et approfondie des situations associées au passage d'une centaine par l'ajout de 1 ou de 10.

36 Construire et utiliser une règle graduée en centimètres

Fichier p. 45

Programme 2018	**Comparer, estimer, mesurer des longueurs, des masses, des contenances, des durées** **Utiliser le lexique, les unités, les instruments de mesures spécifiques ces grandeurs** Dans des cas simples, représenter une grandeur par une longueur, notamment sur une demi-droite graduée : ▪ La règle graduée en cm comme cas particulier d'une demi-droite graduée.
Compétences	Construire une règle graduée en cm. L'utiliser pour mesurer une longueur en cm.
Remarques préalables	▪ Après avoir abordé le mesurage de la longueur d'un segment par reports successifs de l'unité en leçon 33, l'élève découvre l'avantage que lui procurent les graduations de la règle en le dispensant des reports successifs et de leur décompte. ▪ En construisant lui-même la règle graduée, il s'en approprie davantage la fonctionnalité. ▪ Le problème du décalage entre la graduation zéro et le bord de la règle ne sera abordé qu'avec l'utilisation de la règle de la trousse en leçon 57. **Difficultés de la leçon** – Difficulté à comprendre que la mesure indiquée est le nombre correspondant à la somme des « unités cm » reportées. – Difficulté à reporter avec précision l'unité cm sur le bord de la feuille pliée. **Aide** – Demander d'utiliser un crayon bien taillé pour le traçage des reports d'unité. – Exiger de la rigueur et de la précision lors des reports du « cm unité ».

Calcul mental 5 min

➜ *Écrire trois nombres < 100 ; l'élève écrit le plus grand.*
Items : *(71, 47,59) ; (65,37, 85) ; (87, 80, 28) ; (90, 79, 97) ; (63, 65 , 56) ; (64, 68, 62) ; (70, 80,92) ; (75, 78, 73) ; (60, 90, 80) ; (59 ; 60 ; 71).*

Prérequis oral

« Avec quelle unité est graduée la règle de votre trousse ? »
Cette question permet d'introduire le « centimètre » mot d'usage courant.

Manipulations préparatoires 30 min

En collectif

Matériel	Une bande de papier rectangulaire de 6 cm sur 20 cm pour chaque élève ; une unité « cm » de la page matériel B.
Organisation	Groupe classe.

Activité : Construction d'une règle graduée en cm

Manipuler

▪ Distribuer à chaque élève une bande de papier de 6 cm sur 20 cm. Demander de la plier bord à bord dans le sens de la longueur en marquant fortement le pli.
▪ Réaliser soi-même ce pliage devant les élèves.
▪ Demander de détacher une « unité centimètre » marquée « cm » de la page matériel B du fichier.
▪ Muni de ce matériel, chaque élève entreprend de graduer le bord du pli de la bande de papier, en traçant un petit trait à la suite de chaque report de l'unité.
▪ Indiquer qu'en dessous de chaque trait, on doit écrire un nombre qui indique le nombre de reports de l'unité « cm » depuis le début du pli.

Débattre

▪ Le débat porte sur la signification des graduations et l'explication de la graduation zéro.
▪ Si les élèves ne le signalent pas, faire le parallèle avec la droite graduée utilisée en numération construite en leçon 20.
▪ Préciser que, grâce à cet outil, il est possible de mesurer des longueurs en centimètres sans avoir à reporter l'unité plusieurs fois de suite et sans avoir à compter le nombre de reports grâce aux nombres qui sont écrits au-dessous de chaque graduation.

Découvrons 15 min

1 ▪ Les élèves découvrent la construction de la règle graduée en cm, qu'ils viennent de réaliser en activité manipulatoire. Ils complètent les graduations de la règle dessinées sur le fichier.
▪ Découper une règle graduée de la page matériel B et la comparer à celle qu'ils ont construites.

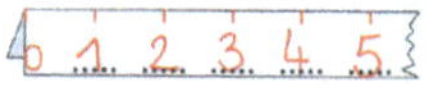

2 Utiliser la règle graduée construite ou celle du matériel page B. Le segment vert a une longueur de 7 cm.

Erreur possible
Mesure erronée.

Remédiation
Vérifier l'utilisation de la règle graduée.

Institutionnalisation orale

Poser la question : « *Qu'avons-nous appris aujourd'hui ?* »
On attend une réponse proche de : « *Nous avons appris à fabriquer une règle graduée en cm et à l'utiliser pour mesurer des longueurs.* »

Je m'entraîne

15 min

En individuel

3 Lors de la correction, un débat détermine qui de Léa ou de Théo a utilisé correctement la règle pour mesurer la longueur du segment bleu. C'est Léa car le nombre 4 indique bien le nombre d'unités contenues dans la longueur du segment.

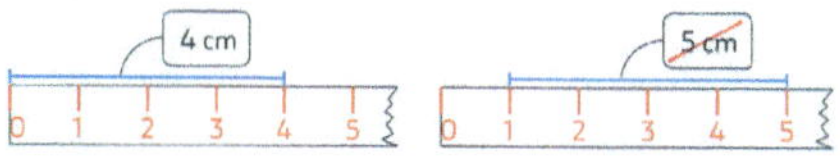

Erreur possible
0 n'est pas perçu comme une graduation (sur une bande numérique, il n'y a pas de case zéro).

Remédiation
– Une mesure par des reports successifs d'une bande unité peut s'avérer utile pour certains élèves.
– Rappeler que, pour mesurer la longueur d'un segment avec la règle graduée, il faut placer la graduation zéro au début du segment.

4 Les élèves utilisent leur règle pour mesurer la longueur de 3 segments. Au segment le plus long correspond la mesure la plus grande et inversement pour le segment le plus court.

Erreur possible
Mauvaise utilisation de la règle.

Remédiation
Procéder à d'autres mesurages.

Réinvestissement

5 Cet exercice réinvestit la compétence de la leçon 34 (« Se repérer sur une droite graduée »).

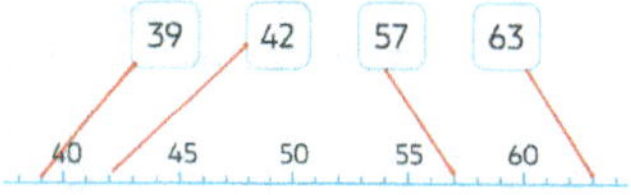

Erreur possible
Mauvais repérage des graduations intermédiaires.

Remédiation
Écrire les valeurs des petites graduations.

Problème de recherche personnelle

Le coin du chercheur
Le premier est aussi avant-dernier.
Combien y a-t-il de coureurs ? 2

Différenciation

Consolidation Photofiche 33c
Dans le premier exercice, il s'agit de mesurer les longueurs de quatre segments horizontaux.
Dans le deuxième, il faut mesurer deux segments obliques qui se croisent.
Dans le dernier, il faut trouver la longueur de deux segments avec des règles « cassées ».

37 Calcul en ligne : Additionner deux nombres de deux chiffres

Fichier p. 46

Programme 2018	**Calculer avec des nombres entiers** Calcul en ligne : Calculer en utilisant des écritures en ligne additives, soustractives, multiplicatives, mixtes.
Compétence	Calcul en ligne : Additionner deux nombres de deux chiffres.
Remarques préalables	▪ La technique pour effectuer une addition écrite en ligne, déjà utilisée dans la leçon 29, est pédagogiquement intéressante car elle fait appel à la compréhension de la numération en utilisant la décomposition canonique des nombres ainsi qu'à la gymnastique opératoire dite de « l'addition naturelle ». ▪ Celle-ci débute par le calcul de la somme des nombres de dizaines et se termine par la rectification de cette somme après le calcul de la somme des nombres d'unités. ▪ C'est une excellente préparation au calcul mental. **Difficulté de la leçon** La dernière étape du calcul lorsque la somme des unités dépasse dix. **Aide** Dans cette dernière étape, décomposer le deuxième terme de manière canonique pour faire apparaître la dizaine supplémentaire.

Calcul mental — 5 min

➜ *Retrancher un petit nombre (avec franchissement de la dizaine). Dire : « 42 – 3 » ; l'élève écrit 39.*
***Items :** 42 – 3 ; 31 – 2 ; 63 – 4 ; 71 – 3 ; 82 – 4 ; 62 – 4 ; 51 – 3 ; 54 – 5 ; 91 – 2 ; 72 – 3.*

Prérequis oral

« Combien font 20 + 15 ? »
Cette question vérifie que les élèves savent ajouter des dizaines à un nombre de deux chiffres, ce qui sera utilisé dans la deuxième partie des calculs proposés dans la leçon.

Manipulations préparatoires — 20 min

En collectif

Matériel	Matériel de numération.
Organisation	Groupe classe.

Activité : Somme de deux nombres de deux chiffres

Manipuler, schématiser

▪ Faire lire l'énoncé d'un problème écrit au tableau : *« Théo a ramassé 25 marrons et Léa 13. Combien ont-ils ramassé de marrons ? »*
▪ Faire découvrir que le problème est une situation additive qui se résout par le calcul de 25 + 13.
▪ Laisser les élèves résoudre ce calcul avec la procédure de leur choix : utilisation du matériel de numération, calcul.

Débattre, schématiser

▪ Mettre en commun toutes les démarches.
▪ Privilégier celle qui utilise les décompositions canoniques de 25 et de 13 et qui permettent de réinvestir les acquis de la leçon 30 :

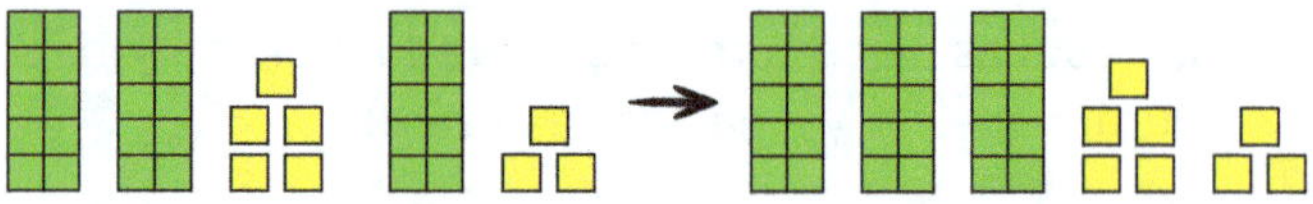

▪ Écrire au tableau les égalités suivantes et demander de les compléter :

25 + 13 = 20 + 5 + 10 + 3
25 + 13 = … + …
25 + 13 = …

Découvrons — 15 min

1 ▪ Observer, puis commenter le calcul de Théo. Celui-ci a écrit un calcul en ligne et décomposé les nombres 35 en 30 + 5 et 23 en 20 + 3.
▪ Commenter la schématisation du calcul qui fait apparaître les additions séparées des dizaines entières et des unités.
▪ Compléter le calcul de Théo.

35 + 23 = 30 + 5 + 20 + 3
35 + 23 = 30 + 20 + 5 + 3
35 + 23 = 50 + 8 = 58

2 ▪ Léa doit effectuer : 28 + 36. Comme Théo, elle a écrit un calcul en ligne et décompose les nombres 28 en 20 + 8 et 36 en 30 + 6.
▪ Commenter l'utilisation des accolades qui regroupent séparément les dizaines et les unités.
▪ Remarquer que la somme des unités dépasse 10 et que l'on peut réinvestir les acquis de la leçon 29.

28 + 36 = 20 + 8 + 30 + 6
28 + 36 = 20 + 30 + 8 + 6
28 + 36 = 50 + 14 = 64

Institutionnalisation orale

Poser la question : « *Qu'avons-nous appris aujourd'hui ?* »
Réponse attendue proche de : « *Nous avons appris à effectuer en ligne une addition de 2 nombres de 2 chiffres en utilisant la décomposition des nombres.* »

Je m'entraîne

15 min

En individuel

3 Dans le premier item, la somme des unités est inférieure à 10. Le second item est plus difficile car la somme des unités dépasse 10.

26 + 32 = 20 + 6 + 30 + 2	37 + 45 = 30 + 7 + 40 + 5
26 + 32 = 20 + 30 + 6 + 2	37 + 45 = 30 + 40 + 7 + 5
26 + 32 = 50 + 8 = 58	37 + 45 = 70 + 12 = 82

Erreur possible

Erreur de calcul dans le second item.

Remédiation

Ajouter une étape supplémentaire au second item en décomposant 7 + 5 = 12 en 10 + 2.

4 Ce problème se résout par un calcul semblable à celui de Théo.

25 + 34 = 59 €

Léon paie 59 €.

Erreurs possibles

- La situation additive n'est pas perçue.
- Erreur de calcul.

Remédiation

Jouer la situation avec la monnaie.

Réinvestissement

5 Cet exercice de géométrie réinvestit la technique du mesurage étudiée en leçon 36. Utiliser une des règles de la page matériel B comme l'indique le pictogramme.

Différenciation

Remédiation Photofiche 34R

Cette photofiche propose quatre exercices.
Le premier présente à la fois le schéma de la manipulation avec le matériel de numération du calcul de la somme de deux nombres dont la somme des unités est inférieure à 10 et le calcul chiffré amorcé à compléter.
Le deuxième présente deux calculs chiffrés de sommes de deux nombres à compléter sans l'aide des schémas. Comme dans le premier exercice, les sommes des unités sont inférieures à 10.
Le troisième reprend la même présentation que le premier mais avec une somme à calculer dont la somme des unités est supérieure à 10.
Le quatrième demande deux calculs chiffrés à compléter sans l'aide de schémas. Pour chacun d'eux, la somme des unités est supérieure à 10.

38 Problèmes (3) : Rechercher l'état initial (2)

Fichier p. 47

Programme 2018	**Résoudre des problèmes en utilisant des nombres entiers et le calcul** – Résoudre des problèmes issus de situations de la vie quotidienne : ▪ Problèmes relevant des structures additives (addition/soustraction). – Modéliser ces problèmes à l'aide d'écritures mathématiques.
Compétence	Trouver la valeur de l'état initial dans un problème de transformation d'état.
Remarques préalables	▪ Dans cette leçon consacrée à la résolution de problèmes additifs ou soustractifs, nous souhaitons que les élèves prennent conscience de leur capacité à anticiper le résultat d'une situation. ▪ Dans les situations problèmes, il faut que l'élève établisse le lien entre la situation proposée par l'énoncé du problème et le calcul qu'il doit mobiliser pour répondre à la question que pose cet énoncé. ▪ Nous nous référerons au travail de Gérard Vergnaud pour proposer des problèmes de transformation d'états. ▪ Dans la leçon 12 il fallait trouver l'état final de ces transformations. Dans la leçon 24, les élèves ont été confrontés à la recherche de l'état initial, la transformation étant un ajout. Dans cette leçon les élèves vont être confrontés également à la recherche de l'état initial, la transformation étant, cette fois, un retrait. Ces problèmes nécessitent de renverser l'ordre chronologique pour être résolu. ▪ Cette leçon peut être découpée en deux séances : la première est consacrée aux manipulations préparatoires, la seconde aux activités sur le fichier. **Difficulté de la leçon** Comprendre qu'il faut inverser la chronologie de l'énoncé. **Aide** – Les illustrations avec des flèches de couleur, les points d'interrogation et surtout la bulle de Mathix permettent de mieux comprendre la situation. – L'utilisation de petits nombres facilite la maîtrise des calculs et ne fait pas obstacle à la compréhension.

Calcul mental — 5 min

➜ *Sommes de dizaines entières. Dire : « 20 + 30 » ; l'élève écrit 50.*
Items : *20 + 30 ; 40 + 40 ; 50 + 30 ; 30 + 30 ; 70 + 30 ; 30 + 40 ; 20 + 70 ; 20 + 20 ; 30 + 60 ; 50 + 50.*

Manipulations préparatoires — 15 min

En collectif

Activité : Jeux de la boîte

Manipuler, débattre

▪ Montrer une boîte sans montrer les 16 jetons qu'elle contient.
▪ Annoncer : « *La boîte contient des jetons ; j'en retire 5.* »
▪ Ouvrir la boîte : un élève compte le nombre de jetons restants : 11.
▪ Demander : « *Comment faire pour savoir combien il y avait de jetons au départ ?* »
▪ La discussion fait apparaître qu'il faut ajouter les jetons qui ont été retirés pour trouver le nombre de jetons au départ. Un élève ajoute 5 jetons et compte le nombre total de jetons.

Schématiser

▪ Proposer le schéma suivant :

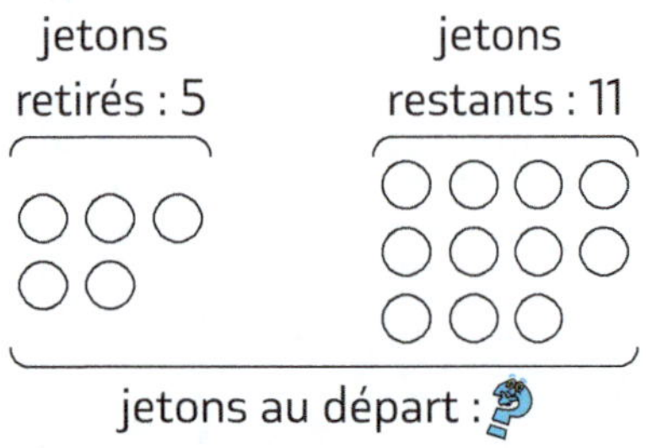

▪ Demander alors : « *Quelle opération permet de retrouver le nombre de jetons au départ ?* »

Symboliser

▪ Les élèves concluent que c'est une addition qui permet de retrouver le nombre de jetons au départ.
▪ En mathématiques, on traduit la manipulation précédente par l'égalité : 11 + 5 = 16.

Problèmes du fichier — 15 min

Organisation	Groupes de 4 élèves.

1 ▪ Faire décrire la situation et s'assurer que les élèves ont compris le problème, la signification de la flèche rouge et celle du point d'interrogation bleu.
▪ Former des groupes de 4 élèves.
▪ Poser la question : « Comment trouver le nombre de crayons qu'il y a dans la boîte verte au départ ? »
▪ Laisser chaque groupe débattre.
▪ Un élève vient rapporter la conclusion de son groupe. Pour trouver le nombre de crayons au départ, il faut inverser l'action : il suffit de remettre dans la boîte les crayons distribués aux élèves. La valeur à découvrir apparait comme l'état final de la transformation inversée.
Cela correspond au schéma que les élèves découvrent et qu'ils complètent.
Il apparaît qu'il faut calculer l'addition 17 + 21.
Ce calcul peut être effectué en ligne comme il a été vu en leçon 37 : 17 + 21 = 38.

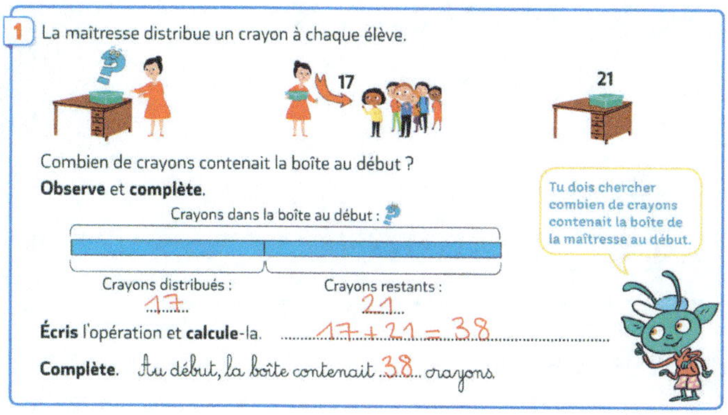
1 La maîtresse distribue un crayon à chaque élève.

17 — 21

Combien de crayons contenait la boîte au début ?

Observe et **complète**.

Crayons dans la boîte au début : ?

Crayons distribués : 17 — Crayons restants : 21

Écris l'opération et **calcule**-la. 17 + 21 = 38

Complète. Au début, la boîte contenait 38 crayons.

Erreur possible

Mauvaise interprétation de l'énoncé.

Remédiation

Pour favoriser la compréhension de la situation, demander si la boîte verte contient plus de crayons au départ ou à la fin.

Si nécessaire, faire vivre la situation à des élèves en diminuant les valeurs numériques de l'énoncé.

PROBLÈME DE RÉFÉRENCE 4

(matériel photocopiable)

Ce problème va servir de référence à toute la catégorie de problèmes dans lesquels il faut calculer l'état initial en situation d'ajout. Il est destiné à être affiché sur le mur des mathématiques et collé sur le cahier de références mathématiques des élèves.

Problème du fichier

15 min

En individuel

2 ▪ Laisser les élèves résoudre individuellement ce problème qui est du même type que le problème 1.
La correction est collective.
24 + 8 = 32.
Avant l'arrêt, le car transportait 32 élèves.

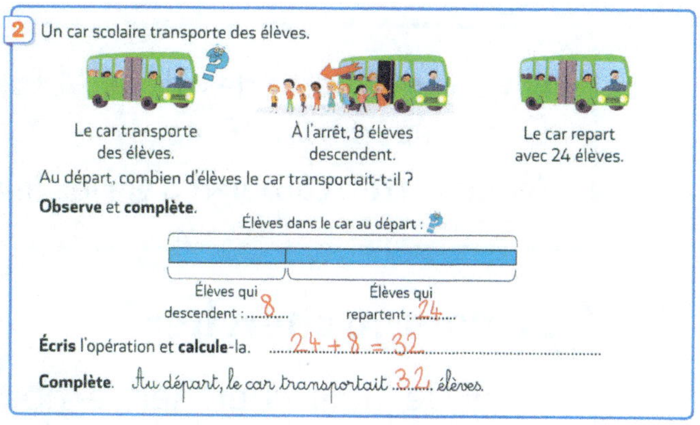
2 Un car scolaire transporte des élèves.

Le car transporte des élèves. — À l'arrêt, 8 élèves descendent. — Le car repart avec 24 élèves.

Au départ, combien d'élèves le car transportait-il ?

Observe et **complète**.

Élèves dans le car au départ : ?

Élèves qui descendent : 8 — Élèves qui repartent : 24

Écris l'opération et **calcule**-la. 24 + 8 = 32

Complète. Au départ, le car transportait 32 élèves.

Erreurs possibles

- Erreur de calcul.
- Mauvaise interprétation de l'énoncé.

Remédiation

- Faire constater qu'il est plus simple de calculer 24 + 8 que 8 + 24.
- S'appuyer sur le schéma.
- Jouer la situation avec des nombres plus petits.

Différenciation

Consolidation Photofiche 35c

Elle comporte trois problèmes de recherche de l'état final qui doivent être résolus sans l'aide d'un schéma. Toutefois la bulle de Mathix est une aide à la résolution.

Cahier Problèmes : Leçon 2 et Leçon 5

PROBLÈME DE RÉFÉRENCE 4

Je sais…
résoudre un problème où il faut trouver le nombre de départ quand la collection diminue

Un car transporte des élèves. À l'arrêt, 6 élèves descendent.
Le car repart avec 19 élèves.
Avant l'arrêt, combien d'élèves le car transportait-il ?

Que dois-je chercher ?

➜ Je dois chercher le nombre d'élèves que le car transporte avant l'arrêt.

J'imagine la situation.

Le car arrive. | À l'arrêt, 6 élèves descendent. | Le car repart avec 19 élèves.

Je schématise.

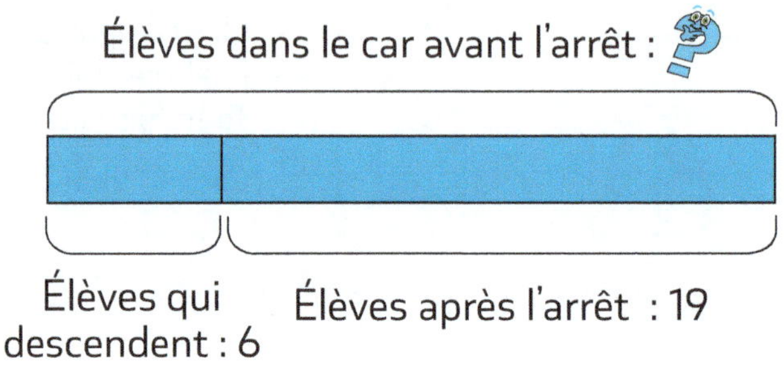

Je choisis l'opération.

➜ Je dois calculer une **addition**.
J'utilise le signe +.

Je calcule.

19 + 6 = 25

Je rédige une phrase réponse.

Avant l'arrêt, le car transportait 25 élèves.

39 Je fais le point (3)

Fichier pp. 48-49

Procéder régulièrement au bilan des compétences des élèves. L'élève fait le point sur ses connaissances. Les résultats permettent aussi de repérer les notions mathématiques et les techniques de calcul maîtrisées par la majorité des élèves et celles qui doivent donner lieu à un travail de remédiation en atelier.
Comme les items des pages « Je fais le point » peuvent être faits à la maison, leur préférer ceux proposés dans le guide pédagogique pour réaliser les évaluations finales des demi-périodes. Utiliser alors les pages « Je fais le point » du fichier comme activités préparatoires aux évaluations finales.

Consignes de passation

Pour chaque exercice, les élèves travaillent individuellement. Lire une fois la consigne à haute voix. Leur laisser un temps raisonnable pour réfléchir, calculer et rédiger la réponse puis passer à l'exercice suivant. L'ensemble des exercices de la page peut être traité en deux séances. La correction se fera à la fin de chaque séance.

Connaissances et compétences	Commentaires	Propositions de remédiation
1. **Nommer, lire, écrire, représenter des nombres entiers.** → Décomposer un nombre inférieur à 1 000.	S'assurer que les élèves comprennent bien la consigne à partir de l'exemple. Des erreurs dans la deuxième colonne montrent que l'élève n'a sans doute pas compris les sens des mots dizaines et unités.	Reprendre ce travail en atelier avec du matériel structuré, oralement d'abord puis par écrit. → **Mémo** page 5 → **Photofiche 31R**
2. **Nommer, lire, écrire, représenter des nombres entiers.** → Associer écriture chiffrée et écriture littérale.	S'assurer que la lecture n'est pas en cause en faisant lire à haute voix les écritures littérales des nombres.	S'il y a confusion entre 503 et 530, la numération de position n'est pas totalement acquise. Utiliser iun tableau de numération. → **Mémo** page 4
3. **Comprendre et utilisert des nombres entiers pour dénombrer, ordonner, repérer, comparer.** → Comparer, ranger des nombres inférieurs à 200.	Exercice de rangement de 3 nombres de 3 chiffres inférieurs à 200.	Faire remarquer que les deux premiers nombres sont supérieurs à 100. 87 est donc le plus petit. La décoposition caninique des 2 autres permet de les comparer facilement. → **Mémo** pages 6 et 7 → **Photofiche 28R**
4. **Calculer avec des nombres entiers.** → Ajouter des dizaines à un nombre de deux chiffres.	Cet exercice permet de vérifier si l'élève a acquis la numération de position en différenciant bien dizaine et unité. Autoriser les élèves à décomposer leur calcul sur l'ardoise.	Reprendre en décomposant le calcul comme dans le *Découvrons* de la leçon 27. → **Photofiche 26R**
5. **Calculer avec des nombres entiers.** → Calculer en ligne une somme de deux nombres de deux chiffres.	Le deuxième item est difficile car la somme des unités est supérieure 10. Autoriser les élèves à décomposer leur calcul sur l'ardoise.	Reprendre en décomposant le calcul comme dans le *Découvrons* de la leçon 30. Les élèves n'ayant pas réussi l'exercice 4 seront bloqués à l'item 2. → **Mémo** page 9 → **Photofiche 34R**

Connaissances et compétences	Commentaires	Propositions de remédiation
6. **Résoudre des problèmes en utilisant des nombres entiers et le calcul.** → Résoudre un problème du champ additif : recherche de l'état initial.	Ce problème est difficile car il faut trouver l'état initial. Le mot « gagne » induit une addition dans le cas d'une recherche de l'état final alors qu'ici, il faut effectuer une soustraction.	Faire jouer la situation. Demander combien de billes aurait Théo s'il devait rendre les 5 billes gagnées pendant la récréation.
7. **Comparer, estimer, mesurer des longueurs, des masses, des contenances, des durées.** → Mesurer une longueur en utilisant une règle graduée en cm.	L'élève doit mesurer la longueur d'un segment avec la règle graduée en cm de la page matériel B.	S'assurer de l'utilisation correcte de la règle. Travailler en petits groupes avec ceux qui n'ont pas réussi. → **Mémo** page 13 → **Photofiche 33C**
8. **Reconnaître, nommer, décrire, reproduire, construire quelques figures géométriques.** → Identifier des polygones.	S'assurer qu'une erreur à la figure B n'est pas due à une observation trop rapide de la figure, ou si le côté en arc de cercle de cette figure est perçu comme un segment.	Faire repasser en couleur les côtés qui sont des segments de droite. Tous les côtés d'un polygone sont des segments. → **Photofiche 25R**
10. **Reconnaître, nommer, décrire, reproduire, construire quelques figures géométriques.** → Tracer un triangle.	L'élève doit savoir prolonger des segments et connaître la notion de sommet.	Observer les élèves en train de tracer afin de leur proposer une remédiation personnalisée lors de la correction. → **Photofiche 29R**

E3 Évaluation (3)

Fichier CE1
Leçons 26 à 36

Prénom .... **Date** ....

Connaissances et compétences | **Évaluation**

Connaissances et compétences	Évaluation
Nombres et calculs	
Comprendre et utiliser des nombres entiers pour dénombrer, ordonner, repérer, comparer	
1. Décomposer, recomposer un nombre.	
2. Comparer et ordonner des nombres de trois chiffres.	
Nommer, lire, écrire, représenter des nombres entiers	
3. Relier les étiquettes du même nombre.	
Calculer avec les nombres entiers	
4. Calculer en ligne une somme de deux nombres de deux chiffres.	
Résoudre des problèmes en utilisant des nombres entiers et le calcul	
5. Résoudre un problème du champ additif : recherche de l'état initial.	

1 Complète.

835	.... centaines .... dizaines .... unités	800 + 30 + ...
....	.... centaines .... dizaines .... unités	500 + 60 + 2
....	9 centaines 3 dizaines	.... + ...

2 Range ces nombres du plus petit au plus grand.

294 798 801 743

.... < .... < .... < ....

3 Colorie de la même couleur les étiquettes du même nombre.

six cent trente | huit cent cinquante | quatre cent soixante-dix | six cent trois

630 | 850 | 470 | 603

4 Calcule sans poser l'opération.

40 + 23 = ...

....

57 + 32 = ...

....

5 **Problème.**

En fin d'année, la classe de Théo compte 28 élèves. 5 élèves sont arrivés en cours d'année.

Quel était le nombre d'élèves en début d'année ?

....

En début d'année, il y avait .... élèves dans la classe de Théo.

Connaissances et compétences	Évaluation
Grandeurs et mesures	
Comparer, estimer, mesurer des longueurs, des masses, des contenances, des durées. Utiliser le lexique, les unités, les instruments de mesures spécifiques à ces grandeurs	
6. Mesurer une longueur par report d'une unité arbitraire.	

6 **Mesure** la longueur de la bande avec l'unité **u** de la page matériel **B**.

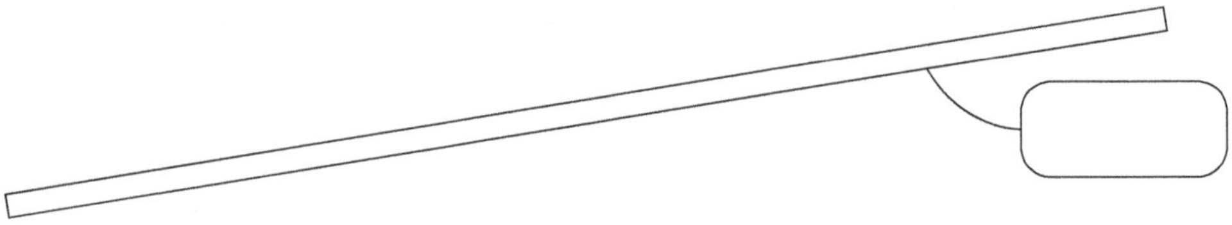

pied de Théo

Connaissances et compétences	Évaluation
Espace et géométrie	
Reconnaître, nommer, décrire, reproduire, construire quelques figures géométriques	
7. Identifier des polygones.	
8. Tracer un triangle.	

7 **Colorie** les polygones.

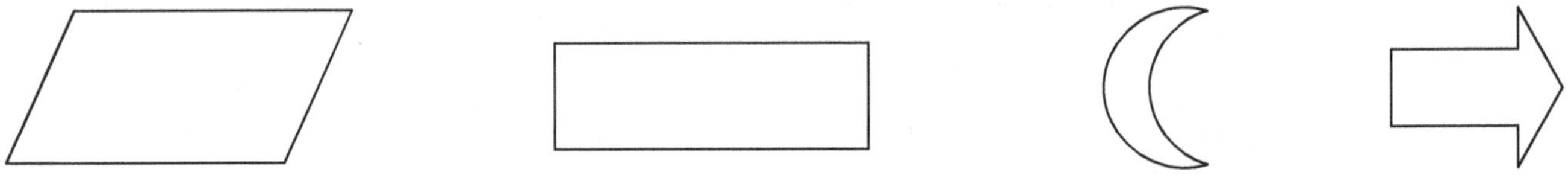

8 **Trace** un triangle : un côté et un sommet sont déjà tracés.

40 Calcul en ligne : Calculer la moitié d'un nombre

Fichier p. 50

Programme 2018	**Calculer avec des nombres entiers** Mémoriser des faits numériques et des procédures : • Moitiés de nombres d'usage courant.
Compétence	Calculer la moitié d'un nombre en se servant des moitiés connues.
Remarques préalables	Au CP, les élèves se sont constitués un répertoire des moitiés de nombres inférieurs à 10. Dans cette leçon, ils vont l'utiliser, associé à la décomposition canonique des nombres, pour calculer la moitié des nombres pairs de 12 à 20. **Difficulté de la leçon** La leçon s'appuie essentiellement sur le calcul réfléchi et la mémorisation des moitiés des petits nombres. Les supports (bandes à carreaux) ne sont employés qu'en début d'activité pour l'étude de la technique. **Aide** Revenir aux manipulations préparatoires en atelier avec l'aide des bandes à carreaux.

Calcul mental 5 min

➜ *Ajouter des unités de numération.*
Dire : « 4 dizaines + 3 dizaines » ; l'élève écrit 70.
Items : *4 dizaines + 3 dizaines ; 4 dizaines + 1 dizaine ; 5 dizaines + 2 dizaines ; 4 dizaines + 4 dizaines ; 7 dizaines + 1 dizaine ; 6 dizaines + 2 dizaines ; 3 dizaines + 3 dizaines ; 5 dizaines + 3 dizaines ; 6 dizaines + 3 dizaines ; 5 dizaines + 4 dizaines.*

Prérequis oral

« Par quels chiffres se terminent les nombres pairs ? »
Cette question permet de vérifier les acquis des élèves. Orienter ensuite la discussion sur une propriété de ces nombres pairs (chacun possède une moitié) et enfin demander comment on appelle les nombres se terminant par 1 ; 3 ; 5 ; 7 ; 9.

Manipulations préparatoires 30 min

En collectif

Matériel	Affiche des moitiés des nombres pairs jusqu'à 10 ; bandes de 16 carreaux (voir page matériel G du fichier) ; ciseaux ; crayons de couleur.
Organisation	Groupes de 2 élèves.

Activité : Utiliser les bandes de carreaux

Manipuler, débattre

- Lire l'affiche des moitiés des nombres pairs jusqu'à 10.
- Distribuer deux bandes rigides (carton) de 16 carreaux par groupe.
- Compter le nombre de carreaux de cette bande.
- Poser la question : *« Comment trouver la moitié de ce nombre en utilisant les résultats de l'affiche ? »*
- Lors de la discussion, favoriser l'émergence de la méthode proposant le découpage de la bande en deux parties : l'une de 10 carreaux, l'autre de 6 carreaux.
- Colorier la moitié des carreaux de chaque partie de bande.

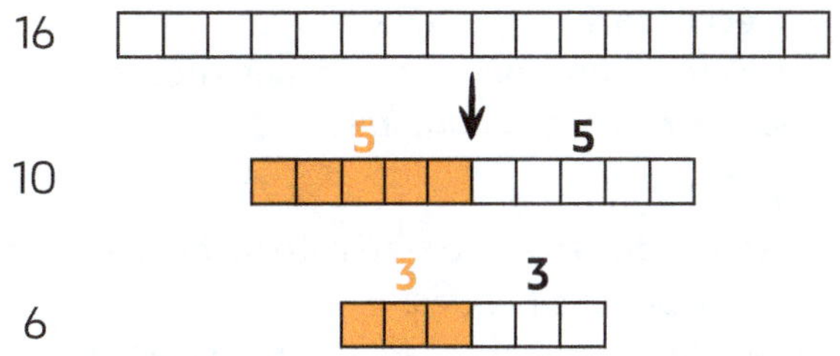

Symboliser

- Demander d'écrire des égalités traduisant le découpage et le coloriage :

Moitié de 16 = moitié de 10 + moitié de 6
Moitié de 16 = 5 + 3 = 8

- Demander de vérifier.

La vérification peut se faire :
– par le calcul : 8 + 8 = 16 ;
– pliage de la longue bande en deux parties égales.

Découvrons 15 min

1 • Cette activité présente la méthode de l'activité préparatoire.

- Observer les dessins des bandes, repérer que les deux bandes mises bout à bout formaient une bande de 14 cases.
- Détacher, pour les élèves qui ne seraient pas convaincus, la bande de 14 cases de la page matériel G du fichier afin de la découper en une bande de 10 et une autre de 4 carreaux.
- Colorier la moitié des cases de chaque bande puis compléter les égalités.
- Conclure que la moitié de 14 est égal à 7 et que ce résultat a été obtenu grâce à la décomposition de 14 en 10 + 4 et à la connaissance des moitiés des nombres jusqu'à 10.

Institutionnalisation orale

Poser la question : « *Qu'avons-nous appris aujourd'hui ?* » Réponse attendue proche de : « *Nous avons appris à calculer la moitié des nombres jusqu'à 20 grâce à la décomposition des nombres et à la mémorisation des moitiés des nombres jusqu'à 10.* »

Je m'entraîne

15 min

En individuel

2 Cet exercice propose de calculer la moitié de 12 et celle de 18 sans support schématique mais uniquement grâce à la décomposition canonique des nombres.

12 = 10 + 2
Moitié de 12 = moitié de 10 + moitié de 2
Moitié de 12 = 5 + 1 = 6

18 = 10 + 8
Moitié de 18 = 5 + 4
Moitié de 18 = 9

Erreurs possibles

– Décomposition erronée.
– Calcul erroné des moitiés par méconnaissance des moitiés des petits nombres.

Remédiation

– Reprendre, en atelier, l'activité manipulatoire en variant la longueur des bandes.
– Jeu de doigts : deux élèves montrent un nombre pair compris entre 10 et 20 avec 4 mains. Un élève montre toujours 10 doigts l'autre le même nombre de doigts sur chaque main.
La moitié du nombre est représenté par 2 mains d'élèves différents.

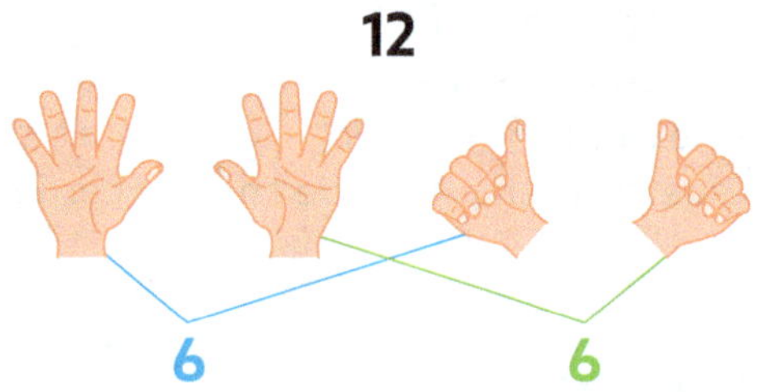

3 Cet exercice montre que les nombres n'ont pas tous une moitié. Il revient sur les notions de nombres pairs et nombres impairs abordées dans le *Prérequis* et le *Découvrons*.

Chaque boîte peut contenir le même nombre de petites voitures : oui ☐ non ☒
17 est un nombre : pair ☐ impair ☒

Erreurs possibles

– Partage erroné.
– Confusion entre les noms pair et impair qui sont très proches phonétiquement.

Remédiation

Manipulation : distribuer 17 jetons et demander de les partager en deux parts égales.

Réinvestissement

4 Additionner deux nombre de deux chiffres.

45 + 25 = 40 + 20 + 5 + 5
45 + 25 = 60 + 10
45 + 25 = 70

35 + 28 = 30 + 20 + 5 + 8
35 + 28 = 50 + 13
35 + 28 = 63

Différenciation

Remédiation Photofiche 36R

Cette photofiche propose quatre exercices pour lesquels les élèves bénéficient d'une aide forte :
– des collections de fruits dont il faut en trouver la moitié illustrent les deux premiers exercices ;
– des schémas analogues à celui du *Découvrons* accompagnent les deux derniers.

41 Calcul en ligne : Calculer le complément à une centaine

Fichier p. 51

Programme 2018	**Calculer avec des nombres entiers** Mémoriser des faits numériques et des procédures : ▪ décompositions additives et multiplicatives de 10 et de 100, compléments à la dizaine supérieure, à la centaine supérieure.
Compétence	Calcul en ligne : Calculer le complément à la centaine supérieure.
Remarques préalables	Calculer le complément à une centaine est une compétence utile dans de nombreuses situations de calcul d'écart ou de différence entre deux nombres séparés par une centaine entière comme 85 et 112. Le complément de 85 à 100 est égal à 15, le complément de 100 à 112 est égal à 12 donc le complément de 85 à 112 est égal à 15 + 12 soit 27. Le complément à une centaine mobilise deux compétences complémentaires : le complément à la dizaine supérieure (le complément de 85 à 90 est égal à 5) et le complément à 100 d'une dizaine entière (le complément de 90 à 100 est égal à 10). Il faut donc s'assurer de la maîtrise de chacune d'elles avant de les synthétiser dans le calcul du complément d'un nombre à une centaine. **Difficulté de la leçon** Parvenir à articuler mentalement les deux compétences précédentes pour réussir à calculer mentalement le complément d'un nombre à la centaine supérieure. **Aide** L'appui sur un schéma basé sur une droite graduée aide à comprendre la décomposition du trajet qui sépare par exemple 85 de 100 en le découpant en un trajet de 85 à 90 et un trajet de 90 à 100.

Calcul mental 5 min

→ *Ajouter des dizaines à un nombre de deux chiffres (sans franchissement de la centaine).*
Dire : « 54 + 20 » ; l'élève écrit 74.
***Items :** 30 + 38 ; 10 + 65 ; 20 + 39 ; 10 + 46 ; 20 + 54 ; 30 + 42 ; 69 + 20 ; 47 + 40 ; 53 + 30 ; 62 + 30.*

Prérequis oral

« Combien y a-t-il de dizaines dans une centaine ? »
La réponse à cette question est une aide pour le calcul du complément à cent puis une centaine : il suffit de compléter la ou les dizaines pour compléter à cent et à la centaine.

Manipulations préparatoires 20 min

En collectif

Matériel	Matériel photocopiable.
Organisation	Groupes de 4.

Activité 1 : Combien de carreaux manque-t-il ?

Manipuler

▪ Distribuer à chaque groupe une plaque incomplète (dans laquelle il manque 4 carreaux).
▪ Demander de trouver le nombre de carreaux de la plaque : 96, puis le nombre de carreaux manquants pour compléter la plaque pour avoir une centaine : 4.
▪ Distribuer 3 plaques (centaines) à ajouter à la plaque incomplète. Faire écrire ce nombre : 396 et demander : *« Combien de carreaux manque-t-il pour en avoir 400 ? »* La réponse est vite trouvée : 4.
▪ Demander à un groupe d'afficher la plaque de 96 carreaux au tableau, puis à un autre groupe de venir afficher 1 centaine et d'écrire le nombre de carreaux obtenu : 196.
▪ Poser la question : *« Quelle est la centaine qui vient après 196 ? »* Réponse : 200.
▪ Poser la question : *« Combien de carreaux manque-t-il pour en avoir 200 ? »* Réponse : 4.
▪ Continuer en faisant ajouter successivement plusieurs centaines une à une.

Débattre

« Combien de carreaux a-t-il fallu ajouter pour compléter à la centaine entière ? »
Les élèves constatent la répétition du nombre 4 et se rendent compte que lorsqu'on connaît les compléments à 100, on connaît les compléments à 400 ,300 ,200...

Symboliser

▪ Demander de compléter les égalités : 96 + ... = 100 ; 196 + ... = 200 ; 296 + ... = 300 ; etc.

Activité 2 : Combien de dizaines de carreaux manque-t-il ?

Manipuler

▪ Distribuer une plaque incomplète (il manque 3 barres de 10 carreaux).
▪ Faire trouver le nombre de carreaux de la plaque incomplète : 70.
▪ Demander *« Combien manque-t-il de carreaux à cette plaque pour avoir une centaine ? »* Pour cela demander de superposer cette plaque à une plaque complète. La réponse saute aux yeux : 30.

Symboliser

▪ Faire compléter l'égalité : 70 + ... = 100
Demander ensuite de compléter les égalités suivantes :
170 + ... = 200 270 + ... = 300 370 + ... = 400
▪ Faire vérifier les égalités.
Les élèves constatent la répétition du même nombre et se rendent compte que lorsqu'on connaît les compléments à 100, on connaît les compléments à 200, 300, 400...

Découvrons

15 min

1 Les élèves retrouvent la situation de l'activité 1. Ils vérifient que la plaque jaune n'est pas une centaine, il y a 97 carreaux car il manque 3 carreaux pour faire une centaine. Ils complètent la première égalité de Mélissa : 97 + 3 = 100.
Ils observent la deuxième égalité à compléter. L'analogie est évidente : il manque 3 carreaux à 297 pour faire 300 : 297 + 3 = 300.
Pour compléter la troisième égalité, les élèves se rendent compte qu'il manque deux colonnes de 10 carreaux pour avoir une centaine. Ils complètent : 80 + 20 = 100.

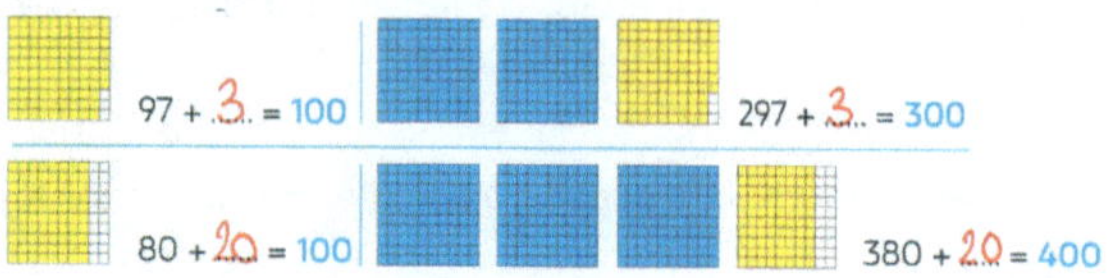

La dernière égalité se résout par analogie : pour obtenir 400 en complétant 380, il suffit de compléter 80 donc 380 + 20 = 400.

Institutionnalisation orale
Poser la question : *« Qu'avez-vous appris aujourd'hui ? »*
Réponse attendue proche de : *« Nous avons appris à trouver le complément à la centaine supérieure. »*

Je m'entraîne

15 min

En individuel

2 Il faut traiter successivement et verticalement les paires d'égalités. Les élèves retrouvent dans les égalités du dessus les calculs des compléments à 100 qui sont une aide pour les calculs des compléments à la centaine placés au-dessous.
Les égalités se complètent avec des unités.

95 + 5 = 100	99 + 1 = 100	93 + 7 = 100
195 + 5 = 200	399 + 1 = 400	593 + 7 = 600

Erreurs possibles
- L'élève ne voit pas la relation entre le calcul du complément à 100 et le calcul à une centaine supérieure.
- Erreur de calcul

Remédiation
- Demander d'effectuer les calculs colonne par colonne.
- Utiliser le matériel de numération pour représenter les nombres.
- Utiliser la bande numérique.

3 Les égalités se traitent verticalement par deux comme dans l'exercice précédent. Les élèves retrouvent dans les égalités du dessus les calculs des compléments à 100 qui sont une aide pour les calculs des compléments à la centaine placés au-dessous.
Les égalités se complètent avec des dizaines.

90 + 10 = 100	40 + 60 = 100	70 + 30 = 100
190 + 10 = 200	240 + 60 = 300	470 + 30 = 500

Erreurs possibles
- L'élève ne voit pas la relation entre le calcul du complément à 100 et le calcul à une centaine supérieure.
- Erreur de calcul.

Remédiation
- Demander d'effectuer les calculs colonne par colonne.
- Utiliser le matériel de numération pour représenter les nombres.
- Utiliser la bande numérique.

4 Ce problème de la vie courante propose une situation concrète de complément à la centaine supérieure utilisant la monnaie.

Erreur possible
Erreur de calcul.

Remédiation
- Utiliser la monnaie fictive du matériel du fichier.
- Utiliser la bande numérique.

Réinvestissement

5 Mesurer une longueur.

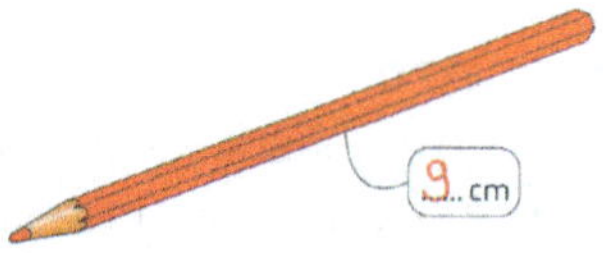

Problème de recherche personnelle

Il y a plusieurs solutions, en voici trois.

Différenciation

Remédiation Photofiche 37R
Cette photofiche propose quatre exercices. Dans le premier et le deuxième, il faut trouver les compléments à 100 puis à une centaine, dans le troisième et le quatrième il faut trouver directement le complément à la centaine. Le quatrième ne bénéficie pas de l'aide de la droite numérique.

41 Calculer le complément à une centaine

Matériel photocopiable

42 Reconnaître un angle droit

Fichier p. 52

Programme 2018	**Reconnaître et utiliser les notions d'alignement, d'angle droit, d'égalité de longueurs, de milieu, de symétrie** Repérer et produire des angles droits à l'aide d'un gabarit, d'une équerre.
Compétence	Repérer des angles droits à l'aide d'une équerre.
Remarques préalables	Les élèves du CE1 n'ont aucune notion de ce qu'est un angle. Cette notion d'angle est introduite à partir de l'angle droit qui peut se visualiser sur un très grand nombre d'objets de la vie courante, de forme carrée ou rectangulaire : image, petite boîte, Lego, carnet, livre, etc. **Difficulté de la leçon** Positionner l'équerre pour vérifier un angle droit. **Aide** – Marquer l'angle droit de l'équerre avec une gommette. – Tracer les côtés des angles assez longs. – Faire coïncider le sommet de l'équerre avec le sommet de l'angle et un côté de l'angle droit de l'équerre avec un côté du triangle.

Calcul mental 5 min

➜ *Dictée de nombres < 200. Dire : « 183 » ; l'élève écrit 183.*
***Items :** 183 ; 156 ; 148 ; 169 ; 170 ; 175 ; 192 ; 108 ; 184 ; 199.*

Prérequis oral

« Repérez les quatre coins de votre fichier. Sont-ils identiques ? »
Pour justifier leur réponse, les élèves vont devoir les superposer. Ils constateront après la leçon qu'il s'agit de gabarits d'angle droit.

Manipulations préparatoires 30 min

En collectif

Matériel	Objets de la vie courante carrés ou rectangulaires pouvant servir de gabarit (images cartonnée, livre, Lego, petites boîtes, ardoise, feuilles cartonnées, carnets...) ; équerre de la page matériel D du fichier ; une demi-feuille de papier déchiré par élève ; feuille (cf. matériel photocopiable ci-après) sur laquelle figurent des angles A, B, C, D, E, F (3 sont des angles droits) ; des gommettes bleues (autant que d'élèves).
Organisation	Activité 1 : groupes de 4 élèves. Activités 2 et 3 : groupe classe.

Activité 1 : Des coins qui se ressemblent

Manipuler

▪ Chaque groupe reçoit 4 objets différents rectangulaires ou carrés.
▪ Demander à chaque élève de tracer sur une feuille blanche le contour d'un coin de chaque objet en suivant deux côtés, de part et d'autre d'un coin.
▪ On obtient les dessins ci-après.

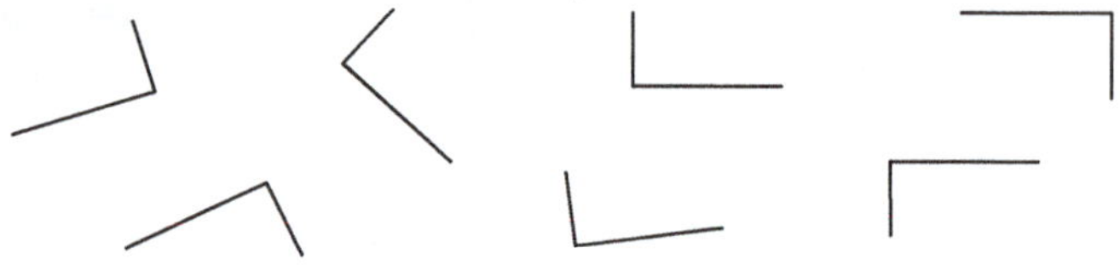

Débattre

▪ Demander à chaque groupe de comparer les dessins. Tous ces tracés se ressemblent.
▪ Faire découper l'équerre de la page matériel D et demander de vérifier si le coin de ce gabarit a la même forme que ceux des dessins tracés.
▪ Préciser que chaque dessin de cette feuille s'appelle un « angle droit » et que l'équerre comporte un angle droit, le faire trouver.

Symboliser

▪ Tracer un angle droit au tableau.
▪ Préciser que les deux traits sont les côtés de l'angle droit et que la partie pointue de cet angle est le sommet. Légender l'angle tracé.

Activité 2 : Reconnaître des angles droits

▪ Distribuer la photocopie du matériel photocopiable.
▪ Proposer d'utiliser une équerre pour reconnaître, parmi les 6 angles proposés, ceux qui sont des angles droits (A, B, E, F).
▪ Un élève montre sur les modèles tracés au tableau comment utiliser l'équerre pour identifier les angles droits.

Découvrons 15 min

1 Lire la première consigne et l'effectuer. L'angle de l'équerre qui se superpose au coin du fichier est l'angle droit de l'équerre. Coller une gommette bleue sur l'angle droit de l'équerre comme le montre Mathix.

2 Utiliser une équerre pour reconnaître, parmi les quatre angles proposés, ceux qui sont des angles droits : B ; C ; D.

Observer comment l'élève manipule l'équerre et venir en aide à ceux qui ont des difficultés pour la placer convenablement : coïncidence d'un des deux côtés et du sommet de l'angle à vérifier avec un côté de l'angle droit de l'équerre et son sommet.

Institutionnalisation orale

Poser la question : *« Qu'avons-nous appris aujourd'hui ? »*
Réponse attendue proche de : *« Nous avons appris à reconnaître un angle droit en utilisant une équerre. »*

Je m'entraîne

15 min

En individuel

3 En utilisant son équerre, l'élève doit reconnaître quels sont les angles droits parmi les quatre angles proposés.

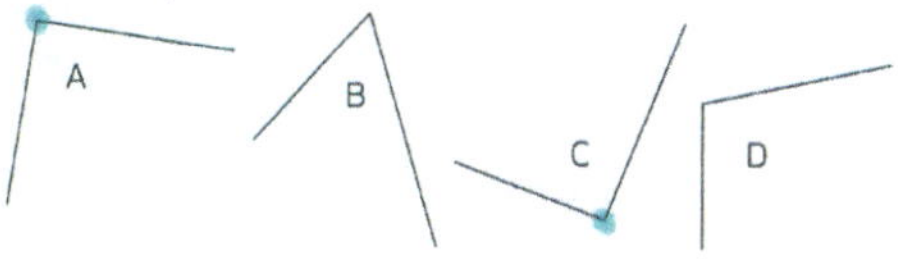

Erreur possible
Mauvaise utilisation de l'équerre.

Remédiation
Vérifier le positionnement de l'équerre. Montrer l'importance de la gommette collée qui identifie l'angle droit.

4 Les élèves constatent que les côtés des angles droits suivent les lignes du quadrillage.

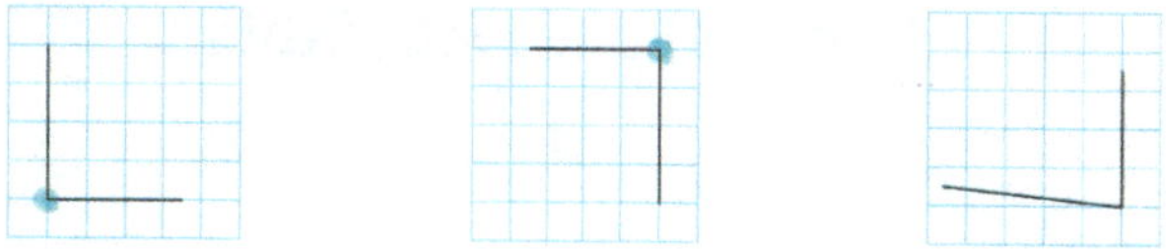

Remédiation
Utiliser un gabarit d'angle droit.

Réinvestissement

5 Intercaler un nombre entre deux dizaines consécutives. 35 s'intercale entre 30 et 40 et 67 s'intercale entre 60 et 70.

30 < 35 < 40 60 < 67 < 70

Remédiation
Retour au matériel ou à la droite graduée.

Différenciation

Remédiation Photofiche 38R
Elle propose un exercice où il faut identifier des angles droits à l'aide d'un gabarit d'angle droit.

42 Reconnaître un angle droit

Matériel photocopiable

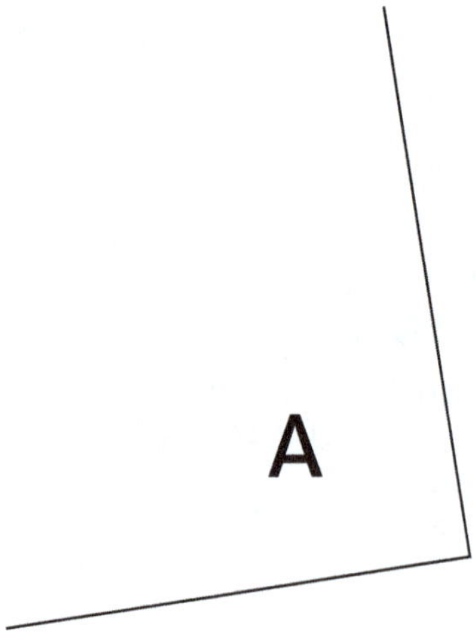

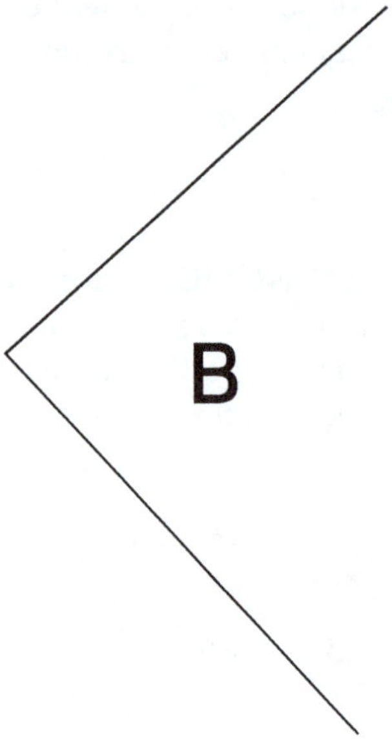

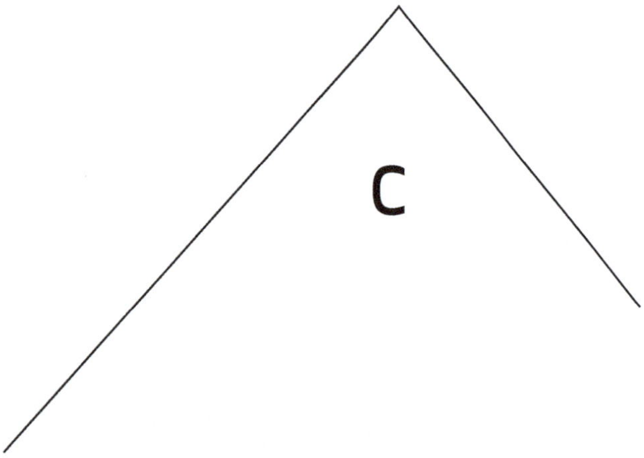

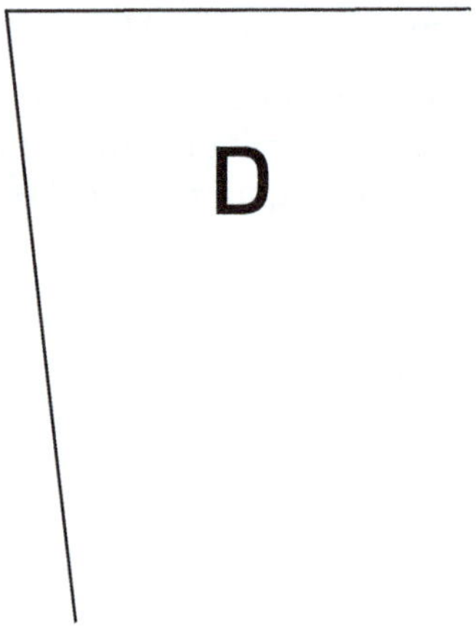

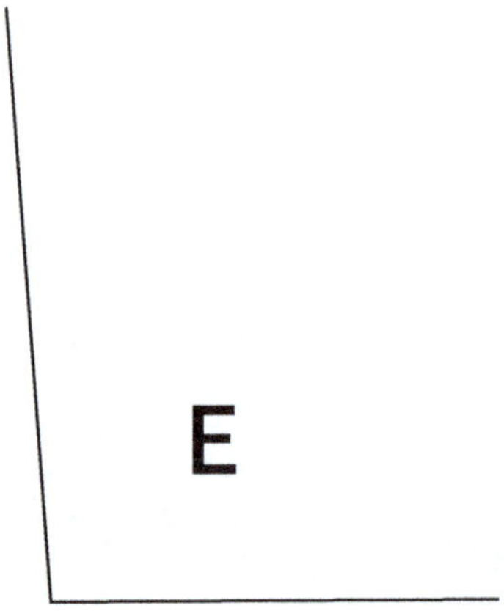

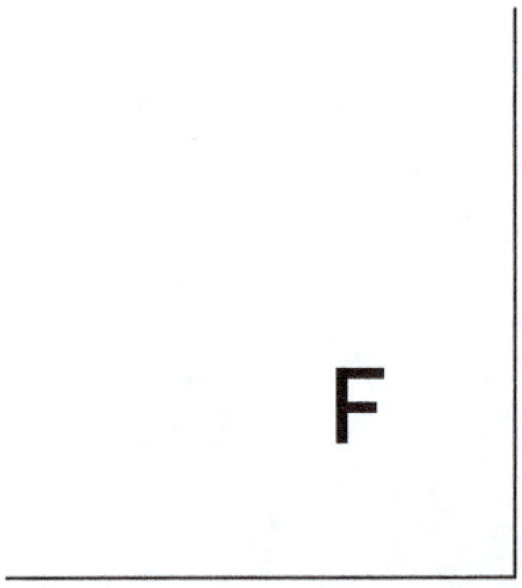

43 Tracer un angle droit

Fichier p. 53

Programme 2018	**Reconnaître et utiliser les notions d'alignement, d'angle droit, d'égalité de longueurs, de milieu, de symétrie** Repérer et produire des angles droits à l'aide d'un gabarit, d'une équerre.
Compétence	Produire un angle droit dont le sommet et un côté sont déjà tracés, à l'aide d'une équerre.
Remarques préalables	▪ Le maniement d'une équerre est un exercice difficile pour les élèves du CE1. Une leçon ne suffit pas à cet apprentissage. Il ne faut donc pas hésiter, tout au long de l'année, à proposer aux élèves de nombreuses occasions d'utiliser cet outil de la géométrie. La compétence se construira progressivement en multipliant les occasions de tracer des angles droits dans des positions variées. ▪ Pour positionner une équerre et tracer correctement un angle droit, l'élève a besoin d'avoir une représentation mentale correcte de l'angle droit. S'il ne réussit pas à imaginer un angle droit avec le sommet « en haut » par exemple, il aura du mal à orienter son équerre convenablement. ▪ Pour aider les élèves à tracer des angles droits dans différentes positions, il ne faut pas oublier d'établir un lien avec la leçon précédente dans laquelle l'équerre est utilisée comme outil d'identification et de vérification de l'angle droit. **Difficultés de la leçon** – Apprendre à tracer des angles droits en suivant les bords des côtés de l'angle droit de l'équerre. – Nécessité parfois de retourner l'équerre. – Placer le sommet de l'angle droit de l'équerre sur le sommet de l'angle dessiné. **Aide** – Varier les orientations des côtés pour compléter un angle droit. – Vérifier le positionnement de l'équerre lors de la construction.

Calcul mental 5 min

➜ *Dictée de nombres < 1 000. Dire : « 754 » ; l'élève écrit 754.*
***Items :** 754 ; 546 ; 678 ; 806 ; 488 ; 690 ; 907 ; 996 ; 880 ; 770.*

Prérequis oral

« Montrez un angle droit sur votre bureau, dans la classe... »
Cette question permet de vérifier les acquis de la leçon 46, indispensables pour cette séance de traçage.

▪ Montrer au tableau comment placer l'équerre par rapport à un sommet et à un côté déjà tracés en l'ajustant progressivement (glissement le long du côté jusqu'au sommet ou rotation autour du sommet jusqu'au côté) et en insistant sur la position des doigts qui ne doivent pas être un obstacle au tracé du deuxième côté.
▪ Rappeler (leçon 42) que la longueur des côtés à tracer n'a aucune importance.

Manipulations préparatoires 30 min

En collectif

Matériel	Par élève : une équerre ; une feuille comportant des angles droits et des segments (cf. matériel photocopiable ci-après).
Organisation	Groupe classe.

Activité : Tracer un angle droit avec contraintes

▪ Distribuer à chaque élève une feuille comportant des dessins d'angles droits (matériel photocopiable) à reproduire. Les côtés et sommets de ces angles sont placés selon différentes orientations, ce qui obligera les élèves à utiliser leur équerre dans différentes positions ou orientations.
L'angle placé à gauche sert de modèle. Pour la reproduction, un côté et un sommet sont déjà tracés.

Découvrons 15 min

1 ▪ Commenter les illustrations qui montrent comment Théo utilise une équerre pour tracer un angle droit.
▪ Il faut tracer les trois angles droits dont un sommet et un côté sont déjà tracés.
Cette activité est plus difficile que l'activité préparatoire car le modèle d'angle a disparu.

Institutionnalisation orale

Poser la question : *« Qu'avons-nous appris aujourd'hui ? »*
Réponse attendue proche de : *« Nous avons appris à tracer des angles droits avec une équerre. »*

Je m'entraîne

15 min

En individuel

2 Cet exercice comporte deux items de tracés d'angles droits à l'aide d'une équerre.
Dans le premier, l'élève est amené à tracer un angle droit sur quadrillage. Un côté de l'angle suit une ligne horizontale du quadrillage. L'élève va constater que le deuxième côté suit une ligne verticale : les lignes d'un quadrillage forment donc des angles droits. Revenir sur l'exercice 4 de la leçon précédente.
Le deuxième item est un réinvestissement de l'item 3 du *Découvrons*.

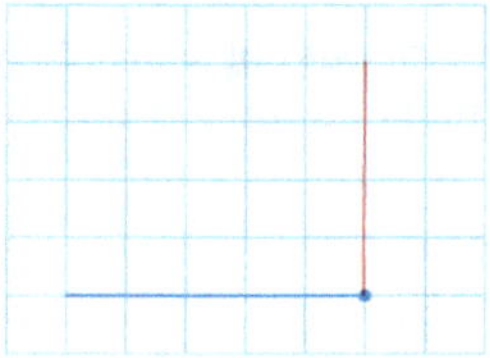

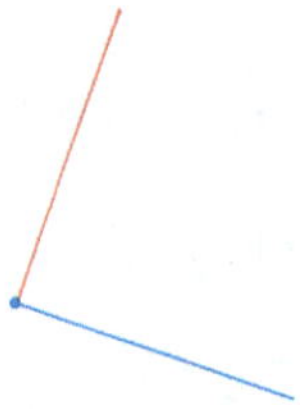

Erreur possible
Mauvaise utilisation de l'équerre.

Remédiation
- Utiliser le **Mémo** page 15.
- La remarque de Mathix sur le retournement du gabarit d'angle droit aide les élèves les moins habiles.

Différenciation

Remédiation Photofiche 39R
Cette photofiche comporte deux exercices de tracés d'angles droits, dont un côté et un sommet sont déjà tracés. Dans le premier exercice, l'orientation des côtés est verticale ou horizontale.
Dans le second, l'orientation des côtés est oblique.

43 Tracer un angle droit

Matériel photocopiable

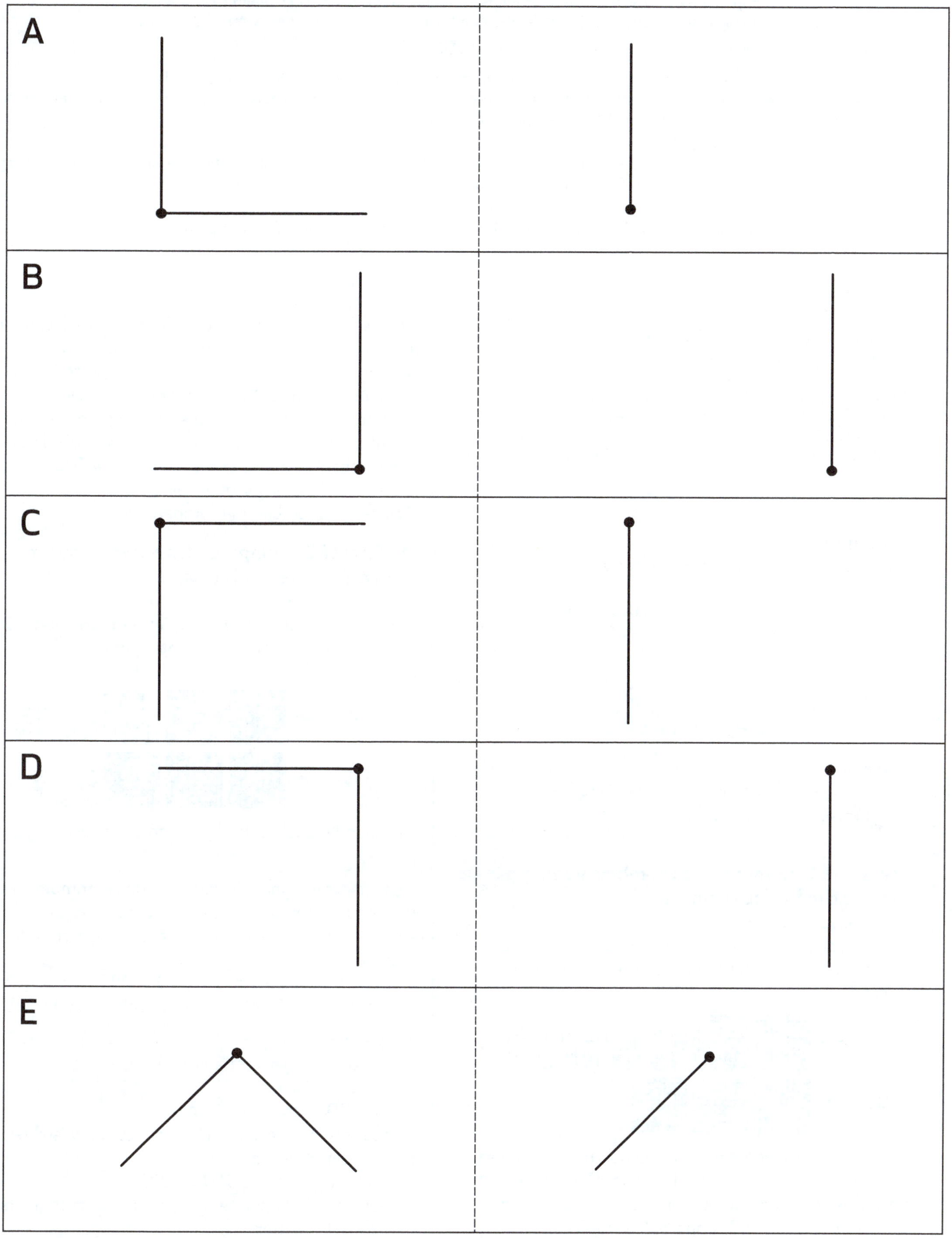

44 Comparer, ordonner les nombres jusqu'à 999

Fichier p. 54

Programme 2018	**Comprendre et utiliser des nombres entiers pour dénombrer, ordonner, repérer, comparer** Comparer, ranger, encadrer, intercaler des nombres entiers, en utilisant les symboles =, ≠, <, >.
Compétences	Comparer, ordonner les nombres inférieurs à 1 000.
Remarques préalables	• Les comparaisons de nombres ont été traitées jusqu'aux nombres inférieurs à 200 en leçon 31. • Dans la leçon 44, les élèves découvrent que les règles de comparaison et la technique de rangement restent identiques bien que les nombres soient plus importants. **Difficultés de la leçon** Réussir à comparer ou à ranger des nombres qui deviennent de plus en plus difficile à visualiser. Accepter d'abandonner la droite graduée comme outil de comparaison. **Aide** Utilisation du matériel de numération et des décompositions canoniques pour comprendre les règles de comparaison.

Calcul mental 5 min

➜ *Dictée de nombres < 1 000 avec centaines, dizaines et unités. Écrire : « 3 centaines, 2 dizaines, 8 unités » ; l'élève écrit 328.*
Item : *3 centaines, 2 dizaines, 8 unités ; 4 centaines, 3 dizaines, 6 unités ; 5 centaines, 6 dizaines, 9 unités ; 6 centaines, 5 dizaines, 7 unités ; 8 centaines, 8 dizaines, 2 unités ; 9 centaines, 5 dizaines, 5 unités ; 2 centaines, 6 dizaines ; 3 centaines, 9 dizaines, 8 unités ; 8 centaines, 8 unités ; 9 centaines, 7 dizaines, 8 unités.*

Prérequis oral

« Quel est le plus grand de ces deux nombres : 100 ou 200 ? »
Ce rappel permet de préparer les activités de la leçon.

Manipulations préparatoires 20 min

En collectif

Matériel	Matériel de numération de la page matériel A du fichier de l'élève.
Organisation	Groupes 2 élèves.

Activité 1 : Comparer des nombres n'ayant pas le même chiffre des centaines

Manipuler, schématiser

• Demander aux élèves d'utiliser le matériel de numération de la page matériel A pour représenter les nombres 290 et 300.

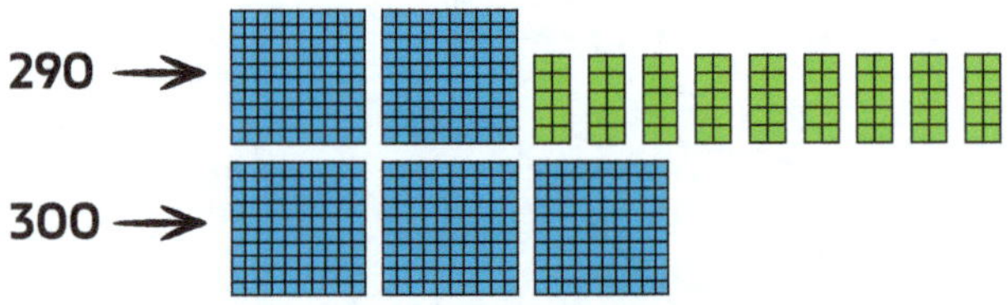

• Demander d'expliquer pourquoi le nombre 290 qui se représente avec 11 supports différents (2 centaines et 9 dizaines) est inférieur au nombre 300 qui se représente avec seulement 3 supports (3 centaines).

Débattre

• Les élèves signalent que 300 comporte 3 centaines alors que 290 n'en comporte que 2, mais on peut objecter que la représentation de 290 comporte 9 dizaines alors que celle de 300 n'en comporte aucune.
• Il faut aller jusqu'à comprendre que ces 9 dizaines valent moins qu'une centaine qui elle vaut dix dizaines. Malgré ses 9 dizaines, 290 est inférieur à 300.
• Les centaines sont donc plus importantes que les dizaines pour établir une comparaison.

Activité 2 : Comparer des nombres ayant le même chiffre des centaines

Manipuler, schématiser

• Demander d'utiliser le matériel de numération de la page matériel A pour représenter les nombres 340 et 328.

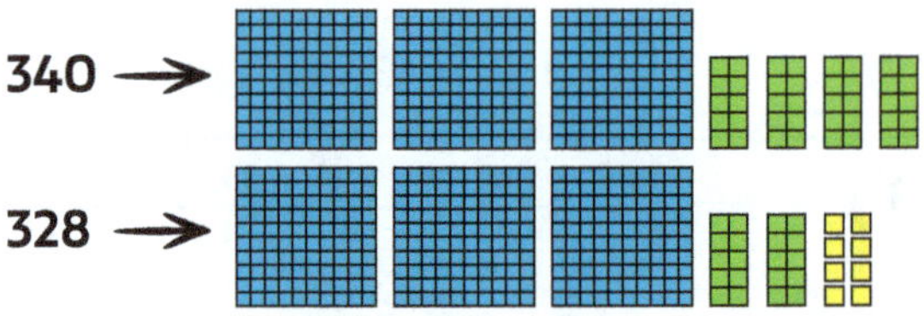

• Demander quel est le plus grand de ces deux nombres.

Débattre

• Les élèves signalent que les deux nombres comportent le même nombre de centaines ; ils se tournent alors vers la comparaison des autres éléments de leur représentation.
Cela revient alors à comparer 40 et 28.
• 40 étant supérieur à 28, 340 est plus grand que 328.

Symboliser

• Ces nombres peuvent aussi s'écrire :
340 = 300 + 40
328 = 300 + 28
• Sous cette forme, on voit que leur comparaison revient à comparer 40 et 28.
Comme 40 > 28 on a 340 > 328.
• Rappeler que la pointe du symbole > est toujours du côté du petit nombre.

Découvrons

15 min

1 ▪ Les élèves doivent écrire en chiffres les nombres représentés par le matériel de numération : 131 et 213. Leur comparaison fait apparaître que, comme le précise Mélissa, le plus grand nombre est celui qui possède le plus de centaines, donc 213 > 131.

131 213

213 > 131

2 ▪ Les élèves écrivent en chiffres les deux nombres représentés par le matériel de numération.

▪ Remarquer qu'ils ont autant de centaines l'un que l'autre, comme le rappelle Boris ; leur comparaison se joue donc sur leurs dizaines : 234 > 226. Rappeler que 234 = 200 + 34 et que 226 = 200 + 26 ce qui revient à comparer 34 et 26.

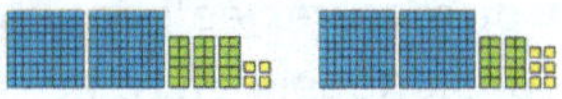

234 226

234 > 226

3 ▪ Inciter les élèves à se reporter sur le fichier, aux représentations de ces quatre nombres par le matériel de numération.

▪ La technique de rangement peut être rappelée : commencer par chercher le plus grand de tous, l'écrire à gauche du rangement et l'éliminer de la liste des nombres à ranger ; recommencer avec les nombres restants.

234 > 226 > 213 > 131

Institutionnalisation orale

Poser la question : « *Qu'avons-nous appris aujourd'hui ?* »
Réponse attendue proche de : « *Nous avons appris à comparer et à ranger des nombres jusqu'à 999.* »

Je m'entraîne

20 min

En individuel

4 Tous les nombres comportant trois chiffres, le plus grand est celui qui a le plus de centaines.

400 | 370 | 560   597 | 650 | 589   856 | 865 | 845

Erreurs possibles

- Le nombre colorié n'est pas le plus grand.
- Erreur dans les 2 derniers items où des nombres possèdent le même chiffre des centaines.

Remédiation

- Revenir sur la règle de comparaison.
- Lire les nombres pour faire entendre leur chiffre de centaines dans le début de leur nom.

5 Cet exercice reprend la technique de rangement rappelée dans le *Découvrons*.
Il peut être utile de rappeler que la pointe des symboles > ou < est toujours placée du côté du petit nombre.

900 > 680 > 678 > 490

Erreur possible

678 et 680 peuvent être mal rangés.

Remédiation

Rappeler que, lorsque les nombres ont le même chiffre de centaines, la comparaison porte sur le chiffre des dizaines. Leurs décompositions :
678 = 600 + 78 et 680 = 600 + 80 confirment leur comparaison.

Réinvestissement

6 Calculer le complément à la centaine supérieure.

98 + 2 = 100 | 295 + 5 = 300 | 180 + 20 = 200

Remédiation

Utiliser la bande numérique pour montrer que :
- 295 pour aller à 300, c'est comme 95 pour aller à 100, c'est 5 ;
- 180 pour aller à 200, c'est comme 80 pour aller à 100, c'est 28.

Différenciation

Remédiation Photofiche 40R

Cette fiche comporte cinq exercices.
Les exercices 1 et 2 demandent aux élèves d'écrire en chiffres, puis de comparer deux nombres à partir de leur représentation à l'aide du matériel de numération.
L'exercice 3 demande de trouver le plus petit nombre d'une série de trois nombres.
Les exercices 4 et 5 demandent de ranger une série de quatre nombres du plus petit au plus grand ou du plus grand au plus petit.
Cette fiche revient donc sur les différentes techniques abordées dans la leçon.

45 Intercaler, encadrer les nombres jusqu'à 999

Fichier p. 55

Programme 2018	**Comprendre et utiliser des nombres entiers pour dénombrer, ordonner, repérer, comparer** Comparer, ranger, encadrer, intercaler des nombres entiers, en utilisant les symboles =, ≠, <, >.
Compétences	Intercaler, encadrer des nombres inférieurs à 1 000.
Remarques préalables	▪ Les verbes « intercaler » et « encadrer » renvoient tous deux à un rangement de trois nombres. ▪ Dans le cas de l'intercalation l'élève connaît les bornes de l'intervalle ; dans le cas de l'encadrement, l'élève doit trouver les bornes de l'intervalle. Ces exercices sont donc plus délicats qu'un simple rangement car ils comportent deux comparaisons simultanées. ▪ La taille des nombres augmentant, ils sont moins familiers aux élèves ce qui rend les intercalations ou les encadrements plus délicats. **Difficulté de la leçon** Réussir à prendre en compte deux contraintes simultanées : le nombre du milieu doit être à la fois plus grand que l'un des nombres et plus petit que l'autre. **Aide** Prendre appui sur le rangement de bandes de longueurs différentes pour illustrer le rangement des nombres correspondant à la mesure de leur longueur. Rappeler que, lorsque les nombres de trois chiffres n'ont pas le même chiffre des centaines, le chiffre des centaines suffit à les comparer. Lorsqu'ils ont le même chiffre des centaines, la comparaison se ramène à celle de nombres de deux chiffres qui est connue.

Calcul mental 5 min

→ *Dictée de nombres < 1 000 avec centaines, dizaines et unités. Écrire 3 dizaines, 2 centaines, 7 unités ; l'élève écrit 237.*

Items : *3 dizaines, 2 centaines, 7 unités ; 4 dizaines, 3 centaines, 5 unités ; 5 dizaines, 6 centaines, 9 unités ; 8 dizaines, 5 centaines, 2 unités ; 9 dizaines, 8 centaines, 4 unités ; 3 unités, 4 centaines, 7 dizaines ; 9 unités, 6 centaines, 5 dizaines ; 5 unités, 2 dizaines, 7 centaines ; 6 unités, 3 dizaines, 8 centaines ; 5 dizaines, 2 centaines.*

Prérequis oral

« 24 s'intercale-t-il entre 20 et 30 ? »

Cette question permet de rappeler le sens du verbe « intercaler » déjà utilisé avec des nombres de 2 chiffres.

Manipulations préparatoires 20 min

En collectif

Matériel	Des bandes à découper (voir matériel photocopiable).
Organisation	Groupes de 4 élèves.

Activité 1 : Intercaler une longueur dans une série de longueurs ordonnées

Manipuler

▪ Demander à chaque groupe de découper les bandes grisées du matériel photocopiable, puis de ranger, sur leur table, ces 5 bandes de la plus courte à la plus longue.

▪ Écrire au tableau les 4 mesures suivantes : 9 u ; 5 u ; 7 u ; 12 u en précisant qu'il s'agit des mesures des longueurs des 4 bandes grises avec la même unité u.

▪ Demander aux élèves de s'entendre pour écrire sur chaque bande la mesure qui lui correspond.

▪ Distribuer 2 bandes blanches à chaque groupe et demander de placer ces 2 bandes dans le rangement précédent de telle sorte que les 6 bandes soient rangées de la plus courte à la plus longue.

▪ Demander de mesurer les longueurs de ces deux bandes et d'écrire leurs longueurs (8 u et 11 u) sur celles-ci.

Débattre, schématiser

▪ Demander : *« Les mesures des longueurs des bandes sont-elles rangées de la plus petite à la plus grande ? »*

▪ Le débat fait apparaître que toutes les mesures sont rangées de la plus petite à la plus grande et que la mesure de la petite bande blanche est placée entre 7 u et 9 u tandis que la mesure de l'autre bande blanche est placée entre 9 u et 12 u.

Symboliser

▪ Écrire au tableau le rangement des mesures des 5 bandes grises en utilisant le symbole < :

5 u < 7 u < 9 u < 12 u

▪ Puis écrire au tableau le rangement des six mesures :

5 u < 7 u < 8 u < 9 u < 11 u < 12 u

▪ Préciser que ce rangement peut aussi se faire sur les nombres seuls :

5 < 7 < 8 < 9 < 11 < 12

▪ Préciser que le nombre 8 est intercalé entre les nombres 7 et 9 et que le nombre 11 est intercalé entre les nombres 9 et 12.

Découvrons 15 min

1 ▪ Préciser que chaque livre est porteur d'une étiquette qui permet de ranger tous les livres dans l'ordre croissant des étiquettes. Quatre étiquettes sont tombées ; il faut les relier à leur livre par les points bleus.

▪ Demander quelles étiquettes se placent entre 250 et 305 : 260 et 300.

Quelle étiquette correspond au livre vert ? 260.

Laisser les élèves relier les autres étiquettes au livre qui leur correspond.

Vérifier collectivement les correspondances.

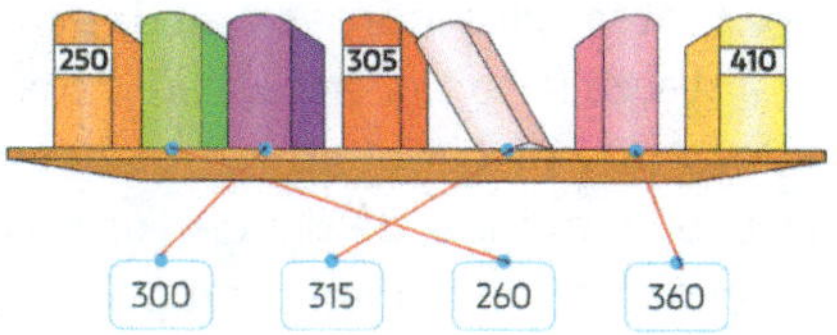

2 ▪ Demander de partager les 3 nombres proposés en deux familles : ceux qui sont plus petits que 287 et ceux qui sont plus grands que 287.

▪ Choisir ensuite dans chaque famille le nombre le plus proche de 287 et compléter l'encadrement en respectant les signes <. Il peut être utile de rappeler que la pointe des symboles < ou > est toujours placée du côté du petit nombre.

250 < 287 < 300

Institutionnalisation orale

Poser la question : « *Qu'avons-nous appris aujourd'hui ?* »
Réponse attendue proche de : « *Nous avons appris à intercaler des nombres dans une suite ordonnée et à encadrer un nombre par des nombres donnés.* »

Je m'entraîne

20 min

En individuel

3 La bande jaune couvre les nombres entre 400 et 410, le nombre 404 fait partie de cette bande.
418 se situe dans la bande bleue entre 410 et 420. Entre 420 et 430, il n'y a pas de nombre à placer. Dans la bande verte entre 430 et 440, il y a 435 et 439 et dans la bande orange entre 440 et 450, il y a 448.

Erreur possible

Les étiquettes sont reliées de gauche à droite à une zone colorée sans tenir compte des nombres de la droite graduée.

Remédiation

– Pour chaque étiquette, demander de chercher sur la droite graduée un nombre plus petit que celui de l'étiquette et un nombre plus grand.
– On peut aussi remarquer qu'en remplaçant le dernier chiffre de chaque étiquette par un zéro, on trouve le nombre de la droite graduée qui est juste avant.

4 S'assurer que la consigne est comprise.

420 < 426 < 430

Erreurs possibles

– Les nombres de l'énoncé ne sont pas pris en compte l'élève répond : 425 < 426 < 427.
– La consigne n'est pas comprise.

Remédiation

Expliquer « dizaines proches ».
La droite graduée de l'exercice 3 est une aide pour cet exercice : où placer 426 sur la droite graduée ? Quand 426 est positionné, on voit les deux dizaines les plus proches qui l'encadrent.
Demander à un élève de compter à voix haute à partir de 420 jusqu'à 430. Les autres élèves doivent repérer le nombre 426. Cela permet de compléter l'encadrement.

Réinvestissement

5 Les élèves doivent utiliser leur équerre de la page matériel D pour reconnaître deux angles droits parmi les trois angles proposés (Leçon 46).

Remédiation

Rappeler comment utiliser le gabarit en plaçant son sommet sur le sommet de l'angle à tester et l'un de ses deux côtés contre un des côtés de l'angle à tester. La coïncidence du second côté permet de dire si l'angle est droit ou non.

Problème de recherche personnelle

Pour dénombrer tous les triangles il faut distinguer les triangles simples (6) des triangles doubles (4), des triangles formés du carré et de deux triangles (2). Au total, on trouve 12 triangles différents.

Le coin du chercheur

Combien de triangles comptes-tu ?

Différenciation

Remédiation Photofiche 41R

Cette fiche comporte 3 exercices d'intercalation.

L'exercice 1 propose une droite graduée comportant trois intervalles dont les bornes sont des centaines entières et trois étiquettes à placer dans chacun de ces intervalles.

L'exercice 2 propose une droite graduée comportant deux intervalles bornés par des dizaines entières, chaque intervalle peut accueillir deux nombres. Les élèves doivent y placer quatre étiquettes.

L'exercice 3 demande de ranger une série de 6 clefs. numérotées sur une planche comportant 6 places vides parmi d'autres clefs numérotées.

45 Intercaler, encadrer les nombres jusqu'à 999

Matériel photocopiable

46 Calculer la moitié d'un nombre formé de dizaines entières

Fichier p. 56

Programme 2018	**Calculer avec des nombres entiers** Mémoriser des faits numériques et des procédures : • Doubles et moitiés de nombres d'usage courant.
Compétence	Calcul en ligne : Calculer la moitié d'un nombre entier de dizaines.
Remarques préalables	En leçon 40, les élèves ont appris à calculer les moitiés des nombres inférieurs à 20 en les décomposant en 10 + n. Ils vont maintenant apprendre à calculer les moitiés des nombres formés de dizaines entières. Les calculs des moitiés des nombres pairs de dizaines ne devraient pas poser de difficultés aux élèves qui ont perçu l'analogie entre la moitié des nombres comme 2, 4, 6, 8 et la moitié de leur produit par 10. La moitié de 6 est 3, donc la moitié de 60 est 30. Si calculer les moitiés des nombres pairs de dizaines ne pose pas de difficulté, calculer les moitiés des nombres impairs de dizaines risque d'en poser. **Difficulté de la leçon** Décomposer les nombres impairs de dizaines en un nombre pair de dizaines proche + 10 **Aide** Vérifier que les moitiés des nombres < 10 sont connues ; proposer des exercices traitant la décomposition des nombres impairs de dizaines.

Calcul mental 5 min

→ Ajouter 10 avec passage de la centaine (nombres < 1 000). Écrire 10 + 95 = ... ; l'élève écrit 105.
Items : *95 + 10 ; 90 + 10 ; 198 + 10 ; 191 + 10 ; 292 + 10 ; 299 + 10 ; 393 + 10 ; 396 + 10 ; 594 + 10 ; 597 + 10.*

Prérequis oral

« Quel est la moitié de 4 ? de 6 ? »
Cela permet de vérifier la connaissance des moitiés des nombres < 10.

Manipulations préparatoires 20 min

En collectif

Matériel	Matériel de numération ; ardoises ou cahiers d'essais.
Organisation	Classe entière.

Activité 1 : Moitiés de nombres pairs de dizaines

Manipuler

Les élèves sont munis du matériel de numération : barres dizaines.
Leur demander de prendre 4 dizaines et de nommer ce nombre : quarante.
Leur demander s'ils peuvent le partager en deux moitiés.
Leur réponse sera majoritairement positive.

Débattre

Un élève parmi les élèves qui ont répondu positivement vient expliquer sa réponse au tableau.
On peut partager 4 dizaines en deux paquets de 2 dizaines donc deux paquets de 20.

Schématiser

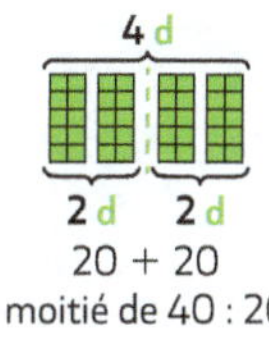

Faire écrire : La moitié de 40 c'est 20.
Les élèves recherchent seuls les moitiés de 60, de 80.

Activité 2 : Moitiés de nombres impairs de dizaines

Manipuler

Les élèves sont munis du matériel dizaines.
Leur demander de prendre 3 dizaines et de nommer ce nombre : trente.
Leur demander s'ils peuvent le partager en deux moitiés.
Leur réponse sera négative.
Affirmer que c'est possible et de chercher la solution.

Débattre

Laisser les élèves émettre leurs idées.
Ils se mettent d'accord : on peut partager 2 dizaines. 2 dizaines c'est 20, on peut partager 20 car 20 = 10 + 10. Mais il reste 1 dizaine. Peut-on la partager ? Oui, si on l'échange contre 10 unités, car 10 = 5 + 5. La moitié de 10 c'est 5. La moitié de 30 c'est donc 10 + 5, c'est 15.

Schématiser

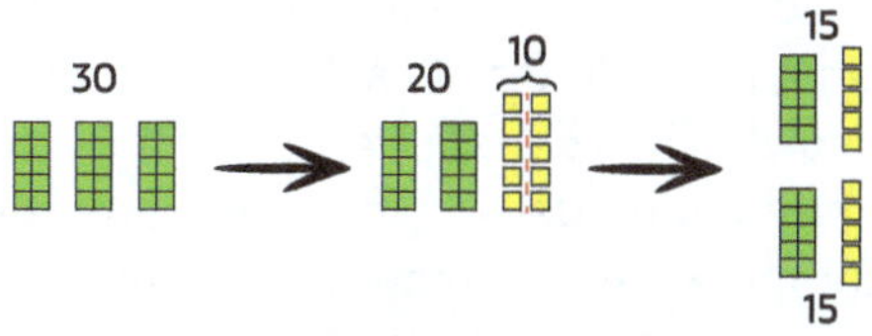

Faire écrire : la moitié de 30, c'est 15
Les élèves cherchent individuellement la moitié de 50.

Découvrons 15 min

1 Les élèves lisent la consigne. Ils expliquent la bulle de Théo.
Ils ont rencontré les nombres pairs en leçon 40. Ils observent le nombre 60 représenté par le matériel de numération 60 = 6 d. Le nombre 6 est un nombre pair, il se partage en deux moitiés : 3 d et 3 d.

Ils complètent les phrases en passant du nombre de dizaines au nombre à deux chiffres : 3 d c'est 30. Ils vérifient en effectuant la somme des deux moitiés : 30 + 30 = 60

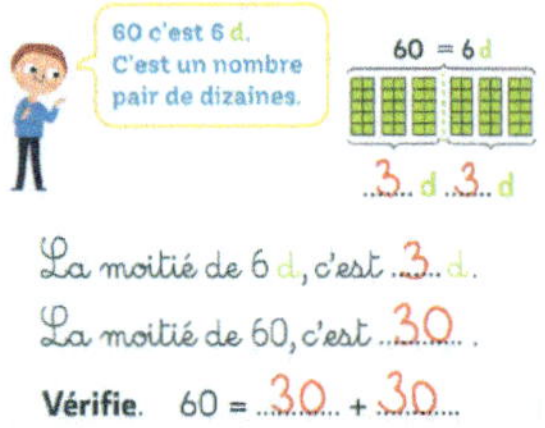

▪ Léa calcule la moitié d'un nombre impair de dizaines. 7 dizaines ne se partagent pas immédiatement en deux paquets identiques. Les élèves commentent la technique de Léa en analysant l'utilisation du matériel de numération : Léa calcule la moitié de 60 ➔ 30 puis la moitié de 10 ➔ 5.
Ils complètent les phrases et vérifient en effectuant la somme des deux moitiés : 35 + 35 = 70.

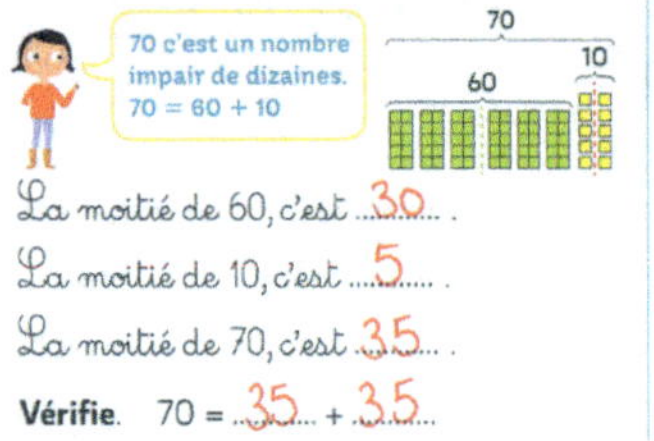

Institutionnalisation orale

Poser la question : « *Qu'avons-nous appris aujourd'hui ?* »
Réponse attendue proche de : « *Nous avons appris à calculer les moitiés des nombres formés de dizaines entières.* »

Je m'entraîne

15 min

En individuel

2 Les deux calculs traitent le calcul des moitiés des nombres pairs de dizaines. Ils reprennent la technique du calcul de Théo dans le *Découvrons*. La transformation des nombres de deux chiffres en nombres de dizaines qui s'appuie sur le matériel de numération facilite le calcul des moitiés en les faisant opérer sur les nombres < 10.

Erreur possible

Dans la transformation du nombre de deux chiffres en nombre de dizaines et inversement.

Remédiation

Utilisation du matériel de numération pour passer de l'écriture en chiffres à l'écriture en dizaines et inversement.

3 Les deux calculs traitent le calcul des moitiés des nombres impairs de dizaines.
Ils reprennent la technique du calcul de Léa. La décomposition des nombres impairs de dizaines facilite le calcul des moitiés.

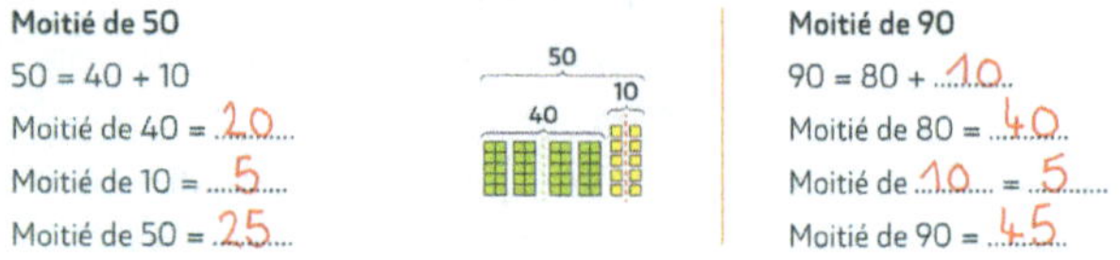

Erreurs possibles

- Décomposition erronée.
- Méconnaissance des moitiés des nombres ⩽ 10.

Remédiation

Utilisation du matériel de numération pour montrer qu'avec un nombre impair de dizaines on met de côté une dizaine pour la partager en deux moitiés. Il reste un nombre pair de dizaine facile à partager.

Réinvestissement

4 Passer de l'écriture en lettres à l'écriture en chiffres.

quatre cent vingt-trois : 423
sept cent neuf : 709
cinq cent cinquante : 550
huit cent quarante : 840

Différenciation

Remédiation Photofiche 42R
Cette photofiche présente quatre exercices, deux traitent le calcul des moitiés de deux nombres pairs de dizaines, deux le calcul des moitiés de deux nombres impairs de dizaines. Tous les calculs présentés bénéficient de l'aide du matériel de numération.

47 Découvrir le signe × de la multiplication

Fichier p. 57

Programme 2018	**Calculer avec des nombres entiers** Élaborer ou choisir des stratégies de calcul à l'oral et à l'écrit : ▪ Addition, soustraction, multiplication, division. ▪ Propriétés implicites des opérations.
Compétence	Associer un tableau rectangulaire à un produit.
Remarques préalables	▪ Nous avons choisi de présenter le produit de deux nombres comme le nombre de cases d'un quadrillage rectangulaire dont les nombres de colonnes et de lignes sont les facteurs du produit. ▪ Cette présentation permet de préserver les deux significations de la multiplication : celle d'addition réitérée associée au mot « fois » et celle de produit de mesures correspondant, par exemple, au calcul de l'aire d'un rectangle ou encore au nombre de menus possibles en fonction du nombre d'entrées et de plats. D'autre part, le support du quadrillage permet de justifier facilement la commutativité de la multiplication et d'offrir un support visuel et manipulable à la distributivité de la multiplication par rapport à l'addition, propriété délicate sans laquelle aucun calcul de produit dont les facteurs dépassent 10, n'est concrètement réalisable. ▪ Dans cette perspective, le symbole « × » de la multiplication ne doit pas être prononcé « fois » par l'enseignant(e) sous peine de réduire la multiplication à une addition réitérée ce qu'elle n'est pas ! ▪ L'enseignant(e) doit donc faire l'effort de prononcer l'expression « 3 multiplié par 4 » pour lire l'écriture « 3 × 4 » qui correspond au nombre de cases d'un quadrillage rectangulaire de 3 lignes et 4 colonnes, ce nombre pouvant se calculer par ligne avec 4 + 4 + 4 = 3 fois 4 aussi bien que par colonne avec 3 + 3 + 3 + 3 = 4 fois 3. ▪ Dans cette leçon, les élèves découvrent que le nombre de lignes et de colonnes permet de définir le nombre de cases d'un quadrillage rectangulaire qui s'écrit à l'aide du symbole « × ». ▪ Le mot « produit » sera introduit en leçon 48. **Difficultés de la leçon** – S'approprier un nouveau symbole et sa représentation géométrique sous forme de cases d'un quadrillage ou d'un tableau rectangulaire. – Comprendre que le nombre de cases d'un quadrillage est défini par son nombre de lignes et de colonnes. **Aide** Faire constater concrètement (par assemblage de cubes ou de carrés) que modifier le nombre de lignes ou le nombre de colonnes d'un tableau rectangulaire modifie son nombre de cases et qu'inversement la donnée de ces deux nombres fixe le nombre de cases.

Calcul mental 5 min

➜ *Ajouter 10 avec passage de la centaine (nombres < 1 000). Écrire 692 + 10 = ... ; l'élève écrit 702.*
***Items :** 692 + 10 ; 590 + 10 ; 790 + 10 ; 890 + 10 ; 490 + 10 ; 690 + 10 ; 594 + 10 ; 797 + 10 ; 891 + 10 ; 799 + 10.*

Prérequis oral

Expliquez : « *Dans le jardin, les herbes se sont multipliées.* »
Cette demande permet :
– d'introduire le verbe « multiplier » ;
– de distinguer le verbe « additionner » du verbe « multiplier » : ici chaque herbe a donné naissance à plusieurs autres herbes.

Manipulations préparatoires 15 min

En collectif

Matériel	Une collection de 20 petits carrés cartonnés identiques pour chaque groupe.
Organisation	Groupes de 2 élèves.

Activité 1 : Former des tableaux rectangulaires avec des carrés

Manipuler

▪ Demander à chaque groupe de former un rectangle de 3 lignes et 4 colonnes.
▪ Après un temps permettant à chaque groupe d'effectuer sa construction, demander de compter le nombre de carrés utilisés.
▪ Reprendre l'activité avec un rectangle de 4 lignes et 5 colonnes, puis de 5 lignes et 3 colonnes.

Débattre

▪ Faire émerger que les nombres de lignes et de colonnes fixent le nombre de carrés nécessaires à la construction.

Schématiser, symboliser

▪ Dessiner chacun des rectangles quadrillés au tableau en indiquant leurs nombres de lignes et de colonnes.
▪ Écrire en dessous de chaque rectangle les multiplications correspondantes en introduisant le symbole « × » : 3 × 4 = 12 ; 4 × 5 = 20 ; 5 × 3 = 15.

Activité 2 : Trouver des multiplications

Manipuler

▪ Distribuer 16 petits carrés à chaque groupe.
▪ Demander de disposer ces petits carrés en un grand rectangle ou en un grand carré.

Débattre, symboliser

- Utiliser les résultats de l'activité précédente pour écrire les multiplications égales à 16 :
8×2 ; 4×4 et 16×1.

Découvrons

15 min

1 ▪ Le chien cache plusieurs carreaux du tapis, mais, si l'on compte le nombre de carreaux sur chaque côté du tapis (lignes et colonnes), on peut retrouver un tapis identique et compter le nombre de carreaux qu'il possède.
▪ Faire lire la bulle de Mélissa qui introduit le symbole « × ».
▪ Laisser les élèves choisir et entourer le rectangle qui permet de compter le nombre de carreaux que contient le tapis, puis leur demander de compter les carreaux avant de compléter les égalités.

Le tapis possède 24 carreaux.
$4 \times 6 = 6 \times 4 = 24$

Institutionnalisation orale

Poser la question : « *Qu'avons-nous appris aujourd'hui ?* »
Réponse attendue proche de : « *Nous avons appris à utiliser le symbole "×" pour désigner le nombre de carreaux d'un rectangle.* »

Je m'entraîne

25 min

En individuel

2 Faire compter oralement le nombre de carrés de chocolat sur chaque côté d'une tablette avant de laisser les élèves compléter les égalités du fichier.

$2 \times 4 = 4 \times 2 = 8$; $3 \times 4 = 4 \times 3 = 12$; $5 \times 5 = 25$

Erreur possible

Écrire le nombre total de carreaux sans passer par l'écriture des produits.

Remédiation

Faire découvrir aux élèves qu'ils peuvent indiquer le nombre de carreaux d'une page de leur cahier de brouillon sans compter tous les carreaux, il suffit qu'ils comptent le nombre de carreaux sur chaque côté de la page et qu'ils utilisent le symbole « × ». Avec ces indications, ils définissent un nombre précis qu'ils vont apprendre à calculer et dont on peut trouver la valeur à l'aide d'une calculatrice, par exemple !

3 Les élèves peuvent soit dessiner sur leur cahier de brouillon un rectangle de 3 lignes et 6 colonnes puis en compter le nombre total de carreaux, soit additionner le nombre de carreaux de chacune des 3 lignes du tapis.

$3 \times 6 = 6 \times 3 = 18$
Le tapis possède 18 carreaux.

Erreur possible

Ne pas prêter attention au nombre de carreaux visibles sur les bords du tapis et chercher à deviner combien de carreaux sont cachés.

Remédiation

Revenir au matériel de l'activité préparatoire et montrer que la reconstitution du tapis devient possible si l'on connaît le nombre de carreaux de chaque bord.

Réinvestissement

4 Écrire des nombres en lettres.

425 : quatre-cent-vingt-cinq
630 : six-cent-trente

Problème de recherche personnelle

Le double de la moitié d'un nombre est le nombre lui-même.
La moitié de 20 est 10 ; le double de 10 est 20.

Le coin du chercheur
Je suis le double de la moitié de 20.
Qui suis-je ?
Je suis le nombre 20.

Différenciation

Remédiation Photofiche 43R

Cette fiche comporte trois exercices. Dans chacun d'eux, les élèves doivent associer un produit à un tableau rectangulaire dans un contexte différent (boîte de peinture, tableau rectangulaire, façade d'immeuble).

48 Calculer un produit en utilisant l'addition réitérée

Fichier p. 58

Programme 2018	**Calculer avec des nombres entiers** Élaborer ou choisir des stratégies de calcul à l'oral et à l'écrit : ▪ Addition, soustraction, multiplication, division.
Compétence	Calculer des petits produits en utilisant l'addition réitérée.
Remarques préalables	▪ Avoir introduit, au cours de la leçon 47, le concept de « produit » comme étant le nombre de carreaux d'un quadrillage rectangulaire présente l'avantage de traiter la commutativité de la multiplication et de ne pas limiter le sens de la multiplication à celui de l'addition réitérée. ▪ Il s'agit, avec cette leçon, de découvrir que l'addition réitérée permet de calculer un produit. **Difficulté de la leçon** L'écriture et le calcul de l'addition réitérés pour calculer un produit. **Aide** Recourir à l'utilisation de quadrillages.

Calcul mental — 5 min

→ *Dire : « 268 » ; l'élève écrit les 5 nombres suivants sans franchissement de la centaine.*
***Items :** 268 ; 392 ; 678 ; 387 ; 176.*

Prérequis oral

« Savez-vous calculer 3 + 3 + 3 ? »
Cette question permet de vérifier rapidement que les élèves savent calculer une addition réitérée.

Manipulations préparatoires — 30 min

En collectif

Matériel	Quadrillages.
Organisation	Groupe classe.

Activité : En rang

▪ Faire ranger, dans la cour ou dans le gymnase, des élèves en 4 rangées de 6. Les autres élèves doivent écrire sur leur ardoise, le nombre total d'élèves rangés sous des formes différentes (produit ou somme). On doit obtenir :
6 × 4 ; 4 × 6 ; 6 + 6 + 6 + 6 ; 4 + 4 + 4 + 4 + 4 + 4 ; 24.
La classe critique collectivement les écritures, puis valide les bonnes réponses.
▪ Proposer ensuite d'autres rangements (5 rangées de 4 élèves, 3 rangées de 7 élèves, 6 rangées de 3 élèves ou 2 rangées de 10). Les élèves traduisent sur leur ardoise chaque rangement par une multiplication qu'ils calculent par une addition réitérée. Les résultats sont comparés et analysés.
▪ Demander ensuite de chercher des situations qui peuvent justifier l'écriture d'un produit : les photos d'une page d'album ; les carreaux d'une fenêtre, d'une page du cahier, bonbons d'une boîte de chocolats ; etc.
▪ Noter ces produits, les calculer individuellement.
▪ Mise en commun pour validation.

Découvrons — 15 min

1 ▪ Les élèves observent les calculs de Léa et ceux de Théo.
▪ Léa calcule le nombre de chocolats en multipliant le nombre de carreaux d'une colonne, 5, par le nombre de colonnes, 4. Le calcul peut se faire mentalement, la réitération de 5 étant facile à calculer. La vérification se fait en comptant les carreaux. Les élèves écrivent le résultat de l'opération de Léa.
▪ Théo calcule le nombre de chocolats en multipliant le nombre de carreaux d'une ligne, 4, par le nombre de lignes, 5. Les élèves écrivent le résultat de l'opération.
▪ Faire ensuite compléter la dernière égalité en insistant sur la commutativité de la multiplication.

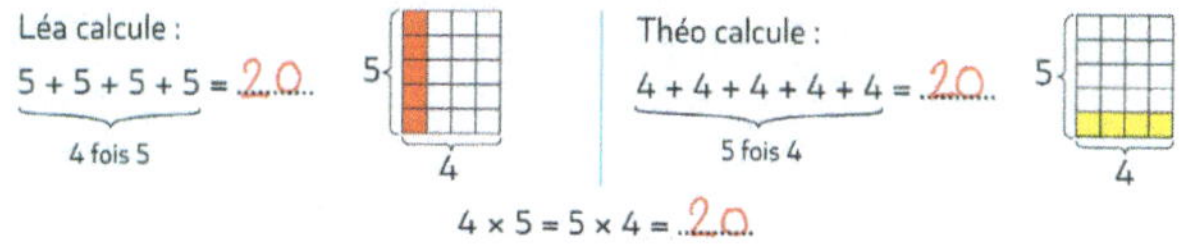

Institutionnalisation orale

Poser la question : *« Qu'avons-nous appris aujourd'hui ? »*
Réponse attendue proche de : *« Nous avons appris à calculer le résultat d'une multiplication en ajoutant plusieurs fois le même nombre. »*

Je m'entraîne — 15 min

En individuel

2 Le support des dessins placés « en rectangle » doit permettre à tous les élèves de résoudre l'exercice.

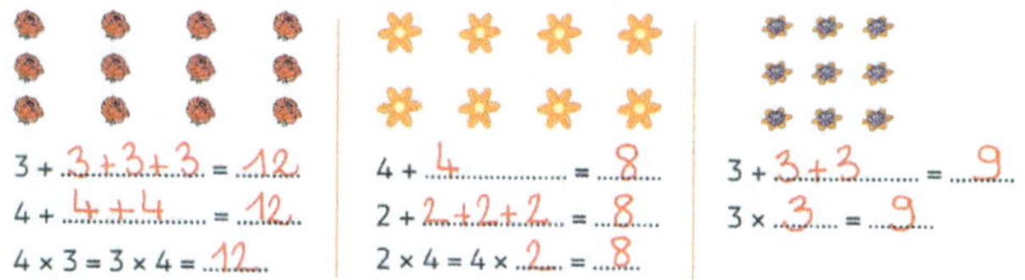

Erreur possible
Itérations erronées (colonnes et lignes confondues).

Remédiation
Distinguer puis entourer les lignes et les colonnes.

3 L'exercice est plus difficile car il n'y a plus le soutien des dessins.

$3 \times 5 = 5 + 5 + 5 = 15$ | $4 \times 6 = 6 + 6 + 6 + 6 = 24$

Erreurs possibles
- Calculs erronées.
- Non-prise en compte du premier terme de la somme déjà écrit.

Remédiation
S'appuyer sur le dessin, représenter les produits par des quadrillages.

Réinvestissement

4 Tracer un segment de longueur donnée.

Remédiation
Rappeler l'utilisation de la règle graduée.

Différenciation

Remédiation Photofiche 44R
Cette fiche propose trois exercices.
La présence systématique des représentations des objets « en rectangle » permet aux élèves de se familiariser avec la notion de « produit » et les méthodes de calcul d'une multiplication.

49 Connaître le nombre 1 000

Fichier page 59

Programme 2018	**Nommer, lire, écrire, représenter des nombres entiers** Interpréter les noms des nombres à l'aide des unités de numération et des écritures arithmétiques. ▪ Unités de numération (unités simples, dizaines, centaines, milliers) et leurs relations (principe décimal de la numération en chiffres).
Compétence	Connaître le nombre 1 000 et ses décompositions.
Remarques préalables	L'introduction du nombre 1 000 correspond à un nouveau saut dans les groupements par dix. Quand on atteint 10 centaines, on en fait un paquet de dix que l'on nomme « un millier ». C'est une nouvelle étape de la récursivité des groupements par dix. Pour les élèves, le nombre 1 000 est le premier « grand nombre ». Cette leçon leur propose de le décomposer de différentes façons afin d'apprendre à se familiariser avec lui. Toutefois, l'enseignant doit insister sur la décomposition (1 000, c'est 10 centaines comme 100 est égal à 10 dizaines) et souligner qu'un nouveau groupement par dix vient d'être effectué. Avec l'apparition d'un zéro supplémentaire par rapport au nombre 100, on voit que « la règle du zéro » (associée à la multiplication par 10) s'applique encore. Cela n'a rien de mystérieux et provient du fait que les milliers vont occuper le quatrième rang en partant de la droite dans l'écriture du nombre. L'utilisation du tableau de numération peut renforcer le discours de l'enseignant. **Difficulté de la leçon** Comprendre que 100 dizaines = 1 000. **Aide** Le matériel de numération.

Calcul mental 5 min

➜ *Dire : « 497 » ; l'élève écrit les cinq nombres suivants (avec franchissement de la centaines).*
***Items :** 497 ; 595 ; 696 ; 898 ; 995.*

Prérequis oral

« Comment appelle-t-on un paquet de 10 dizaines ? »
Rappel du fonctionnement de la numération décimale.

En collectif

Manipulations préparatoires 20 min

Matériel	Matériel de numération collectif préparé par l'enseignant avec du canson (10 plaques centaines bleues, 10 barres dizaines vertes, 10 jetons jaunes, 1 plaque millier rouge) ; ardoises ou cahiers d'essais.
Organisation	Classe entière.

Activité 1 : Le nombre 1 000

Afficher 9 centaines, 9 dizaines, 9 unités.
Faire écrire le nombre dans un tableau de numération.
Ajouter un jeton. Que se passe-t-il avec les unités ? Il y en a 10 donc on a une dizaine de plus. Que se passe-t-il avec les dizaines ? Il y en a maintenant 10 donc on a une centaine de plus. Que se passe-t-il avec les centaines ? Il y en a 10. On ne peut pas écrire 2 chiffres dans la colonne des centaines. Il faut donc une colonne supplémentaire que l'on appelle la colonne des milliers. On écrit donc 1 000.
Ce nouveau nombre s'appelle **mille**, il s'écrit avec trois 0.
Il correspond à 10 centaines.

m	c	d	u
	9	9	9
1	0	0	0

Mettre en débat : 1 000 = 100 d
1 c = 10 d ; 10 c = 100 d ; 1 000 = 100 d
Faire compléter : 1 000 = ... c = ... d = ... u

Activité 2 : Décompositions de 1 000

Afficher au tableau :

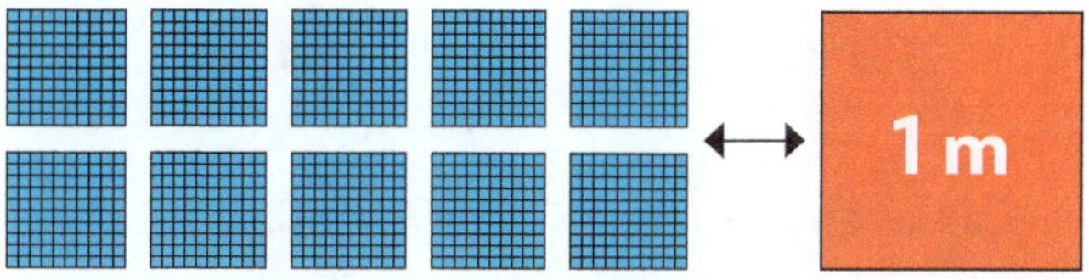

Faire compléter les égalités avec l'aide des plaques centaines.
500 + ... = 1 000
900 + ... = 1 000
200 + ... = 1 000

Faire calculer les compléments à 1 000 en complétant la dernière centaine.
990 + ... = 1 000
980 + ... = 1 000
950 + ... = 1 000

Découvrons 15 min

1 Les élèves observent et complètent les tableaux. Faire remarquer que le dernier tableau comporte une colonne de plus que le tableau précédent. Cette nouvelle colonne est la colonne des milliers. L'observation des tableaux montre que quand on arrive à 10, il y a deux colonnes au tableau : celle des unités simples et celle des dizaines. Quand on arrive à 100, le tableau a trois colonnes : celle des unités simples, celle des dizaines et celle des centaines. Quand on arrive à 1 000, le tableau a quatre colonnes.

Les élèves observent la règle d'échange.

1 000 c'est 1 **m** (millier) ou 1000 **u** (unités)

Pour faire 1 millier il faut 10 centaines : donc 1 000 c'est aussi10 **c**

Comme il faut 10 dizaines pour faire 1 centaine, 1 000 c'est aussi 100 **d** (dizaines).

	d	u
9 →		9
9 + 1 →	1	0

	c	d	u
99 →		9	9
99 + 1 →	1	0	0

	m	c	d	u
999 →		9	9	9
999 + 1 →	1	0	0	0

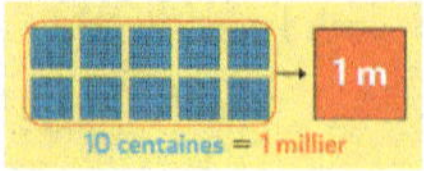

1 000 c'est 1 m.
1 000 c'est 10 c.
1 000 c'est 100 d.

La colonne m est la colonne des milliers.

Institutionnalisation orale

Poser la question : « *Qu'avons-nous appris aujourd'hui ?* »
Réponse attendue proche de : « *Nous avons appris à connaître et décomposer le nombre 1 000.* »

Je m'entraîne

15 min

En individuel

2 Les élèves doivent identifier des formes additives égales à 1 000.

500 + 500 | 100 + 900 | 900 + 10 | 990 + 10 | 800 + 100

Erreurs possibles
Calculs erronés : 900 + 10 ; 990 + 10.

Remédiation
- Rappel : 1 000 c'est 10 centaines.
- Recours au matériel de numération.

3 Il faut chercher les compléments à 1000. Dans la première ligne, il faut ajouter des centaines entières. Dans la deuxième, des dizaines et des unités.

800 + 200 = 1 000	600 + 400 = 1 000	400 + 600 = 1 000
950 + 50 = 1 000	980 + 20 = 1 000	999 + 1 = 1 000

Erreurs possibles
Calculs erronés.

Remédiation
- Rappel : 1 000 c'est 10 centaines.
- Recours au matériel de numération.

4 Cet exercice rappelle encore que 1 000, c'est 10 centaines. Il n'y a que 9 sacs de 100 billes, il y a donc 900 billes. Il manque donc 100 billes.

Remédiation
- Rappel : 1 000 c'est 10 centaines.
- Recours au matériel de numération.

Réinvestissement

5 Calculer de petits produits en utilisant l'addition réitérée.

4 × 3 = 3 + 3 + 3 + 3
4 × 3 = 12

3 × 5 = 5 + 5 + 5
3 × 5 = 15

Erreurs possibles
Erreurs de calculs.

Remédiation
Renvoi aux tables et aux comptages de 3 en 3 et de 5 en 5.

Problème de recherche personnelle

Il faut trouver la règle qui préside à l'écriture de cette suite de nombres.
Le nombre de départ est le plus petit : 10, le comptage se fait de 5 en 5, il manque donc le nombre 25.

Différenciation

Remédiation Photofiche 45R
Cette photofiche présente quatre exercices. Chacun d'eux propose des décompositions additives du nombre 1 000. Il faut colorier les étiquettes de sommes de deux nombres qui font 1 000 dans le premier exercice, pour les deux suivantes, une étiquette étant donnée, il faut compléter l'autre pour faire 1 000. Pour le dernier, il faut décomposer 1 000 en une somme de trois nombres puis en une somme de quatre nombres.

50 Problèmes (4) : Comparaisons additives

Fichier page 60

Programme 2018	**Résoudre des problèmes en utilisant des nombres entiers et le calcul** Résoudre des problèmes issus de situations de la vie quotidienne conduisant à utiliser les quatre opérations : • Problèmes relevant des structures additives.
Compétence	Résoudre un problème de comparaison additive en s'aidant d'un schéma.
Remarques préalables	• Les situations variées proposées dans cette leçon obligent les élèves à mobiliser l'ensemble des connaissances apprises au cours de l'année. • Dans la classification de Vergnaud, les problèmes présentés ci-dessous sont des problèmes de comparaison d'état avec recherche de la comparaison ou d'un état. Dans ce type de problème on retrouve : – Deux états distincts mais pas d'états initial et final, on s'intéresse à ce qui différencie les deux états. – La comparaison peut être exprimée de deux façons : « de moins que » ; « de plus que ». – La comparaison peut donc être positive ou négative. **Difficulté de la leçon** Interpréter correctement les expressions « de plus que » et « de moins que ». **Aide** Les expressions « de plus que » et « de moins que » sont difficiles à comprendre. Le passage par la schématisation sera d'une grande aide pour de nombreux élèves (cf. activités manipulatoires).

Calcul mental — 5 min

→ Unités de numération (centaines, dizaines).
Écrire 4 centaines 6 dizaines ; l'élève écrit 460.
***Items :** 4 centaines 6 dizaines ; 3 centaines 5 dizaines ; 2 centaines 8 dizaines ; 8 centaines 2 dizaines ; 7 centaines 4 dizaines ; 9 centaines 7 dizaines ; 5 centaines 8 dizaines ; 4 centaines 3 dizaines ; 6 centaines 7 dizaines ; 8 centaines.*

Manipulations préparatoires — 30 min

En collectif

Matériel	30 quarts (ou huitièmes) de feuille (cartes) par groupe de deux élèves.
Organisation	Groupes de deux élèves

Activité 1 : Combien de cartes ? (À partir d'une comparaison additive)

Manipuler

• Proposer la situation suivante : « À la fin d'une partie de cartes, Théo possède 18 cartes et Léa possède 7 cartes de plus que Théo. Combien de cartes Léa possède-t-elle ? »

• Distribuer à chaque groupe une trentaine de quart de feuille représentant les cartes.

• Laisser un temps de recherche suffisant aux élèves avant de débattre de leurs propositions.

Schématiser, débattre

• Construire avec eux au tableau le schéma suivant qui met en évidence les 7 cartes que Léa possède en plus de celles de Théo :

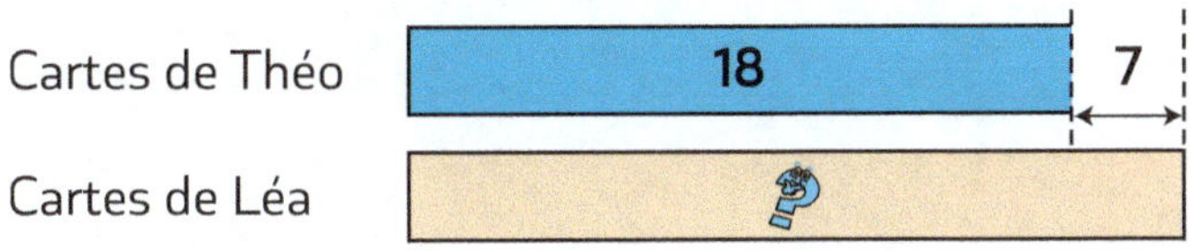

Symboliser

• Traduire le schéma de Léa par une écriture mathématique : 18 + 7 = 25

• Rédiger une phrase réponse : Léa possède 25 cartes.

PROBLÈME DE RÉFÉRENCE 5

(matériel photocopiable)

Ce problème va servir de référence à toute une catégorie de problèmes analogues. Sa résolution est située dans le matériel photocopiable ci-après. Ce problème résolu est à afficher sur le mur des mathématiques et à coller sur le cahier de références mathématiques.

Activité 2 : Combien de cartes ? (À partir d'une comparaison soustractive)

Manipuler

• Proposer la situation suivante : « À la fin d'une partie de cartes, Théo possède 18 cartes et Mélissa possède 6 cartes de moins que Théo. Combien de cartes Mélissa possède-t-elle ? »

• Chaque groupe reprend les cartes de l'activité 1.

• Laisser un temps de recherche suffisant aux élèves avant de débattre de leurs propositions.

Schématiser, débattre

• Construire avec les élèves le schéma suivant qui met en évidence les 6 cartes que Mélissa possède en moins :

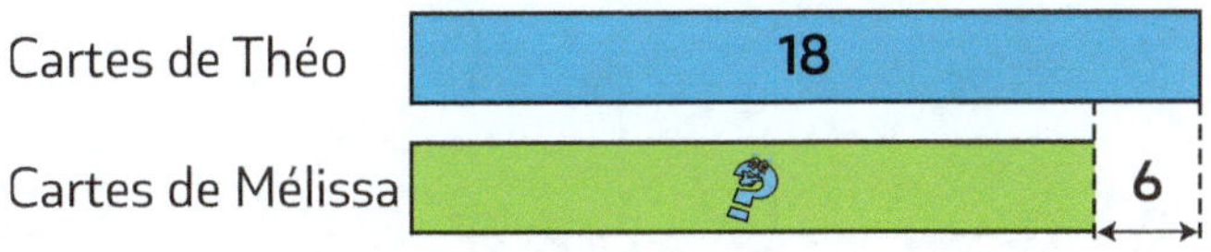

Symboliser

• Traduire le schéma de Mélissa par une écriture mathématique : 18 – 6 = 12

• Rédiger une phrase réponse :
Mélissa possède 12 cartes.

PROBLÈME DE RÉFÉRENCE 6

(matériel photocopiable)

Ce problème va servir de référence à toute une catégorie de problèmes analogues. Sa résolution est située dans le matériel photocopiable ci-après. Ce problème résolu est à afficher sur le mur des mathématiques et à coller sur le cahier de références mathématiques.

Problèmes du fichier

10 min

1 Ce premier problème est un réinvestissement des leçons de comparaison du CP dans lesquelles on évalue l'écart entre deux nombres.

- Laisser un temps de travail individuel suffisant avant le débat collectif.
- Demander de lire l'énoncé, d'observer le schéma avant de répondre à la première consigne. Les coquillages de Lilou sont représentés par la barre bleue, ceux de Carla par la barre beige.
- Répondre à la deuxième consigne : il faut entourer la partie comprise entre les pointillés qui représente les coquillages ramassés en plus par Carla.
- Répondre à la troisième consigne : écrire et calculer 80 – 75 = 5.
- Compléter la phrase réponse.

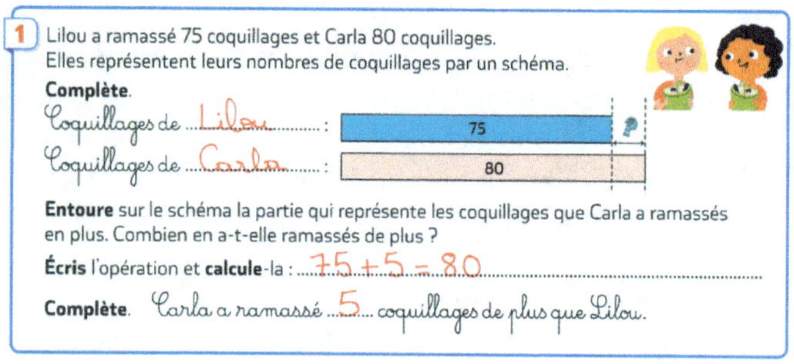
1 Lilou a ramassé 75 coquillages et Carla 80 coquillages.
Elles représentent leurs nombres de coquillages par un schéma.

Complète.

Coquillages de Lilou : 75 ?

Coquillages de Carla : 80

Entoure sur le schéma la partie qui représente les coquillages que Carla a ramassés en plus. Combien en a-t-elle ramassés de plus ?

Écris l'opération et **calcule**-la : 75 + 5 = 80

Complète. Carla a ramassé 5 coquillages de plus que Lilou.

Erreurs possibles

– Erreur de compréhension.
– Réponse erronée dans la première consigne.
– Erreur de calcul.

Remédiation

– Relecture de l'énoncé avec repérage des prénoms et des nombres de coquillages ramassés.
– Reprendre le calcul avec le matériel de numération ou la droite numérique.
– Travailler avec des nombres plus petits.

Problèmes du fichier

20 min

En individuel

2 Faire lire l'énoncé, faire remarquer que les bulles font partie intégrante de l'énoncé. Commenter le schéma. Dans ce problème, c'est l'expression « de moins » qui est utilisée. Les élèves doivent rechercher l'état référé, connaissant le référent et la comparaison.

Dans la résolution, privilégier le calcul : 70 – 20 = 50
Julia possède 50 €.

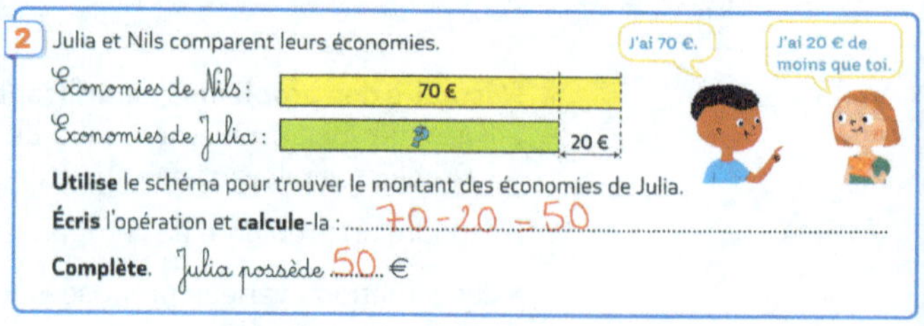
2 Julia et Nils comparent leurs économies.

Économies de Nils : 70 €

Économies de Julia : ? 20 €

Utilise le schéma pour trouver le montant des économies de Julia.

Écris l'opération et **calcule**-la : 70 - 20 = 50

Complète. Julia possède 50 €

Erreur possible

Les élèves ne comprennent pas la situation.

Remédiation

– Jouer la situation avec la monnaie : Nils a un billet de 50 € et un billet de 20 € ; Julia un billet de 50 €
– Travailler avec des nombres plus petits : « J'ai 5 € ; ma soeur a 3 € de moins que moi. Quelle somme possède-t-elle ? »

3 Les élèves retrouvent la situation travaillée dans l'activité 1.
Faire remarquer que les bulles font partie de l'énoncé.
Faire commenter le schéma.
Privilégier le calcul : 150 + 30 = 180

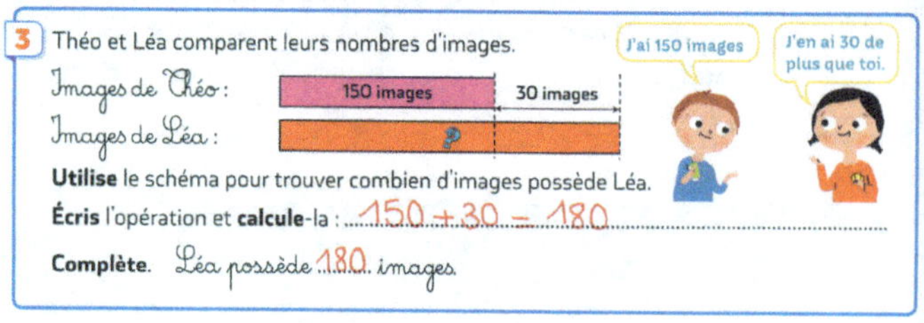
3 Théo et Léa comparent leurs nombres d'images.

Images de Théo : 150 images 30 images

Images de Léa : ?

Utilise le schéma pour trouver combien d'images possède Léa.

Écris l'opération et **calcule**-la : 150 + 30 = 180

Complète. Léa possède 180 images

Erreurs possibles

Erreurs de compréhension ou de calcul.

Remédiation

– Faire entourer, sur la barre de Léa, les 30 images qu'elle a en plus
– Travailler avec des nombres plus petits (15 et 3).
– Reprendre la situation avec le matériel de numération pour représenter les nombres 150 et 30.

Différenciation

Consolidation Photofiche 46c

Elle propose quatre problèmes progressifs qui reprennent les structures des problèmes 2 et 3 du fichier, mais sans l'aide de schémas. Des personnages comparent des fleurs, des champignons ainsi que de la monnaie.

Cahier Problèmes : Leçon 7

PROBLÈME DE RÉFÉRENCE 5

Je sais…
résoudre un problème de comparaison additive (de plus que)

Loïc est parti 14 jours en vacances.
Boris est parti 7 jours de plus que Loïc.
Pendant combien de jours Boris est-il parti en vacances ?

Que dois-je chercher ?

→ Je dois chercher pendant combien de jours Boris est parti en vacances.

J'imagine la situation.

Je schématise.

Jours de vacances de Loïc : 14

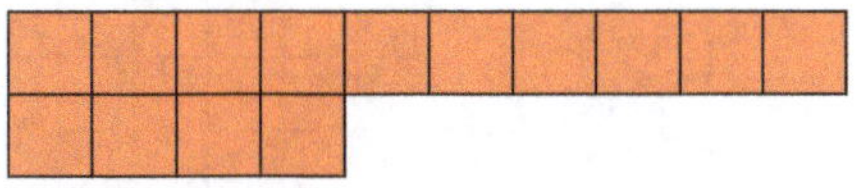

Jours de vacances de Boris : ?

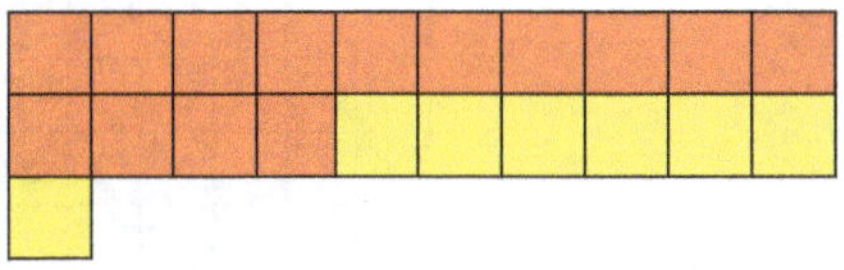

Je choisis l'opération.

→ Je dois calculer une addition.
J'utilise le signe +.

Je calcule.

$14 + 7 = 21$

Je rédige une phrase réponse.

Boris est parti 21 jours en vacances.

PROBLÈME DE RÉFÉRENCE 6

Je sais…
résoudre un problème de comparaison soustractive (de moins que)

Julia et Nils comparent leurs économies.
Nils possède 70 € et Julia possède 20 € de moins que Nils.

Combien possède Julia ?

Que dois-je chercher ?

➜ Je dois chercher combien possède Julia.

J'imagine la situation.

Je schématise.

Économies de Nils : 70 €

Économies de Julia : ?

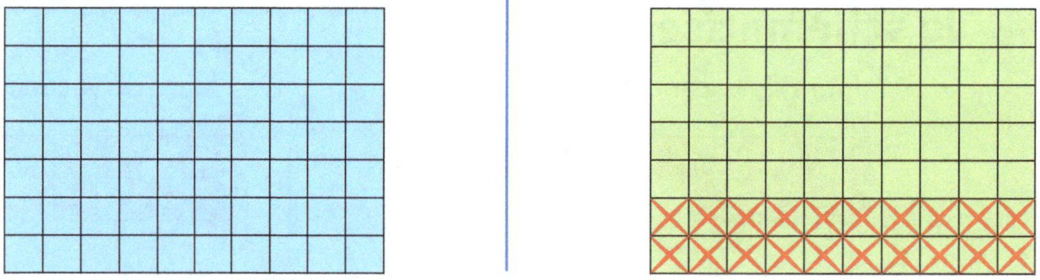

Je choisis l'opération.

➜ Je dois calculer une **soustraction**.
J'utilise le signe –.

Je calcule.

70 € – 20 € = 50 €

Je rédige une phrase réponse.

Julia possède 50 €.

51 Maths Aventures (2)
Sur les pistes

Fichier p. 61

Programme 2018	**Attendus de fin de cycle 2** Au cycle 2, la résolution de problèmes est au centre de l'activité mathématique des élèves, développant leurs capacités à chercher, raisonner et communiquer. Les problèmes permettent d'aborder de nouvelles notions, de consolider des acquisitions, de provoquer des questionnements. Ils peuvent être issus de situations de vie de classe ou de situations rencontrées dans d'autres enseignements, notamment « Questionner le monde ». Ils ont le plus souvent possible un caractère ludique.
Remarques préalables	▪ Les pages « Maths Aventures » concluent chacune des cinq périodes. Le contexte de ces pages, bien que plus ludique, est plus complexe que celui d'un problème classique. Répondre aux cinq ou six questions ou consignes nécessite une recherche d'informations sur la page et le réinvestissement des notions et des techniques étudiées durant la période. ▪ Les cinq pages « Maths Aventures » sont traitées de la même façon, le jour même : – Lecture et explications de l'enseignant(e). – Travail individuel. **Difficulté de la leçon** Difficulté à réinvestir les manipulations et les compétences des leçons de la période dans un contexte inédit. **Aide** – Reformulation des énoncés. – Revenir aux *Découvrons* des leçons concernées.

La découverte — 15 min

En collectif

▪ Pendant quelques minutes, les élèves observent les dessins, puis communiquent leurs observations à la classe.

▪ Poser quelques questions pour attirer leur attention sur les éléments indispensables pour répondre aux questions.

▪ Lire ou faire lire chaque bulle à voix haute, puis la commenter, surtout si le texte, ou le contexte, n'est pas compris par certains :

1. *« Qu'est-ce qu'une piste de ski ? À quoi correspondent leurs couleurs ? Que devez-vous trouver ? »*
2. *« Que doit-on calculer ? »*
3. *« Que vous faut-il connaître pour calculer le poids de la caisse rouge ? »*
4. *« Que devez-vous faire ? Quel instrument devez-vous utiliser ? »*
5. *« Qu'est-ce qu'une navette ? Que doit-on chercher ? Toutes les informations utiles sont dans le texte. »*
6. *« Que devez-vous comparer ? »*

Les problèmes — 15 min

En individuel

1 Calcul (sans retenue) d'une somme de mesures de masse : 25 kg + 34 kg = 59 kg.
Si le résultat est erroné, revenir sur l'addition posée sans retenue.

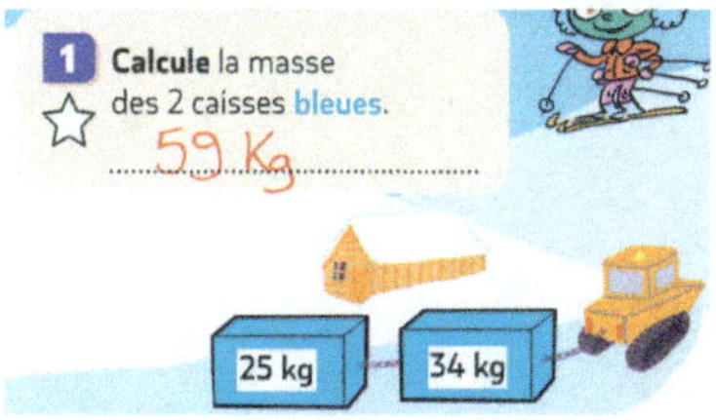

2 Calcul (sans retenue) d'une somme de mesures de masse : 30 km + 14 km = 44 km.
Si le résultat est erroné, revenir sur l'apprentissage de cette technique étudiée dans le calcul en ligne.

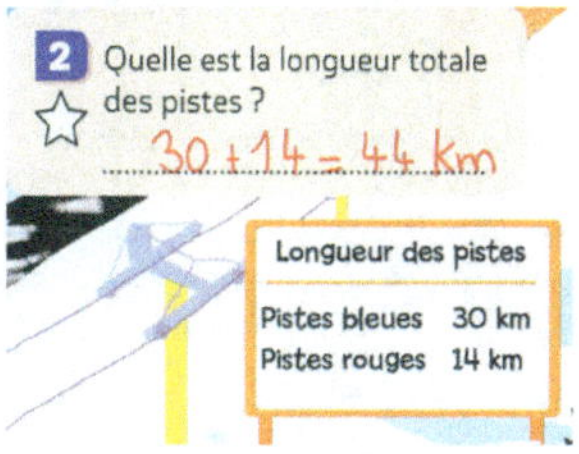

3 Recherche de la moitié appliquée à la mesure de masse.
La moitié de 18 kg → 9 kg car 9 + 9 = 18.
Si le résultat est erroné, revenir sur l'apprentissage des tables des doubles et des moitiés < 20.

4 Les élèves doivent identifier les angles droits des figures jaune et rose à l'aide d'une équerre. Si erreur, reprendre l'utilisation de l'équerre.

5 Dans ce problème de situation soustractive, les élèves doivent trouver l'état initial : le nombre d'élèves qui se trouvaient dans le car avant que les 6 passagers n'en descendent. Deux opérations peuvent être proposées par les élèves pour résoudre ce problème : ? - 6 = 38 ou en prenant la situation à l'envers (en faisant remonter les 6 élèves dans la navette) : 38 + 6 = 44.

6 Il faut ranger en ordre décroissant des nombres de 3 chiffres.
Le nombre 390 possède le chiffre des centaines le plus grand (3 > 2), les deux autres 295 et 228 ont les chiffres des centaines identiques. Pour ranger ces deux nombres, on compare les chiffres des dizaines (9 > 2) : 295 > 228.
390 > 295 > 228.

Remédiation

- Travailler en petits groupes les notions non acquises.
- Aider les élèves qui ont des difficultés de compréhension des énoncés.
- **Mémo** page 9 : Calculer en ligne une somme de deux nombres de deux chiffres
- **Mémo** page 15 : Je sais reconnaître un angle droit.
- **Mémo** pages 6 et 7 : Je sais ranger des nombres.

Le bilan

- L'activité terminée, l'élève compte les exercices qu'il a réussis, c'est-à-dire son nombre d'étoiles : s'il a colorié 5 ou 6 étoiles, il colorie la médaille d'or ; 3 ou 4 étoiles, il colorie la médaille d'argent ; sinon il colorie la médaille de bronze. Ainsi, tous les élèves colorient une médaille.
- Ce type d'évaluation à la fois ludique et rapide informe sur le degré de réussite de la classe. Son information sera complétée par les résultats à l'évaluation qui suivra dans laquelle les élèves feront le point sur la demi-période écoulée.

52 Je fais le point (4)

Fichier pp. 62-63

Procéder régulièrement au bilan des compétences des élèves. L'élève fait le point sur ses connaissances. Les résultats permettent aussi de repérer les notions mathématiques et les techniques de calcul maîtrisées par la majorité des élèves et celles qui doivent donner lieu à un travail de remédiation en atelier.
Comme les items des pages « Je fais le point » peuvent être faits à la maison, leur préférer ceux proposés dans le guide pédagogique pour réaliser les évaluations finales des demi-périodes. Utiliser alors les pages « Je fais le point » du fichier comme activités préparatoires aux évaluations finales.

Consignes de passation

Pour chaque exercice, les élèves travaillent individuellement. Lire une fois la consigne à haute voix. Leur laisser un temps raisonnable pour réfléchir, calculer et rédiger la réponse, puis passer à l'exercice suivant. L'ensemble des exercices de la page peut être traité en deux séances. La correction se fera à la fin de chaque séance.

Connaissances et compétences	Commentaires	Propositions de remédiation
1. **Comprendre et utiliser des nombres entiers pour dénombrer, ordonner, repérer, comparer.** → Comparer, ordonner des nombres inférieurs à 1 000.	Cet item demande la connaissance des règles de comparaison des nombres et une méthodologie pour ranger les nombres.	En cas d'erreur : – vérifier si les élèves savent comparer les nombres deux à deux ; – vérifier s'ils mettent en place une méthodologie pour ranger les nombres (barrer les nombres ou les entourer une fois utilisés). → Mémo page 7 → **Photofiche 40R**
2. **Comprendre et utiliser des nombres entiers pour dénombrer, ordonner, repérer, comparer.** → Intercaler un nombre.	Cet item demande de connaître la notion d'ordre, la valeur des nombres et d'élaborer une méthodologie pour intercaler un nombre. Vérifier si la double inégalité est comprise.	Montrer qu'il y a une double contrainte : le nombre choisi doit être plus grand que 250 (ce qui élimine 219) et plus petit que 350 (ce qui élimine 367). → Mémo page 7 → **Photofiche 41R**
3. **Calculer avec les nombres entiers.** → Trouver le complément à la centaine supérieure.	Cet item vérifie que les procédures de calcul des compléments à cent puis à la centaine supérieure sont mémorisées comme l'ont été les compléments à dix puis à la dizaine supérieure.	Montrer que la connaissance des compléments à cent permet de connaître ceux à la centaine supérieure, comme la connaissance des compléments à dix permet de connaître ceux à la dizaine supérieure. → **Photofiche 37R**
4. **Calculer avec les nombres entiers.** → Calculer la moitié d'un nombre inférieur à 20.	L'utilisation fréquente des nombres $\leqslant 20$ permet à de nombreux élèves de connaître par coeur les moitiés de ces nombres en s'appuyant sur la connaissance des doubles des nombres < 10. Cependant connaître la méthode pour calculer la moitié d'un nombre permet de trouver la moitié de n'importe quel nombre.	Il faut vérifier la connaissance des moitiés jusqu'à 10 pour pouvoir ensuite les utiliser pour le calcul des moitiés des nombres < 20. Calcul qui s'appuie sur la décomposition canonique. Proposer des exercices du type : moitié de 10 ? moitié de 4 ? moitié de 14 ? → **Photofiche 36R**

Connaissances et compétences	Commentaires	Propositions de remédiation
5. Calculer avec les nombres entiers. → Trouver la moitié d'un nombre formé de dizaines entières	Cet item vérifie que les élèves ont intégré que le calcul de la moitié d'un nombre pair de dizaines inférieur à 100 s'apparente au calcul des moitiés des nombres pairs inférieurs à 10 et que le calcul des moitiés d'un nombre impair de dizaines se fait en deux temps : le partage du nombre pair de dizaines proche de ce nombre puis le partage de la dizaine qui reste.	Procéder en trois temps : le premier réservé au calcul des moitiés de nombres pairs de dizaines, le deuxième à la décomposition des nombres impairs de dizaines en une somme paire de dizaines proche de ces nombres plus une dizaine, le troisième au calcul des moitiés de nombres impairs de dizaines → **Photofiche 42R**
6. Résoudre des problèmes en utilisant des nombres entiers et le calcul. → Reconnaître une situation multiplicative.	L'élève ne doit pas confondre les signes + et ×. La commutativité de la multiplication est évidente lorsqu'on introduit cette opération à partir d'un tableau rectangulaire.	Le passage de l'écriture d'une somme à celle d'un produit et inversement n'est peut-être pas encore acquis par tous. Si nécessaire, proposer de tracer les quadrillages correspondants aux écritures multiplicatives. → **Photofiche 43R**
7. Calculer avec des nombres entiers. → Trouver et calculer un produit.	Les élèves qui ne réussissent pas cet exercice n'ont sans doute pas compris la notion de « produit ». Ils pourront difficilement tirer profit des leçons suivantes sans une aide immédiate.	Reprendre, avec les élèves en difficulté, le contenu de la leçon 47: découper des quadrillages rectangulaires, écrire sous forme de multiplication les nombres de carreaux, dénombrer les carreaux et écrire les produits correspondants. → **Photofiche 43R**
8. Calculer avec des nombres entiers. → Calculer un produit.	L'élève doit utiliser un quadrillage pour calculer un produit, en faisant apparaître un tableau rectangulaire. Il dénombre ensuite le nombre de carreaux.	S'assurer que la notion de « produit » est acquise. Reprendre ensuite la leçon 48 en petits groupes.
9. Reconnaître, nommer, décrire, reproduire, construire quelques figures géométriques. Reconnaître et utiliser les notions d'alignement, d'angle droit, d'égalité de longueurs, de milieu, de symétrie. → Repérer un angle droit.	Cet exercice vérifie si l'élève sait correctement manipuler une équerre (page matériel D) pour repérer un angle droit.	Observer comment les élèves manipulent leur équerre. Demander à ceux qui ont réussi de montrer comment ils ont procédé. → **Mémo** page 15 → **Photofiche 38R**
10. Reconnaître, nommer, décrire, reproduire, construire quelques figures géométriques. Reconnaître et utiliser les notions d'alignement, d'angle droit, d'égalité de longueurs, de milieu, de symétrie. → Tracer un angle droit dont le sommet et un côté sont déjà tracés.	Cet exercice vérifie si l'élève sait correctement manipuler une équerre (page matériel D) pour tracer un angle droit.	Demander à ceux qui ont réussi de montrer comment ils ont procédé. → **Photofiche 39R**

E4 Évaluation (4)

Fichier CE1
Leçons 40 à 50

Prénom .... **Date** ....

Connaissances et compétences **Évaluation**

Nombres et calculs	
Comprendre et utiliser des nombres entiers pour dénombrer, ordonner, repérer, comparer	
1. Ordonner les nombres par ordre croissant.	
2. Encadrer un nombre.	
Calculer avec les nombres entiers	
3. Connaître le complément à la centaine supérieure.	
4. Calculer la moitié d'un nombre inférieure à 20.	
5. Calculer la moitié d'un nombre formé de dizaines entières.	
6. Reconnaître une situation multiplicative.	
7. Calculer un produit avec l'aide du quadrillage.	
8. Calculer un produit en utilisant l'addition réitérée.	

1 **Écris** les nombres du plus petit au plus grand : 450 ; 98 : 601 ; 500 ; 845.

.... < .... < .... < .... < ....

2 **Complète** avec un de ces nombres : 464 ; 541 ; 608.

550 < .... < 650

3 **Complète.**

290 + ... = 300 | 697 + ... = 700 | 850 + ... = 900

4 **Calcule.**

Moitié de 18 18 = 10 + ...

Moitié de 18 = moitié de 10 + moitié de ....

Moitié de 18 = ... + ... = ...

5 **Relie** chaque nombre gris à sa moitié.

40 60 30

15 20 30

6 **Colorie** les étiquettes qui permettent de retrouver le nombre de carreaux du tapis.

| 3 × 6 | 6 × 3 | 6 + 3 |
| 6 + 6 + 6 | 3 + 3 + 3 + 3 + 3 + 3 | |

7 **Complète** pour trouver le nombre de carreaux.

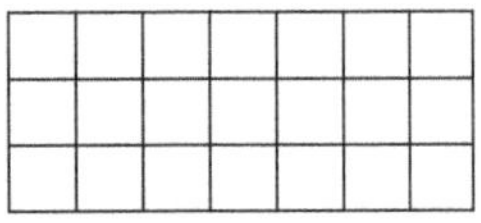

.... × .... = ... × .... = ...

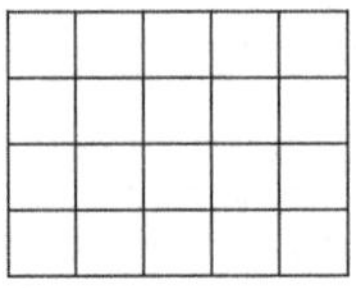

.... × .... = ... × .... = ...

8 **Calculer** un produit en utilisant l'addition.

2 × 5 = ...

3 × 6 = ...

Connaissances et compétences	Évaluation
Espace et géométrie	
Repérer et produire des angles droits à l'aide d'un gabarit, d'une équerre	
9. Reconnaître un angle droit.	
10. Construire un angle droit.	

9 **Dessine** un point bleu sur le sommet des angles droits.

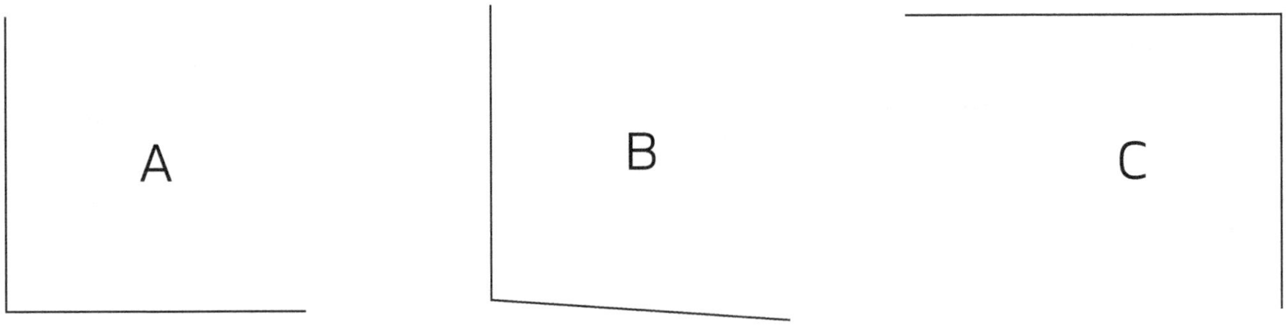

10 **Dessine** deux angles droits à partir des côtés et des sommets déjà tracés.

53 Je cherche (2)

Fichier p. 64

Programme 2018	On veillera à proposer aux élèves dès le CP des problèmes pour apprendre à chercher qui ne soient pas de simples problèmes d'application à une ou plusieurs opérations mais nécessitent des recherches avec tâtonnements.
Compétence	Résoudre un problème de recherche personnelle dans la structuration de l'espace et dans la numération.
Remarques préalables	▪ Comme le recommandent les programmes de 2018, il est souhaitable de proposer aux élèves de CE1 des problèmes pour apprendre à chercher qui les obligent à faire des essais successifs. Montrer que trouver le résultat d'un problème n'est pas le fruit de la chance ou du hasard mais celui d'une démarche qui s'appuie sur des premiers essais infructueux, qu'il faut corriger pour atteindre la réponse. C'est l'objectif de cette leçon. ▪ Cette démarche demande de l'initiative, de la réflexion, de la méthode aussi. Elle ouvre une autre voie à l'activité mathématique différente de la résolution des problèmes arithmétiques portant sur les différentes opérations, sans en amoindrir l'importance. ▪ Elle peut permettre à de nombreux élèves de retrouver confiance en eux.

Activité

45 min

En individuel

Matériel	Une photocopie des dessins du fichier pour chaque élève afin de permettre de faire des essais en dehors du fichier. Une photocopie grand format à afficher au tableau.
Organisation	Travail individuel.

– Cette recherche ne demande aucune connaissance numérique. Sa difficulté tient à la gestion de la contrainte : placer un jeton rouge pour gagner en 1 ou 2 coups maximum.
– Faire constater que les alignements des points se font sur les lignes et les colonnes du quadrillage mais aussi sur les cases en diagonale.
Distribuer une photocopie des dessins du fichier. Lire l'énoncé et s'assurer que tous l'ont compris.
– Laisser un temps de recherche individuelle de quelques minutes pour le premier carré avant de procéder à une mise en commun orale.
– Une seule proposition est possible. La grille se gagne en un seul coup.
– Idem pour le deuxième carré.
– Pour les grilles 3 et 4, les élèves doivent trouver qu'il n'y a qu'une position possible pour gagner et cela ne peut se faire qu'en deux coups.
– Pour les grilles 5 et 6, les élèves doivent trouver qu'il y a plusieurs solutions possibles pour gagner et que cela ne peut se faire qu'en deux coups.
– Les dessiner sur la photocopie grand format affichée au tableau.
Conclure ce travail en proposant un début de méthodologie :
– il faut essayer d'aligner quand on le peut 4 jetons rouges (on gagne en un coup).
– Il faut essayer d'aligner 3 jetons rouges qui aient une case libre de chaque côté pour pouvoir gagner de manière certaine en deux coups.

Solutions possibles :

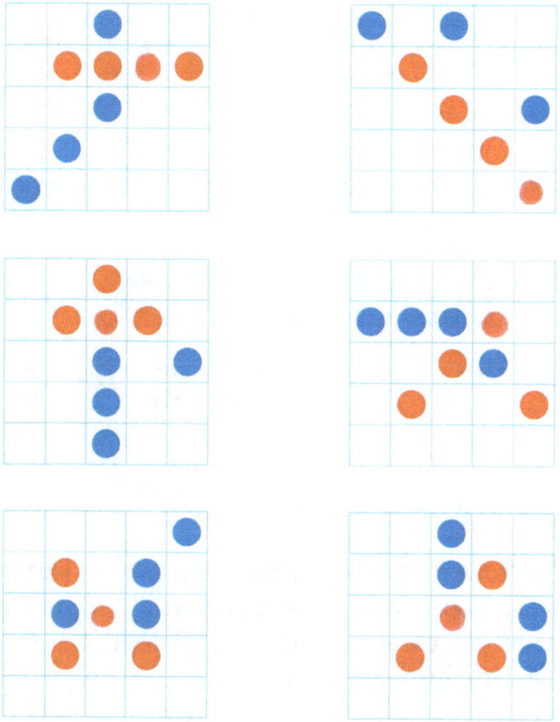

Différenciation

Consolidation Photofiche 47c
Cette photofiche propose un autre problème de recherche personnelle. Un clown se déguise, son ami prend des photos. Il faut ranger les photos d'après la chronologie de son déguisement pour trouver le nom du clown (FLORENT).

Cahier Problèmes : Leçon 14

54 Construire la table de 2 de la multiplication

Fichier p. 65

Programme 2018	**Calculer avec des nombres entiers** Mémoriser des faits numériques et des procédures : ▪ Tables de la multiplication.
Compétence	Construire la table de 2 de la multiplication.
Remarques préalables	▪ La table de 2 de la multiplication est la première table que l'élève va construire et qu'il devra apprendre par cœur. Il faut qu'il en comprenne la construction afin de rendre son apprentissage plus facile. L'élève doit prendre conscience que pour passer d'un résultat au suivant on ajoute 2. ▪ Les autres tables seront construites sur le même modèle, utilisant l'addition réitérée pour calculer un produit. **Difficultés de la leçon** – Comprendre que l'on passe d'un résultat au suivant en ajoutant 2. – Utiliser la commutativité : 8 × 2 = 2 × 8 = 8 + 8 = 16 **Aide** 3 × 2 se lit « 3 fois 2 » et se calcule par 2 + 2 + 2 = 6.

Calcul mental — 5 min

→ *Sommes de dizaines (franchissement de 100).*
Écrire 80 + 40 = … ; l'élève écrit 120.
***Items :** 80 + 40 ; 20 + 90 ; 50 + 60 ; 80 + 30 ; 70 + 50 ; 40 + 50 ; 60 + 70 ; 40 + 60 ; 30 + 90 ; 40 + 90.*

Prérequis oral

« Comptez de 2 en 2 jusqu'à 10. »

Cet exercice est une approche de la table de 2 de la multiplication (départ de zéro).

Manipulations préparatoires — 30 min

En collectif

Matériel	Par élève : des rectangles quadrillés représentant les produits de la table de 2 (cf. matériel photocopiable ci-après).
Organisation	Groupe classe.

Activité 1 : Passer d'un rectangle à l'autre

▪ Distribuer à chaque élève une feuille sur laquelle sont photocopiés les rectangles quadrillés des produits de la table de 2 (matériel photocopiable).

Manipuler, schématiser

▪ Découper puis écrire le produit représenté par chaque rectangle quadrillé.

▪ Ranger ensuite ces rectangles, du plus grand au plus petit, en les empilant : entre chaque niveau, il apparaît 2 cases.

▪ En partant du haut, demander comment passer d'un rectangle au suivant sans recompter l'ensemble des carreaux.

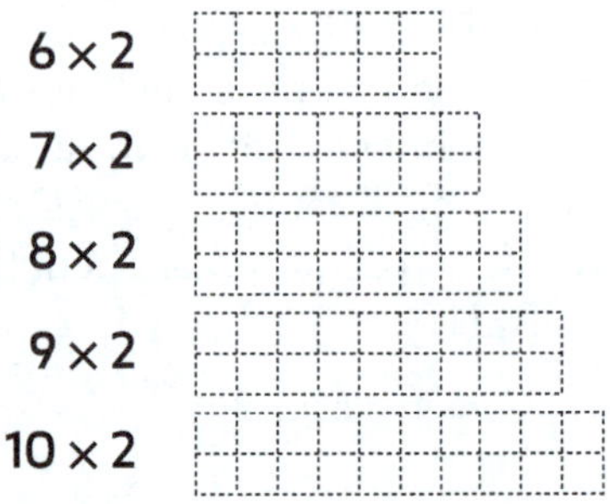

Débattre, symboliser

▪ Les élèves se rendent compte que l'écart entre les rectangles est toujours de deux cases : pour passer d'un rectangle au suivant il faut donc ajouter 2.

Le premier petit rectangle du haut est composé de 2 cases : 1 × 2 = 2

Le deuxième de 2 cases supplémentaires :
2 × 2 = 2 + 2 = 4

Le troisième de 2 cases supplémentaires :
3 × 2 = 4 + 2 = 6

etc.

On passe donc d'un produit au suivant en ajoutant 2.

Activité 2 : Calculer avec les doubles

Manipuler, schématiser

▪ Plier ces quadrillages en deux suivant le trait « horizontal » (l'axe de symétrie).

▪ Demander de calculer les produits en utilisant les doubles.

Débattre, symboliser

▪ Faire prendre conscience que la table de 2 de la multiplication est la table des doubles.

▪ Montrer que cette façon de calculer utilise la commutativité de la multiplication :

Pour calculer 8 fois 2, il est plus simple de calculer 2 fois 8 : 8 × 2 = 2 × 8 ; 2 fois 8 c'est 8 + 8 = 16.

Découvrons — 15 min

1 Observer comment Léa construit la table de 2 de la multiplication.

▪ Constater que l'on passe d'un résultat au suivant en ajoutant 2.

▪ Compléter tous les calculs.

Erreur possible
Erreur de calcul.

Remédiation
Reprendre la manipulation des différents rectangles.

Institutionnalisation orale
Poser la question : « *Qu'avons-nous appris aujourd'hui ?* »
On attend une réponse proche de : « *Nous avons appris à construire la table de 2 de la multiplication.* »

Je m'entraîne

15 min

En individuel

2 Cet exercice montre une autre façon d'écrire ou de mémoriser la table de 2 : on commence toujours par le nombre 2. Montrer sur des exemples que cette écriture utilise la commutativité de la multiplication.

$2 \times 8 = 16$ | $2 \times 7 = 14$ | $2 \times 6 = 12$ | $2 \times 10 = 20$ | $2 \times 9 = 18$

Erreur possible
Ne pas faire de lien entre 2×8 et 8×2.

Remédiation
Écrire ces produits comme dans le *Découvrons.*

3 Attention ! le nombre 15 n'est pas dans la table de 2 de la multiplication.

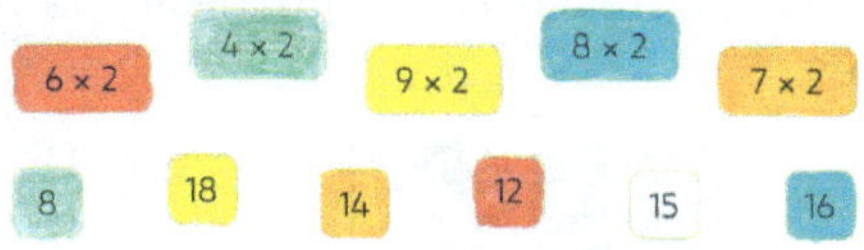

Erreur possible
L'élève veut colorier toutes les étiquettes.

Remédiation
Montrer que les produits de la table de 2 sont tous des nombres pairs (notion vue au CP dans la leçon sur la moitié d'un nombre).

Réinvestissement

4 Cet exercice vérifie si l'élève sait correctement manipuler son équerre.

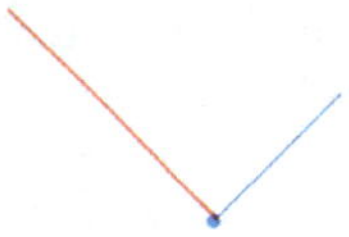

Erreur possible
Tracé incorrect, l'équerre a été mal placée.

Problème de recherche personnelle

Même nombre d'yeux que d'oreilles : 40.

Le coin du chercheur
Il y a 40 yeux dans la classe.
Combien d'oreilles y a-t-il ?
40

Différenciation

Consolidation Photofiche 48c
Cette photofiche comporte trois exercices.
Dans le premier, les élèves doivent compter de 2 en 2.
Dans le deuxième, les élèves travaillent sur la table de 2 : pour passer d'un résultat au suivant, il faut ajouter 2.
Le dernier exercice utilise les doubles pour calculer un produit.

54 Construire la table de 2 de la multiplication

Matériel photocopiable

55 Poser une addition sans retenue

Fichier p. 66

Programme 2018	**Calculer avec des nombres entiers** Calcul posé : mettre en œuvre un algorithme de calcul posé pour l'addition, la soustraction, la multiplication.
Compétences	Poser et effectuer une addition sans retenue avec des nombres de 1 ou 2 chiffres.
Remarques préalables	▪ Cette première leçon sur l'addition posée est consacrée aux additions de trois termes, l'un des termes pouvant ne comporter qu'un seul chiffre. La pose d'un terme à un seul chiffre peut paraître artificielle car la somme de ce terme avec l'un des deux autres pourrait être effectuée mentalement. Nous avons fait ce choix pour montrer l'importance de la position de chaque chiffre dans la pose de l'opération et notamment celle des chiffres des unités. Cette leçon insiste donc sur la technique de la pose (un seul chiffre par colonne, unités sous les unités, dizaines sous les dizaines). Elle se termine par une opération que l'élève pose directement sur le quadrillage du cahier (Seyès). ▪ Il est bien évident que, dans le cas de l'addition sans retenue, il est possible d'additionner les dizaines avant les unités car rien ne justifie l'ordre inverse. Si certains élèves procèdent ainsi et trouvent le bon résultat, prolongeant ainsi leurs habitudes de calcul réfléchi, leur faire remarquer que, lorsque la somme des unités dépassera dix (leçon 56), ils devront commencer par additionner les unités pour trouver le résultat sans rature, il vaut donc mieux prendre de bonnes habitudes dès le début de cet apprentissage. **Difficulté de la leçon** Savoir placer correctement les chiffres en colonne : unités sous les unités, dizaines sous les dizaines... **Aide** – Utiliser les colonnes du quadrillage Seyès pour bien aligner les chiffres. – Commencer par poser les nombres en écrivant d'abord le chiffre des unités sous les chiffres des unités.

Calcul mental 5 min

➜ *Sommes de centaines. Écrire 500 + 200 = ... ; l'élève écrit 700.*

***Items :** 500 + 200 ; 800 + 100 ; 100 + 900 ; 500 + 400 ; 200 + 300 ; 700 + 300 ; 400 + 700 ; 600 + 700 ; 300 + 600 ; 500 + 600.*

Prérequis oral

« Est-ce que 3 + 4 + 2 est plus grand que 10 ? »

Cette activité vérifie les prérequis nécessaires pour aborder cette leçon.

En cas d'erreur, demander aux élèves s'ils ont assez de doigts sur leurs 2 mains pour calculer cette opération.

Manipulations préparatoires 30 min

En collectif

Matériel	Matériel de numération.
Organisation	Groupes de 4 élèves / Groupe classe.

Activité : Au restaurant

Manipuler, schématiser

▪ Répartir la classe par groupes de 4 élèves. Chaque groupe dispose du matériel de numération.

▪ Proposer ce problème écrit au tableau : « *Au restaurant, grand-père doit payer 32 € pour les pizzas, 6 € pour les boissons et 21 € pour les desserts. Combien doit-il payer en tout ?* »

▪ Demander d'expliquer la situation et l'opération à utiliser pour résoudre ce problème. L'écriture additive est écrite en ligne au tableau : 32 + 6 + 21.

▪ Certains essaient de la calculer en ligne tandis que d'autres utilisent le matériel de numération.

Débattre

▪ Chaque groupe expose sa méthode de résolution au tableau.

▪ Mettre en avant la méthode utilisant le matériel de numération. La présenter en organisant le matériel en 2 colonnes.

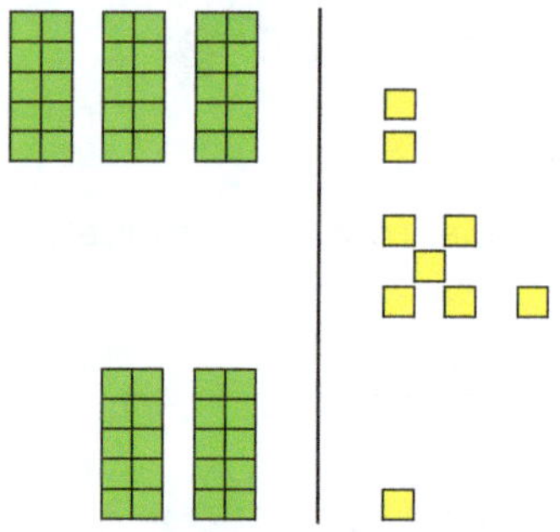

▪ Cette disposition rappelle le tableau de numération avec les colonnes « dizaines » et « unités ».

Symboliser

▪ Proposer alors d'écrire ces nombres dans un même tableau de numération : les unités sont placées sous les unités et les dizaines sous les dizaines. Sous le dernier nombre, tracer un trait horizontal.

▪ Annoncer que cette disposition est appelée « addition posée ». Les barres vertes et les jetons jaunes placés en haut du tableau de numération permettent de repérer les colonnes où l'on doit écrire les chiffres des dizaines et les chiffres des unités.

▪ Demander à un élève de calculer l'addition au tableau sous le contrôle du groupe classe : « *Je commence par les unités : 2 + 6 + 1 = 9. J'écris 9 dans la colonne des unités sous le trait horizontal. Je continue avec les dizaines : 3 + 2 = 5. J'écris 5 dans la colonne des dizaines. Le résultat de l'addition est donc 59.* »

Découvrons

15 min

1 ▪ Pour s'assurer que les élèves ont compris la situation, poser quelques questions : « *Combien de nombres Mélissa ajoute-t-elle ? Où a-t-elle placé le nombre 4 en posant l'addition ? Pourquoi ?* »

▪ La schématisation de l'opération avec les barres dizaines et les jetons unités est une aide précieuse pour la compréhension du placement des chiffres dans les colonnes notée d, u.

▪ Inviter les élèves à calculer l'addition individuellement. Le résultat est vérifié à partir du matériel représenté. On compte en tout 8 barres dizaines et 7 jetons unités, ce qui correspond bien au nombre 87.

▪ Faire ensuite calculer sur l'ardoise quelques opérations que l'on écrit en ligne au tableau, par exemple :
23 + 4 + 12 ; 42 + 12 + 5 ; 7 + 30 + 21 ; etc. L'intérêt de ces opérations est de vérifier que l'élève sait correctement poser une addition de plusieurs nombres de un ou deux chiffres.
La correction est collective.

▪ Il est intéressant de faire figurer au tableau une addition dans laquelle le chiffre des unités a été mal placé et de faire constater que le résultat de cette opération est faux.

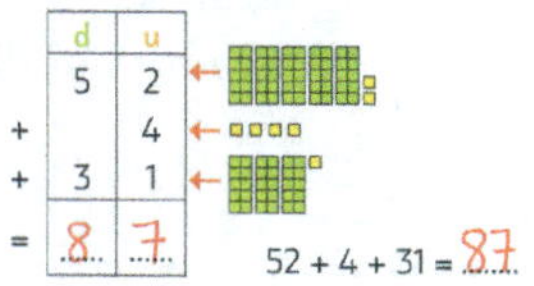

Institutionnalisation orale.
Poser la question : « *Qu'avons-nous appris aujourd'hui ?* »
Réponse attendue proche de : « *Nous avons appris à poser et à effectuer une addition sans retenue.* »

Je m'entraîne

15 min

En individuel

2 Les opérations sont posées dans un tableau de numération.
53 + 36 = 89 ; 24 + 3 + 71 = 98 ; 61 + 12 + 25 = 98

	d	u
	5	3
+	3	6
=	8	9

	d	u
	2	4
+		3
+	7	1
=	9	8

	d	u
	6	1
+	1	2
+	2	5
=	9	8

Erreur possible
Erreur de calcul provenant généralement de la méconnaissance des tables d'addition ou du surcomptage mal utilisé.

Remédiation
Utiliser les tables d'addition : Fichier plat II.

3 L'élève doit poser les opérations sur un quadrillage de cahier.
45 + 32 = 77 ; 52 + 6 + 21 = 79

Erreurs possibles
- Erreur de calcul.
- Chiffres mal disposés.

Remédiation
- Utiliser les tables d'addition : Fichier plat II.
- Écrire les nombres en commençant à placer les unités sous les unités.

Réinvestissement

4 Utiliser la règle pour prolonger un segment. Les segments doivent être prolongés des deux côtés.

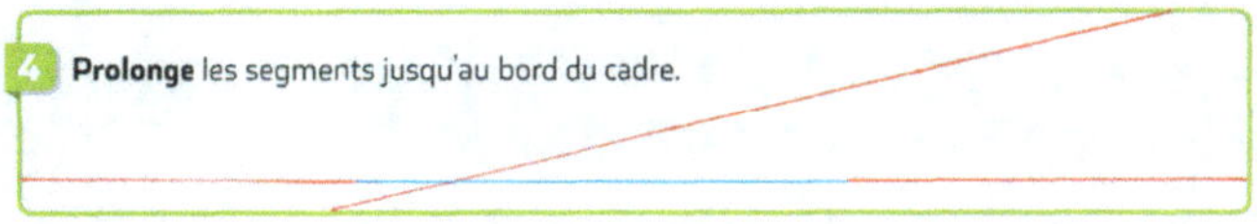

Différenciation

Consolidation Photofiche 49c
Cette photofiche propose trois exercices comportant chacun trois opérations.
Dans le premier, les opérations sont posées dans un tableau de numération.
Dans le deuxième, les opérations sont posées sur un quadrillage de cahier.
Dans le troisième, les trois additions doivent être posées sur un quadrillage de cahier.

56 Poser une addition avec retenue (1)

Fichier p. 67

Programme 2018	**Calculer avec des nombres entiers** Calcul posé : mettre en œuvre un algorithme de calcul posé pour l'addition, la soustraction, la multiplication.
Compétence	Poser et effectuer une addition avec retenue de deux nombres de deux chiffres.
Remarques préalables	▪ Nous consacrons deux leçons à l'addition posée avec retenue. ▪ La première ne concerne que des additions de deux termes, la seconde concerne des additions de plus de deux termes, la retenue pouvant alors être supérieure à 1 et un des termes pouvant ne comporter qu'un seul chiffre. **Difficultés de la leçon** – Savoir placer correctement les chiffres en colonne : unités sous les unités, dizaines sous les dizaines… – Comprendre la notion de « retenue » et savoir la reporter. **Aide** – Utiliser le matériel de numération pour expliquer la retenue. – Utiliser les colonnes du quadrillage Seyès pour bien aligner les chiffres. – Commencer par poser les nombres en écrivant d'abord le chiffre des unités sous les chiffres des unités.

Calcul mental 5 min

→ *Ajouter un petit nombre à un nombre de 3 chiffres (avec franchissement de la dizaine). Écrire : 258 + 5 ; l'élève écrit 263.*
Items : *258 + 5 ; 317 + 5 ; 516 + 8 ; 819 + 4 ; 114 + 7 ; 425 + 7 ; 228 + 3 ; 527 + 5 ; 729 + 4 ; 924 + 7.*

Prérequis oral

« Dans un tableau de numération, sur une ligne, peut-on écrire 2 chiffres dans une colonne ? »
Ce rappel sera utile dans le déroulé de la leçon pour expliquer la retenue.

Manipulations préparatoires 30 min

En collectif

Matériel	Par groupe : une dizaine de plaques vertes ; une quinzaine de jetons.
Organisation	Groupes de 4 élèves.

Activité : À la pizzeria

Manipuler, schématiser, débattre

▪ Écrire ce problème au tableau : *« Au restaurant, grand-père doit payer 28 € pour les pizzas et 26 € pour les desserts. Combien doit-il payer en tout ? »*
▪ Demander d'expliquer la situation et quelle est l'opération à utiliser pour résoudre ce problème. L'écriture additive est écrite au tableau : 26 + 28.
▪ Les élèves savent déjà poser une addition de deux nombres de deux chiffres. Ils vont donc utiliser la méthode apprise en leçon 55. Un élève pose l'opération au tableau et commence les calculs :
« Je commence par les unités : 8 + 6 = 14. Comment faire puisqu'on ne peut écrire qu'un chiffre par colonne ? »
▪ Répartir la classe par groupes de 4 élèves. Chaque groupe dispose du matériel de numération.
▪ Construire les nombres 28 et 26 avec les barres et les jetons. Assembler les jetons et constater qu'il y a 4 barres vertes (dizaines) et 14 jetons jaunes (unités).
▪ Échanger alors 10 jetons contre 1 dizaine ; il reste 4 jetons isolés. Le résultat est donc 5 barres vertes et 4 jetons jaunes, soit 54.

Symboliser

▪ Revenir sur l'opération posée.
▪ Montrer que l'échange des 10 unités en une dizaine se traduit par le déplacement de cette dizaine en haut de la colonne des dizaines : c'est la retenue.
▪ Terminer l'opération en ajoutant les dizaines, sans oublier la retenue.

Découvrons 15 min

1 ▪ Les élèves découvrent l'addition à effectuer : 74 + 28. Contrairement à l'activité manipulatoire, il y aura 2 retenues.
▪ Demander à la classe de décrire et de commenter la méthode utilisée par Théo : c'est celle qu'ils viennent de voir dans l'activité manipulatoire.
▪ Lire la bulle de Mathix. Les élèves constatent que la première retenue est marquée en haut de la colonne des dizaines dans un rond vert. Rappeler que 10 dizaines = 1 centaine (voir leçon 22) ce qui justifie la retenue marquée en haut de la colonne des centaines dans un rond bleu afin de ne pas l'oublier.
▪ Faire compléter l'opération posée et les égalités sur le fichier.

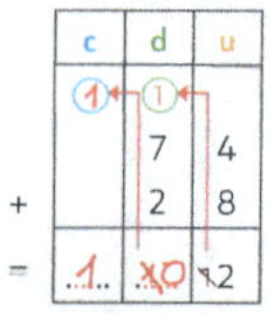

74 + 28 = 102

Institutionnalisation orale

Poser la question : *« Qu'avons-nous appris aujourd'hui ? »*
Réponse attendue proche de : *« Aujourd'hui, nous avons appris à calculer une addition en colonnes, avec retenue. »*

En individuel

Je m'entraîne

15 min

2 Cet exercice comporte trois opérations posées dans un tableau de numération. La place des retenues est matérialisée. L'élève est conduit pas à pas. Pour ne pas surcharger les opérations, ni perdre du temps, indiquer aux élèves qu'il n'est pas utile dans les exercices d'écrire, par exemple, la dizaine dans la colonne des unités puis de la barrer. On peut se contenter de reporter directement cette retenue en haut de la colonne suivante.
18 + 28 = 46 ; 67 + 58 = 125 ; 37 + 93 = 130.

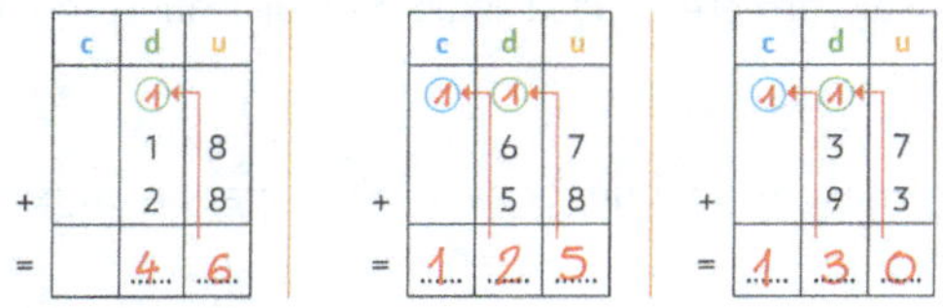

Erreurs possibles

- Erreurs de calcul.
- Oubli des retenues.

Remédiation

- Utiliser les tables d'addition : fichier plat II.
- Rappeler le report de la retenue quand il y en a une.
- **Mémo** page 10.

3 L'élève doit poser les opérations sur un quadrillage Seyès. La trame de la pose est donnée :
27 + 34 = 61 ; 76 + 54 = 130 ; 83 + 95 = 178.

Erreurs possibles

- Chiffres mal disposés.
- Erreurs de calcul.
- Oubli de la retenue.

Remédiation

- Rappeler de commencer à écrire les nombres en écrivant les unités sous les unités.
- Utiliser les tables d'addition : Fichier plat II.
- Rappeler le report de la retenue quand il y en a une.
- **Mémo** page 10.

Réinvestissement

4 Lire, écrire un nombre inférieur à 200.

cent dix : 110
cent trois : 103
cent quatre-vingts : 180

Remédiation

Rappeler qu'il faut lire d'abord les centaines : « cent », puis le nombre de deux chiffres qui suit.

Problème de recherche personnelle

Ne pas oublier les 2 grands triangles.

Le coin du chercheur

Combien de triangles comptes-tu ? 8

Différenciation

Remédiation Photofiche 50R

Dans cette photofiche, les élèves doivent effectuer neuf opérations en trois exercices de trois opérations chacun.
Dans le premier exercice, les opérations sont posées dans un tableau de numération.
Dans le deuxième, les opérations sont posées sur un quadrillage Seyès.
Dans le troisième, l'élève doit poser trois additions sur un quadrillage Seyès.

57 Mesurer une longueur avec la règle graduée de la trousse

Fichier p. 68

Programme 2018	**Comparer, estimer, mesurer des longueurs, des masses, des contenances, des durées** Dans des cas simples, mesurer des longueurs, des masses et des contenances en utilisant un instrument adapté.
Compétence	Utiliser la règle graduée de la trousse pour mesurer des longueurs en centimètre.
Remarques préalables	▪ Au CP, les élèves ont découvert les avantages que leur procurait l'utilisation d'une règle graduée en la construisant pas à pas : éviter les reports successifs de l'unité, éviter le comptage des unités grâce à la graduation. ▪ Au CE1, les élèves vont utiliser la règle de leur trousse qui, contrairement à la règle construite au CP, possède un décalage entre son extrémité et la graduation du zéro. ▪ Ce « détail » est source d'erreurs de mesurage pour ceux qui placent l'extrémité du segment à mesurer à l'extrémité de leur règle. Dans cette leçon, ils vont apprendre à utiliser correctement la règle de leur trousse pour mesurer la longueur d'un segment. **Difficulté de la leçon** Faire coïncider l'une des extrémités du segment dont on mesure la longueur avec la graduation du zéro de la règle graduée et non avec son « bord ». **Aide** Les élèves qui ne partent pas de la graduation zéro font un repérage de la longueur et non un mesurage. Cela leur permet de trouver des longueurs égales ou même de comparer correctement des longueurs à partir de mesures fausses. Pour les persuader qu'ils commettent une erreur, il faut les mettre en rapport avec l'additivité des mesures que le repérage ne satisfait pas : leur demander de mesurer la longueur d'un segment à leur manière puis de prévoir combien va mesurer le double ou le triple de cette longueur. Leur faire construire et leur faire mesurer. Ils constatent que leur prévision n'est pas vérifiée. En revanche, en partant du zéro la relation de double ou de triple est vérifiée sur les mesures.

Calcul mental — 5 min

➜ *Ajouter un petit nombre à un nombre de 3 chiffres (avec franchissement de la centaine). Écrire 297 + 5 ; l'élève écrit 302.*
Items : *297 + 5 ; 198 + 6 ; 395 + 5 ; 496 + 3 ; 392 + 9 ; 498 + 4 ; 396 + 6 ; 491 + 9 ; 692 + 8 ; 593 + 8.*

Prérequis oral

« Sortez votre règle graduée de la trousse. À quoi sert-elle ? »
Cette question permet d'associer la règle graduée au mesurage de longueurs et non plus aux simples tracés de traits.

Manipulations préparatoires — 15 min

En collectif

Matériel	Une règle graduée par élève.
Organisation	Groupes de 4 élèves.

Activité : Comparer différentes règles graduées

Manipuler

▪ Demander à chaque groupe de citer deux ou trois points communs à toutes les règles du groupe de 4 élèves.
▪ Après un temps permettant à chaque groupe d'effectuer ses comparaisons, chaque groupe fait part de ses remarques.

Débattre

▪ Faire émerger que :
– sur chaque règle les graduations ont le même écartement, c'est la longueur de 1 cm ;
– la graduation zéro ne se trouve pas au bord de la règle.
▪ Préciser comment placer la graduation zéro pour mesurer une longueur.

Schématiser, symboliser

Dessiner un segment de 40 cm de long au tableau, dessiner la règle du tableau en dessous en plaçant la graduation zéro sous l'une des extrémités du segment. Sa longueur est indiquée par le nombre se trouvant sous sa seconde extrémité. Longueur = 40 cm.

Découvrons — 15 min

1 ▪ Après avoir lu la consigne, les élèves comparent leur règle à celle de la page matériel B (sans la découper). Ils constatent que les graduations ont le même écart, que la règle du fichier est graduée jusqu'à 15 et que, sur la règle de leur trousse, la graduation zéro ne se trouve pas au bord de la règle. Ils cochent donc la case « non ».

Sur la règle de ta trousse, la graduation zéro est-elle au bord ? ☐ oui ☒ non

2 ▪ Observer et décrire les différentes façons dont chaque enfant mesure la longueur du segment rouge.
▪ Lire la bulle de chaque enfant.
▪ En rappelant les conclusions de la manipulation préparatoire, les élèves entourent le garçon et complètent la phrase du fichier.

Complète. *Le segment rouge mesure ...4... cm.*

Institutionnalisation orale

Poser la question : « *Qu'avons-nous appris aujourd'hui ?* » Réponse attendue proche de : « *Nous avons appris à mesurer une longueur avec la règle de la trousse.* »

Je m'entraîne

15 min

En individuel

3 Décrire les trois illustrations oralement avant de laisser les élèves faire leur choix et compléter la phrase du fichier.

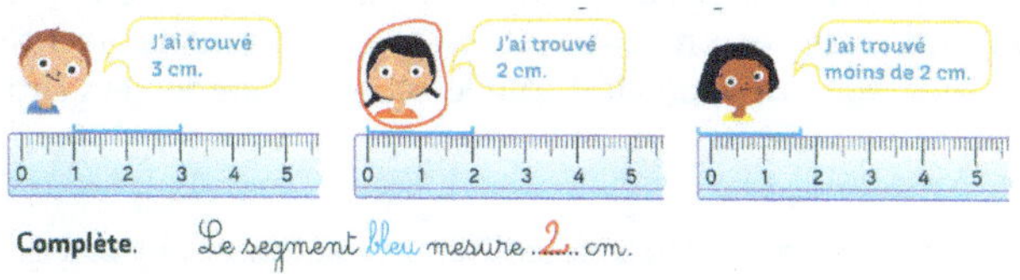

Erreurs possibles

Choisir la dernière illustration (comme dans le *Découvrons*) ou choisir la première qui commence par 1.

Remédiation

Recours au **Mémo** page 13.

4 Les élèves doivent mesurer la longueur de chacun des deux segments en respectant le conseil de Mathix. La mesure de la longueur du segment oblique oblige à placer la règle d'une façon inconfortable.

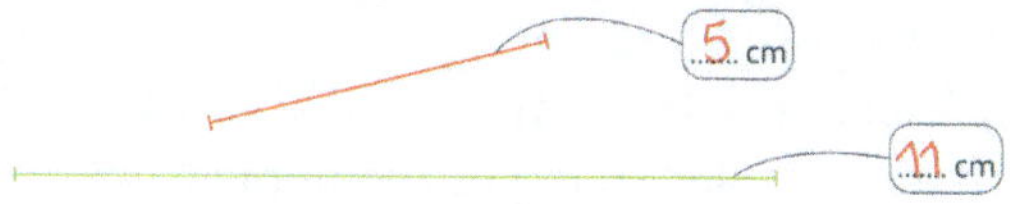

Erreur possible

Difficulté à mesurer la longueur du segment oblique

Remédiation

Tourner légèrement le fichier pour conserver une règle horizontale afin de ne pas perdre de vue la position de la graduation du zéro.

Réinvestissement

5 Les élèves doivent se remémorer la leçon 34 pour écrire les deux nombres en lettres.

125 : cent vingt-cinq 230 : deux cent trente

Remédiation

Rappeler l'orthographe de chacun des mots et la règle d'accord du nombre « cent ».

Différenciation

Remédiation Photofiche 51R

Cette fiche comporte deux exercices dans lesquels les élèves doivent écrire la longueur, en centimètres, de différents segments placés dans des orientations variables (3 segments dans le premier exercice, 4 rayons de soleil dans le second).

58 Reconnaître un triangle rectangle

Fichier p. 69

Programme 2018	**Reconnaître, nommer, décrire, reproduire, construire quelques figures géométriques** Reconnaître et décrire, à partir des côtés et des angles droits, un carré, un rectangle, un triangle rectangle.
Compétences	Reconnaître un triangle rectangle en utilisant une équerre. Identifier le sommet de son angle droit.
Remarques préalables	▪ Les élèves vont apprendre qu'un triangle rectangle est un triangle dont un des angles (coins) est un angle droit. La reconnaissance d'un triangle rectangle est donc associée à la reconnaissance de son angle droit. ▪ Cette reconnaissance est facilitée quand on présente un triangle rectangle découpé dans du carton en position verticale et qu'on le place successivement en appui sur l'un des côtés de son angle droit. Un triangle rectangle fait apparaître des côtés « bien droits » (verticaux), comme un rectangle, alors qu'un triangle quelconque ne fait apparaître que des côtés « penchés ». C'est en testant des triangles presque rectangles pour lesquels l'identification visuelle est incertaine que l'intérêt de l'utilisation d'une équerre apparaît. Cette leçon est orientée vers l'utilisation de l'équerre. **Difficulté de la leçon** Accepter de décomposer une forme triangulaire en prenant en compte ses différents sommets et ses différents angles (coins) pour les tester un à un afin de savoir si l'un d'eux est un angle droit. **Aide** – Marquer l'angle droit de l'équerre avec une gommette. – Faire coïncider le sommet de l'équerre avec le sommet de l'angle et un côté de l'angle droit de l'équerre avec un côté du triangle.

Calcul mental 5 min

➜ *Comparer les nombres < 1 000 (centaines différentes).*
Écrire 817 et 565 ; l'élève écrit le plus grand : 817.
***Items :** (817, 565) ; (465, 556) ; (602, 599) ; (424, 384) ; (627, 717) ; (980, 890) ; (917, 898) ; (785, 681) ; (920, 499) ; (760, 861).*

Prérequis oral

« Qu'utilise-t-on pour vérifier qu'un angle est droit ? »
La réponse à cette question permet de vérifier que les élèves associent l'angle droit à l'équerre rencontrée en leçons 42 et 43.

Manipulations préparatoires 20 min

En collectif

Matériel	Pour chaque groupe, une enveloppe contenant une série de 5 triangles A, B, C, D et E (voir matériel photocopiable) découpés dans du carton rigide ; une équerre (de la page matériel D du fichier ou de la trousse).
Organisation	Groupes de 4 élèves.

Activité : Reconnaître des triangles rectangles

Manipuler

▪ Distribuer à chaque groupe une enveloppe contenant cinq triangles découpés dans du carton et portant les lettres A, B, C, D, E.

▪ Demander de colorier les triangles qui possèdent un angle droit.

Débattre

Les groupes font leurs propositions et exposent leur méthode. Le triangle C dont un des angles est presque droit sera l'objet de débats. Le recours à l'équerre apparaît indispensable pour arbitrer les désaccords.

Schématiser, symboliser

▪ Préciser que les triangles possédant un angle droit sont appelés des triangles rectangles.

▪ Présenter chacun des triangles en position verticale en le plaçant successivement en appui sur chacun de ses trois côtés. Les triangles rectangles ont deux côtés « bien droits ». Vérifier à l'aide de l'équerre que l'un de ses angles est droit.

▪ Marquer un petit carré à l'intérieur de leur angle droit.

Découvrons 20 min

1 ▪ Faire lire la bulle de Mathix qui confirme ce que les élèves ont découvert lors de l'activité préparatoire manipulatoire.

▪ S'assurer que tous les élèves sont en possession de leur équerre.

▪ Préciser que le point bleu doit être dessiné au sommet de l'angle droit et pas sur un autre sommet du triangle rectangle. Commenter la bulle en précisant que Mathix a marqué un petit carré à l'intérieur de l'angle droit au lieu de placer un point bleu à son sommet, c'est ce qui est souvent fait en géométrie.

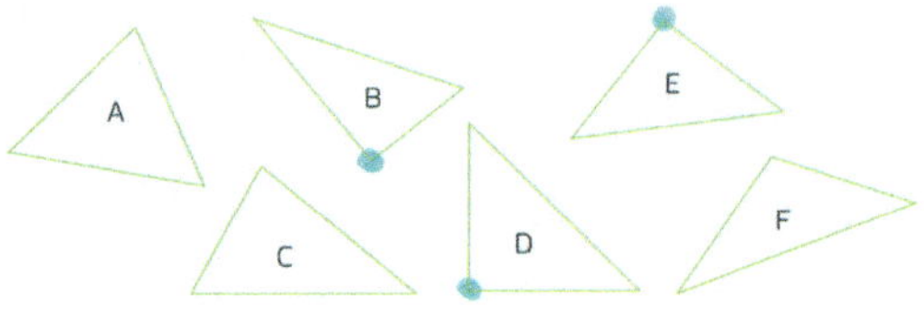

Institutionnalisation orale

Poser la question : « *Qu'avons-nous appris aujourd'hui ?* »
Réponse attendue proche de : « *Nous avons appris à reconnaître les triangles rectangles en recherchant leur angle droit avec une équerre.* »

Je m'entraîne

15 min

En individuel

2 Cet exercice individuel est le prolongement du *Découvrons* avec des figures plus grandes qui facilitent l'utilisation de l'équerre.

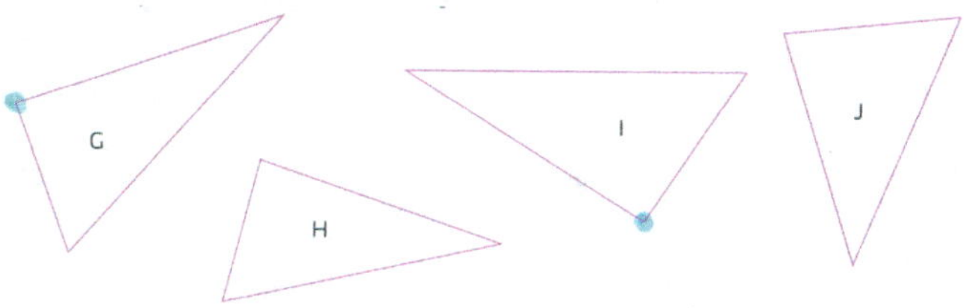

Erreur possible

Difficulté à se construire une représentation mentale d'un angle droit afin de ne tester que les angles proches d'un angle droit.

Remédiation

Offrir la possibilité d'utiliser un gabarit d'angle droit découpé en creux dans une feuille cartonnée. Son utilisation est plus simple pour les angles droits ou aigus ; l'identification du sommet en est facilitée. Les angles obtus n'entrant pas dans le gabarit, on est certain qu'il ne s'agit pas d'un angle droit.

Différenciation

Remédiation Photofiche 52R

Cette fiche comporte huit triangles assez grands. Quatre d'entre eux sont des triangles rectangles ; les élèves doivent les découvrir à l'aide de leur équerre, ils doivent aussi marquer leur angle droit.

58 Identifier un triangle rectangle

Matériel photocopiable

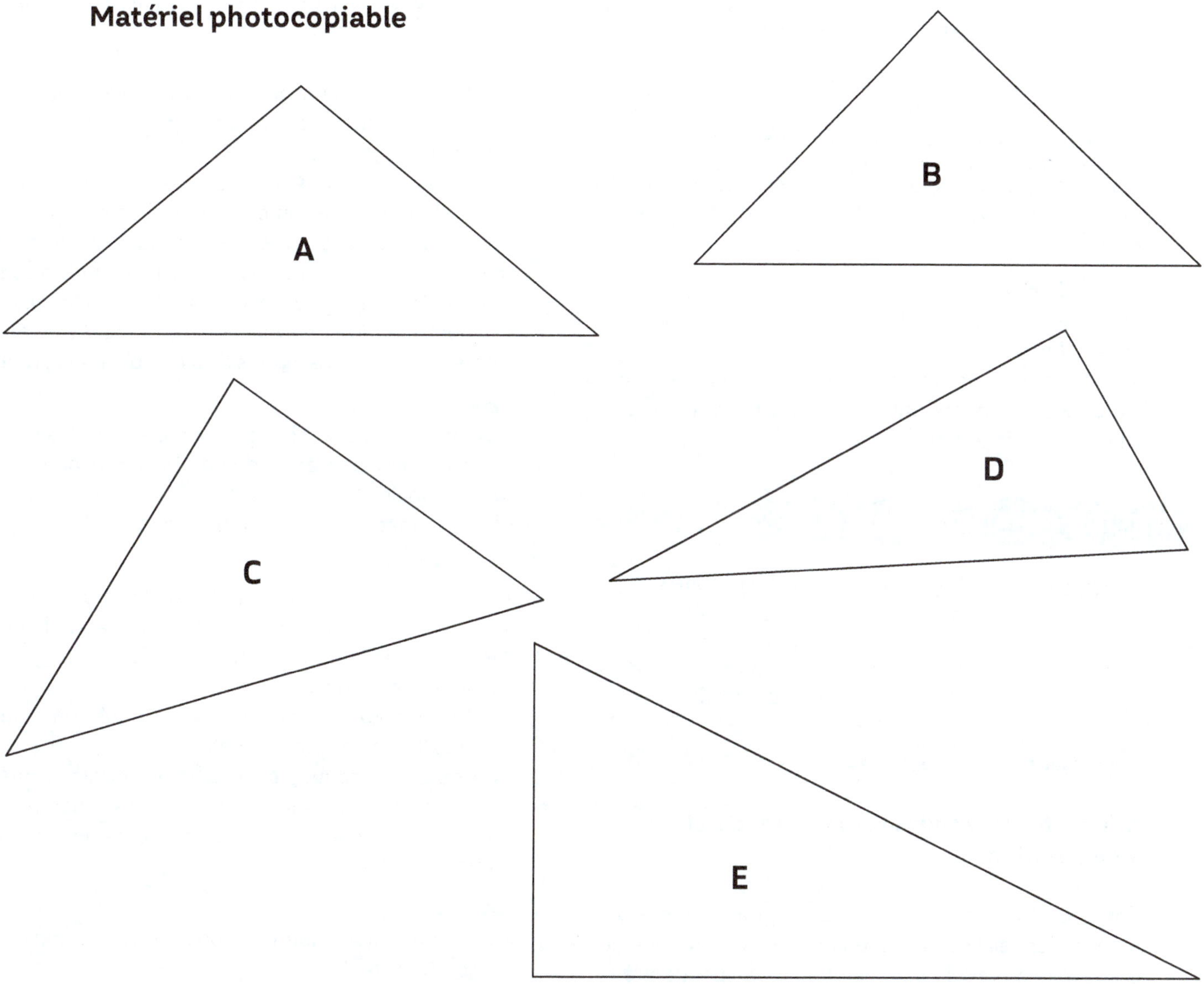

59 Poser une addition avec retenue (2)

Fichier p. 70

Programme 2018	**Calculer avec des nombres entiers** Calcul posé : mettre en œuvre un algorithme de calcul posé pour l'addition, la soustraction, la multiplication.
Compétences	Poser et effectuer une addition de trois nombres avec retenue.
Remarques préalables	▪ Cette leçon prolonge la leçon 56. ▪ Les opérations posées ne doivent normalement être utilisées que lorsque les procédures de calcul mental ou de calcul en ligne deviennent trop coûteuses. C'est le cas lorsque le nombre de termes augmente ; c'est pourquoi nous proposons dans cette leçon des sommes de trois termes. Dans le premier exemple, l'apparition d'un terme égal à 7 peut paraître artificielle car la somme de ce terme avec l'un des deux autres pourrait être effectuée mentalement ; nous avons fait ce choix pour insister sur la position de chaque chiffre et notamment sur l'alignement des chiffres des unités dans la colonne des unités. La structure du tableau de numération justifie la disposition des chiffres dans une addition ou dans une soustraction posée, ainsi que le positionnement des retenues. C'est pourquoi les tableaux de numération figurent dans les premiers exemples ; mais les élèves doivent aussi s'en affranchir pour ne pas trop alourdir la mise en œuvre de la technique opératoire. ▪ La technique opératoire de l'addition posée avec retenue poursuit un double objectif : offrir aux élèves un nouveau mode de calcul et affermir les règles de la numération décimale de position. ▪ Une technique se retient d'autant mieux que sa justification a été comprise. **Difficultés de la leçon** – Prendre en compte le positionnement des chiffres. – Avoir une maîtrise suffisante du répertoire additif pour réussir à effectuer mentalement une somme de trois chiffres. – Savoir gérer les retenues. **Aide** Travailler dans un tableau de numération pour renforcer la valeur de chaque chiffre et permettre de justifier la technique avant de l'automatiser.

Calcul mental 5 min

→ *Comparer les nombres < 1 000 (mêmes centaines).*
Écrire 456 et 465 ; l'élève écrit le plus grand 465.
***Items :** (456, 465) ; (485, 486) ; (602, 699) ; (424, 684) ; (627, 617) ; (980, 990) ; (817, 898) ; (785, 781) ; (420, 499) ; (760, 761).*

Prérequis oral

« Sur une ligne d'un tableau de numération peut-on écrire 2 chiffres dans une colonne ? »

Cette question permet de rappeler le fonctionnement d'un tableau de numération et de justifier la technique de la pose d'une addition.

Manipulations préparatoires — 20 min

En collectif

Matériel	Par groupe : matériel de numération (matériel page A), trois enveloppes portant un des nombres 258 ; 109 ; 84 et contenant le matériel de numération correspondant à ce nombre.
Organisation	Groupes de 4 élèves.

Activité : Une addition avec le matériel de numération

Manipuler

▪ Distribuer à trois élèves de chaque groupe une enveloppe sur laquelle est inscrit un nombre et dans laquelle se trouve le matériel de numération correspondant à ce nombre. Le quatrième élève du groupe va jouer le rôle de banquier et reçoit une réserve de jetons, barres dizaines et plaques centaines.

▪ Demander à chaque groupe de mettre en commun le matériel de numération de leurs trois enveloppes et de réaliser, grâce au banquier, les échanges qui permettent de faire apparaître la représentation du nombre égal à la somme des 3 nombres inscrits sur les enveloppes.

▪ Rappeler la règle : n'avoir jamais plus de 9 éléments de même nature (jetons, barres dizaines, plaques centaines).

Débattre

▪ Demander quels échanges ont été nécessaires pour obtenir la représentation du nombre correspondant à la somme finale.

▪ Les groupes doivent parvenir à un accord.

Schématiser

▪ Dessiner au tableau le matériel de numération correspondant à la mise en commun du matériel contenu dans les 3 enveloppes : 21 jetons, 13 barres dizaines, 3 plaques centaines.

▪ Entourer deux paquets de 10 jetons que l'on remplace par deux barres dizaines après échange.

▪ Entourer un paquet de dix barres dizaines que l'on remplace par une plaque centaine après échange.

Au final on observe 4 plaques centaines, 5 barres dizaines et 1 jeton.

Symboliser

▪ Demander quel nombre correspond au matériel de numération : 451.

▪ Écrire l'addition 258 + 109 + 84 dans les colonnes d'un tableau de numération.
▪ Interpréter chaque échange comme l'apparition d'un élément supplémentaire (une retenue) dans la colonne correspondante et montrer que le nombre 451 s'obtient en totalisant les chiffres de chaque colonne.

Découvrons

15 min

1 ▪ Les élèves découvrent et commentent l'illustration ; ils font le lien avec l'activité précédente.

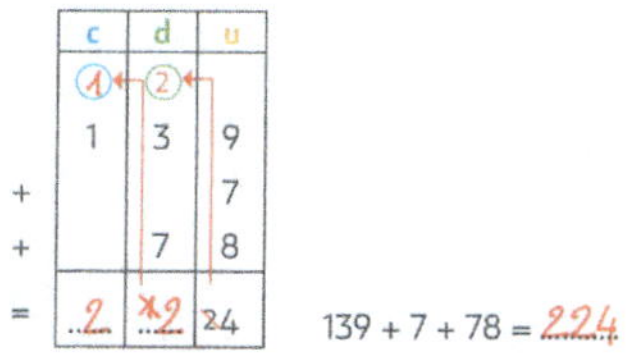

▪ Demander à un élève de lire la bulle de Théo.
Montrer comment cette remarque est prise en compte dans le traitement de la retenue détaillé dans le tableau.
▪ Faire lire la bulle de Léa, puis compléter le calcul et l'égalité finale : 139 + 7 + 78 = 224.

Institutionnalisation orale

Poser la question : « *Qu'avons-nous appris aujourd'hui ?* »
Réponse attendue proche de : « *Nous avons appris à poser et à effectuer une addition de trois nombres, avec des retenues.* »

Je m'entraîne

20 min

En individuel

2 Proposer de procéder comme Théo. Pour ne pas surcharger les opérations, ni perdre du temps, indiquer aux élèves qu'il n'est pas utile dans les exercices d'écrire, par exemple, la dizaine dans la colonne des unités puis de la barrer. On peut se contenter de reporter directement cette retenue en haut de la colonne suivante.
S'assurer que les chiffres barrés n'empêchent pas de lire le résultat final.

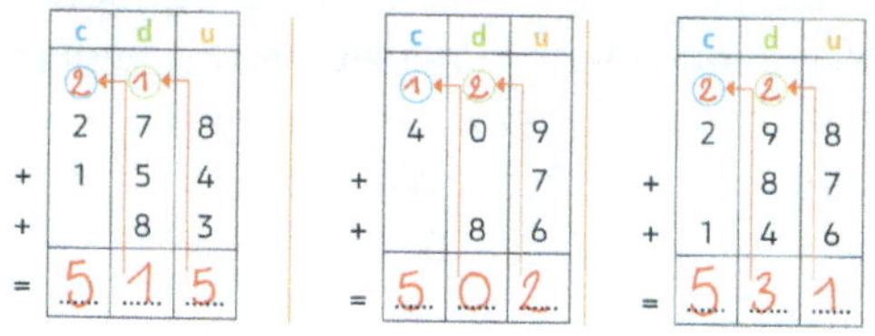

Erreurs possibles
– Difficulté à calculer mentalement une somme de trois chiffres.
– Mauvaise gestion des retenues.

Remédiation
– Offrir la possibilité d'utiliser la table d'addition figurant au dos de la première de couverture.

– Rappeler que la retenue correspond à un ou plusieurs échanges ce qui justifie son changement de colonne.

3 Faire poser les additions en utilisant les colonnes du quadrillage comme les colonnes du tableau de numération.
Commencer par écrire le premier terme de la somme en laissant une ligne pour les retenues sous les lettres c ; d ; u.
Vérifier que l'opération a été correctement posée avant de demander d'effectuer le calcul.

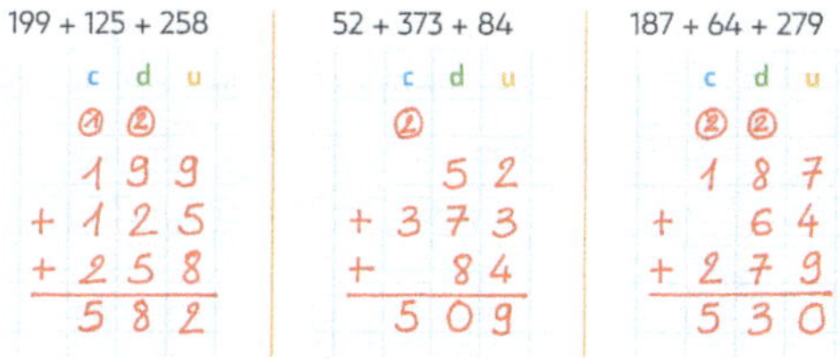

Erreurs possibles
– Opération mal posée.
– Erreur de calcul.
– Mauvaise gestion des retenues.

Remédiation
Retracer les colonnes du tableau de numération sur le quadrillage ; faire écrire directement la retenue sous les lettres c ; d ; u pour faciliter la lecture du résultat.

Réinvestissement

4 Les élèves doivent utiliser la règle pour mesurer la longueur de ce segment en centimètres, comme étudié en leçon 57.

Remédiation
Rappeler comment utiliser la règle.

Différenciation

Remédiation Photofiche 53R
Cette fiche comporte 3 séries de 3 additions en colonnes.
Dans l'exercice 1, la première addition est entièrement effectuée et sert d'exemple aux deux autres posées dans un tableau de numération.
Dans l'exercice 2, les nombres sont correctement disposés dans les colonnes d'un quadrillage. Les ronds en attente des retenues sont prévus.
Dans l'exercice 3, les élèves doivent poser en colonnes et effectuer trois additions présentées en ligne.

60 Tracer un segment de longueur donnée

Fichier p. 71

Programme 2018	**Comparer, estimer, mesurer des longueurs, des masses, des contenances, des durées** Dans des cas simples, mesurer des longueurs, des masses et des contenances en utilisant un instrument adapté.
Compétence	Tracer un segment de longueur donnée.
Remarques préalables	▪ En leçon 57, les élèves ont vu comment utiliser leur règle graduée pour mesurer la longueur d'un segment. Dans cette leçon, ils vont l'utiliser pour tracer un segment de longueur donnée. ▪ Si les élèves n'appliquent pas la technique proposée dans la leçon, ils peuvent aussi dépasser la deuxième extrémité du segment, puis marquer l'extrémité à l'endroit voulu en effaçant éventuellement la partie du trait qui dépasse. **Difficulté de la leçon** Marquer la deuxième extrémité du segment exactement en face de la graduation correspondant à la longueur voulue. L'enjeu est ici la précision du tracé. **Aide** Apprendre à immobiliser efficacement la règle sans faire obstacle au passage du crayon.

Calcul mental 5 min

→ *Calculer la moitié d'un nombre pair < 20.*
Dire : « Moitié de 14 » ; l'élève écrit 7.
***Items :** Moitié de 14 ; moitié de 12 ; moitié de 8 ; moitié de 10 ; moitié de 16 ; moitié de 6 ; moitié de 2 ; moitié de 18 ; moitié de 20 ; moitié de 4.*

Prérequis oral

« Combien mesurent 5 carreaux de votre cahier ? »
Cet exercice permet de s'assurer que les élèves utilisent correctement leur règle graduée.

Manipulations préparatoires 15 min

En collectif

Matériel	Une règle graduée par élève. Une demi-feuille A4 par groupe comportant deux lignes de pointillés. Au début de chaque ligne, un petit tiret vertical (origine des segments à tracer).
Organisation	Groupes de 2 élèves.

Activité : Jouer avec la règle graduée

Manipuler

▪ Demander à chaque groupe de tracer sur la première ligne de pointillés de la feuille un segment bleu ayant une longueur de 10 cm à partir du tiret vertical. Le premier élève trace le segment en marquant sa deuxième extrémité par un petit trait vertical bleu, le second en vérifie la longueur. Rappeler le rôle que joue la graduation du zéro de la règle.
▪ Faire se superposer par transparence les tracés de deux groupes voisins.
▪ Demander de tracer, sur la deuxième ligne de pointillés un segment vert de 14 cm de longueur à partir du tiret vertical, en échangeant les rôles des deux élèves. Procéder à une nouvelle superposition par transparence avec un groupe voisin.
▪ Demander : *« Quelles sont les difficultés de cet exercice ? »*

Débattre

Les élèves signalent leurs difficultés.
Faire émerger l'intérêt d'immobiliser la règle et de commencer par marquer la deuxième extrémité du segment avant de le tracer.

Découvrons 15 min

1 ▪ Après avoir observé et commenté la BD montrant les étapes du tracé d'un segment de 4 cm de longueur par Mélissa, les élèves tracent un segment de 12 cm de longueur sur les pointillés rouges et prolongent un segment bleu pour atteindre 9 cm de longueur.
▪ Préciser que, dans le deuxième cas, la première extrémité du segment est le tiret vertical bleu ; il faut donc prolonger le trait plein bleu qui est le début du tracé demandé.

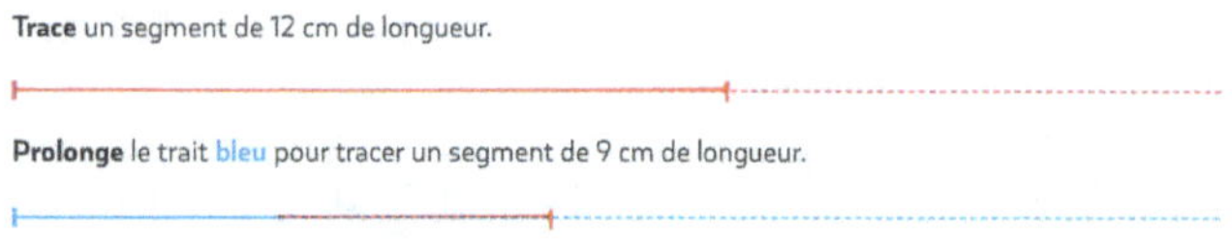

Institutionnalisation orale

Poser la question : *« Qu'avons-nous appris aujourd'hui ? »*
Réponse attendue proche de : *« Nous avons appris à tracer ou à prolonger un segment avec notre règle graduée pour qu'il ait une longueur donnée. »*

Je m'entraîne

15 min

En individuel

2 Le bord de la tulipe marque le début de chaque tige. Le premier tracé de la tige de 7 cm est un tracé ne présentant pas de difficulté particulière, par contre le tracé de la tige de 6 cm oblige à utiliser la règle « à l'envers » et celui de la tige de 5 cm oblige à incliner la règle.

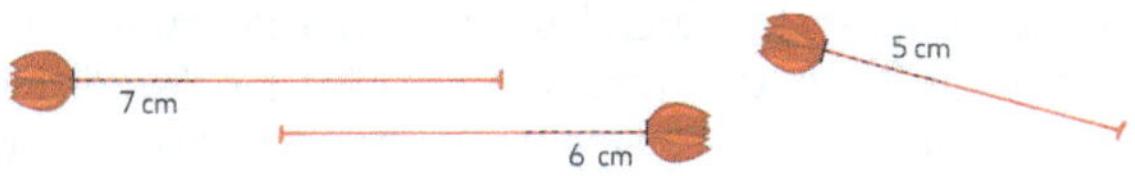

Erreur possible

Le tracé de la tige de 6 cm peut poser problème.

Remédiation

- Faire utiliser la règle à l'envers ou bien montrer qu'en positionnant la graduation du 6 sur le bord de la tulipe, la graduation du zéro indique l'extrémité de la tige.
- Retourner son fichier.

3 Les élèves doivent prolonger trois segments afin d'obtenir des segments de longueurs données. Le dernier tracé de 5 cm présente la même difficulté que le tracé de la tige de 6 cm dans l'exercice précédent.

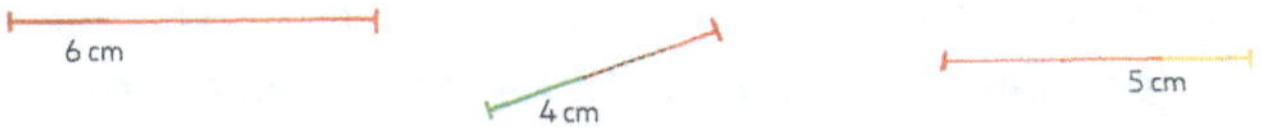

Erreurs possibles

- Ne pas prendre en compte la partie déjà tracée dans la mesure de la longueur.
- Difficulté à tracer le segment de 5 cm.

Remédiation

Rappeler que la partie déjà tracée est le début du segment et qu'il faut la prolonger pour obtenir la longueur demandée.

En cas de difficulté pour le segment de 5 cm, appliquer la proposition de remédiation précédente.

- Retourner son fichier.
- Recours au **Mémo** page 13.

Différenciation

Consolidation Photofiche 54c

Cette fiche comporte quatre exercices.

Le premier est un exercice de tracé classique ; les deux suivants sont des exercices de prolongement de segments. Le quatrième exercice est plus délicat : à partir d'un angle droit dessiné en pointillé, l'élève doit tracer un triangle rectangle dont les longueurs des côtés de l'angle droit sont données.

61 Calcul en ligne : Retrancher des dizaines entières

Fichier p. 72

Programme 2018	**Calculer avec des nombres entiers** Calcul en ligne : calculer en utilisant des écritures en ligne additives, soustractives, multiplicatives, mixtes.
Compétence	Retrancher des dizaines à un nombre de deux chiffres.
Remarques préalables	▪ Dans cette leçon, les élèves découvrent qu'il est aussi simple de retrancher deux unités que de retrancher le nombre 20, à condition de considérer le nombre 20, non pas comme 20 unités, mais comme constitué de 2 dizaines. On ne s'intéresse plus prioritairement à la valeur des nombres mais aux unités de numération qui les constituent afin de simplifier le calcul. ▪ Cette approche, basée sur les règles de la numération décimale de position, n'est ni simple, ni naturelle pour un élève de CE1, pour qui le nombre est avant tout l'expression d'une quantité. Elle constitue donc autant une leçon de calcul qu'un renforcement de l'apprentissage des règles de la numération. **Difficulté de la leçon** Accepter de considérer un nombre à partir des unités de numération qui le composent plutôt que comme une collection d'unités. **Aide** Travailler avec du matériel structuré mettant en évidence la notion de « dizaine ».

Calcul mental — 5 min

➜ *Somme de dizaines et de centaines entières.*
Écrire 50 + 400 = … ; l'élève écrit 450.
Items : *50 + 400 ; 20 + 800 ; 400 + 20 ; 30 + 100 ; 200 + 30 ; 300 + 30 ; 500 + 10 ; 40 + 300 ; 50 + 200 ; 600 + 10…*

Prérequis oral

« J'ai 20 bonbons, j'en mange 10. Combien m'en reste-t-il ? »

La réponse à cette question permet de savoir si les élèves considèrent 10 comme une dizaine et 20 comme deux dizaines.

Manipulations préparatoires — 20 min

En collectif

Matériel	Par groupe : matériel de numération (matériel page A), une enveloppe contenant le matériel de numération correspondant à l'un des nombres suivants : 47 ; 50 ; 68 ; 70 ; 85.
Organisation	Groupes de 2 élèves.

Activité : Retirer des dizaines avec le matériel de numération

Manipuler

▪ Distribuer à chaque groupe une enveloppe contenant la représentation de l'un des nombres de deux chiffres par du matériel de numération.

▪ Demander d'écrire en chiffres sur l'enveloppe le nombre correspondant au matériel de numération qu'elle contient.

▪ Passer dans chaque groupe et demander aux élèves de retirer le matériel de numération correspondant au nombre 20, puis d'écrire sur l'enveloppe le nombre correspondant au matériel restant.

▪ Demander de quelle manière il était possible de prévoir quelle allait être la valeur du nombre restant.

Débattre

Les groupes font leurs propositions et doivent parvenir à un accord sur la méthode à employer.

Schématiser

Dessiner au tableau le matériel de numération correspondant à l'un des nombres proposés, par exemple 47, puis schématiser le retrait du nombre 20 en barrant deux dizaines.

Symboliser

▪ Écrire au tableau : 47 – 20 = 27

▪ Demander à différents élèves de venir compléter l'égalité correspondant à son matériel :
50 – 20 = … ; 68 – 20 = … ;
70 – 20 = … ; 85 – 20 = … .

Découvrons — 15 min

1 ▪ Les élèves découvrent et commentent l'illustration.

▪ Demander de lire la bulle de Léa et celle de Mathix : permettre aux élèves qui le souhaitent de barrer les 3 dizaines correspondant au retrait du nombre 30.

▪ Faire rappeler l'écriture en chiffres de 4 dizaines avant de faire compléter l'égalité : 70 – 30 = 40.

▪ Souligner que le passage par les dizaines a facilité ce calcul avec de grands nombres.

70 – 30 = 7 dizaines – 3 dizaines
70 – 30 = …4… dizaines
70 – 30 = …40…

2 ▪ Établir le lien entre le calcul de Mélissa et le matériel de numération représenté.

▪ Permettre aux élèves qui le souhaitent de barrer les 3 dizaines correspondant au retrait du nombre 30.

▪ Faire compléter l'égalité : 76 – 30 = 46.

▪ Lire la bulle de Mathix et demander si ce calcul est plus ou moins difficile que le précédent.

76 – 30 = …46…

Institutionnalisation orale

Poser la question : « *Qu'avons-nous appris aujourd'hui ?* » Réponse attendue proche de : « *Nous avons appris à retrancher un nombre de dizaines entières à un nombre de deux chiffres.* »

Je m'entraîne

20 min

En individuel

3 Faire remarquer la disposition des calculs en colonnes car les deux calculs ne sont pas indépendants.

60 – 20 = 40	80 – 30 = 50	70 – 50 = 20	90 – 40 = 50
65 – 20 = 45	83 – 30 = 53	76 – 50 = 26	92 – 40 = 52

Erreur possible

Difficulté à faire appel aux dizaines pour calculer mentalement ces différences.

Remédiation

Offrir la possibilité d'utiliser le matériel de numération, puis de retirer le nombre de dizaines correspondant pour les deux premiers calculs. Laisser effectuer les deux autres calculs sans matériel.

4 Faire lire l'énoncé du problème.

Le représenter par le schéma suivant :

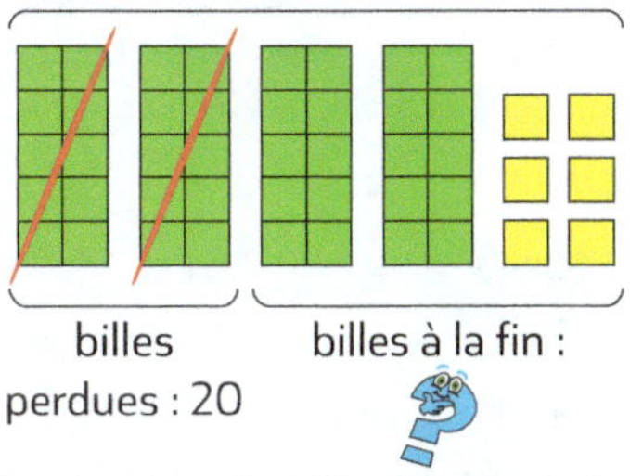

Vérifier que l'opération à effectuer a été correctement identifiée avant de laisser les élèves effectuer le calcul.

46 – 20 = 26

Il lui reste 26 billes

Erreurs possibles

- Difficulté à identifier l'opération mise en jeu par l'énoncé.
- Difficulté à effectuer mentalement le calcul.

Remédiation

Mimer la situation en plaçant 46 billes ou jetons sur la table et en demandant à un élève de venir en retirer 20. La question que pose le problème est de savoir combien il en reste. Après le calcul, dénombrer les jetons restants et montrer que le groupement par dix des 46 jetons initiaux facilite le dénombrement final.

Réinvestissement

5 Rappeler que l'équerre doit être utilisée pour trouver les angles droits et déterminer quels sont les triangles rectangles.

Différenciation

Remédiation Photofiche 55R

Cette fiche comporte quatre exercices.

Dans l'exercice 1, le retrait de dizaines entières à un multiple de 10 est représenté par du matériel de numération puis avec le symbolisme des dizaines avant d'être écrit en chiffres.

Dans l'exercice 2, les élèves doivent donner le résultat de calculs comme 3 – 2 et 30 – 20.

Dans l'exercice 3, les élèves peuvent s'appuyer sur le matériel de numération et la symbolisation en dizaines et unités pour calculer le résultat du retrait d'un multiple de 10 à un nombre de deux chiffres.

Dans l'exercice 4, les élèves doivent associer un calcul du type précédent à son résultat sans l'aide du matériel.

62 Reconnaître un axe de symétrie

Fichier p. 73

Programme 2018	**Reconnaître et utiliser les notions d'alignement, d'angle droit, d'égalité de longueurs, de milieu, de symétrie** Reconnaître si une figure présente un axe de symétrie (à trouver).
Compétence	Utiliser le pliage pour reconnaître un axe de symétrie.
Remarques préalables	▪ Les élèves sont naturellement attirés par les figures symétriques qui apparaissent spontanément dans leurs dessins libres ; toutefois ils peuvent se laisser abuser en considérant qu'une figure comme le parallélogramme possède un axe de symétrie alors qu'elle ne possède qu'un centre de symétrie. Le pliage reste donc le meilleur moyen de valider l'existence d'un axe de symétrie. ▪ Le retournement d'une figure dans sa trace est un bon moyen de savoir si elle possède ou non un ou plusieurs axes de symétrie, mais cela ne permet pas de les localiser. Cette technique est surtout efficace pour prouver qu'une figure ne possède pas d'axe de symétrie ! **Difficulté de la leçon** Anticiper l'effet d'un pliage pour prévoir qu'une droite sera un axe de symétrie d'une figure, le pliage effectif étant la vérification de l'hypothèse. **Aide** Faire le contour de la figure sur une feuille (côté face), puis retourner la figure (côté pile) et chercher à la faire entrer à nouveau dans son contour. Si elle y parvient, c'est qu'elle possède un ou plusieurs axes de symétrie qu'il faut s'efforcer de découvrir en expérimentant divers pliages. Sinon elle ne possède aucun axe de symétrie.

Calcul mental 5 min

➜ *Calculer la moitié d'un nombre formé de dizaines entières. Dire : « Moitié de 60 » ; l'élève écrit 30.*
***Items :** 60 ; 40 ; 20 ; 80 ; 90 ; 50 ; 70 ; 30 ; 10 ; 100.*

Prérequis oral

« Pourquoi dit-on que les deux ailes d'un papillon sont symétriques ? »
Cette question permet de voir si dans leurs réponses les élèves proposent la superposition comme justification de la symétrie.

Manipulations préparatoires 15 min

En collectif

Matériel	Pour chaque groupe : une feuille de figures à découper (*cf.* matériel photocopiable).
Organisation	Groupes de 2 élèves.

Activité : Trouver par pliage les figures ayant un axe de symétrie

Manipuler

▪ Distribuer à chaque groupe une feuille contenant six figures à découper et portant une lettre permettant de les désigner.
▪ Demander comment procéder pour savoir si une de ces figures possède un axe de symétrie.

Débattre

▪ Les groupes font leurs propositions.
▪ Chercher à obtenir l'unanimité sur les figures possédant un ou plusieurs axes de symétrie (A 6 axes de symétrie : trois diagonales et les médiatrices des côtés, B aucun, C 2 axes perpendiculaires, D 2 axes perpendiculaires, E 1 axe, F aucun).
▪ La vérification se fait par pliage.

Schématiser

Faire repasser en rouge les plis matérialisant les axes de symétrie.

Découvrons 20 min

1 ▪ Faire lire la bulle de Mathix qui confirme ce que les élèves ont expérimenté lors de l'activité préparatoire.
▪ Demander de découper les figures A, B et C de la page matériel D.
S'assurer que tous les élèves sont en possession de leurs figures.
▪ Traiter les figures une par une ; laisser les élèves expérimenter leurs pliages ; insister sur le fait qu'une figure peut posséder plusieurs axes de symétrie. Faire repasser en rouge les plis qui permettent de faire apparaître une superposition des deux parties de la figure : ce sont des axes de symétrie.

Institutionnalisation orale

Poser la question : *« Qu'avons-nous appris aujourd'hui ? »*
Réponse attendue proche de : *« Nous avons appris à rechercher des axes de symétrie par pliage. »*

Je m'entraîne

En individuel

15 min

2 Dans cet exercice, les élèves doivent utiliser les figures D, E et F de la page matériel D pour les plier suivant le trait rouge afin de répondre, pour chacune d'elles, à la question posée.

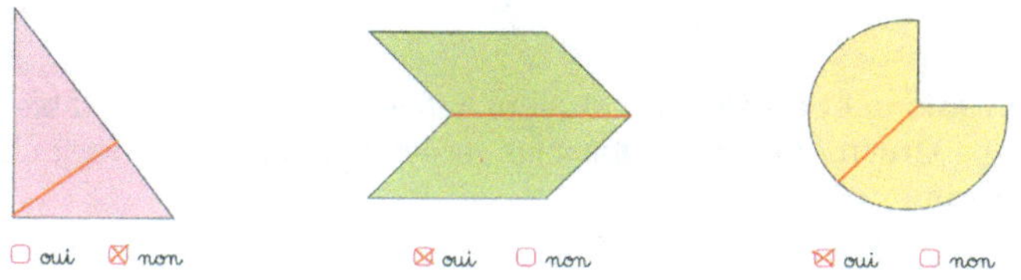

Erreur possible

Difficulté à plier chaque figure exactement sur le trait rouge.

Remédiation

S'aider d'une règle plaquée sur le trait rouge pour amorcer le pli.

Différenciation

Remédiation Photofiche 56R

Cette fiche comporte un seul exercice portant sur trois figures comportant des traits en pointillés.

Les élèves doivent repasser en rouge les traits qui correspondent à un axe de symétrie.

Ils doivent découper ces mêmes figures se trouvant au bas de la fiche afin de pouvoir tester par pliage chacun des traits en pointillés.

62 Identifier un axe de symétrie

Matériel photocopiable

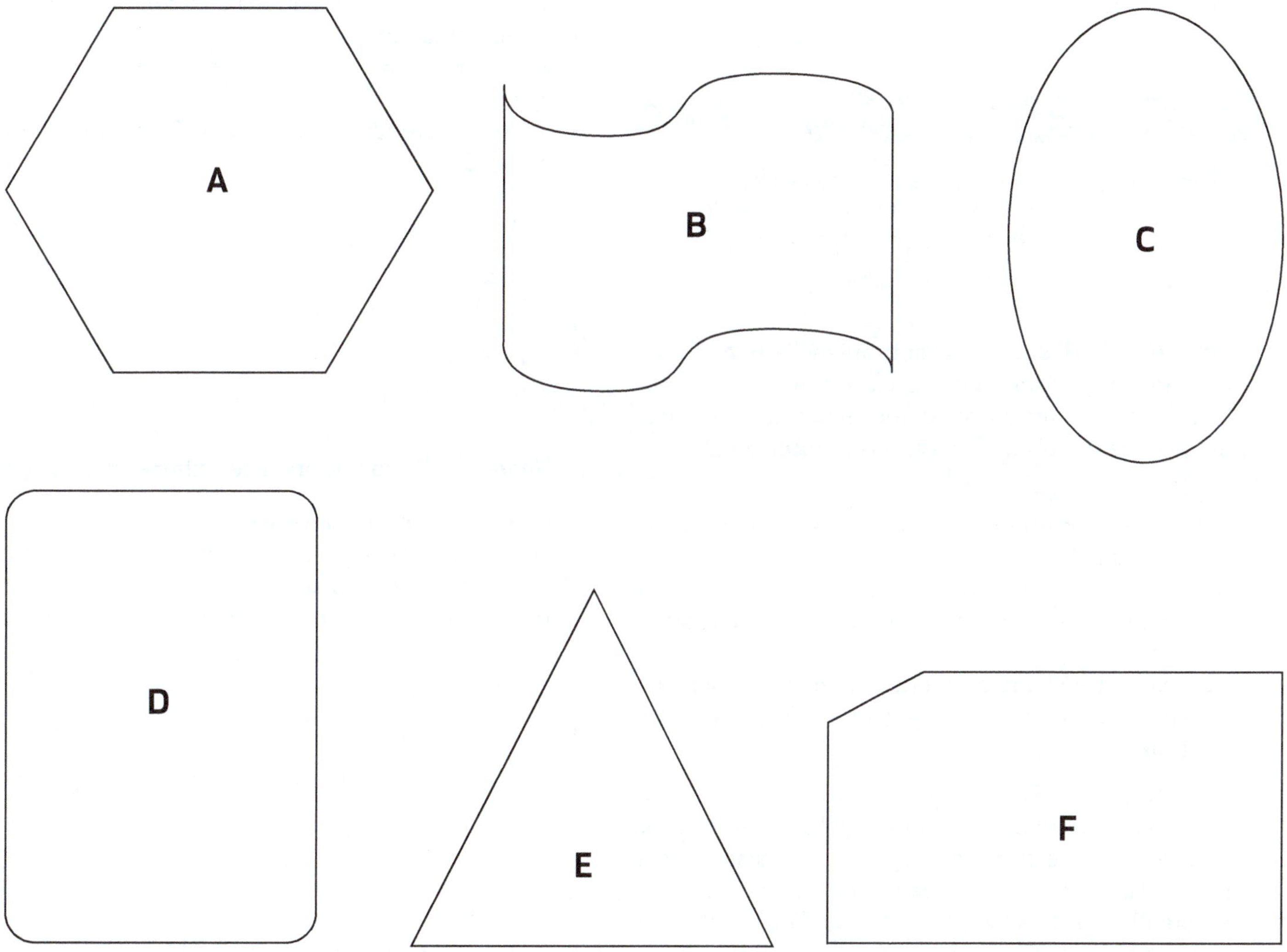

63 Construire la table de 5 de la multiplication

Fichier p. 74

Programme 2018	**Calculer avec des nombres entiers** Mémoriser des faits numériques et des procédures : ▪ Tables de la multiplication.
Compétence	Construire la table de 5 de la multiplication.
Remarques préalables	L'apprentissage des tables de la multiplication est long et s'étale sur plusieurs années. Construire une table de la multiplication permet à l'élève de comprendre sa structure et de retenir plus facilement cette table lorsqu'on lui demandera de l'apprendre afin de la réciter par cœur. **Difficultés de la leçon** – Comprendre la structure d'une table de multiplication. – Percevoir les liens entre les différents produits. **Aide** Aide visuelle avec une table écrite au tableau et des flèches montrant comment on passe d'un produit au suivant. Revenir régulièrement sur les tables de la multiplication en calcul mental.

Calcul mental — 5 min

➜ *Différence de dizaines. Écrire 60 – 20 = … ; l'élève écrit 40.*
Items : *60 – 20 ; 90 – 40 ; 50 – 20 ; 70 – 30 ; 80 – 20 ; 90 – 50 ; 30 – 20 ; 40 – 10 ; 60 – 50 ; 90 – 20.*

Prérequis oral

« Comptez de 5 en 5 jusqu'à 20. »
Cet exercice est une approche de la table de 5 de la multiplication.

Manipulations préparatoires — 30 min

En collectif

Matériel	10 rectangles correspondant aux différents produits de la table de 5 (cf. matériel photocopiable).
Organisation	Groupes de 4 élèves.

Activité : Passer d'un rectangle à l'autre

▪ Distribuer à chaque groupe d'élèves une feuille sur laquelle sont photocopiés les rectangles quadrillés des produits de la table de 5 (matériel photocopiable).

Manipuler, schématiser

▪ Découper puis écrire le produit représenté par chaque rectangle quadrillé.
Ranger ensuite ces rectangles, du plus grand au plus petit, en les empilant : entre chaque niveau, il apparaît 5 cases.
▪ En partant du haut, demander comment passer d'un rectangle au suivant sans recompter l'ensemble des carreaux.

Débattre, symboliser

▪ Les élèves se rendent compte que l'écart entre deux rectangles consécutifs est toujours de 5 cases : pour passer d'un rectangle au suivant, il faut ajouter 5.
Le premier petit rectangle du haut de la pile est composé de 5 cases : $1 \times 5 = 5$.
Le deuxième, de 5 cases supplémentaires :
$2 \times 5 = 5 + 5 = 10$.
Le troisième encore de 5 cases supplémentaires :
$3 \times 5 = 10 + 5 = 15$; etc.
On passe donc d'un produit au suivant en ajoutant 5.

Découvrons — 15 min

1 ▪ Observer comment Léa construit la table de 5 de la multiplication.
▪ Constater que l'on passe d'un résultat au suivant en ajoutant 5.
▪ Tous les produits de la table de 5 se terminent par 0 ou par 5.

1 × 5	2 × 5	3 × 5	4 × 5	5 × 5	6 × 5	7 × 5	8 × 5	9 × 5	10 × 5
5	10	15	20	25	30	35	40	45	50

Complète.
Les résultats de la table de 5 se terminent par …0… ou par …5… .

Erreur possible

Erreur d'étourderie dans le calcul.

Remédiation

Reprendre la manipulation des différents rectangles.

Institutionnalisation orale

Poser la question : *« Qu'avons-nous appris aujourd'hui ? »*
On attend une réponse proche de : *« Nous avons appris à construire la table de 5 de la multiplication. »*

Je m'entraîne — 15 min

En individuel

2 L'élève doit barrer les nombres ne se terminant pas par 0 ou par 5.

~~7~~ 15 40 ~~18~~ 25 20 ~~19~~ 10 35

Erreur possible

L'élève n'a pas perçu cette propriété.

Remédiation
Reprendre les rectangles de la table de 5.

3 Tous les produits utilisent la commutativité de la multiplication pour être calculés avec la table de 5.

$5 \times 3 =$ 15	$5 \times 6 =$ 30	$5 \times 8 =$ 40
$5 \times 4 =$ 20	$5 \times 7 =$ 35	$5 \times 9 =$ 45

Erreur possible
L'élève ne perçoit pas la commutativité.

Remédiation
Prendre le rectangle qui correspond à 5×7. Montrer, en le tournant, qu'il correspond aussi au produit 7×5.

4 Problème utilisant le calcul de $8 \times 5 = 40$

8 x 5 = 40 Théo a 40 images.

Erreur possible
Situation multiplicative non perçue.

Remédiation
Jouer la situation pour montrer que Théo a 8 fois 5 images.

Réinvestissement

5 Les élèves doivent utiliser la règle de leur trousse (Leçon 57) pour mesurer la longueur de ce segment en centimètres.

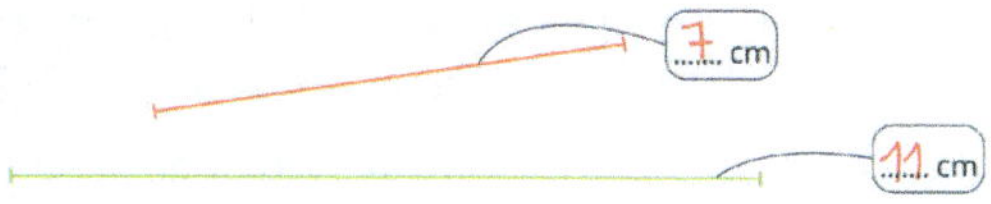

Remédiation
Rappeler comment utiliser cette règle dont le zéro ne coïncide pas avec l'extrémité gauche du segment, ce qui peut engendrer des erreurs de décalage.

Différenciation

Consolidation Photofiche 57c
Elle propose quatre exercices portant sur la construction de la table de 5.

63 Construire la table de 5 de la multiplication

Matériel photocopiable

64 Jeu du chapeau (2)

Fichier p. 75

Programme 2018	**Calculer avec des nombres entiers** – Traiter à l'oral et à l'écrit des calculs relevant des quatre opérations. – Élaborer ou choisir des stratégies, expliciter les procédures utilisées et comparer leur efficacité : ▪ Addition, soustraction, multiplication, division.
Compétence	Résoudre des situations additives ou soustractives : recherche de l'état initial.
Remarques préalables	▪ Sous un aspect ludique, facile à jouer en classe, le « jeu du chapeau » cache un véritable problème mathématique. ▪ Il s'agit ici d'un problème de transformation d'état dans lequel on cherche la valeur de l'état initial, la transformation pouvant être additive ou soustractive. La simplicité du matériel requis permet de jouer effectivement les situations décrites et de rendre chaque situation auto-validante car, quand on soulève le chapeau, il est facile de confronter sa réponse à la réalité en dénombrant les jetons verts et jaunes. Un jeton vert vaut 10 points, un jeton jaune vaut 1 point, comme le rappelle la règle en haut à droite de la page du fichier. ▪ Cette activité permet d'évaluer rapidement le niveau de la classe et de choisir de prolonger ce type de situation sur d'autres séances, si on le juge utile, en lieu et place des séances de calcul mental proposées dans le fichier. ▪ Le cap de l'échange dix contre un n'est pas franchi ici car le nombre de jetons unités ne dépasse jamais 10. Il appartient à l'enseignant(e) de franchir éventuellement ce cap avec un groupe d'élèves en approfondissement. **Difficulté de la leçon** Comprendre qu'il faut inverser le sens de la manipulation pour trouver l'état initial. **Aide** Transformer la manipulation « état initial » en « état final ».

Calcul mental — 5 min

➜ *Différence de centaines. Écrire 500 – 300 = … ; l'élève écrit 200.*
Items : *500 – 300 ; 900 – 400 ; 500 – 200 ; 700 – 300 ; 800 – 200 ; 900 – 500 ; 300 – 200 ; 400 – 100 ; 600 – 500 ; 900 – 200.*

Problèmes du fichier — 15 min

En collectif

Matériel	Un chapeau et quelques jetons verts et jaunes.
Organisation	Groupe classe.

1 ▪ Dissimuler, à l'abri du regard des élèves, 1 jeton vert et 3 jetons jaunes sous le chapeau.
▪ Placer ostensiblement 2 jetons verts sous le chapeau en prenant soin de ne pas montrer les jetons qu'il cache déjà.
▪ Soulever enfin le chapeau pour montrer ce qu'il cache en tout.
Les élèves observent 3 jetons verts et 3 jetons jaunes.
▪ Demander alors : *« Combien de jetons verts et de jetons jaunes y avait-il au départ sous le chapeau ? À combien de points cela correspond-il ? »*
L'inversion de la chronolgie s'effectue en retirant les 2 jetons verts ajoutés. Les élèves en déduisent qu'il y avait 1 jeton vert et 3 jetons jaunes au départ.
Une vérification, qui reprend la chronologie de l'action, confirme cette réponse.
Un élève vient écrire le nombre de points au tableau :
1 d + 3 u = 10 + 3 = 13.
▪ Demander de compléter les phrases réponses.

1

Au départ, sous le chapeau, il y avait …1… jeton vert et …3… jetons jaunes.
Il y avait donc …13… points.

Erreurs possibles

– Pour trouver l'état initial, l'élève ajoute un jeton.
– Mauvaise utilisation des dizaines et des unités.

Remédiation

– Reprendre chaque type de procédure en l'explicitant. La mettre en parallèle avec une manipulation de jetons retraçant les étapes du jeu du chapeau.
– Utiliser un tableau de numération.

2 ▪ Le problème 2 est une situation de retrait : recherche de l'état initial dans une situation de transformation d'états soustractive.
▪ Dissimuler 3 jetons verts et 4 jetons jaunes sous le chapeau.
▪ Retirer du chapeau, un jeton vert et un jeton jaune.
▪ Après le retrait des deux jetons, soulever le chapeau.
Les élèves observent les jetons restants : 2 jetons verts et 3 jetons jaunes.
▪ Poser alors les questions : *« Combien de jetons verts et de jetons jaunes y avait-il au départ sous le chapeau ? À combien de points cela correspond-il ? »*
▪ L'inversion de la chronologie s'effectue en replaçant les jetons vert et jaune retirés auparavant par l'enseignant(e).
▪ Les élèves en déduisent qu'il y avait 3 jetons verts et 4 jetons jaunes au départ.

Une vérification, qui reprend la chronologie de l'action, confirme cette réponse.
– Un élève vient écrire le nombre de points au tableau : 3 d + 4 u = 30 + 4 = 34.
▪ Demander de compléter les phrases réponses.

Erreurs possibles
– Pour trouver l'état initial, l'élève retranche un jeton.
– Mauvaise utilisation des dizaines et des unités.

Remédiation
– Reprendre chaque type de procédure en l'explicitant. La mettre en parallèle avec une manipulation de jetons retraçant les étapes du jeu du chapeau.
– Utiliser un tableau de numération.

Problèmes du fichier

8 min

En individuel

3 ▪ Cette activité peut être conduite sur le même modèle que le problème 1 en laissant un temps suffisant pour répondre aux questions du fichier. L'élève travaille seul.
▪ L'inversion de la chronologie est collective et se fait par la manipulation des jetons à rebours. Une vérification, qui reprend la chronologie de l'action, confirme cette réponse.
▪ Au départ, il y avait 0 jeton vert et 2 jetons jaunes sous le chapeau.
0 d + 2 u = 2

Différenciation

Consolidation Photofiche 58c
Cette photofiche propose trois situations de jeu du chapeau, deux additives et une soustractive dans lesquelles il faut rechercher l'état initial.

65 Je fais le point (5)

Fichier pp. 76 et 77

Procéder régulièrement au bilan des compétences des élèves. L'élève fait le point sur ses connaissances. Les résultats permettent aussi de repérer les notions mathématiques et les techniques de calcul maîtrisées par la majorité des élèves et celles qui doivent donner lieu à un travail de remédiation en atelier.
Comme les items des pages « Je fais le point » peuvent être faits à la maison, leur préférer ceux proposés dans le guide pédagogique pour réaliser les évaluations finales des demi-périodes. Utiliser alors les pages « Je fais le point » du fichier comme activités préparatoires aux évaluations finales.

Consignes de passation

Pour chaque exercice, les élèves travaillent individuellement. Lire une fois la consigne à haute voix. Leur laisser un temps raisonnable pour réfléchir, calculer et rédiger la réponse, puis passer à l'exercice suivant. L'ensemble des exercices de la page peut être traité en deux séances. La correction se fera à la fin de chaque séance.

Connaissances et compétences	Commentaires	Propositions de remédiation
1. Calculer avec des nombres entiers. → Connaître la table de 2 de la multiplication.	Observer si les élèves trouvent le résultat spontanément ou s'ils sont obligés d'effectuer des additions ou de tracer des rectangles pour le trouver.	Rappeler aux élèves que multiplier par 2, c'est prendre le double du nombre donné. D'où l'intérêt de connaître par cœur la table des doubles.
2. Calculer avec des nombres entiers. → Connaître la table de 5 de la multiplication.	Observer si les élèves trouvent le résultat spontanément ou s'ils sont obligés d'effectuer des additions ou de tracer des rectangles pour le trouver.	En petits groupes construire la table de 5 en insistant sur le passage d'un résultat au résultat suivant.
3. Calculer avec des nombres entiers. → Calcul en ligne : Soustraire des dizaines entières.	Exercice délicat puisqu'aucune étape n'est proposée.	Avoir recours à la manipulation avec les plaques et les jetons puis travailler sur la droite numérique. → **Photofiche 55R**
4. Calculer avec des nombres entiers. → Poser et calculer une addition sans retenue.	Les deux additions présentent une difficulté dans la pose : 132 + 4 + 53 = 189 351 + 26 + 102 = 479	Cibler le type d'erreur. Reprendre en petits groupes les techniques opératoires.
5. Calculer avec des nombres entiers. → Poser et calculer une addition avec retenue.	Observer le travail des élèves pour repérer les erreurs les plus fréquentes : – place des chiffres ; – oubli de la retenue ; – erreur de comptage. 273 + 156 + 79 = 508 234 + 93 + 385 = 712	La remédiation portera surtout sur la pose de l'opération (un seul chiffre par colonne) ou l'oubli de la retenue. Reprendre en petits groupes les techniques opératoires. → **Photofiches 50R ; 53R**

Connaissances et compétences	Commentaires	Propositions de remédiation
6. **Comparer, estimer, mesurer des longueurs, des masses, des contenances, des durées. Utiliser le lexique, les unités, les instruments de mesures spécifiques à ces grandeurs** → Tracer une longueur en cm avec la règle de la trousse.	Cet exercice simple propose de tracer un segment de 12 cm de longueur. Observer comment les élèves effectuent leur traçage.	Vérifier la bonne utilisation de la règle graduée : certains élèves placeront l'extrémité de la règle et non la graduation du zéro devant l'extrémité du segment. Il est nécessaire de reprendre les manipulations de la leçon 57.
7. **Comparer, estimer, mesurer des longueurs, des masses, des contenances, des durées. Utiliser le lexique, les unités, les instruments de mesures spécifiques à ces grandeurs** → Mesurer une longueur en cm avec la règle de la trousse.	Cet exercice propose de mesurer la longueur d'un segment. Observer comment les élèves effectuent leur mesurage.	Vérifier la bonne utilisation de la règle graduée : certains élèves placeront l'extrémité de la règle et non la graduation du zéro devant l'extrémité du segment. Il est nécessaire de reprendre les manipulations de la leçon 57. → **Photofiche 51R**
8. **Reconnaître, nommer, décrire, reproduire, construire quelques figures géométriques. Reconnaître et utiliser les notions d'alignement, d'angle droit, d'égalité de longueurs, de milieu, de symétrie.** → Reconnaître un axe de symétrie.	Il faut identifier un axe de symétrie parmi des lignes en pointillés déjà tracées.	Reproduire ces figures, les découper puis procéder au pliage. → **Photofiche 56R**
9. **Reconnaître, nommer, décrire, reproduire, construire quelques figures géométriques. Reconnaître et utiliser les notions d'alignement, d'angle droit, d'égalité de longueurs, de milieu, de symétrie.** → Reconnaître un triangle rectangle.	Dans le triangle rectangle, l'angle droit se cache dans une orientation inhabituelle. L'élève doit savoir correctement manipuler une équerre (page matériel D).	S'assurer que l'élève sait qu'un triangle rectangle possède un angle droit. Observer comment l'élève manipule son équerre. Demander à ceux qui ont réussi de montrer comment ils ont procédé. → **Photofiche 52R**

E5 Évaluation (5)

Fichier CE1
Leçons 54 à 64

Prénom	**Date** ....

Connaissances et compétences — **Évaluation**

Nombres et calculs	
Calculer avec les nombres entiers	
1. Connaître la table de 2 de la multiplication.	
2. Poser et calculer une addition avec ou sans retenue.	
3. Retrancher des dizaines entières à un nombre de deux chiffres.	
4. Connaître la table de 5 de la multiplication.	

1 **Complète.**

3 × 2 = ... | 5 × 2 = ... | 8 × 2 = ...

2 **Pose** et **effectue**.

150 + 307 + 285

	c	d	u	

262 + 78 + 395

	c	d	u	

3 **Complète.**

58 – 20 = ... | 76 – 40 = ... | 91 – 60 = ...

4 **Complète.**

2 × 5 = ... | 4 × 5 = ... | 7 × 5 = ...

Connaissances et compétences	Évaluation
Grandeurs et mesures	
Comparer, estimer, mesurer des longueurs, des masses, des contenances, des durées	
5. Utiliser la règle graduée de la trousse pour mesurer une longueur en cm.	
6. Utiliser la règle graduée de la trousse pour tracer un segment de longueur donnée en cm.	

5 **Mesure** la longueur de ce segment avec la règle graduée de ta trousse.

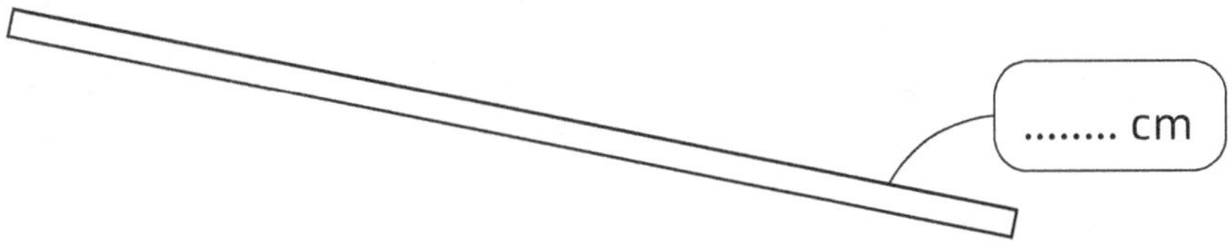

6 **Trace** un segment qui mesure 11 cm.

Connaissances et compétences	Évaluation
Espace et géométrie	
Reconnaître, nommer, décrire, reproduire, construire quelques figures géométriques **Reconnaître et utiliser les notions d'alignement, d'angle droit, d'égalité de longueurs, de milieu, de symétrie**	
7. Identifier un triangle rectangle.	
8. Utiliser le pliage pour identifier un axe de symétrie.	

7 **Utilise** ton équerre pour reconnaître les triangles rectangles.
Dessine un point bleu au sommet de leur angle droit.

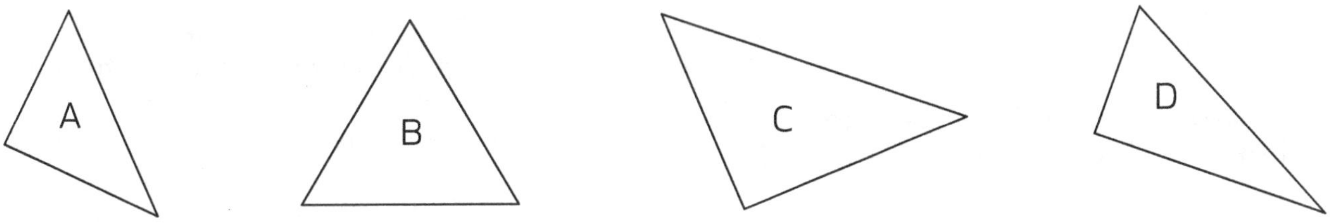

8 **Décalque** ces figures et vérifie par pliage si les traits noirs sont des axes de symétrie.

66 Calcul en ligne : Retrancher un nombre de deux chiffres

Fichier p. 78

Programme 2018	**Calcul en ligne** Calculer avec le support de l'écrit, en utilisant des écritures en ligne additives, soustractives, multiplicatives, mixtes.
Compétence	Retrancher un nombre de deux chiffres.
Remarques préalables	▪ En leçon 15, les élèves ont appris à soustraire un petit nombre (< 10) à un nombre de deux chiffres en franchissant la dizaine. ▪ Dans cette leçon cette technique ne sera pas nécessaire car le chiffre des unités du nombre à soustraire est inférieur à celui du nombre auquel on le soustrait. ▪ En revanche, la décomposition canonique du nombre à soustraire va permettre de réaliser le calcul en deux étapes simples. Les élèves doivent découvrir que le passage par l'écrit est une aide au calcul car il permet de ne pas se perdre dans les étapes du calcul. **Difficultés de la leçon** Décomposer le calcul en deux étapes grâce à la décomposition canonique et réussir à gérer ces deux étapes. **Aide** Utiliser le matériel de numération pour pratiquer les retraits en deux temps : les dizaines puis les unités. Associer, à chaque étape des manipulations précédentes, une ligne de calcul.

Calcul mental 5 min

➜ *Différences de nombres < 10. Dire : « 9 – 2 » ; l'élève écrit 7.*
***Items :** 9 – 2 ; 5 – 2 ; 4 – 2 ; 7 – 2 ; 6 – 3 ; 8 – 3 ; 9 – 3 ; 7 – 3 ; 6 – 2 ; 8 – 2.*

Prérequis oral

« Calculez 35 – 20. »
Ce rappel est utile pour réussir les premières étapes des calculs.

Manipulations préparatoires 20 min

En collectif

Matériel	Pour chaque groupe : matériel de numération de la page matériel A du fichier de l'élève, un couvercle ou une enveloppe.
Organisation	Groupes de 2 élèves.

Activité : Retrancher un nombre de deux chiffres en s'aidant du matériel de numération

Manipuler, schématiser

▪ Demander aux élèves de représenter le nombre 39 avec le matériel de numération de la page matériel A.

▪ Demander de retirer le nombre 24 du nombre 39 et de placer dans le couvercle le matériel de numération correspondant au nombre 24.
▪ Demander comment les élèves ont procédé pour retirer le nombre 24.

Débattre

Les élèves échangent leur procédure ; retrait des dizaines, puis des unités ou inversement.

Symboliser

▪ Écrire au tableau : 24 = 20 + 4.
Indiquer que le retrait de 24 se fait en 2 étapes : retrait de 20, puis retrait de 4.
Rédiger une ligne de calcul pour chaque étape :
Étape 1, retrait des dizaines : 39 – 20 = 19 ;
Étape 2, retrait des unités : 19 – 4 = 15.
▪ Souligner qu'à chaque étape on ne modifie que le chiffre des dizaines ou bien que le chiffre des unités, ce qui facilite le calcul.

Reprendre la même situation avec 45 – 12, puis 54 – 31.

Découvrons 15 min

1 ▪ Faire lire la bulle de Léa.
▪ Demander de justifier la décomposition de 25 en 20 + 5 et quel avantage cela procure.
▪ Rappeler la technique de calcul de 48 – 20 en soulignant que le nombre 20 doit être considéré comme 2 dizaines plutôt que comme 20 unités.
▪ Rappeler que le surlignage jaune doit contenir le même nombre sur les deux lignes.
▪ Justifier la deuxième étape du calcul : après avoir retiré 20, on retire 5 au résultat précédent.
▪ Compléter le calcul de 48 – 25.
▪ Résumer le calcul par la phrase : *« soustraire 25 c'est soustraire 20 puis soustraire 5. »*

48 – 20 = 28
28 – 5 = 23
48 – 25 = 23

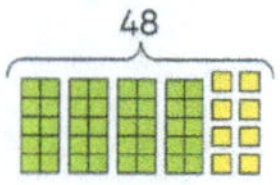

48 – 25 = 23

Institutionnalisation orale

Poser la question : « *Qu'avons-nous appris aujourd'hui ?* »
Réponse attendue proche de : « *Nous avons appris à soustraire un nombre de deux chiffres en deux étapes.* »

Je m'entraîne

20 min

En individuel

2 Faire lire la bulle de Mathix qui rappelle ce qui a été fait dans le calcul du *Découvrons*.
Vérifier que la première ligne de chaque calcul ne comporte pas d'erreur avant d'aborder la deuxième étape du calcul.
Le premier calcul peut être résumé par la phrase « *Soustraire 23 c'est soustraire 20 puis soustraire 3* » ; il en est de même pour les deux autres calculs. Souligner l'aide qu'apporte le passage par l'écrit.

36 – 23	45 – 14	56 – 32
36 – 20 = 16	45 – 10 = 35	56 – 30 = 26
16 – 3 = 13	35 – 4 = 31	26 – 2 = 24
36 – 23 = 13	45 – 14 = 31	56 – 32 = 24

Erreurs possibles
– Erreur à l'une des étapes du calcul.
– Ne pas suivre les étapes écrites du calcul et chercher à obtenir le résultat final sans décomposer le calcul.

Remédiation
– Reprendre chaque étape du calcul en distinguant *soustraire une dizaine entière* et *soustraire des unités* (sans franchir la dizaine).
– Montrer que le passage par l'écrit permet de soulager la mémoire et de savoir à tout moment où en est le calcul.

3 Ce problème se prête à une validation expérimentale. Installer le matériel (boîte représentant le bus, matériel de numération représentant les passagers) pour favoriser la dévolution du problème : placer 45 passagers (soit 4 barres dizaines et 5 jetons unités) dans la boîte, puis retirer 25 passagers (soit 2 barres vertes et les 5 jetons), demander de calculer le nombre de passagers restants. Après un temps de recherche on dénombre les passagers restants : il reste 20 passagers.

La réponse connue, on se penche sur les différentes méthodes ayant permis de l'obtenir, on corrige les erreurs éventuelles.

45 – 25 = 20
Il reste 20 passagers dans le bus.

Erreurs possibles
– Difficulté à traduire la situation par la soustraction 45 – 25.
– Difficulté à décomposer le calcul en deux étapes sans l'aide des calculs intermédiaires.

Remédiation
– Schématiser la descente des passagers à l'aide du matériel de numération, montrer le lien avec le calcul soustractif.
– Associer un calcul à chaque étape du retrait :
45 – 20 = 25 ; 25 – 5 = 20

Réinvestissement

4 Rappeler que l'équerre de la page matériel D va être utile pour trouver quel est le triangle rectangle.

Différenciation

Remédiation Photofiche 59R
Cette photofiche comporte quatre exercices.
Le premier est un calcul de différence accompagné du matériel de numération qui permet de valider le calcul.
Les deux suivants sont des calculs étayés par les étapes intermédiaires, mais sans le support du matériel de numération.
Le dernier est un problème comparable à celui de la leçon.

67 Problèmes (5) : Se repérer sur un plan

Fichier p. 79

Programme 2018	**(Se) repérer et (se) déplacer en utilisant des repères** Produire des représentations des espaces familiers (les espaces scolaires extérieurs proches, le village, le quartier).
Compétences	S'orienter et se déplacer en utilisant des repères.
Remarques préalables	Dans cette leçon, les élèves vont devoir utiliser le codage (ligne, colonne) : – pour repérer des lieux particuliers d'un plan ; – pour coder une position et dessiner un chemin sur le plan à partir de quelques repères du plan. **Difficultés de la leçon** – Coder une case (intersection d'une ligne et d'une colonne). – S'identifier au personnage qui se déplace sur le plan. **Aide** Travailler dans un premier temps sur une représentation d'un espace familier aux élèves pour donner du sens à leurs codages.

Calcul mental — 5 min

➜ *Différences de nombres < 10. Dire : « 8 – 6 » ; l'élève écrit 2.*
Items : *8 – 6 ; 5 – 4 ; 7 – 4 ; 7 – 5 ; 8 – 5 ; 9 – 5 ; 9 – 7 ; 7 – 6 ; 6 – 4 ; 9 – 6.*

Prérequis oral

« Avez-vous déjà vu le plan d'une ville ? d'un quartier ? »
Ces questions permettent d'introduire la leçon à partir du vécu de l'élève. Montrer quelques modèles (calendriers des postes ou autres plans).

Manipulations préparatoires — 30 min

En collectif

Matériel	Par groupe de deux élèves : plan de la classe (grille quadrillée de 5 à 6 lignes repérées par une lettre et de 6 à 8 colonnes repérées par un nombre, il est souhaitable que chaque bureau d'élève se trouve dans une case différente du quadrillage) ; un exemplaire agrandi de ce plan affichable au tableau ou bien une vidéo projection du plan au tableau.
Organisation	Groupes de 2 élèves.

Activité : Observation et repérage sur le plan

- Distribuer à chaque groupe de deux élèves un exemplaire du plan quadrillé de la classe.
- Demander ce que représente ce plan. Les élèves donnent leur réponse et la justifient à partir des éléments caractéristiques qu'ils ont repérés.
- Valider les réponses puis demander à chaque groupe de cocher, sur le plan, le bureau sur lequel il est installé puis d'indiquer le code (ligne, colonne) de la case du plan dans laquelle il se trouve. Chaque groupe donne son codage qui est validé par la classe. Pour les élèves en difficulté, montrer que le plan fonctionne comme un tableau à double entrée.
- Proposer ensuite le code d'une case : le groupe d'élèves qui s'y trouvent lèvent le doigt.
- Dessiner un chemin sur le plan. Demander à un élève de l'effectuer puis d'indiquer les cases traversées.
- Analyser collectivement les erreurs. Selon le degré de réussite, des situations analogues peuvent être rejouées.

Découvrons — 15 min

1 • Demander d'observer puis de commenter le plan du village de Théo et de Léa.
- Repérer le stade, l'école, la mairie, la poste…
- Attirer l'attention des élèves sur les lettres figurant en marge de chaque ligne et sur les nombres figurant en haut de chaque colonne. Les élèves retrouvent un tableau à double entrée.
- Rappeler les codages utilisés lors de l'activité manipulatoire.
- Demander à chacun de vérifier que la mairie se trouve bien dans la case (B ; 4). Un(e) volontaire vient justifier ce codage : cette case se trouve à l'intersection de la ligne B et de la colonne 4.
- Demander de trouver les bâtiments qui correspondent aux codages des cases puis de trouver le codage correspondant aux bâtiments cités. La correction est collective.

1 **Observe** le plan du village de Léa et de Théo.

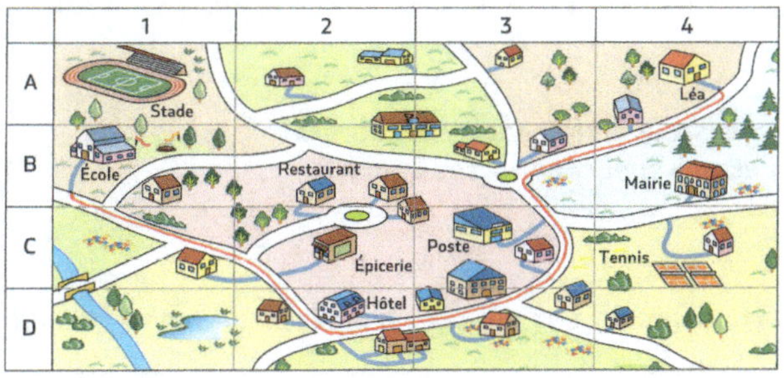

La maison de Léa est dans la case (A ; 4).

Que trouve-t-on :
- dans la case (B ; 1) ? l'école
- dans la case (C ; 3) ? la poste

Dans quelle case se trouve :
- la mairie ? (B ; 4)
- l'épicerie ? (C ; 2)

Léa part de chez elle et va à l'école en passant devant l'hôtel. **Trace** son chemin.

Le tracé du trajet de Léa doit être montré du doigt avant d'être tracé au crayon. Les élèves doivent repérer la maison de Léa (A ; 4), puis l'école (B ; 1) et enfin l'hôtel (D ; 2) afin de faire le choix des bons chemins car ce trajet n'est pas le plus court.

Erreur possible

Erreur lors du codage des cases.

Remédiation

- Rappeler le fonctionnement du tableau à double entrée.
- Tracer des pointillés sur le plan pour trouver l'intersection qui désigne la case ou bien suivre la ligne correspondant à la lettre jusqu'au numéro de la colonne.

Institutionnalisation orale

Poser la question : « *Qu'avons-nous appris aujourd'hui ?* » Réponse attendue proche de : « *Nous avons appris à coder et à décoder des positions sur un plan puis à tracer et à lire des parcours sur un plan.* »

Problèmes du fichier

15 min

En individuel

2 Il faut coder les cases pour repérer un lieu particulier sur le plan puis pour coder la position de deux bâtiments remarquables.

2 Sur le plan, que trouve-t-on dans la case (C ; 4) ? Tennis

Dans quelle case se trouve :
- le restaurant ? (B ; 2)
- l'hôtel ? (D ; 2)

Erreur possible

Erreurs lors du codage des cases.

Remédiation

- Vérifier oralement les réponses de quelques élèves pour valider ces codages.
- Reprendre le fonctionnement du tableau à double entrée.
- Suivre avec le doigt sur le plan pour trouver l'intersection qui désigne la case.

3 Demander à chacun de placer son doigt sur la maison de Théo dans la case (A ; 3).
- Demander de dessiner, sur le plan, le chemin que suit Théo pour se rendre à l'école en précisant qu'il se déplace uniquement sur les chemins en blanc sur le plan.
- Correction collective : si la classe dispose d'un vidéoprojecteur, valider le parcours de Théo au tableau. Sinon, une vérification entre voisins permet de repérer les éventuelles erreurs de tracé et de les corriger.

3 Théo habite la maison située dans la case (A ; 3). **Entoure**-la.
Théo va à l'école en empruntant le chemin le plus court. **Trace**-le.

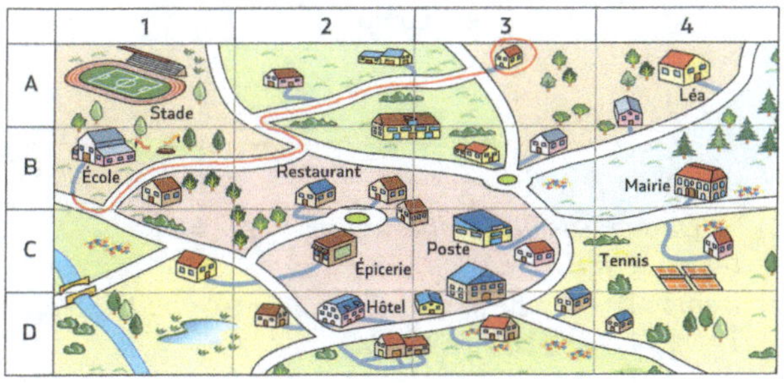

Erreur possible

Difficulté à se substituer au personnage qui se déplace sur le plan.

Remédiation

- Repérer l'école sur le plan.
Indiquer que les routes sont en blanc.
- Proposer de suivre avec le doigt, sans s'occuper des codages, le chemin que suit Théo pour aller à l'école.

Différenciation

Consolidation Photofiche 60c

Avec cette photofiche représentant le plan d'un camping, les élèves vont retrouver le même type de questions que dans la leçon du fichier.

68 Lire l'heure (1)

Fichier p. 80

Programme 2018	**Comparer, estimer, mesurer des longueurs, des masses, des contenances, des durées** **Utiliser le lexique, les unités, les instruments de mesures spécifiques à ces grandeurs** Lire l'heure sur une horloge ou une montre à aiguilles.
Compétence	Lire les heures entières et les demi-heures.
Remarques préalables	▪ Les élèves s'approprient progressivement le fonctionnement des horloges à aiguilles ou même des affichages digitaux des horloges électroniques. ▪ Pour savoir lire une mesure, il est souhaitable d'avoir compris comment fonctionnent les unités de mesure, or les heures effectuent un cycle de 24 heures chaque jour, cycle qui est ramené à deux cycles de 12 heures sur les horloges à aiguilles, et les minutes effectuent durant chaque heure un cycle de 60 minutes. Cette complexité interdit une compréhension immédiate aux élèves de CE1. ▪ Dans cette première leçon, ils vont donc s'approprier quelques points de repère simples avec les heures entières et les demi-heures qu'ils vont mettre en rapport avec différents moments de la journée. ▪ En leçon 70, ils découvriront les relations entre heure du matin et heure du soir, puis en leçon 84, ils approfondiront les relations entre heure et minutes, heures et jour, jours et semaine, ce qui leur permettra de poursuivre l'apprentissage de la lecture de l'heure au CE2. **Difficulté de la leçon** Comprendre que les deux aiguilles d'une horloge ne donnent pas la même information. La grande aiguille complète les indications fournies par la petite aiguille. **Aide** Travailler avec deux horloges différentes ; l'une graduée jusqu'à 12 et ne comportant que la petite aiguille, l'autre graduée jusqu'à 60 et ne comportant que la grande aiguille. Fusionner les deux horloges quand leur fonctionnement est compris.

Calcul mental 5 min

➜ *Différences de nombres. Dire : « 12 – 4 » ; l'élève écrit 8.*
***Items :** 12 – 4 ; 15 – 6 ; 11 – 7 ; 13 – 5 ; 16 – 8 ; 15 – 7 ; 17 – 9 ; 14 – 8 ; 12 – 7 ; 15 – 9.*

Prérequis oral

« Sur une horloge à aiguilles, quelle est l'aiguille qui indique les heures ? »
La réponse à cette question permet de vérifier si les élèves ont retenu ce qu'ils ont découvert au CP.

Manipulations préparatoires 20 min

En collectif

Matériel	Chaque élève découpe et construit à l'aide d'une attache parisienne l'horloge du côté des graduations de 1 jusqu'à 12 et de 1 à 60 (cf. matériel page C).
Organisation	Groupes de 2 élèves.

Activité 1 : Marquer une heure sur l'horloge

Manipuler

▪ Écrire au tableau 7 h et demander aux élèves de positionner les deux aiguilles de leur horloge de telle sorte qu'elle indique 7 h.
▪ Écrire au tableau 10 h puis 4 h et vérifier que les aiguilles sont correctement positionnées.
▪ Écrire au tableau 8 h 30. Demander aux élèves comment positionner les aiguilles de l'horloge pour qu'elles indiquent 8 h 30.

Débattre

▪ Les groupes font leurs propositions.
▪ Faire préciser dans quel sens tournent les aiguilles de l'horloge et de quelle façon fonctionne la grande aiguille.
« Que fait la petite aiguille pendant que la grande aiguille effectue un tour complet ?
Pour obtenir 8 h 30 où faut-il positionner la grande aiguille ? la petite aiguille ? »

Schématiser, symboliser

▪ Dessiner au tableau une horloge semblable à celle des élèves et positionner les aiguilles sur 8 h 30.
▪ Colorier le demi-disque parcouru par la grande aiguille depuis le 12 et préciser que cela correspond à une moitié d'heure ou à une demi-heure d'où l'équivalence entre « 8 h 30 » et « 8 heures et demie ».

Activité 2 : Lire une heure sur l'horloge

Manipuler

▪ Présenter une horloge avec les aiguilles en position de 8 h 30, puis 11 h, puis 1 h 30.
▪ Les élèves reproduisent la position des aiguilles sur leur propre horloge, puis écrivent l'heure indiquée sur leur ardoise.

Débattre

Corriger les erreurs de position de la petite aiguille et les erreurs de l'ardoise en revenant aux règles exposées lors de l'activité 1.

Découvrons

10 min

1 ▪ Faire lire la bulle de Mathix qui confirme ce que les élèves ont expérimenté lors de l'activité préparatoire.
▪ Demander de dire oralement les heures indiquées par les trois horloges suivantes. Souligner l'importance de la position de la grande aiguille.
▪ Faire compléter le fichier horloge par horloge.

Institutionnalisation orale

Poser la question : « *Qu'avons-nous appris aujourd'hui ?* »
Réponse attendue proche de : « *Nous avons appris à lire les heures entières et les demi-heures sur une horloge.* »

Je m'entraîne

20 min

En individuel

2 Dans cet exercice, les élèves doivent mettre en relation l'affichage d'une horloge digitale avec la position des aiguilles d'une horloge classique.
Rappeler que le second nombre est défini par la position de la grande aiguille et que le premier est donné par la graduation sur laquelle se trouve la petite aiguille ou par celle qu'elle vient de franchir.

Erreur possible
Difficulté à définir correctement l'heure indiquée par la petite aiguille.

Remédiation
Sur une des horloges utilisées durant la manipulation préparatoire, faire évoluer les aiguilles de 8 h à 8 h 30 puis de 8 h 30 à 9 h de façon à rappeler que lorsque la petite aiguille se trouve entre deux graduations c'est la graduation précédente qui indique l'heure en cours.

3 Aider les élèves à lire l'affiche bleue qui indique les horaires d'ouverture de la piscine le dimanche. Puis leur indiquer qu'ils doivent dessiner les aiguilles des horloges qui correspondent pour la première à l'horaire d'ouverture, pour la seconde à l'horaire de fermeture. Conseiller de commencer par dessiner en rouge, sous forme d'un trait simple, la petite aiguille des heures avant de dessiner en noir la grande aiguille des minutes.

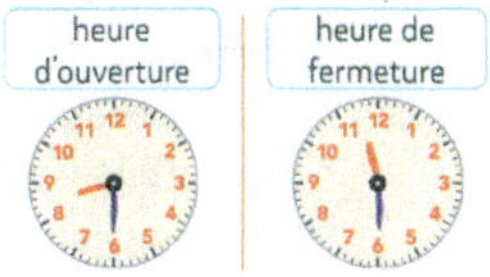

Erreurs possibles
Les mêmes que dans l'exercice précédent.

Remédiation
Rappeler le sens de rotation des aiguilles d'une horloge pour savoir quelle graduation vient d'être franchie.

Réinvestissement

4 Les élèves doivent colorier les valises portant des décompositions de nombres (sous leur forme abrégée avec les lettres c, d, et u qui ont été rencontrées en leçon 30) de la même couleur que les tee-shirts sur lesquels sont écrits ces nombres écrits en chiffres.

Différenciation

Remédiation Photofiche 61R
Cette fiche comporte deux exercices.
Dans le premier, les élèves doivent indiquer quelle est l'heure indiquée par 8 horloges différentes. Quatre horloges indiquent des heures entières, quatre horloges indiquent des demi-heures.
Dans le second, les élèves doivent associer, à chacune des quatre émissions d'un programme télévisé, l'horloge qui indique l'heure de son début.

69 Calcul en ligne : Multiplier par 10

Fichier p. 81

Programme 2018	**Calculer avec des nombres entiers** Mémoriser des faits numériques et des procédures : ▪ Multiplication par 10 et par 100.
Compétence	Multiplier par 10 un nombre d'un ou deux chiffres.
Remarques préalables	▪ La multiplication par 10 s'apparente au comptage des dizaines. Nous proposons donc, dans l'activité préparatoire, de faire écrire un nombre de dizaines sous la forme d'un produit et inversement de traduire des produits par 10 en nombre de dizaines. ▪ Nous utiliserons, pour cela, le matériel de numération : barres vertes des dizaines. **Difficultés de la leçon** – Utiliser l'addition réitérée et faire le lien avec le matériel de numération. – Comprendre le fonctionnement du tableau de numération. **Aide** Recourir à l'utilisation du matériel de numération.

Calcul mental 5 min

→ *Soustraire des dizaines entières à un nombre de trois chiffres. Écrire : 457 – 30 = … ; l'élève écrit 427.*
Items : *457 – 30 ; 256 – 20 ; 198 – 50 ; 685 – 50 ; 360 – 40 ; 296 – 60 ; 735 – 20 ; 482 – 40 ; 580 – 50 ; 628 – 20.*

Prérequis oral

« 2 dizaines sont égales à quel nombre ? »
L'élève qui ne répond pas à cette question ne peut aborder avec efficacité cette leçon.

Manipulations préparatoires

30 min

En collectif

Matériel	Barres vertes (page matériel A) ; calculatrices ; tableau de numération ; ardoises.
Organisation	Groupe classe, groupes de 2 élèves.

Activité 1 : Le matériel de numération (nombre de dizaines inférieur à 10)

Manipuler, schématiser

▪ Montrer 5 barres dizaines vertes et demander : *« Quel nombre représente ces 5 barres dizaines ? »*

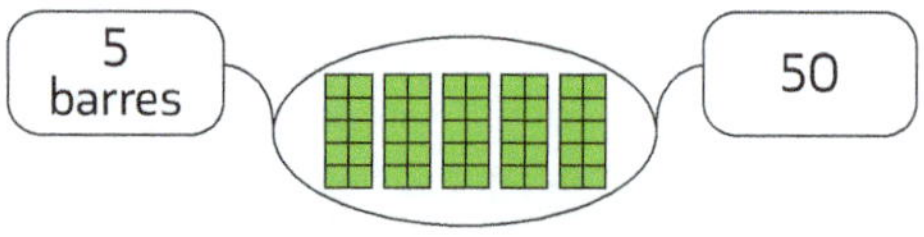

Débattre, symboliser

▪ Confronter les réponses.
▪ Écrire sous le schéma :
10 + 10 + 10 + 10 + 10 = 50
5 × 10 = 50

Procéder de même avec d'autres exemples : 3 barres, puis 8 barres.

Activité 2 : Le matériel de numération (nombre de dizaines supérieur à 10)

Débattre

▪ Montrer 23 barres dizaines et demander : *« Quel nombre représente ces 23 barres dizaines ? Que représente une barre dizaine ? Comment peut-on calculer la valeur de ce nombre ? »*
▪ Confronter les réponses.

Symboliser

▪ Écrire les égalités proposées au tableau :
« 23 dizaines = 10 + 10 + 10… C'est trop long ! » ;
« 23 dizaines = 23 × 10 ».
▪ Utiliser le tableau de numération : un élève vient écrire 23 dizaines dans le tableau et le complète pour trouver 23 × 10 = 230.

c	d	u
2	3	0

▪ Souligner que l'utilisation du tableau de numération permet d'économiser un long calcul.

Procéder de même avec d'autres exemples : 15 × 10 ; 37 × 10…

Activité 3 : Trouver la règle

▪ Observer la compilation des résultats précédents écrits au tableau pour rechercher la règle qui permet de multiplier un nombre par 10.
▪ Privilégier les réponses du type : *« Lorsqu'on multiplie un nombre par 10, son chiffre des unités devient le chiffre des dizaines, on écrit donc un zéro à droite de ce nombre. »* ou *« Pour multiplier un nombre par 10, on écrit un zéro à la droite de ce nombre. »* Si les élèves proposent : *« On ajoute un zéro à la droite de ce nombre »*, faire remarquer que cette formulation n'est pas exacte. Si l'on ajoute 0 à 8, on obtient 8 + 0 = 8 et non pas 8 × 10 = 80.

▪ Pour en confirmer la validité, demander aux élèves de se grouper par deux. À l'aide d'une calculatrice, vérifier l'exactitude de cette règle avec les opérations : 17 × 10 ; 54 × 10 ; 49 × 10.

Découvrons

15 min

1 ▪ Lire l'énoncé et commenter les bulles.
▪ Observer et compléter le calcul de Léa : 3 × 10, c'est 10 + 10 + 10, c'est-à-dire 30.

3 × 10 = 10 + 10 + 10
3 × 10 = 30

2 ▪ Calculer 12 × 10 avec la méthode de Léa est long et le risque d'erreurs important.
▪ Proposer alors aux élèves de commenter la méthode de Théo : 12 × 10, c'est 12 dizaines.
▪ Utiliser le tableau de numération pour trouver que 12 dizaines = 120 unités.
▪ Reprendre le calcul de Léa avec la méthode de Théo. Faire remarquer que cette méthode est moins coûteuse en temps que la précédente.
▪ En reprenant les résultats des calculs précédents, justifier la bulle de Mathix qui est la conséquence du déplacement des chiffres d'une colonne vers la gauche dans le tableau de numération.

12 × 10 c'est 12 dizaines
12 dizaines = 120 u
12 × 10 = 120

c	d	u
1	2	0

Institutionnalisation orale
Poser la question : « *Qu'avons-nous appris aujourd'hui ?* » Réponse attendue proche de : « *Nous avons appris à multiplier un nombre par dix.* »

Je m'entraîne

15 min

En individuel

3 Cet exercice présente la table de 10 de la multiplication.

▪ 1 × 10 = 10 2 × 10 = 20 3 × 10 = 30 4 × 10 = 40
▪ 5 × 10 = 50 6 × 10 = 60 7 × 10 = 70 9 × 10 = 90

Erreur possible
Réponses erronées.

Remédiation
S'appuyer sur le matériel de numération et l'addition réitérée pour rappeler la règle découverte dans la leçon.

4 Dans la seconde ligne de calculs, les termes sont permutés mais Mathix rappelle que la commutativité permet de calculer ces produits.

▪ 11 × 10 = 110 23 × 10 = 230 10 × 10 = 100
▪ 10 × 18 = 180 10 × 42 = 420 10 × 78 = 780

Erreurs possibles
– Réponses erronées.
– Non prise en compte de la commutativité.

Remédiation
– S'appuyer sur le matériel de numération ou le tableau de numération et rappeler la règle.
– Revoir les tableaux rectangulaires pour justifier la commutativité.

5 Expliciter le problème. La situation se résout par la multiplication 10 × 25 qui s'écrit grâce à la commutativité 25 × 10. Il est important de réussir l'exercice 4 avant de résoudre ce problème.

25 × 10 = 250 Il possède 250 timbres

Réinvestissement

6 Compter de 5 en 5 (à partir d'un nombre se terminant par 0 ou par 5).

Remédiation
Utiliser la bande numérique.

Problème de recherche personnelle

Il existe de nombreuses solutions à ce problème.

Le coin du chercheur
Trace deux traits pour partager ce carré en 3 triangles.

Différenciation

Remédiation Photofiche 62R
Cette photofiche propose trois exercices.
Dans le premier, l'élève doit multiplier des nombres de un chiffre par 10.
Dans le deuxième, il doit multiplier des nombres de deux chiffres par 10. Être attentif à trois items dont les nombres obtenus comportent deux zéros.
Dans le dernier, l'élève doit colorier de la même couleur les étiquettes multiplicatives et les résultats de leurs calculs. Le choix des couleurs est libre ; toutefois, l'enseignant peut les imposer aux élèves les plus hésitants en leur faisant colorier, en premier, toutes les étiquettes multiplicatives.

70 Lire l'heure (2)

Fichier p. 82

Programme 2018	**Comparer, estimer, mesurer des longueurs, des masses, des contenances, des durées** **Utiliser le lexique, les unités, les instruments de mesures spécifiques à ces grandeurs** Lire l'heure sur une horloge ou une montre à aiguilles.
Compétences	Lire les heures du matin et celles du soir.
Remarques préalables	▪ Dans cette leçon, les élèves vont apprendre à faire la différence entre les heures du matin, qui se lisent directement sur le cadran d'une horloge à aiguilles, et les heures du soir, qu'ils pourront lire sur la couronne bleue du verso de l'horloge de la page matériel C, mais qu'ils vont apprendre à déduire des heures du matin en ajoutant 12 heures. ▪ Cette distinction n'est pas nécessaire avec un affichage digital qui ordonne les heures de 1 à 24, mais elle l'est avec une horloge à aiguilles ordinaire. ▪ Pour justifier ce calcul, ils vont devoir comprendre qu'au cours d'un jour de 24 heures, la petite aiguille de l'horloge effectue non pas un tour de cadran mais deux. Lors de son deuxième tour, au lieu de dire « *il est 2 h de l'après-midi* », on peut dire « *il est 14 h* ». Toutes les heures ne se lisent donc pas directement sur le cadran d'une horloge ! **Difficulté de la leçon** Comprendre que lors du deuxième tour de cadran de la petite aiguille (après midi) l'heure ne se lit plus directement sur le cadran de l'horloge. **Aide** Observer la couronne dont les graduations sont écrites en rouge de 1 à 12 avant midi, observer la couronne dont les graduations sont écrites en bleu de 13 à 24 après midi avant d'apprendre à effectuer mentalement le passage de l'heure du matin à celle du soir.

Calcul mental — 5 min

➜ *Table de multiplication par 2. Dire : « 3 × 2 » ; l'élève écrit 6.*
Items : *3 × 2 ; 4 × 2 ; 6 × 2 ; 8 × 2 ; 9 × 2 ; 5 × 2 ; 7 × 2 ; 9 × 2 ; 1 × 2 ; 10 × 2.*

Prérequis oral

« Une montre indique 16 h 30. Est-ce le matin ou l'après-midi ? »
Les réponses à cette question permettent de vérifier si les élèves associent aux heures « du soir » les heures supérieures à 12 h.

Manipulations préparatoires — 20 min

En collectif

Matériel	Pour chaque élève l'horloge page matériel C.
Organisation	Groupes de 2 élèves.

Activité : L'horloge en carton

Manipuler, oraliser

L'horloge comporte uniquement la petite aiguille.
▪ Demander aux élèves de placer celle-ci sur la graduation « 12 » en précisant que cela indique qu'il est minuit ou zéro heure.
▪ Dire : « *Nous allons imaginer le trajet de la petite aiguille heure par heure au cours d'un jour de 24 heures.* »
▪ Énumérer les heures du premier tour de cadran une à une en précisant que certaines correspondent à une partie de la nuit bien qu'on leur associe le mot « matin ».
▪ Lors du deuxième tour de cadran, énumérer les heures de deux façons : en les faisant suivre du mot « après-midi » ou « soir » et en les exprimant comme l'indiquent les graduations de la couronne bleue jusqu'à atteindre minuit qui se lit 24 h ou zéro heure (du jour suivant).
▪ Demander aux élèves de rajouter la grande aiguille à leur horloge pour indiquer : 13 h 30, puis 16 h 30, puis 20 h 30, puis 22 h.
▪ Demander : « *Quelle différence y a-t-il entre une graduation bleue et une graduation rouge se trouvant au même endroit du cadran de l'horloge ?* » « *Comment passer de l'heure du matin à l'heure du soir ?* »

Débattre, symboliser

▪ Les élèves relèvent que ces deux graduations sont séparées par un écart de 12.
Représenter le schéma suivant au tableau :

Heure du matin	+ 12 h =	Heure du soir

Le faire fonctionner sur quelques exemples.

Découvrons — 10 min

1 ▪ Faire lire les bulles des deux enfants. Leur demander de répondre à la question que pose Théo.
▪ Faire compléter les heures du matin et du soir sur les deux horloges ainsi que la phrase du fichier. Ce travail ne devrait pas poser de problème après les manipulations préparatoires.

Institutionnalisation orale

Poser la question : « *Qu'avons-nous appris aujourd'hui ?* »
Réponse attendue proche de : « *Nous avons appris à distinguer les heures du matin et les heures du soir et à lire les heures du soir.* »

En individuel

Je m'entraîne

20 min

2 Dans cet exercice, les élèves doivent écrire les heures du matin et du soir pour une même position des aiguilles de l'horloge.

matin 8 h 00
soir 20 h 00

matin 4 h 30
soir 16 h 30

matin 10 h 30
soir 22 h 30

Erreur possible

Difficulté à ajouter 12 heures à l'heure du matin pour obtenir celle du soir.

Remédiation

Faire lire les heures du matin sur la couronne graduée en rouge et les heures du soir sur la couronne bleue.

3 Après avoir lu la bulle de Mélissa, les élèves doivent déterminer l'heure du soir indiquée par l'horloge et l'écrire dans la première phrase du fichier. Ils peuvent ensuite se référer au tableau du programme pour savoir quel film Mélissa peut encore voir ce soir.

Quelle heure est-il ? *Il est* 20h00

Quel film Mélissa peut-elle encore voir ce soir ? *Elle peut voir le film numéro* 3.

Erreur possible

La résolution de ce problème est une tâche complexe ; le calcul de l'heure du soir ne doit poser aucun problème pour réussir la deuxième partie du travail qui devient délicate dans le cas contraire.

Remédiation

Séparer nettement les deux parties du travail : calculer et écrire l'heure du soir, puis aborder la deuxième partie de la résolution du problème en comparant 20 h aux horaires du tableau pour en déduire la réponse à la question posée.

Réinvestissement

4 Ces calculs renvoient à la leçon 61.

50 – 10 = 40
40 – 30 = 10

60 – 20 = 40
54 – 10 = 44

46 – 30 = 16
67 – 20 = 47

Remédiation

En cas de difficulté, utiliser le matériel de numération (page A) pour représenter le premier terme de la différence, puis retirer le matériel correspondant au deuxième nombre et faire écrire le nombre correspondant au matériel restant.

Différenciation

Consolidation **Photofiche 63c**

Cette fiche comporte deux exercices.

Dans le premier, les élèves doivent indiquer les heures entières du matin et celles du soir correspondant à la position des aiguilles de 3 horloges différentes.

Dans le second, les élèves doivent indiquer les heures et demie du matin et du soir correspondant à la position des aiguilles de 6 horloges différentes.

71 Poser et effectuer une soustraction sans retenue (1)

Fichier p. 83

Programme 2018	**Calculer avec des nombres entiers** Calcul posé : Mettre en œuvre un algorithme de calcul posé pour l'addition, la soustraction, la multiplication.
Compétence	Poser et effectuer une soustraction sans retenue.
Remarques préalables	▪ Un apprentissage trop précoce de la soustraction posée peut pousser les élèves à utiliser systématiquement cette technique, même pour des calculs qu'ils pourraient aisément résoudre par le calcul mental ou le calcul réfléchi. D'autre part, cette technique nécessite une bonne connaissance des différences entre petits nombres. C'est pourquoi nous avons repoussé cet apprentissage en milieu d'année afin que les élèves aient tout le temps de s'exercer au calcul de différences faciles à calculer. ▪ Une nouvelle leçon, la 100, sera consacrée aux soustractions sans retenue avec des nombres de trois chiffres et une dernière leçon, la 111 sera consacrée à la soustraction posée avec retenue. Ces leçons doivent être présentées comme un outil supplémentaire, et non pas unique, pour calculer une différence. Elles nécessitent de nombreuses manipulations pour asseoir la compréhension de la technique opératoire qui pourra faire l'objet de plusieurs séances. **Difficultés de la leçon** – Poser correctement l'opération. – Erreur dans les tables de soustraction. **Aide** – Contrairement à l'addition, l'ordre des termes a une grande importance dans la pose d'une soustraction : le plus grand nombre doit toujours être écrit en haut. – Demander régulièrement de calculer la différence de 2 petits nombres.

Calcul mental 5 min

→ *Table de multiplication par 2. Dire : « Combien de fois 2 dans 8 ? » ; l'élève écrit 4.*
Items : *« Combien de fois 2 dans 8 ? » ; « Combien de fois 2 dans 6 ? » ; « Combien de fois 2 dans 10 ? » ; « Combien de fois 2 dans 4 ? » ; « Combien de fois 2 dans 14 ? » ; « Combien de fois 2 dans 18 ? » ; « Combien de fois 2 dans 12 ? » ; « Combien de fois 2 dans 2 ? » ; « Combien de fois 2 dans 20 ? » ; « Combien de fois 2 dans 16 ? ».*

Prérequis oral

« Calculez 23 – 2. »

La réponse à cette consigne permet de vérifier si l'élève sait retrancher un petit nombre sans passage de la dizaine.

Manipulations préparatoires 30 min

En collectif

Matériel	Matériel de numération : 9 barres vertes, 9 jetons jaunes (page matériel A).
Organisation	Groupes de 4 élèves.

Activité : Des collections de timbres

Manipuler, schématiser

▪ Répartir la classe par groupes de 4 élèves. Chaque groupe dispose du matériel de numération.

▪ Proposer ce problème écrit au tableau : *« Jasmine possède 38 timbres ; elle en donne 15 à Lucas. Combien lui en reste-t-il ? »*

▪ Demander aux élèves d'expliquer la situation et de préciser l'opération à utiliser pour résoudre ce problème.

▪ Certains élèves peuvent essayer de la calculer en ligne ; d'autres peuvent utiliser le matériel de numération.

Débattre, schématiser

▪ Chaque groupe expose sa méthode de résolution au tableau.

▪ Mettre en avant la méthode utilisant le matériel de numération.

On schématise 38 timbres par 3 barres dizaines et 8 jetons unités.

Si on retire 15 jetons, cela revient à retirer 5 jetons unités puis 1 barre dizaine.

▪ Constater qu'il reste 2 barres dizaines et 3 jetons unités.

Symboliser

▪ On peut donc écrire : 38 – 15 = 23

Il reste 23 timbres à Jasmine.

▪ Il est donc possible d'effectuer cette soustraction en retirant séparément les dizaines et les unités du nombre de départ. Ceci rappelle la méthode employée dans le calcul de l'addition en colonnes sans retenue.

Découvrons 15 min

1 ▪ Lire la présentation de la situation.

▪ Écrire, au tableau, l'opération du fichier posée dans un tableau de numération.

▪ Faire remarquer le signe « – » et l'écriture du plus grand nombre en haut du tableau de numération.

Demander à un élève de venir l'effectuer.

46 – 32 = 14

Le parallèle avec le matériel de numération est commenté. Le résultat est comparé à celui trouvé par Mélissa lorsqu'elle utilise les jetons et les barres-dizaines. Insister sur l'équivalence entre ces deux modes de calcul.

	d	u
	4	6
-	3	2
=	1	4

	1	4
+	3	2
=	4	6

▪ Demander ensuite : « *Comment Mélissa vérifie-t-elle son opération ?* »
Un schéma peut s'avérer nécessaire :

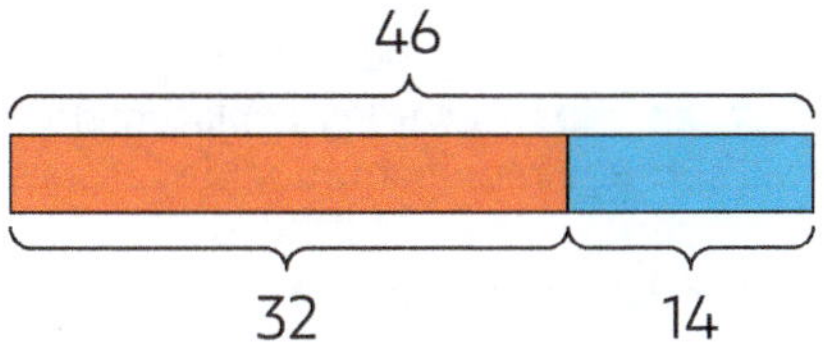

Si 46 - 32 = 14, alors 32 + 14 = 46.
Demander aux élèves de calculer cette addition sur le fichier en complétant le tableau de droite du *Découvrons*.
▪ Montrer que l'écriture 46 = 32 + 14 est aussi équivalente à 46 - 14 = 32.
Demander de vérifier cette opération en posant cette soustraction sur l'ardoise.
▪ Préciser l'importance de commencer par écrire d'abord le plus grand nombre puis d'aligner correctement les chiffres dans les colonnes correspondantes : les unités sous les unités, les dizaines sous les dizaines.

Institutionnalisation orale

Poser la question : « *Qu'avons-nous appris aujourd'hui ?* » Il attend une réponse proche de : « *Nous avons appris à poser et à effectuer une soustraction en la posant en colonnes.* »

Je m'entraîne

15 min

En individuel

2 Les deux soustractions sont déjà posées ainsi que les additions de vérification. Les erreurs proviennent généralement de la méconnaissance des tables ou du décomptage mal utilisé.

	d	u
	4	7
-	2	4
=	2	3

	2	3
+	2	4
=	4	7

	d	u
	6	8
-	3	6
=	3	2

	3	2
+	3	6
=	6	8

Erreur possible
Erreur de calcul.

Remédiation
Travailler en petits groupes.

3 Cet exercice est plus difficile car les opérations ne sont pas posées.

67 – 25

	d	u
	6	7
-	2	5
	4	2

89 – 24

	d	u
	8	9
-	2	4
	6	5

Erreurs possibles
- Opération mal posée.
- Erreur de calcul.

Remédiation
Travailler dans un tableau de numération comme dans l'exercice 2.

Réinvestissement

4 Cet exercice réinvestit la technique du passage de la centaine par une addition d'un nombre à un chiffre à un nombre de deux chiffres. Le schéma associe chaque déplacement sur la droite numérique à une addition.

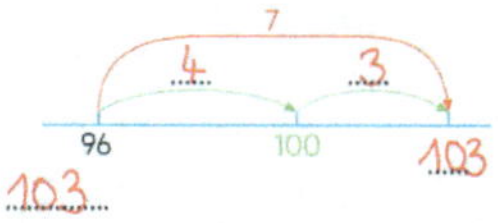

96 + 7 = 103

Problème de recherche personnelle

Cette figure fait apparaître 4 triangles simples et 1 triangle double, on compte donc 5 triangles dans cette figure.

Le coin du chercheur
Combien de triangles comptes-tu dans cette figure ? 5

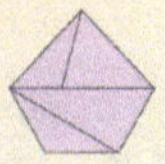

Différenciation

Remédiation Photofiche 64R
Cette photofiche propose quatre exercices très progressifs sur la soustraction sans retenue de deux nombres.

72 Se repérer dans l'espace

Fichier p. 84

Programme 2018	**(Se) repérer et (se) déplacer en utilisant des repères et des représentations** – S'orienter et se déplacer en utilisant des repères. – Réaliser des déplacements dans l'espace et les coder pour qu'un autre élève puisse les reproduire.
Compétences	Se repérer et se déplacer dans l'espace en utilisant des repères.
Remarques préalables	▪ L'appropriation du « méso-espace » (espace qui entre quasi entièrement dans notre champ de vision) est une activité qui modifie le rapport à l'espace de la feuille de papier (micro-espace) car les déplacements ne sont pas immédiats, ils nécessitent un projet et une organisation. Le travail sur une représentation de l'espace réel devient un support fonctionnel. ▪ Ce type de situation peut être réalisé sans difficulté dans toutes les classes sous forme ludique. **Difficultés de la leçon** – Identifier la place des personnes ou celle des objets dans l'espace proche. – Les placer dans l'espace de telle sorte que la relation (gauche, droite, devant, derrière, etc.) soit vérifiée. **Aide** – L'organisation de l'espace se construit sur le long terme et dans l'interdisciplinarité : géographie, arts plastiques, éducation physique, mathématiques. L'interdisciplinarité permet de ne pas tomber dans un formalisme déplacé et de proposer des exercices différents qui favorisent la maîtrise des notions mises en jeu. – Pour toutes les positions relatives dans l'espace, identifier la place des personnes ou celle des objets, et les placer de telle sorte que la relation soit vérifiée. – Changer de référence, puis exploiter la réciprocité des relations.

Calcul mental 5 min

➜ *Unités de numération. Dire : « 3 centaines 5 unités » ; l'élève écrit 305.*
Items : *« 3 centaines 5 unités » ; « 2 centaines 5 dizaines » ; « 4 centaines 3 unités » ; « 3 centaines 4 dizaines » ; « 4 centaines 4 unités » ; « 6 centaines 3 unités » ; « 5 centaines 7 dizaines » ; « 8 centaines 5 unités » ; « 5 centaines 2 dizaines » ; « 6 centaines 8 dizaines ».*

Prérequis oral

« Qui est assis à ta gauche ? à ta droite ? »
Les réponses à ces deux questions vérifient que l'élève connaît sa droite et sa gauche.

En collectif

Manipulations préparatoires 15 min

Matériel	Trésor (billes, images, pièces factices...).
Organisation	Groupe classe.

Activité 1 : Devinette

▪ S'assurer, par une devinette situant un objet ou un enfant dans la classe, que les élèves reconnaissent les notions « à droite de », « à gauche de », « devant », « derrière », « entre », etc.

Activité 2 : Chasse au trésor

▪ Faire sortir un élève qui devra trouver le trésor.
▪ Un élève cache le trésor (image, sac de billes ou autre) dans sa poche.
▪ Écrire au tableau sous forme de parchemin, un parcours qui permettra de trouver l'élève possédant le trésor. Le texte utilise les mots : *devant, derrière, à gauche de, à droite de, entre,* etc.
▪ Faire rentrer l'élève qui, en suivant les consignes écrites au tableau, doit retrouver l'élève possédant le trésor.
▪ Son parcours est étroitement surveillé par ses camarades qui approuvent ou critiquent ses choix.

Découvrons 15 min

1 ▪ Sur leur fichier, les élèves observent le dessin d'une classe. Ils repèrent la position de l'enseignante et les prénoms des élèves.
▪ Demander : *« Qui est devant Boris ? Qui est derrière Boris ? Qui est à droite de Théo ? Qui est à gauche de Théo ? »* Les élèves complètent les réponses en cherchant la position des enfants choisis.

Qui est devant Boris ? ...Nils...
Qui est derrière Boris ? ...Tom...
Qui est à droite de Théo ? ...Mélissa...
Qui est à gauche de Théo ? ...Julia...

Erreur possible
Mauvais repérage.

Remédiation
Demander aux élèves de tenir le rôle des enfants de la classe dessinée sur le fichier.

2 ▪ Les élèves sont invités à tracer le chemin parcouru par Amir. Pour initier l'activité, rappeler la chasse au trésor de l'activité manipulatoire 2.
▪ Ils tracent individuellement sur leur fichier le parcours effectué par Amir.
▪ La correction collective est immédiate.

Erreur possible
Mauvais trajet.

Remédiation
Suivre le trajet sur le fichier avec le doigt.

Institutionnalisation orale
Poser la question : « *Qu'avons-nous appris aujourd'hui ?* »
Réponse proche de : « *Nous avons appris à nous orienter et à nous déplacer dans l'espace en utilisant les mots* gauche, droite, devant, derrière, *etc.* »

Je m'entraîne

15 min

En individuel

3 Cet exercice vérifie que les élèves savent se décentrer et utiliser correctement les mots *devant, derrière, à droite de, à gauche de*.

Qui est devant Mélissa ? Lise
Qui est derrière Mélissa ? Nina
Qui est à droite de Léa ? Lise
Qui est à gauche de Léa ? Hiro

Erreur possible
Confusion dans les prénoms.

Remédiation
La scène est jouée avec les élèves dans le rôle des personnages du fichier.

4 Pour tracer convenablement le trajet de la maîtresse, il faut mémoriser la place des élèves et ne pas perdre le fil de l'énoncé.

Erreur possible
L'élève a des difficultés à comprendre l'énoncé.

Remédiation
- Lire lentement l'énoncé.
- Suivre le trajet sur le fichier avec le doigt.
- Correction collective immédiate.

Réinvestissement

5 Réinvestissement de la leçon 71. L'élève doit poser et effectuer 2 soustractions sans retenue.

68 – 23

	d	u
	6	8
–	2	3
	4	5

89 – 67

	d	u
	8	9
–	6	7
	2	2

Différenciation

Consolidation Photofiche 65c
Cette photofiche propose trois exercices.
Dans le premier, il s'agit de compléter des phrases avec les mots « droite » et « gauche » à partir de la place occupée par des objets sur une étagère.
Dans le deuxième, il faut dessiner les objets à leur place sur l'étagère.
Dans le troisième, il faut repérer des élèves dans une salle de classe, à partir de leur position par rapport à un autre élève.

73 Payer avec la monnaie

Fichier p. 85

Programme 2018	**Résoudre des problèmes impliquant des longueurs, des masses, des contenances, des durées, des prix** Résoudre des problèmes, notamment de mesurage et de comparaison, en utilisant les opérations sur les grandeurs ou leurs mesures : ▪ Principes d'utilisation de la monnaie (en euros et centimes d'euro).
Compétence	Utiliser la monnaie en euros et centimes d'euro.
Remarques préalables	La monnaie constitue un excellent support pour comprendre les règles d'échange de 10 contre 1, ou bien de 100 contre 1. Les élèves doivent découvrir la relation de base : 1 € = 100 c. Puis, par voie de conséquence, savoir que deux pièces de 50 centimes équivalent à 1 euro, que dix pièces de 10 centimes équivalent aussi à 1 euro. **Difficultés de la leçon** L'introduction du centime d'euro. Savoir payer en euros et centimes. **Aide** Travailler sur ces équivalences et utiliser la monnaie dans des exercices pratiques.

Calcul mental 5 min

→ *Unités de numération. Dire : « 5 dizaines 2 centaines » ; l'élève écrit 250.*
***Items :** « 5 dizaines 2 centaines » ; « 2 dizaines 5 centaines » ; « 4 dizaines 3 centaines » ; « 3 unités 4 centaines » ; « 4 unités 4 centaines» ; « 6 unités 3 centaines » ; « 5 unités 7 centaines » ; « 5 unités 8 centaines » ; « 2 dizaines 5 centaines » ; « 8 dizaines 6 centaines ».*

Prérequis oral

« Quelles pièces et quels billets connaissez-vous ? »
C'est l'occasion de faire le point sur les acquis du CP. Les élèves connaissent la monnaie en euros mais ne connaissent pas encore les centimes.

Manipulations préparatoires 30 min

En collectif

Matériel	Monnaie factice (cf. pages matériel E et F).
Organisation	Groupe classe.

Activité 1 : La monnaie

Manipuler

▪ Faire découper les différentes pièces de la monnaie factice.

▪ Reconnaître les pièces en euros et découvrir les centimes.

▪ Remarquer que tous les nombres ne figurent pas sur les pièces. Après observation, les élèves constatent qu'il existe huit pièces différentes : six pièces pour les centimes (1 c ; 2 c ; 5 c ; 10 c ; 20 c ; 50 c) et deux pièces pour les euros (1 € ; 2 €).

▪ Faire découper les différents billets de la page matériel F, puis demander à un élève de lire leurs valeurs : il existe 7 sortes de billets (5 € ; 10 € ; 20 € ; 50 € ; 100 € ; 200 € ; 500 €).

Activité 2 : Le jeu du marchand

Manipuler

▪ Un élève jouant le rôle du « marchand » expose des objets, des dessins ou des photos d'objets sur une table face à la classe avec leurs prix.

▪ Les élèves « clients » disposent de pièces et de billets factices. L'activité commence avec des objets étiquetés en centimes.

▪ Un « client » choisit un des objets étiquetés. Il prépare alors la somme correspondante avec la monnaie factice. Un élève vient au tableau dessiner les pièces qu'il a utilisées.

Débattre

▪ Demander s'il existe d'autres solutions. Celles-ci sont discutées. Par exemple, pour un objet dont le prix est 80 c, on peut donner une pièce de 50 c et trois pièces de 10 c ; ou quatre pièces de 20 c ; ou une pièce de 50 c, une pièce de 20 c et une pièce de 10 c. Chacun corrige ses erreurs éventuelles.

▪ Le jeu continue avec deux autres objets étiquetés en centimes, puis avec trois autres objets étiquetés en euros et trois autres étiquetés en euros et centimes.

▪ Si la classe manipule facilement la monnaie, imposer le nombre de pièces ou de billets nécessaires pour payer ou demander d'utiliser le moins de pièces et de billets possible.

Découvrons 15 min

1 Dans la première partie, les élèves redécouvrent que 1 € = 100 c et deux façons de faire 100 c : celle qui utilise deux pièces de 50 c et celle qui utilise 10 pièces de 10 c.

Mélissa, Théo et Léa ont-ils la même somme d'argent ? ☒ oui ☐ non

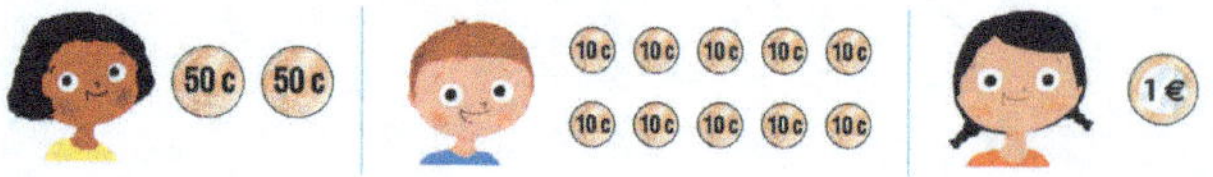

Complète. 50 c + 50 c = ...100... c = ...1... €

2 Dans la seconde partie du *Découvrons* les élèves découvrent une situation dans laquelle le prix de l'objet (120 €) peut être payé en n'utilisant que des billets. Une seule combinaison est ici possible compte tenu des billets proposés : 120 € = 100 € + 10 € + 5 € + 5 €. Inciter les élèves à calculer mentalement la somme qu'ils obtiennent chaque fois qu'ils ajoutent un nouveau billet.

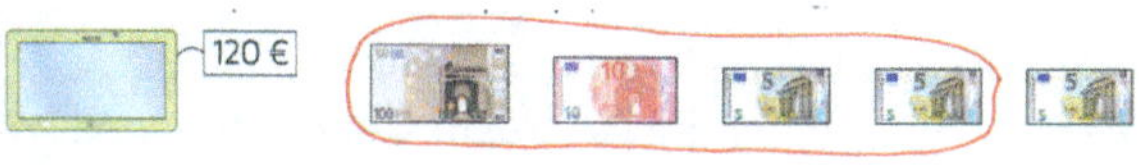

Institutionnalisation orale

Poser la question : « *Qu'avons-nous appris aujourd'hui ?* » Réponse attendue proche de : « *Nous avons appris à utiliser la monnaie pour payer en euros et centimes.* »

Je m'entraîne

15 min

En individuel

3 Les élèves ont le choix pour composer la somme requise. Mathix le rappelle. La correction les vérifie toutes mais privilégiera celle qui utilise le moins de pièces : deux pièces de 2 €, une pièce de 50 c et une pièce de 10 c.

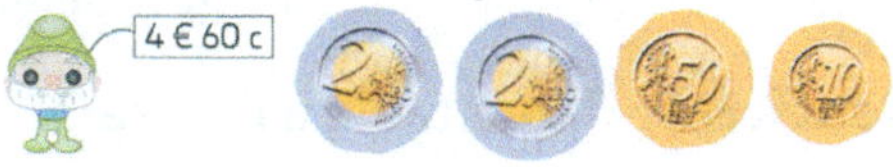

Erreur possible

Erreur dans la conversion centimes et euros.

Remédiation

Recours au Mémo page 14.

4 Les élèves doivent avoir retenu qu'un euro est égal à cent centimes car il faut composer un euro en utilisant deux pièces de 50 c.

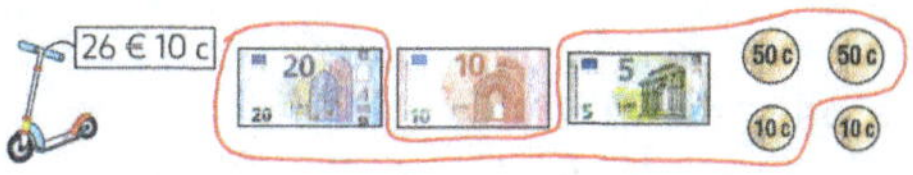

Erreur possible

Oubli que 50 c + 50 c = 1 €.

Remédiation

Recours au Mémo page 14.

Réinvestissement

5 Poser une addition avec retenue.

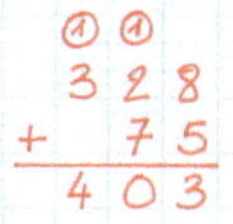

Erreurs possibles

- Oublier d'ajouter les retenues.
- Erreurs de calcul.

Remédiation

- Recours au Mémo page 10.
- Revoir les tables d'addition.

Problème de recherche personnelle

C'est Capucine qui a le plus grand pied car elle doit le reporter seulement 27 fois !

Différenciation

Consolidation Photofiche 66c

Cette fiche propose deux exercices.

Le premier revient notamment sur l'équivalence entre un euro et deux fois cinquante centimes, le second sur le « jeu du marchand ».

Cahier Problèmes : Leçon 16

74 Construire la table de 4 de la multiplication

Fichier p. 86

Programme 2018	**Calculer avec des nombres entiers** Mémoriser des faits numériques et des procédures : ▪ Tables de la multiplication.
Compétence	Construire la table de 4 de la multiplication.
Remarques préalables	▪ L'apprentissage des tables de la multiplication est long et s'étale sur plusieurs années. ▪ Construire une table de la multiplication permet à l'élève de comprendre sa structure et de retenir plus facilement cette table lorsqu'on lui demandera de l'apprendre afin de la réciter par cœur. **Difficultés de la leçon** – Comprendre la structure d'une table de multiplication. – Percevoir les liens entre les différents produits. **Aide** – Aide visuelle avec une table écrite au tableau et des flèches montrant comment on passe d'un produit au suivant. – Revenir régulièrement sur les tables de la multiplication en calcul mental.

Calcul mental — 5 min

➜ *Ajouter un nombre d'un chiffre à un nombre de trois chiffres (sans franchissement de la centaine).*
Écrire 125 + 7 = … ; l'élève écrit 132.
***Items :** 125 + 7 ; 138 + 4 ; 235 + 6 ; 357 + 6 ; 469 + 5 ; 274 + 9 ; 517 + 8 ; 258 + 6 ; 318 + 7 ; 615 + 8.*

Prérequis oral

« Comptez de 4 en 4 jusqu'à 20. »
Ce comptage est une aide pour l'apprentissage de la table de 4 de la multiplication.

Manipulations préparatoires — 30 min

En collectif

Matériel	Activité 1 : 10 rectangles correspondant aux différents produits de la table de 4 (voir matériel photocopiable). Activité 2 : Une table de 4 et une table de 2 de la multiplication.
Organisation	Groupes de 4 élèves.

Activité 1 : Passer d'un rectangle à l'autre

▪ Distribuer à chaque groupe d'élèves une feuille sur laquelle sont photocopiés les rectangles quadrillés des produits de la table de 4 (matériel photocopiable).

Manipuler, schématiser

▪ Découper puis écrire le produit représenté par chaque rectangle quadrillé.
▪ Ranger ensuite ces rectangles, du plus grand au plus petit, en les empilant : entre chaque niveau il apparaît 4 cases.
▪ En partant du haut, demander comment passer d'un rectangle au suivant sans recompter l'ensemble des carreaux.

Débattre, symboliser

▪ Les élèves se rendent compte que l'écart entre deux rectangles consécutifs est toujours de 4 cases. Pour passer d'un rectangle au suivant, il faut ajouter 4.

▪ Le premier petit rectangle du haut de la pile est composé de 4 cases : 1 × 4 = 4.
Le deuxième, de 4 cases supplémentaires :
2 × 4 = 4 + 4 = 8.
Le troisième, encore de 4 cases supplémentaires :
3 × 4 = 8 + 4 = 12.
Etc.
On passe donc d'un produit au suivant en ajoutant 4.

Activité 2 : D'une table à l'autre

Manipuler, schématiser

Comparer les tables de 2 et de 4 en utilisant les rectangles de ces tables.

Débattre

Il ressort du débat que, si l'on plie en deux suivant la longueur les rectangles de la table de 4, on obtient les rectangles de la table de 2.
Les produits de la table de 4 sont donc les doubles de ceux de la table de 2.

Symboliser

Écrire par exemple :
3 × 4 = 12 est le double de 3 × 2 = 6 ;
5 × 4 = 20 est le double de 5 × 2 = 10 ;
etc.

Découvrons — 15 min

1 ▪ Observer comment Léa construit la table de 4 de la multiplication.
▪ Constater que l'on passe d'un résultat au suivant en ajoutant 4.
▪ Compléter tous les calculs.

1 × 4	2 × 4	3 × 4	4 × 4	5 × 4	6 × 4	7 × 4	8 × 4	9 × 4	10 × 4
4	8	12	16	20	24	28	32	36	40

Erreur possible

Erreur de calcul.

Remédiation

Reprendre la manipulation des différents rectangles.

Institutionnalisation orale

Poser la question : « *Qu'avons-nous appris aujourd'hui ?* » On attend une réponse proche de : « *Nous avons appris à construire la table de 4 de la multiplication.* »

Je m'entraîne

15 min

En individuel

2 Cet exercice montre une autre façon d'écrire ou de mémoriser la table de 4 : on commence toujours par le nombre 4. Montrer sur des exemples que cette écriture utilise la commutativité de la multiplication.

4 × 3 = 12	4 × 6 = 24	4 × 8 = 32
4 × 4 = 16	4 × 7 = 28	4 × 9 = 36

Erreur possible

Ne pas faire de lien entre 4 × 8 et 8 × 4.

Remédiation

Écrire ces produits comme dans le *Découvrons.*

3 Attention ! certains produits utilisent la commutativité de la multiplication pour être calculés avec la table de 4.

3 × 4 | 4 × 8 | 4 × 5 | 8 × 4 | 5 × 4 | 7 × 4

20 | 12 | 32 | 28

Erreur possible

L'élève ne perçoit pas la commutativité.

Remédiation

Prendre le rectangle correspondant à 8 × 4. Montrer, en le tournant, qu'il correspond aussi au produit 4 × 8.

4 Dans ce problème, on attend que les élèves utilisent le produit de 4 par 6, dont le résultat est fourni par la table de multiplication par 4, or il est possible que de nombreux élèves préfèrent traduire cette situation par une addition réitérée du type 4 € + 4 € + 4 € + 4 € + 4 € + 4 € = 24 € dont ils maîtrisent mieux le sens. Il appartient à l'enseignant de profiter de cette situation pour montrer l'économie de calcul que permet la connaissance de la table de multiplication par 4.

6 × 4 = 24 .... Il dépense 24 €.

Erreur possible

Situation multiplicative non perçue.

Remédiation

Jouer la situation pour montrer qu'il faut payer 6 fois 4 €. L'enseignant souligne que la connaissance des tables de multiplication est le moyen le plus rapide d'apporter la réponse à ce problème.

Réinvestissement

5 C'est un réinvestissement de l'utilisation de la monnaie. L'élève doit savoir que 50 c + 50 c = 1 €.

Différenciation

Consolidation Photofiche 67c

Cette fiche comporte quatre exercices. Le premier est la construction des premiers termes d'une suite (arithmétique) de 4 en 4 à partir de 4, le deuxième est la reprise de la table de 4 dans une présentation qui permet de rapprocher sa construction de celle de la suite précédente. Le troisième est la recherche de la valeur de produits écrits sous la forme 4 × ... qui oblige à utiliser la commutativité de la multiplication. Le dernier est un problème dont la résolution fait intervenir le produit 4 × 4.

74 Construire la table de 4 de la multiplication

Matériel photocopiable

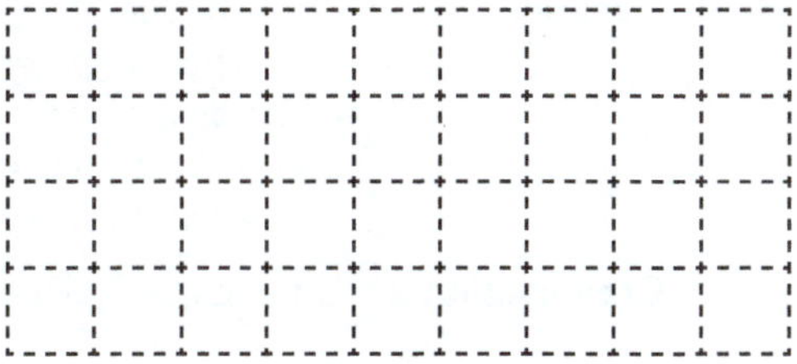

75 Tracer un triangle rectangle (2)

Fichier p. 87

Programme 2018	**Reconnaître, nommer, décrire, reproduire, construire quelques figures géométriques** – Décrire, reproduire sur papier quadrillé ou uni des figures ou des assemblages de figures planes (éventuellement à partir d'éléments déjà fournis de la figure à reproduire qu'il s'agit alors de compléter). – Utiliser la règle, le compas ou l'équerre comme instruments de tracé.
Compétence	Tracer un triangle rectangle de dimensions données.
Remarques préalables	Les élèves, dans cette leçon, vont apprendre à tracer, sur papier uni, un triangle rectangle de dimensions données, dont un côté et un sommet de l'angle droit sont déjà placés. C'est une tâche difficile parce que le maniement de l'équerre est délicat surtout quand le côté donné est un segment oblique. **Difficulté de la leçon** Utiliser correctement une équerre. **Aide** – Reprendre l'apprentissage du tracé de l'angle droit que les élèves ont étudié dans la leçon 43. – Observer et commenter le Mémo page 15.

Calcul mental 5 min

→ *Ajouter un nombre d'un chiffre à un nombre de trois chiffres (avec franchissement de la centaine).*
Écrire 195 + 7 = ... ; l'élève écrit 202.
***Items** : 195 + 7 ; 198 + 5 ; 295 + 6 ; 397 + 4 ; 499 + 5 ; 294 + 8 ; 597 + 6 ; 298 + 8 ; 398 + 7 ; 695 + 9.*

Prérequis oral

« Combien d'angles droits a un triangle rectangle ? »
La réponse à cette question montre que les élèves connaissent le triangle rectangle.

Manipulations préparatoires 15 min

En collectif

Matériel	Pour chaque groupe de deux élèves : une fiche (cf. matériel photocopiable en fin de leçon) ; une équerre ; une règle graduée ; un crayon gris ; une gomme.
Organisation	Groupes de 2 élèves.

Activité : Tracer des triangles rectangles

▪ Distribuer une photofiche à chaque groupe (cf matériel photocopiable en fin de leçon).
▪ Donner les consignes de travail : « *Vous devez terminer le tracé de 4 triangles rectangles. Chaque trait noir qui est déjà tracé sur la feuille est un des côtés de l'angle droit du triangle rectangle, le point noir est le sommet de son angle droit. Le deuxième côté de l'angle droit doit toujours mesurer 5 cm. Les triangles ne doivent pas se chevaucher.* »
Certains tracés d'angles droits demandent d'utiliser le retournement de l'équerre. Il faut aussi penser à la longueur des côtés pour que les triangles ne se chevauchent pas.
▪ Inciter les élèves à pratiquer l'entraide : un élève place puis appuie sur l'équerre pour l'empêcher de bouger, l'autre trace, au crayon gris, le deuxième côté de l'angle droit.
▪ Venir en aide à ceux qui rencontrent des difficultés pour tracer l'angle droit des triangles rectangles.
▪ Afficher les différentes productions et les commenter. *« Toutes les figures sont-elles des triangles ? »*
Des groupes peuvent avoir oublié de « fermer » le triangle. *« Tous les triangles sont-ils des triangles rectangles ? » « La longueur du deuxième côté de l'angle droit est bien égale à 5 cm ? »*

Découvrons 15 min

1 ▪ Lire la consigne et observer l'illustration du programme de construction du triangle rectangle.
▪ Remarquer que les mesures des longueurs des côtés sont données : le côté vertical mesure 4 cm et le côté horizontal 9 cm.
▪ Formuler oralement ce programme.
▪ Tracer le triangle.

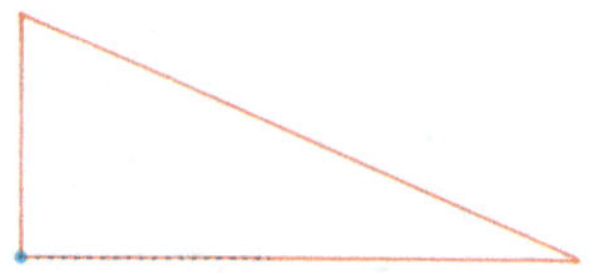

Institutionnalisation orale

Poser la question : *« Qu'avons-nous appris aujourd'hui ? »*
Réponse attendue proche de : *« Nous avons appris à tracer des triangles rectangles sur du papier uni à partir des longueurs des côtés de l'angle droit. »*

Je m'entraîne

15 min

En individuel

2 Les côtés de l'angle droit du triangle ne sont pas parallèles aux bords de la feuille, ils sont donc plus difficiles à tracer. Il faut de plus penser à choisir leur longueur en fonction de leur position sur la feuille.

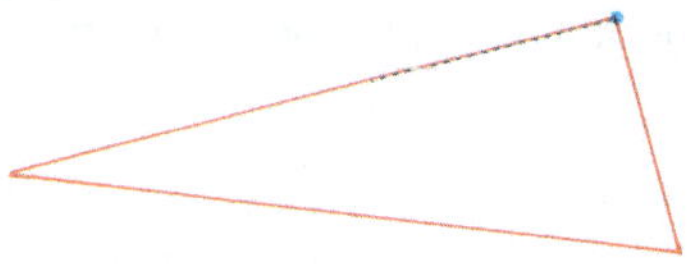

Erreur possible

Difficulté à positionner l'équerre sous le côté tracé.

Remédiation

Travailler en atelier pour apprendre à positionner l'équerre sur et sous un segment, à l'extrémité gauche et à l'extrémité droite d'un segment, sur des segments horizontaux, verticaux et obliques.

Différenciation

Consolidation Photofiche 68c

Cette photofiche comporte deux exercices. Dans chacun d'eux, il faut tracer un triangle rectangle dont le sommet de l'angle droit et les mesures des côtés sont donnés. Les côtés de l'angle droit ne sont pas parallèles aux bords de la feuille. Les sommets sont situés sur les bords gauche et droit de la feuille ce qui impose un retournement de l'équerre.

75 Tracer un triangle rectangle (2)

Matériel photocopiable

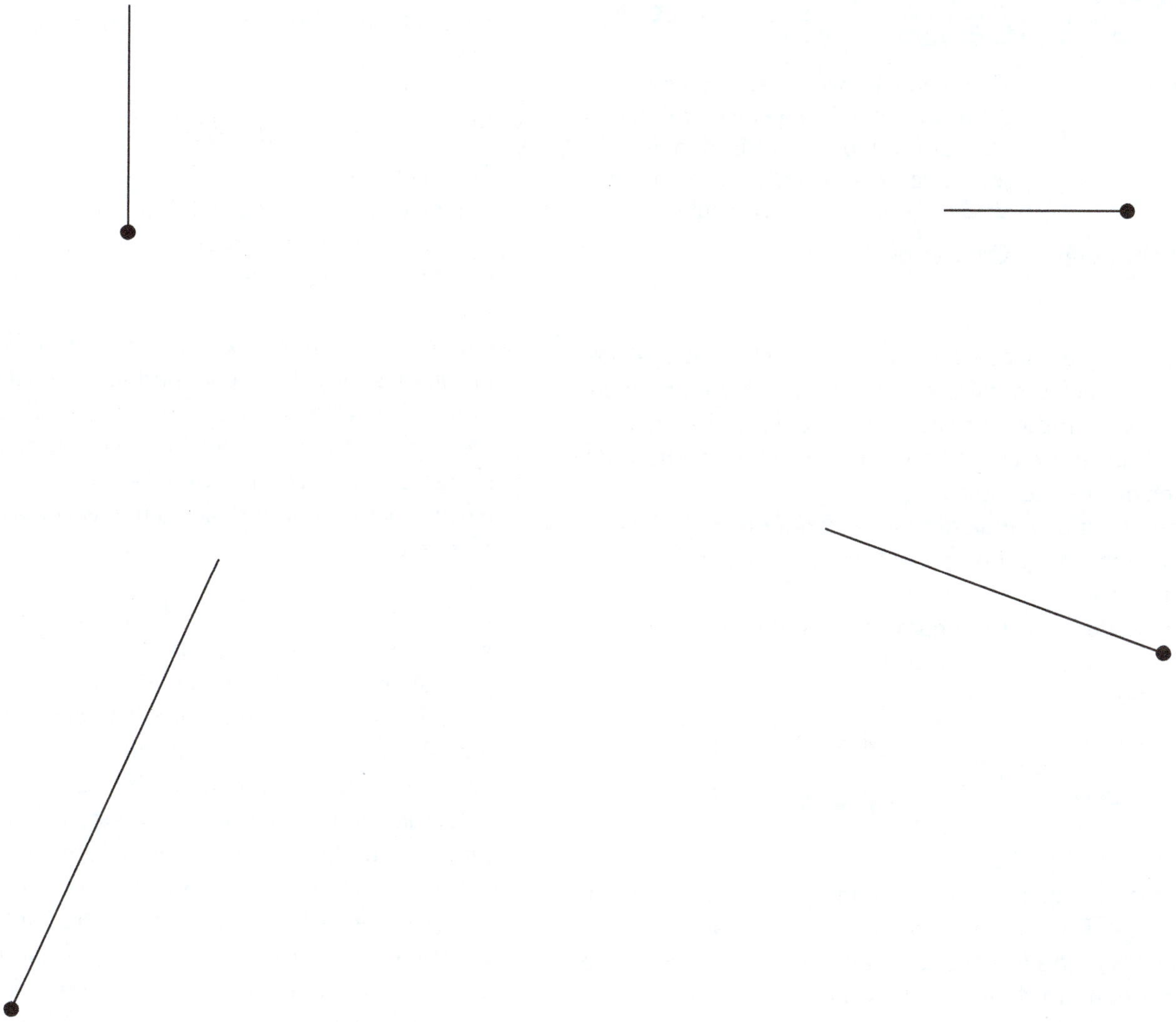

76 Problèmes (6) : Situations multiplicatives

Fichier p. 88

Programme 2018	**Résoudre des problèmes en utilisant des nombres entiers et le calcul** Résoudre des problèmes issus de situations de la vie quotidienne ou adaptés de jeux portant sur des grandeurs et leur mesure, des déplacements sur une demi-droite graduée, ... conduisant à utiliser les quatre opérations : ▪ Problèmes relevant des structures multiplicatives, de partages ou de groupements (multiplication/division).
Compétences	Identifier et résoudre des situations multiplicatives.
Remarques préalables	Nous avons introduit le produit de deux nombres comme le nombre de cases d'un tableau rectangulaire dont les nombres de lignes et de colonnes correspondent aux facteurs de ce produit. Cette introduction fait apparaître l'addition réitérée comme un moyen de calcul du produit, elle permet de comprendre pourquoi « 4 fois 5 » est égal à « 5 fois 4 », elle permet aussi d'associer la distributivité de la multiplication par rapport à l'addition à un découpage effectif d'un tableau rectangulaire. Elle permettra enfin d'admettre que le produit de deux grandeurs différentes peut donner naissance à une nouvelle grandeur comme le produit de deux longueurs qui donne naissance à une aire. La disposition d'un quadrillage rectangulaire (ex : tablette de chocolat) oriente naturellement vers la notion de produit, mais les élèves doivent aussi comprendre qu'une addition répétée d'un même nombre peut être représentée par un tableau rectangulaire et être calculée à l'aide d'un produit. Les situations abordées dans cette leçon font le tour de ces différentes approches.

Calcul mental 5 min

➜ *Retrancher un nombre d'un chiffre à un nombre de trois chiffres (sans franchissement de la centaine).*
Écrire 128 – 5 = ... ; l'élève écrit 123.
Items : *128 – 5 ; 137 – 3 ; 236 – 4 ; 329 – 7 ; 467 – 5 ; 278 – 6 ; 517 – 4 ; 366 – 5 ; 348 – 8 ; 615 – 5.*

Manipulations préparatoires 15 min

En collectif

Matériel	Un nombre important de jetons de 3 couleurs afin de pouvoir distribuer à chaque groupe une collection de jetons de trois couleurs comprenant de 3 à 5 jetons de même couleur.
Organisation	Groupes de 2 élèves.

Manipuler, schématiser

▪ Distribuer à chaque groupe des collections de jetons de trois couleurs différentes : rouge, jaune et bleu. Certaines comportent autant de jetons de chaque couleur, d'autres ne comportent pas le même nombre de jetons de chaque couleur.

▪ Demander à chaque groupe de ranger leurs jetons en trois lignes de jetons de même couleur placées l'une sous l'autre.

▪ Demander d'écrire le nombre total de jetons sous la forme d'une somme de trois termes.

Exemples :

5 + 5 + 5

5 + 4 + 3

Débattre, symboliser

▪ Demander quels sont les rangements de jetons qui permettent de former un tableau rectangulaire.

Il apparaît que lorsque les trois lignes comportent le même nombre de jetons il est possible de faire apparaître un tableau rectangulaire ce qui permet d'écrire le nombre total de jetons sous la forme d'un produit. Dessiner ces tableaux rectangulaires et leur traduction sous forme de produit :

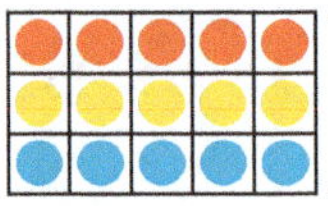
$5 + 5 + 5 = 3 \times 5 \ (= 5 \times 3)$

▪ Conclure que toutes les additions répétées d'un même nombre peuvent être représentées par un tableau rectangulaire et donner naissance à une multiplication.

Problèmes du fichier 15 min

En individuel

Pour cette séance, l'enseignant a le choix entre deux organisations de classe différentes :

– proposer le même problème à toute la classe, le laisser chercher, le valider, le corriger puis passer au problème suivant ;

– après avoir lu et explicité les énoncés des quatre problèmes de cette leçon, partager la classe en quatre groupes et affecter à chaque groupe d'élèves un problème différent. La recherche de ces problèmes pouvant s'effectuer de façon individuelle ou par groupe de deux élèves avant de donner lieu à une validation et une correction collectives.

1 Lire et expliquer l'énoncé en précisant que la petite souris a mangé les carrés de chocolat qui manquent.
Laisser les élèves chercher le nombre de carrés de chocolat de la tablette entière sur leur cahier de brouillon. Procéder à une rapide mise en commun qui fait apparaître des approches additives ou multiplicatives. Effectuer une validation en dessinant la tablette complète au tableau et en dénombrant ses carrés : elle contenait 20 carrés de chocolat. La correction fait apparaître plusieurs façons d'obtenir ce résultat : le dénombrement des carrés ; le calcul additif par ligne $5 + 5 + 5 + 5 = 20$; par colonnes : $4 + 4 + 4 + 4 + 4 = 20$; la reconnaissance du produit $4 \times 5 = 20$ ou $5 \times 4 = 20$.

Souligner que la reconnaissance d'un produit associé à la connaissance des tables de multiplication est le moyen le plus rapide d'apporter la réponse à ce problème.

1 Combien de carrés de chocolat cette tablette contenait-elle ?

4 x 5 = 20

Cette tablette contenait 20 carrés de chocolat.

2 Lire et expliquer l'énoncé en conseillant de bien observer les inscriptions figurant sur le paquet de biscuits. Laisser les élèves découvrir que le nombre de biscuits est écrit sous la forme « 6 × 3 ». Leur laisser chercher cette valeur sur leur cahier de brouillon. Procéder à une rapide mise en commun qui fait apparaître des approches différentes pour obtenir la valeur du produit 6 × 3 : dessin d'un tableau rectangulaire suivi d'un dénombrement ou du calcul d'une somme (6 + 6 + 6 ou 3 + 3 + 3 + 3 + 3 + 3), connaissance de la table de multiplication de 3 :
6 × 3 = 18.
Effectuer une validation en se référant à la table de multiplication par 3.
Souligner que la connaissance des tables de multiplication est le moyen le plus rapide d'apporter la réponse à ce problème.

2 Combien de biscuits ce paquet contient-il ?

6 x 3 = 18

Ce paquet contient 18 biscuits.

PROBLÈME DE RÉFÉRENCE 7

(matériel photocopiable)
Ce problème va servir de référence à toute une catégorie de problèmes analogues. Il est destiné à être affiché sur le mur des mathématiques et à être collé sur le cahier de références mathématiques.

3 Lire et expliquer l'énoncé. Laisser les élèves chercher le nombre d'œufs sur leur cahier de brouillon. Procéder à une rapide mise en commun qui fait apparaître des approches différentes pour obtenir le nombre d'œufs : calcul de la somme : 6 + 6 + 6 + 6 = 24 ou reconnaissance du produit 4 × 6 = 24. Effectuer une validation en utilisant 4 paquets de 6 jetons et en rappelant les conclusions des manipulations préparatoires. Souligner que la reconnaissance d'un produit et la connaissance des tables de multiplication est le moyen le plus rapide d'apporter la réponse à ce problème.

3 Samir achète 4 boîtes de 6 œufs.
Combien d'œufs achète-t-il ?

4 x 6 = 24

Samir achète 24 œufs.

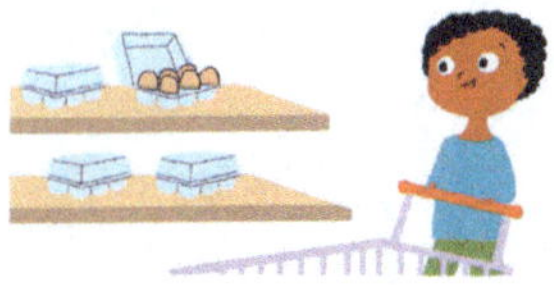

4 Lire et expliquer l'énoncé. Laisser les élèves chercher le nombre de compotes sur leur cahier de brouillon. Procéder à une rapide mise en commun qui fait apparaître des approches différentes pour obtenir ce nombre : calcul de la somme : 12 + 12 + 12 ou reconnaissance du produit 3 × 12.
Effectuer une validation en utilisant 3 paquets de 12 jetons et en rappelant les conclusions des manipulations préparatoires et le fait que 3 × 12 = 12 × 3. Montrer qu'il est possible de prolonger la table de multiplication par 3 au-delà de 10 × 3 en ajoutant 3 à chaque produit supplémentaire : 11 × 3 = 33 ; 12 × 3 = 36.
Signaler que dans les leçons 94 et 98 les élèves vont apprendre à calculer des produits comme 12 × 3 en n'utilisant que les résultats de la table de multiplication par 3 jusqu'à 10 × 3.

4 Adrien achète 3 lots de 12 compotes.
Combien de compotes achète-t-il ?

3 x 12 = 36

Adrien achète 36 compotes.

Différenciation

Consolidation Photofiche 69c
Cette fiche comporte trois exercices construits sur le même modèle faisant intervenir les produits 8 × 2 ; 7 × 3 puis 5 × 5 et 9 × 3. Ces valeurs devraient inciter les élèves à abandonner les additions répétées au bénéfice des calculs de produits.

Cahier Problèmes : Leçon 8

PROBLÈME DE RÉFÉRENCE 7

Je sais…
reconnaître une situation multiplicative

Quel est le nombre de carreaux de la serviette de Léa ?

Que dois-je chercher ?

➜ Je dois chercher le nombre de carreaux de la serviette de Léa.

Je schématise.

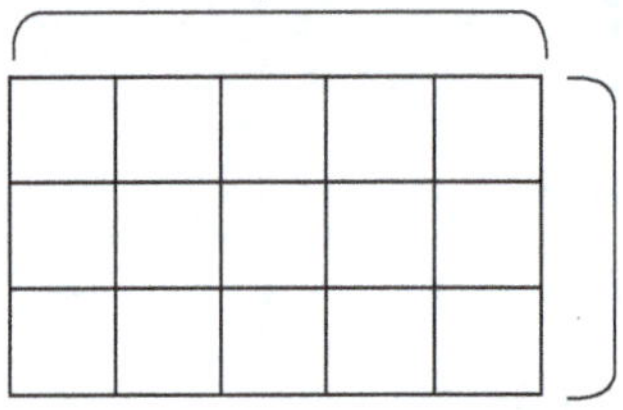

Je choisis l'opération.

➜ Je dois calculer une **multiplication**.
J'utilise le signe ×.

Je calcule.

$5 \times 3 = 15$ ou $3 \times 5 = 15$

Je rédige une phrase réponse.

La serviette de Léa est composée de 15 carreaux.

77 Maths Aventures (3)
Le parc d'Accrobranche

Fichier p. 89

Programme 2018	**Attendus de fin de cycle 2** Au cycle 2, la résolution de problèmes est au centre de l'activité mathématique des élèves, développant leurs capacités à chercher, raisonner et communiquer. Les problèmes permettent d'aborder de nouvelles notions, de consolider des acquisitions, de provoquer des questionnements. Ils peuvent être issus de situations de vie de classe ou de situations rencontrées dans d'autres enseignements, notamment « Questionner le monde ». Ils ont le plus souvent possible un caractère ludique.
Remarques préalables	Les pages « Maths Aventures » concluent chacune des cinq périodes. Le contexte de ces pages, bien que plus ludique, est plus complexe que celui d'un problème classique. Répondre aux cinq ou six questions nécessite une recherche d'informations et le réinvestissement des notions et des techniques étudiées durant la période. Les cinq pages « Maths Aventures » sont traitées de la même façon, le jour même : – Lecture et explications de l'enseignant(e). – Travail individuel. **Difficulté de la leçon** Difficulté à réinvestir les manipulations et les compétences des leçons de la période dans un contexte inédit. **Aide** – Reformulation des énoncés. – Revenir aux *Découvrons* des leçons concernées.

En collectif

La découverte — 15 min

▪ Pendant quelques minutes, les élèves observent le dessin, puis communiquent leurs observations à la classe.

▪ Poser quelques questions pour attirer leur attention sur les points qui n'ont pas été relevés et sur les éléments indispensables pour répondre aux questions :

– *« Qu'est-ce qu'un parc d'Accrobranche ? Qui est allé dans un tel parc ? »*
– *« Quelle est l'utilité d'un plan ? »*
– *« Comment trouver le parcours le plus long ? »*
– *« Comment reconnaître un angle droit ? »*
– *« Comment procéder pour mesurer la longueur de la corde rouge ? »*
– *« Que doit-on faire avec la monnaie dessinée ? »*

En individuel

Les problèmes — 15 min

▪ Lire ou faire lire chaque énoncé à voix haute, puis le commenter, surtout si le texte, ou le contexte, n'est pas compris par certains.

▪ Laisser les élèves travailler individuellement. Aider les élèves en cas de difficulté. Quand tous ont complété les réponses aux questions, ils peuvent comparer leurs résultats par groupes de 2, 3 ou 4, sans corriger leurs réponses. Les groupes s'entendent sur une solution qui sera présentée lors de la mise en commun. Cette dernière permet de confronter les réponses données, de les justifier ou éventuellement de les corriger.

1 Le départ se trouve dans la case (D ; 5). Repérer cette case à l'aide de 2 pailles ou 2 crayons.

2 La pendule indique 9 h 30. Montrer que la petite aiguille des heures se situe entre les graduations 9 et 10.

3 En repérant les longueurs des parcours Tarzan (480 m) et Ouistiti (350 m) dans le tableau, les élèves calculent : 350 m + 480 m = 830 m.

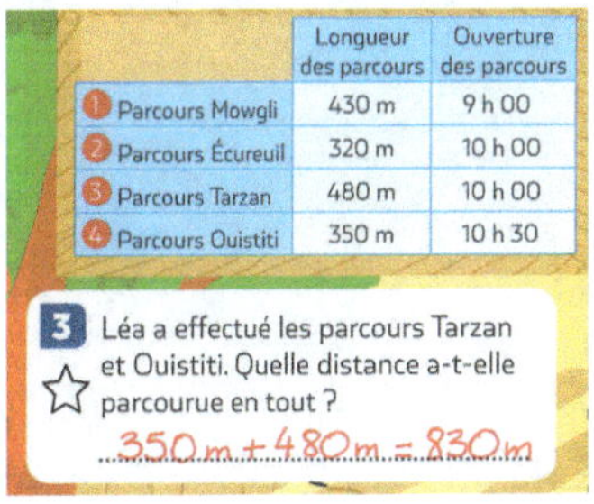

4 C'est une recherche de l'angle droit d'un triangle. Utiliser l'équerre.

5 La corde mesure 6 cm de longueur.

6 Il faut entourer le billet de 20 € et 2 pièces de 50 c pour obtenir 21 €.

Erreurs possibles

- Difficulté de repérer une case d'un tableau à double entrée.
- Trop de données pour répondre à l'exercice 3.
- Difficulté d'utiliser la règle de la trousse.
- L'élève ne sait pas que 50 c + 50 c = 1 €.

Remédiation

- En cas de difficulté de compréhension de l'énoncé, l'élève demande l'aide de l'enseignant(e).
- Demander aux élèves qui ont réussi d'expliquer à leur(s) camarade(s).
- Travailler en petits groupes les notions non acquises.

Le bilan

- L'activité terminée, l'élève compte les exercices qu'il a réussis, c'est-à-dire son nombre d'étoiles : s'il a colorié 5 ou 6 étoiles, il colorie la médaille d'or ; 3 ou 4 étoiles, il colorie la médaille d'argent ; sinon il colorie la médaille de bronze. Ainsi, tous les élèves colorient une médaille.
- Pour recenser et comparer les résultats obtenus pour toutes les périodes de l'année, l'élève note son score sur la fiche récapitulative des étoiles en coloriant les étoiles et la médaille correspondantes. Ces informations seront utiles pour d'éventuelles séances de remédiation organisées avant les évaluations de fin de période.
- Ce type d'évaluation à la fois ludique et rapide informe sur le degré de réussite de la classe. Son information sera complétée par les résultats à l'évaluation qui suivra dans laquelle les élèves feront le point sur la demi-période écoulée.

78 Je fais le point (6)

Fichier pp. 90 et 91

Procéder régulièrement au bilan des compétences des élèves. L'élève fait le point sur ses connaissances. Les résultats permettent aussi de repérer les notions mathématiques et les techniques de calcul maîtrisées par la majorité des élèves et celles qui doivent donner lieu à un travail de remédiation en atelier.
Comme les items des pages « Je fais le point » peuvent être faits à la maison, leur préférer ceux proposés dans le guide pédagogique pour réaliser les évaluations finales des demi-périodes. Utiliser alors les pages « Je fais le point » du fichier comme activités préparatoires aux évaluations finales.

Consignes de passation

Pour chaque exercice, les élèves travaillent individuellement. Lire une fois la consigne à haute voix. Leur laisser un temps raisonnable pour réfléchir, calculer et rédiger la réponse puis passer à l'exercice suivant. L'ensemble des exercices de la page peut être traité en deux séances. La correction se fera à la fin de chaque séance.

Connaissances et compétences	Commentaires	Propositions de remédiation
1. **Calculer avec des nombres entiers.** → Construire la table de 4 de la multiplication.	Les élèves qui ne réussissent pas cet exercice doivent revoir la table de multiplication par 4.	Revenir sur la phase de construction de la table de 4 avant d'en travailler la mémorisation en prenant appui sur les produits les mieux connus.
2. **Calculer avec des nombres entiers.** → Multiplier un nombre par 10.	Les élèves peuvent rencontrer quelques difficultés à appliquer la règle à un nombre se terminant par 0 ou à un nombre de deux chiffres.	Ne pas se limiter à l'application mécanique de la règle du zéro mais revenir à sa justification pour que la règle apparaisse comme la conséquence de la numération décimale. → **Photofiche 62R**
3. **Calculer avec des nombres entiers.** → Calcul en ligne : soustraire un nombre de 2 chiffres.	Il faut comprendre qu'un calcul compliqué peut se décomposer en deux étapes plus simples, sachant qu'il vaut mieux commencer par les dizaines.	La décomposition canonique du deuxième terme est une connaissance indispensable à la compréhension de ces calculs. Chaque étape donnant lieu à une technique qui doit être maîtrisée. → **Photofiche 59R**
4. **Calculer avec des nombres entiers.** → Poser et calculer une soustraction sans retenue.	La disposition des chiffres dans un tableau de numération permet de remplacer le calcul sur les nombres par un calcul sur des « chiffres ».	S'assurer que le premier terme est bien écrit en haut. Les étapes du calcul doivent respecter les colonnes d et u. S'assurer de la connaissance du répertoire soustractif. → **Photofiche 64R**
5. **Résoudre des problèmes en utilisant des nombres entiers et le calcul.** → Résoudre une situation multiplicative.	Les élèves doivent établir le lien entre la façon dont l'énoncé définit le rangement des biscuits et leur traduction additive ou multiplicative.	Si le calcul proposé ne modélise pas correctement la situation proposée, revenir sur des représentations figuratives à l'aide de jetons avant de les traduire de façon additive, puis multiplicative. Dans un deuxième temps vérifier la maîtrise des répertoires additifs et multiplicatifs.

Connaissances et compétences	Commentaires	Propositions de remédiation
6. **Comparer, estimer, mesurer des longueurs, des masses, des contenances, des durées.** ➜ Lire les heures du matin et du soir.	L'élève doit savoir lire l'heure du matin sur l'horloge, puis comprendre comment passer de l'heure du matin à celle du soir.	Vérifier les deux compétences : savoir lire l'heure du matin, passer de l'heure du matin à celle du soir. Dans les deux cas, l'aide d'une pendule cartonnée est appréciable. ➜ **Photofiche 61R**
7. **Résoudre des problèmes impliquant des longueurs, des masses, des contenances, des durées, des prix.** ➜ Payer avec la monnaie.	Les élèves doivent associer deux pièces de 50 c afin d'obtenir 17 €. Cette étape est une des difficultés de l'exercice.	Engager les élèves à procéder par addition successives des valeurs des billets et des pièces : 10 € + 5 € = 15 € ; 15 € + 1 € = 16 €. Comment faire apparaître l'euro manquant ? Rappeler que 1 € = 100 c.
8. **Reconnaître, nommer, décrire, reproduire, construire quelques figures géométriques.** ➜ Tracer un triangle rectangle.	Les élèves doivent comprendre que les pointillés n'indiquent que la position de l'un des côtés de l'angle droit et non sa longueur qu'il leur appartient de déterminer. L'utilisation correcte de l'équerre est une autre difficulté de cet exercice.	Il est possible de faire construire un triangle rectangle ayant les dimensions indiquées sur papier quadrillé avant de le faire découper pour le placer sur l'emplacement de la réponse. Cela permet d'avoir une représentation du but à atteindre. Il reste alors à verbaliser les étapes par lesquelles il faut passer pour obtenir la même figure après qu'on a retiré le gabarit.

E6 Évaluation (6)

Fichier CE1
Leçons 66 à 76

Prénom .... **Date** ....

Connaissances et compétences | **Évaluation**

Connaissances et compétences	Évaluation
Nombres et calculs	
Calculer avec des nombres entiers	
1. Construire la table de 4 de la multiplication.	
2. Multiplier un nombre par dix.	
3. Soustraction en ligne : retrancher un nombre de 2 chiffres.	
4. Poser et calculer une soustraction sans retenue.	
Résoudre des problèmes en utilisant des nombres entiers et le calcul	
5. Reconnaître une situation multiplicative.	

1 Complète.

6 × 4 = ... | 7 × 4 = ... | 8 × 4 = ...

2 Complète.

6 × 10 = ... | 30 × 10 = ... | 54 × 10 = ...

3 Calcule sans poser l'opération.

56 – 34

56 – 30 = ...

.... – 4 = ...

56 – 34 = ...

65 – 23

65 – 20 = ...

.... – 3 = ...

65 – 23 = ...

4 Pose et **calcule**.

		d	u	

78 – 32 = ...

5 Écris une multiplication qui permet de trouver le nombre de carreaux du tapis.

.... × .... = ... = ...

Ce tapis comporte .... carreaux.

Connaissances et compétences	Évaluation
Grandeurs et mesures	
Résoudre des problèmes impliquant des longueurs, des masses, des contenances, des durées, des prix	
6. Lire les heures du matin et du soir.	
7. Payer avec la monnaie.	

6 **Complète**.

matin

.... h ....

soir

.... h ....

7 **Entoure** la monnaie pour payer cette peluche.

Connaissances et compétences	Évaluation
Espace et géométrie	
Reconnaître, nommer, décrire, reproduire, construire quelques figures géométriques **Reconnaître et utiliser les notions d'alignement, d'angle droit, d'égalité de longueurs, de milieu, de symétrie**	
8. Tracer un triangle rectangle.	

8 **Trace** un triangle rectangle. Un côté de l'angle droit mesure 6 cm et l'autre 5 cm. Le sommet de l'angle droit est le point **gris**.

79 Je cherche (3)

Fichier p. 92

Programme 2018	On veillera à proposer aux élèves dès le CP des problèmes pour apprendre à chercher qui ne soient pas de simples problèmes d'application à une ou plusieurs opérations mais nécessitent des recherches avec tâtonnements.
Compétence	Résoudre un problème de recherche par tâtonnement en effectuant des essais successifs.
Remarques préalables	Comme le recommandent les programmes de 2018, il est souhaitable de proposer aux élèves de CE1 des problèmes pour apprendre à chercher qui les obligent à faire des essais successifs. Montrer que trouver le résultat d'un problème n'est pas le fruit de la chance ou du hasard mais celui d'une démarche qui s'appuie sur des premiers essais infructueux, qu'il faut corriger pour atteindre la réponse, est l'objectif de cette leçon. Cette démarche demande de l'initiative, de la réflexion, de la méthode aussi. Elle ouvre une autre voie à l'activité mathématique différente de la résolution des problèmes arithmétiques portant sur les différentes opérations, sans en amoindrir l'importance. Elle peut permettre à de nombreux élèves de retrouver confiance en eux.

En individuel

Activité 1

25 min

Matériel	Une photocopie de l'exercice 1 du fichier pour chaque élève afin de permettre de faire des essais en dehors du fichier. Une photocopie grand format à afficher au tableau.
Organisation	Travail individuel.

Solution :

J'ai plus de 10 €, mais moins de 8 €. ☐ possible ☒ impossible

Ce sac contient moins de 25 billes mais plus de 20 billes. ☒ possible ☐ impossible

Mon frère a plus de 12 ans et moins de 15 ans. ☒ possible ☐ impossible

Ce bout de ficelle mesure plus de 120 cm mais moins de 90 cm. ☐ possible ☒ impossible

▪ Ces exercices de logique s'appuient sur l'ordre des nombres :
si a < b et b < c on ne peut pas avoir a > c.
Distribuer une photocopie de l'exercice du fichier. Lire l'énoncé et s'assurer que tous l'ont compris.
▪ Laisser un temps de recherche individuelle de 5 minutes pour le premier item avant de procéder à une mise en commun orale.
▪ Vérifier chaque proposition en utilisant la droite graduée ou la bande numérique.
▪ Mettre en évidence que la proposition est impossible
▪ Laisser un temps de recherche individuelle de 20 minutes pour les trois autres items avant de procéder à une mise en commun orale.
▪ Procéder comme précédemment. Mettre en évidence que plusieurs solutions sont possibles pour les items 2 et 3.
Conclure ce travail en évoquant un début de méthodologie : « *Tracer une droite numérique, y placer les nombres indiqués par la bulle et regarder si la proposition est possible ou non.* »

Activité 2

25 min

Matériel	Une photocopie de l'exercice 2 du fichier pour chaque élève afin de permettre de faire des essais en dehors du fichier. Un dessin grand format tracé au tableau.
Organisation	Travail individuel.

Solution :

a)	80	97	158	199	805
b)	31	55	97	162	210
c)	127	230	245	310	321
d)	240	245	307	321	580
e)	97	125	256	321	410

▪ La difficulté tient à la multiplicité des nombres proposés et à la multiplicité des cases à remplir. Préciser qu'un même nombre peut être utilisé plusieurs fois.
Lire l'énoncé et s'assurer que tous l'ont compris.
▪ Laisser un temps de recherche individuelle de 15 minutes avant de procéder à une mise en commun orale.
▪ Vérifier chaque proposition. Faire constater que les solutions sont uniques.
Conclure ce travail en évoquant un début de méthodologie : « *Travailler ligne par ligne et par intercalation. La maîtrise de la comparaison des nombres doit être parfaitement acquise.* »

Différenciation

Consolidation Photofiche 70C
Cette photofiche propose trois autres problèmes de recherche personnelle.
Le premier est un problème de logique de comparaison
Le deuxième demande une analyse approfondie de l'énoncé et du schéma.
Le troisième est présenté sous la forme d'une discussion. C'est un problème à étapes qui nécessite une analyse approfondie de l'illustration.

Cahier Problèmes : Leçon 14

80 Construire la table de 3 de la multiplication

Fichier p. 93

Programme 2018	**Calculer avec des nombres entiers** Mémoriser des faits numériques et des procédures : ▪ Tables de la multiplication.
Compétence	Construire la table de 3 de la multiplication.
Remarques préalables	Les tables de multiplication doivent être connues des élèves car elles constituent une base pour toute l'arithmétique. Cet apprentissage commence au CE1 et continue pendant toute la scolarité primaire ; il faut donc accepter de l'étaler dans la durée et d'y revenir fréquemment. **Difficultés de la leçon** Bien que cet apprentissage repose sur la mémorisation, il a été montré qu'un élève capable de construire ou de reconstruire ses tables de multiplication réussit mieux à les mémoriser. Il est donc souhaitable d'aider les élèves à construire ces tables avant de les inciter à les mémoriser. **Aide** – Aide visuelle avec une table écrite au tableau et des flèches montrant comment on passe d'un produit au suivant. – Revenir régulièrement sur les tables de la multiplication en calcul mental.

Calcul mental 5 min

→ *Multiplier par 10. Dire : « 5 × 10 » ; l'élève écrit 50.*
***Items :** 5 × 10 ; 9 × 10 ; 8 × 10 ; 19 × 10 ; 52 × 10 ; 82 × 10 ; 15 × 10 ; 47 × 10 ; 27 × 10 ; 94 × 10.*

Prérequis oral

« Comptez de 3 en 3 jusqu'à 12. »

Cette activité introduit la table de 3 à partir de la comptine.

Manipulations préparatoires 30 min

En collectif

Matériel	Par élève : des rectangles quadrillés représentant les produits de la table de 3 (cf. matériel photocopiable ci-après).
Organisation	Groupe classe.

Activité 1 : Passer d'un rectangle à l'autre

Distribuer à chaque élève une feuille sur laquelle sont photocopiés les rectangles quadrillés des produits de la table de 3 (matériel photocopiable).

Manipuler, schématiser

▪ Découper puis écrire le produit représenté par chaque rectangle quadrillé.

▪ Ranger ensuite ces rectangles, du plus grand au plus petit, en les empilant : entre chaque niveau, il apparaît 3 cases.

▪ En partant du haut, demander comment passer d'un rectangle au suivant sans recompter l'ensemble des carreaux.

Débattre, symboliser

▪ Les élèves se rendent compte que l'écart entre deux rectangles qui se touchent est toujours de trois cases : pour passer d'un rectangle au suivant, il faut donc ajouter 3.

Le premier petit rectangle du haut est composé de 3 cases : 1 × 3 = 3

Le deuxième de 3 cases supplémentaires :
2 × 3 = 3 + 3 = 6

Le troisième encore de 3 cases supplémentaires :
3 × 3 = 6 + 3 = 9 ; etc.

On passe donc d'un produit au suivant en ajoutant 3.

Découvrons 15 min

1 ▪ Lire la consigne et observer comment se construit la table de 3.

▪ Demander de la compléter individuellement au crayon en s'aidant des schémas et de la bulle de Théo.

▪ Faire justifier les réponses.

▪ La correction collective permet de s'assurer que ces relations sont bien comprises.

▪ Récapituler oralement les dix résultats.

Signaler que ces résultats devront progressivement être sus par cœur.

▪ Lors de la prochaine séance, interroger oralement les élèves sur les cinq premiers résultats.

Un affichage mural peut favoriser la familiarisation avec ces tables.

Erreur possible

Erreur de calcul : non-report du résultat précédent pour construire la table comme le propose Théo dans sa bulle.

Remédiation

Travailler sur le sens :
4 × 3, c'est 3 + 3 + 3 + 3 = 12.
Si on connaît 3 × 3, il suffit de rajouter 3 pour connaître 4 × 3.
3 × 3 = 9 ; 3 × 4 = 9 + 3 = 12

Institutionnalisation orale

Poser la question : *« Qu'avons-nous appris aujourd'hui ? »*
On attend une réponse proche de : *« Nous avons appris à construire la table de 3 de la multiplication. »*

Je m'entraîne

20 min

En individuel

2 Tous ces produits utilisent la commutativité de la multiplication pour être calculés avec la table de 3.

3 × 8 = 24 | 3 × 7 = 21 | 3 × 6 = 18 | 3 × 10 = 30 | 3 × 9 = 27

Erreur possible
L'élève ne perçoit pas la commutativité.

Remédiation
Prendre le rectangle qui correspond à 3 × 7. Montrer, en le tournant, qu'il correspond aussi au produit 7 × 3.

3 Certains produits utilisent la commutativité de la multiplication pour être calculés avec la table de 3.

Erreur possible
Erreur de calcul.

Remédiation
Demander de se référer à la table construite précédemment.

Réinvestissement

4 Payer avec la monnaie.
Pour acheter cette planche à roulettes, il n'y a qu'une seule façon :

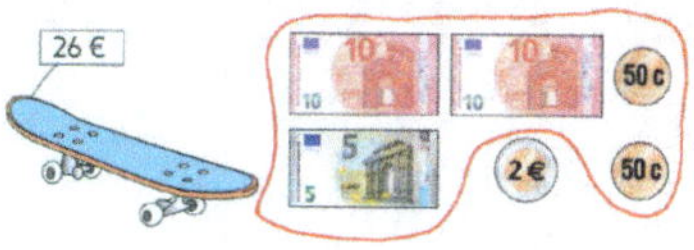

Erreur possible
Ne pas se rendre compte que 2 pièces de 50 centimes font 1 euro.

Remédiation
- Revoir la relation centimes-euros : 100 c = 1 €.
- Se reporter au **Mémo** page 14.

Problème de recherche personnelle

Le coin du chercheur
Quel nombre de trois chiffres se cache dans ce dessin ?

Différenciation

Consolidation Photofiche 71c
Cette photofiche se compose de trois exercices qui vont permettre aux élèves de construire de façon progressive, en utilisant différentes techniques, la table de 3.

80 Construire la table de 3 de la multiplication

Matériel photocopiable

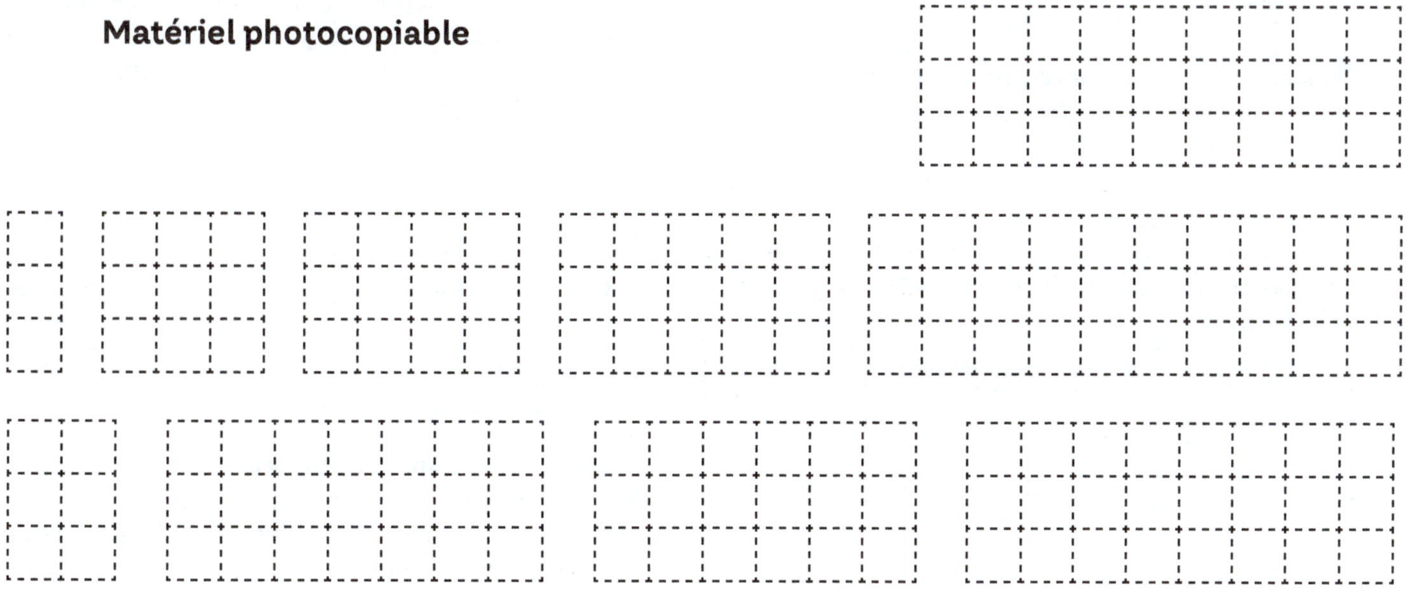

81 Mesurer et ajouter des longueurs

Fichier p. 94

Programme 2018	**Comparer, estimer, mesurer des longueurs, des masses, des contenances, des durées** Dans des cas simples, représenter une grandeur par une longueur, notamment sur une demi-droite graduée : ▪ Des objets de grandeurs égales sont représentés par des segments de longueurs égales. ▪ Une grandeur double est représentée par une longueur double.
Compétences	Mesurer et additionner des longueurs.
Remarques préalables	▪ En leçon 57, les élèves ont appris à utiliser la règle graduée de leur trousse pour mesurer en centimètres la longueur d'un segment. ▪ Dans cette leçon, ils vont réinvestir ces connaissances en mesurant la longueur d'une ligne brisée : ils devront ajouter les mesures de longueur des segments qui la constituent. **Difficulté de la leçon** Positionner correctement le zéro des graduations de la règle devant une extrémité du segment, et non le début de la règle. **Aide** Pour mettre en évidence cette erreur de mesurage, les exercices de comparaison ne sont pas efficaces car l'ordre des comparaisons n'est pas affecté. En revanche, comparer la somme des mesures avec la mesure de la longueur-somme met en avant cette incohérence. Revenir sur l'apprentissage du positionnement de la règle pour mesurer correctement : faire coïncider l'extrémité du segment avec la graduation 0.

Calcul mental 5 min

➜ *Multiplier par 10. Écrire … × 10 = 90 ; l'élève écrit 9.*
Items : *… × 10 = 90 ; … × 10 = 50 ; … × 10 = 30 ;*
… × 10 = 150 ; … × 10 = 630 ; … × 10 = 710 ; … × 10 = 260 ;
… × 10 = 450 ; … × 10 = 860 ; … × 10 = 930.

Prérequis oral

« Où placer la graduation 0 quand on mesure un segment ? »
Dans cette leçon, les élèves vont mesurer des longueurs. Il est donc nécessaire de vérifier que tous positionnent correctement leur règle pour effectuer une mesure.

Manipulations préparatoires 30 min

En collectif

Matériel	Photocopie de la ligne brisée (cf. matériel photocopiable ci-après) ; une bandelette cartonnée.
Organisation	Groupe classe.

Activité : Tracer un segment de même longueur qu'une ligne brisée

Manipuler, débattre

▪ Distribuer à chaque élève une photocopie de la ligne brisée ainsi qu'une bandelette.
▪ Demander de tracer sur la ligne pointillée, à l'aide de la bandelette, un segment D qui a la même longueur que la ligne brisée.

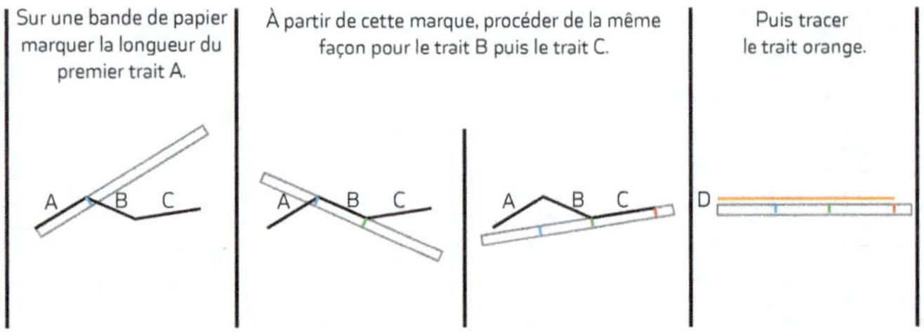

▪ Vérifier les tracés au tableau.
▪ Demander ensuite de mesurer, en cm, la longueur de chaque segment A, B, C et D avec la règle graduée de la trousse.
Se reporter au **Mémo** page 13.
▪ Écrire ces mesures au tableau.
▪ Comparer la mesure de la longueur du segment D à la somme des mesures des autres longueurs.

Symboliser

Constater, en écrivant seulement les résultats des mesures, que :
15 cm = 5 cm + 4 cm + 6 cm
(mesure D = mesure A + mesure B + mesure C)

Découvrons 15 min

1 ▪ Les élèves doivent calculer la longueur du chemin de la coccinelle. Pour cela, ils doivent mesurer 3 segments et additionner ces 3 longueurs.
▪ Les pointillés rouges, bleus et verts rappellent la longueur des segments.

8 cm + 6 cm + 4 cm = 18 cm
Le chemin a une longueur de 18 cm.

Erreur possible

Erreur de mesurage due à une mauvaise utilisation de la règle.

Remédiation

Se référer au **Mémo** page 13.

Institutionnalisation orale

Poser la question : *« Qu'avons-nous appris aujourd'hui ? »*
On attend une réponse proche de : *« Nous avons appris à mesurer et à ajouter des longueurs. »*

En individuel

Je m'entraîne

15 min

2 L'élève doit mesurer la longueur de 2 segments, ajouter ces mesures pour obtenir la longueur totale du chemin suivi par la chenille.

8 cm + 7 cm = 15 cm
Le chemin a une longueur de 15 cm.

Erreurs possibles

– Erreur de calcul.

– Erreur de mesurage due à une mauvaise utilisation de la règle.

Remédiation

Se référer au **Mémo** page 13.

3 Même type d'exercice que l'exercice 2 mais avec 3 segments. On peut constater que le résultat ne change pas si l'on inverse l'ordre des mesures comme le suggère la position de la fourmi.

3 cm + 6 cm + 5 cm = 14 cm
Le chemin a une longueur de 14 cm.

Erreur possible

Erreur de mesurage due à une mauvaise utilisation de la règle.

Remédiation

Se référer au **Mémo** page 13.

Réinvestissement

4 En demandant d'écrire le précédent et le suivant des nombres proposés, on réinvestit les compétences de la leçon 34.

Remédiation

Utiliser la bande numérique.

Différenciation

Remédiation Photofiche 72R

Elle propose trois exercices progressifs dans lesquels l'élève doit mesurer des longueurs puis les ajouter afin de tracer un segment somme. Dans le dernier exercice, la ligne brisée est fermée (triangle).

81 Mesurer et ajouter des longueurs

Matériel photocopiable

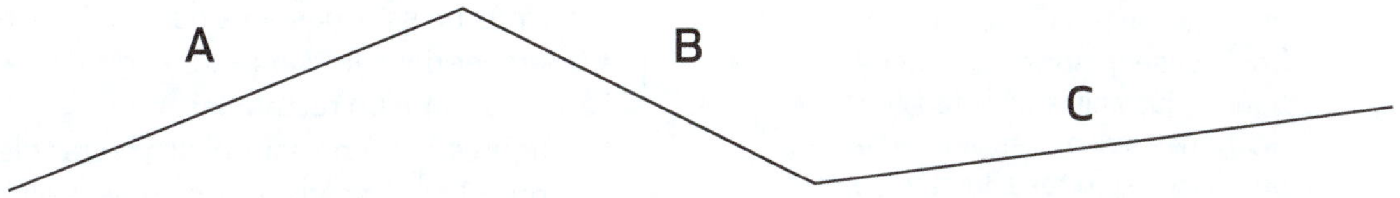

D

mesure A : .... cm

mesure B : .... cm

mesure C : .... cm

mesure D : .... cm

82 Reconnaître les carrés et les rectangles

Fichier p. 95

Programme 2018	**Reconnaître, nommer, décrire, reproduire, construire quelques figures** – Reconnaître, nommer les figures usuelles : carré, rectangle, triangle, triangle rectangle, polygone, cercle, disque. – Décrire à partir des côtés et des angles droits, un carré, un rectangle, un triangle rectangle.
Compétences	Reconnaître et décrire un carré et un rectangle, à partir des côtés et des angles droits.
Remarques préalables	Progressivement, les élèves vont passer d'une identification purement perceptive des rectangles et des carrés à une identification fondée sur leurs propriétés géométriques. Cette dernière devient particulièrement pertinente quand la figure proposée est très proche d'un carré ou d'un rectangle. Faire constater que seule l'identification géométrique permet de connaître la nature des figures de manière incontestable. **Difficultés de la leçon** Amener les élèves à ne pas se fier à leurs représentations : un carré peut être posé sur la pointe, un rectangle peut à l'œil nu être confondu avec un carré. **Aide** Proposer aux élèves des figures non prototypiques.

Calcul mental 5 min

→ *Multiplier par 10. Dire : « combien de fois 10 dans 80 ? » ; l'élève écrit 8.*
***Items :** 80 ; 60 ; 40 ; 90 ; 50; 120 ; 230 ; 540 ; 150 ; 510.*

Prérequis oral

« Combien de côtés possède un carré ? un rectangle ? »
Les réponses à ces questions permettent de vérifier que les élèves ne confondent pas ces quadrilatères avec les triangles.

Manipulations préparatoires 30 min

En collectif

Matériel	Par groupe de 2 élèves : 4 figures (cf. matériel photocopiable ci-après) ; une bande de carton blanc ; une équerre (page matériel D). Pour l'enseignant(e) : les mêmes figures que celles de la feuille distribuée aux élèves, agrandies pour être exploitées au tableau par l'enseignant(e). Dessiner un tableau à double entrée permettant pour chaque figure d'être classée en carré, rectangle, ni carré ni rectangle.
Organisation	Groupes de 2 élèves.

Activité : Trier des gabarits

Manipuler

▪ Donner à chaque groupe une feuille avec les quatre gabarits de figures (matériel photocopiable), une bande cartonnée destinée à comparer les longueurs des côtés des figures sans les mesurer et une équerre.
▪ Indiquer que, parmi ces figures, il faut trouver un rectangle (en l'entourant en vert) et un carré (en l'entourant en rouge).
▪ Laisser les élèves manipuler et comparer les figures.

Débattre

▪ Recenser les résultats au tableau, en notant les réponses de chaque groupe dans un tableau à double entrée indiquant pour chaque figure, les trois choix possibles : carré, rectangle, ni carré ni rectangle.
▪ Ce recensement va faire apparaître des désaccords à propos de certaines figures et ainsi permettre un débat au sein de la classe sur les justifications des réponses des élèves.
▪ Demander aux élèves d'ouvrir le **Mémo** page 16 et rappeler qu'un carré est une figure possédant quatre angles droits et quatre côtés de même longueur. Inciter chaque groupe à vérifier que la figure 3 est bien un carré en comparant les longueurs de ses côtés à l'aide de la bande cartonnée et en s'assurant, à l'aide d'une équerre, que ses quatre angles sont bien des angles droits.
▪ Demander si la figure 2 est un carré : la figure 2 a quatre angles droits mais ce n'est pas un carré parce que ses côtés ne sont pas tous de la même longueur.
▪ Chercher dans le **Mémo** s'il s'agit d'une figure particulière : il s'agit d'un rectangle.
Les figures 1 et 4 ne sont ni des rectangles ni des carrés. La figure 1 ne possède aucun angle droit et la figure 4 ne possède que deux angles droits.

Découvrons 15 min

1 ▪ Aidé d'une équerre (page matériel D) et d'une bande de papier épais, les élèves vont devoir trouver un carré et un rectangle parmi quatre figures.
▪ Afin de manipuler plus facilement les figures, les élèves peuvent les détacher (page matériel G).
▪ Le travail est guidé : les élèves doivent dans un premier temps repérer les côtés de même longueur et les colorier de la même couleur ; dans un second temps, ils doivent identifier les angles droits.

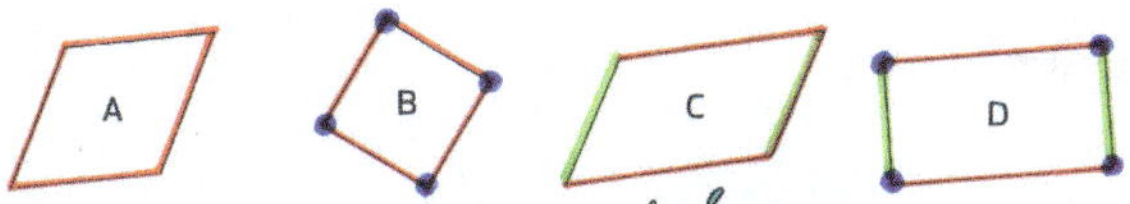

Complète le tableau par *oui* ou *non*.

	4 angles droits	4 côtés de même longueur
Figure A	....	....
Figure B	....	....
Figure C	....	....
Figure D	....	....

	4 angles droits	4 côtés de même longueur
Carré	oui	oui
Rectangle	oui	non

Complète.

La figure .... est un carré.

La figure .... est un rectangle.

Erreurs possibles

- Mauvaise utilisation de la bande papier.
- Mauvaise utilisation de l'équerre.

Remédiation

Se référer au **Mémo** page 15.

Institutionnalisation orale

Poser la question : « *Qu'avons-nous appris aujourd'hui ?* » On attend une réponse proche de : « *Nous avons appris à reconnaître les carrés et les rectangles grâce à leurs propriétés géométriques. Pour cela, nous avons utilisé les instruments de géométrie.* »

Je m'entraîne

15 min

En individuel

2 Cet exercice reprend le *Découvrons* : les élèves doivent identifier un carré et un rectangle parmi trois quadrilatères.
Mathix les incite à utiliser les propriétés géométriques des figures.

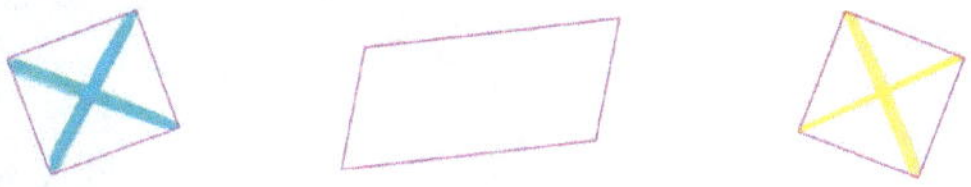

Erreur possible

Le rectangle étant presque carré, la vérification de l'égalité des longueurs des côtés devra être faite avec beaucoup de soin.

Remédiation

- Mettre en place des stratégies : noter de la même couleur les côtés égaux, puis noter les angles droits.
- Se reporter au tableau pour les propriétés.

Réinvestissement

3 Ranger des nombres de trois chiffres.

178 < 183 < 245 < 407

Erreur possible

Parmi ces quatre nombres, deux possèdent le même nombre de centaines : 178 et 183.

Remédiation

Utiliser le **Mémo** pages 6 et 7.

Problème de recherche personnelle

Tous les carrés ont la même valeur.
3 carrés valent 15 ; donc 1 carré vaut 5.

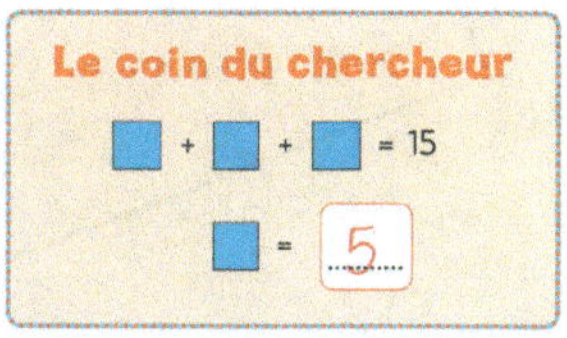

Différenciation

Remédiation Photofiche 73R

Cette photofiche comporte trois exercices progressifs. Dans le premier exercice, l'élève n'utilise qu'une bande de papier pour identifier les carrés. Dans le deuxième, il utilise l'équerre pour identifier les carrés. Dans le dernier, il doit utiliser une bande de papier puis renseigner un tableau afin de retrouver le carré et le rectangle.

82 Reconnaître les carrés et les rectangles

Matériel photocopiable

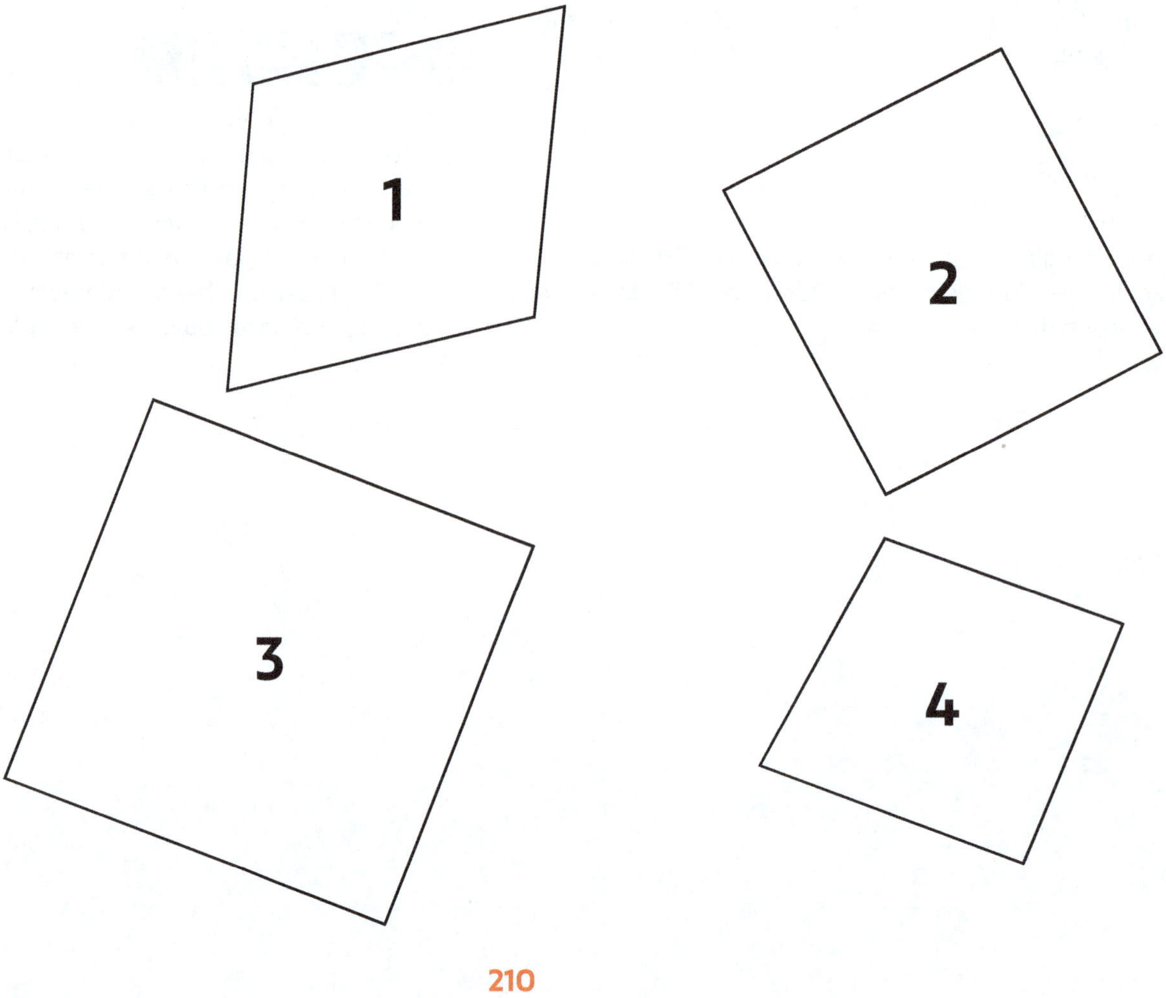

83 Problèmes (7) : Extraire des données

Fichier p. 96

Programme 2018	**Résoudre des problèmes en utilisant des nombres entiers et le calcul** Organisation et gestion de données : Exploiter des données numériques pour répondre à des questions.
Compétence	Exploiter des données numériques.
Remarques préalables	L'objet de cette leçon est d'apprendre à sélectionner les données pour résoudre des problèmes. Nous avons choisi de présenter des énoncés essentiellement sous la forme de dessins avec un minimum de texte écrit pour ne pas compliquer la tâche des élèves. **Difficulté de la leçon** Ce type d'énoncé déstabilise de nombreux élèves habitués à répondre à des problèmes ayant des énoncés linéaires. **Aide** Revenir sur le sens du problème en faisant reformuler la situation sans tenir compte de la présentation de l'énoncé.

Calcul mental — 5 min

→ *Table de 5 de la multiplication. Dire : « 3 × 5 » ; l'élève écrit 15.*
Items : *3 × 5 ; 8 × 5 ; 2 × 5 ; 4 × 5 ; 1 × 5 ; 6 × 5 ; 5 × 5 ; 7 × 5 ; 9 × 5 ; 10 × 5.*

Manipulations préparatoires — 30 min

En collectif

Matériel	Prospectus de la grotte Chauvet (téléchargeable à l'adresse http://www.cavernedupontdarc.fr/wp-content/uploads/2018/05/Depliant-matrimoine-2018.pdf)
Organisation	Groupes de 4 élèves.

Activité : Trouver des informations dans un prospectus

- Distribuer par groupe de 4 élèves un prospectus de la grotte Chauvet pris dans un catalogue d'agence de voyage.
- Écrire au tableau les questions suivantes :

– *« Ce prospectus concerne quel site ? Dans quelle région ? »*
– *« Quel est le prix d'entrée pour un adulte ? »*
– *« Quel est le prix d'entrée pour un enfant de 5 ans ? »*
– *« Quel est le prix d'entrée pour un enfant de 12 ans ? »*
– *« La grotte Chauvet est-elle ouverte au mois d'août ? »*

- Demander aux élèves d'observer le document et de lire les questions.
- Faire remarquer que ce document permet de répondre aux questions, il est comme l'énoncé d'un problème. Toutefois, il contient de nombreuses informations : une carte, des tarifs, des horaires, des adresses..., pas toutes utiles pour répondre aux questions posées.
- Demander de répondre aux questions.
- La correction est collective.

Problèmes du fichier — 15 min

1 ▪ Décrire la situation et s'assurer que tous ont compris le problème ; Il faut calculer le prix à payer pour 1 entrée adulte et 3 entrées enfant au cinéma.
- Laisser un temps de recherche individuelle de quelques minutes avant de proposer aux élèves de se concerter avec leur voisin immédiat.
- Procéder à une correction collective.

1 **Observe.** Combien vont-ils payer ?

15 + 10 + 10 + 10 = 45
Ils vont payer 45 €.

Erreurs possibles

– Les élèves ne tiennent pas compte des différents tarifs : ils ne prennent en compte que le tarif enfant qui est le premier donné sur la pancarte.
– Les élèves ne prennent pas en compte tous les personnages : il y a un adulte et trois enfants

Remédiation

Montrer l'importance d'observer attentivement l'illustration avent de répondre à la question.

Je m'entraîne

15 min

En individuel

2 ▪ Contrairement au problème précédent, les élèves vont devoir trouver des données dans une illustration et réaliser des opérations. Il y a donc deux étapes à réaliser pour trouver la réponse.

▪ Demander aux élèves de lire la question puis de décrire l'image : les objets au centre sur fond vert donnent les prix de chaque objet, alors que les objets à côté de chaque enfant correspondent à leurs achats.

▪ Poser des questions pour aiguiller les élèves : « *Quel est le prix du "Gagne'tout" ? et celui du "Jeu vidéo" ?... Qu'est ce que Théo achète ?...* »

▪ Laisser un temps de recherche individuelle de quelques minutes avant de proposer aux élèves de se concerter avec leur voisin immédiat.

▪ Procéder à une correction collective.

2 Combien va payer chaque enfant ? **Observe** et **complète**.

25 €
59 €
47 €

25 + 59 = 84
Théo va payer 84 €.

25 + 47 = 72
Léa va payer 72 €.

Erreur possible

Les élèves notent uniquement le prix d'un objet sans effectuer d'addition.

Remédiation

Revenir sur le sens du problème sans tenir compte de la présentation de l'énoncé.

3 ▪ C'est une seule et même affiche qui regroupe deux types d'informations : celles sur la fête de l'école ainsi que celles concernant le voyage scolaire.

▪ Reprendre la même démarche : demander aux élèves de lire l'énoncé et les questions, puis d'y répondre. Corriger collectivement.

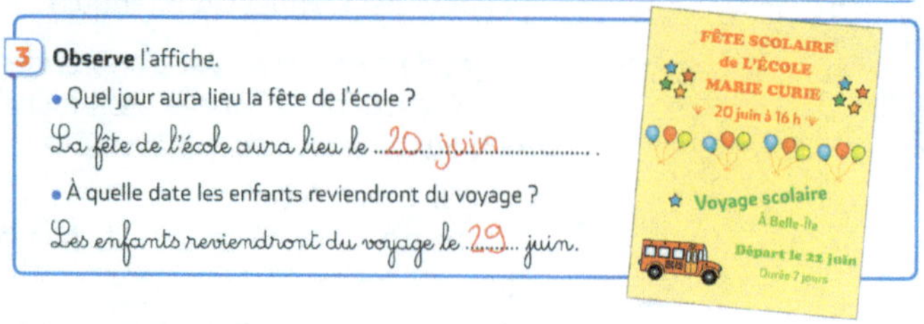
3 **Observe** l'affiche.

• Quel jour aura lieu la fête de l'école ?

La fête de l'école aura lieu le 20 juin.

• À quelle date les enfants reviendront du voyage ?

Les enfants reviendront du voyage le 29 juin.

Erreurs possibles

– Ne pas différencier les deux types d'informations (fête de l'école et voyage scolaire).

– Vouloir répondre directement sans faire de calcul aux questions : il faut ajouter 7 jours à la date de départ pour connaître le jour où les enfants reviendront du voyage.

Remédiation

Revenir sur le sens du problème sans tenir compte de la présentation de l'énoncé.

Différenciation

Remédiation Photofiche 74R

À partir d'une illustration unique, les élèves vont devoir répondre à 4 questions. Ils vont ainsi devoir choisir des informations parmi une liste de produits et de prix. Dans le dernier exercice, les élèves vont devoir renseigner un tableau en complétant un ticket de caisse.

84 Connaître les durées : la semaine, le jour, l'heure, la minute.

Fichier p. 97

Programme 2018	**Questionner le monde : Se repérer dans l'espace et le représenter** – Identifier les rythmes cycliques du temps. – Lire l'heure et les dates : ▪ La journée est divisée en heures. ▪ La semaine est divisée en jour. – Comparer, estimer, mesurer des durées : ▪ Unités de mesure usuelles de durées : jour, semaine, heure, minute. ▪ Relations entre ces unités. **Mathématiques : Comparer, estimer, mesurer des longueurs, des masses, des contenances, des durées** **Utiliser le lexique, les unités, les instruments de mesures spécifiques à ces grandeurs** – Comparer, estimer, mesurer des durées : ▪ Unités de mesure usuelles de durées : jour, semaine, heure, minute. ▪ Relations entre ces unités.
Compétence	Connaître les relations entre semaine, jour, heure et minute.
Remarques préalables	▪ Comme pour toutes les activités visant à la structuration du temps, à l'utilisation des unités jour, heure et minute pour mesurer une durée, une seule séance ne suffit pas. ▪ C'est tout au long de l'année qu'il faut inviter les élèves à lire l'heure sur l'horloge de la classe, à veiller à respecter un horaire, la durée d'un exercice, à interpréter un emploi du temps... **Difficultés de la leçon** Les élèves de cet âge ont parfois des difficultés pour estimer des durées : confusion entre les minutes et les heures, les semaines et les mois... **Aide** – Il est important de leur donner des repères : par exemple la durée de la séance de calcul mental se mesure en minute, la durée d'une séance de cinéma se mesure en heure, le « week-end » en jour, les vacances d'automne en semaine et le temps de classe entre deux vacances en mois. Une année correspond à la durée entre 2 anniversaires. – Il est bon de les entraîner régulièrement.

Calcul mental 5 min

➜ *Table de multiplication par 5. Dire : « En 35, combien de fois 5 ? » ; l'élève écrit 7.*
***Items** : 35 ; 20 ; 40 ; 5 ; 25 ; 10 ; 30 ; 15 ; 50 ; 45.*

Prérequis oral

« Combien dure la récréation ? »
Les réponses permettent de vérifier que les élèves connaissent quelques unités de mesure de durées et que certains ont déjà construit des repères de temps.

Manipulations préparatoires 30 min

En collectif

Matériel	Un grand cadran d'horloge visible par tous ; des montres à aiguilles. Par élève : le cadran individuel de la page matériel C.
Organisation	Groupe classe.

Activité 1 : L'horloge en carton

▪ Les élèves montent leur horloge.
▪ Demander de préciser le rôle des aiguilles :
La petite aiguille indique les heures ; elle met 12 heures pour effectuer le tour du cadran.
La grande aiguille indique les minutes ; elle met 1 heure ou 60 minutes pour accomplir un tour du cadran. Elle permet de savoir à quel moment on se trouve entre deux heures entières.
▪ Questionner : *« Au cours d'une journée et d'une nuit, l'aiguille des heures effectue deux tours de cadran ; combien d'heures se sont écoulées ? »* → 24 heures.
« Quel nom donne-t-on à une durée de 24 heures ? » → 1 jour.

Activité 2 : Jeux

Jeu 1 :
Proposer aux élèves le jeu suivant : *« Je vais chronométrer avec ma montre une durée de 1 minute. Dès que la minute s'est écoulée, je dis : "Top !". De votre côté, dans votre tête, vous allez compter sans vous presser. Vous me direz alors à combien vous vous êtes arrêtés. »*

Jeu 2 :
▪ Proposer de travailler par deux.
▪ Dessiner un tableau de trois colonnes avec les exemples suivants :

Durée en jours	Durée en heures	Durée en minutes
Vacances	Séance de cinéma	Séance de calcul mental

Les élèves tentent de trouver pour chaque colonne un maximum d'activités.
▪ Après cinq minutes de recherche, ouvrir le débat et faire le bilan.

Découvrons

15 min

1 ▪ La bulle de Théo peut aider à constater que 1 h = 60 min.
▪ La bulle de Léa peut aider à trouver que 1 jour = 24 h.
▪ La dernière relation (1 semaine = 7 jours) peut être trouvée en faisant réciter les jours de la semaine à un élève.

1 heure = 60 minutes ; 1 jour = 24 heures ; 1 semaine = 7 jours

Erreurs possibles
Mauvaises relations entre les jours, les heures et les minutes.

Remédiation
Utiliser le cadran en carton pour travailler les relations entre les heures et les minutes et un calendrier pour travailler la relation entre les jours et la semaine.

Institutionnalisation orale
Poser la question : « *Qu'avons-nous appris aujourd'hui ?* »
On attend une réponse proche de : « *Nous avons appris les relations entre semaine, jour, heure et minute.* »

Je m'entraîne

15 min

En individuel

2 Les élèves doivent compléter les phrases avec les mots « semaine », « jour », « heure » et « minute ».
C'est un exercice difficile pour un enfant de 7 à 8 ans !

La récréation dure 15 minutes.
Le matin, la classe dure 3 heures.
Les vacances de Noël durent 2 semaines.
Les vacances d'hiver durent 14 jours.

Erreur possible
Tous les élèves n'ont pas la notion de ces durées.

Remédiation
Proposer régulièrement aux élèves de citer des actions qui durent un jour, une heure, une minute.

3 Les élèves doivent associer des durées égales.

1 heure | 2 semaines | 14 jours | 24 h
2 heures | 1 jour | 60 min | 120 min

Erreur possible
Méconnaissance des relations entre semaine, jour, heure et minute.

Remédiation
Reprendre, avec les élèves en difficulté, les activités et les jeux des activités manipulatoires.

Réinvestissement

4 Pour connaître le nombre de carreaux du tapis, il faut calculer 7 × 4 ou 4 × 7 et trouver 28 carreaux.

7 + 7 + 7 + 7 = 28
4 × 7 = 28
Ce tapis comporte 28 carreaux.

Erreurs possibles
– Ne pas percevoir une situation multiplicative.
– Erreur de calcul dans l'addition réitérée.

Remédiation
– Revoir le calcul d'un produit en utilisant l'addition réitérée (leçon 48).
– Montrer qu'il est plus facile de calculer, par l'addition réitérée, 4 fois 7 que 7 fois 4.

Problème de recherche personnelle

Il y a 8 petits carrés, 4 carrés de taille moyenne et 1 grand carré : il y a donc 13 carrés en tout.

Le coin du chercheur
Combien de carrés comptes-tu ?
13

Différenciation

Consolidation Photofiche 75c
Cette photofiche propose trois exercices. Dans le premier, les élèves doivent compléter des durées avec jours, heures et minutes. Le deuxième est un exercice de conversion de durées. Le dernier exercice revient sur l'ordre des jours de la semaine.

85 Tracer un carré ou un rectangle à l'aide d'un gabarit

Fichier p. 98

Programme 2018	**Reconnaître, nommer, décrire, reproduire, construire quelques figures géométriques** **Reconnaître et utiliser les notions d'alignement, d'angle droit, d'égalité de longueurs, de milieu, de symétrie** Construire un carré ou un rectangle sur un support uni connaissant la longueur des côtés : ▪ Propriété des angles et égalités de longueur des côtés pour les carrés et les rectangles.
Compétence	Construire un carré et un rectangle sur papier uni en utilisant un gabarit
Remarques préalables	▪ Dans cette leçon, les élèves prennent conscience que, pour tracer des carrés ou des rectangles, il faut d'abord connaître leurs propriétés. ▪ Pour tracer un carré ou un rectangle à l'aide d'un gabarit déchiré ne comportant qu'un seul côté « entier » pour le carré ou deux côtés consécutifs pour le rectangle, les élèves doivent faire subir des rotations et des déplacements à ces gabarits partiels afin de réutiliser les angles droits du gabarit et les longueurs des côtés. Ces actions nécessitent d'avoir clairement conscience des propriétés mises en jeu afin d'organiser son action. La précision des tracés ne pourra pas être excellente car un gabarit n'est pas un très bon outil de tracé, privilégier la pertinence des positions données au gabarit par les élèves. **Difficultés de la leçon** Oser tourner le gabarit pour tracer les différents angles. Connaître les propriétés des carrés et des rectangles. **Aide** – Manipuler les gabarits en petits groupes. – Faire des essais successifs.

Calcul mental 5 min

➜ *Table d'addition. Dire : « 7 + 6 » ; l'élève écrit 13.*
Items : *7 + 6 ; 5 + 3 ; 6 + 4 ; 8 + 2 ; 5 + 4 ; 8 + 7 ; 9 + 2 ; 8 + 3 ; 5 + 4 ; 9 + 9.*

Prérequis oral

« Combien d'angles droits possède un carré ? un rectangle ? »
Cette activité orale permet de vérifier que les élèves connaissent les propriétés concernant les angles de ces deux figures, prérequis indispensable pour réaliser cette leçon.

Manipulations préparatoires — 30 min

En collectif

Matériel	Les gabarits A et B de la page matériel H et l'équerre de la page D ; les mêmes gabarits à l'échelle 5, par exemple, pour le tracé au tableau ; une feuille blanche par élève pour effectuer les tracés.
Organisation	Groupe classe.

Activité 1 : Utiliser un gabarit

Manipuler

▪ Demander aux élèves de rappeler les propriétés géométriques du rectangle.
▪ Leur demander ensuite de découper le gabarit A de la page matériel et de trouver les 3 angles droits.
▪ Questionner : *« Comment tracer un rectangle en ne disposant que de ce gabarit ? »*
▪ Laisser les élèves manipuler, tracer et échanger leurs méthodes.

Débattre

Il ressort du débat que pour tracer un rectangle avec ce gabarit, il faut suivre le contour rectiligne du gabarit, puis le retourner en faisant coïncider deux angles droits pour terminer le tracé.
Un élève vient au tableau et utilise cette méthode pour tracer un rectangle avec le grand gabarit A.

Activité 2 : Tracer un carré avec un gabarit partiel de rectangle

Manipuler

▪ Demander aux élèves de rappeler les propriétés géométriques du carré.
▪ Questionner : *« Comment tracer un carré en ne disposant que de ce même gabarit A ? »*
Laisser les élèves manipuler, tracer et échanger leurs méthodes.

Débattre

▪ La méthode est plus délicate car aucun côté du gabarit n'a la même longueur : il faut donc choisir arbitrairement la longueur d'un côté.
▪ Cette longueur peut être le petit côté ou le grand côté du gabarit, ou bien un repère marqué sur l'un des côtés.
▪ Le gabarit joue alors un double rôle : le rôle de gabarit d'angle droit pour tracer des angles droits et le rôle d'une bande de papier pour reporter des longueurs.
▪ Un élève vient au tableau et utilise cette méthode pour tracer un rectangle avec le grand gabarit A.
Il vérifie avec une bande papier que les côtés ont bien la même longueur.

Découvrons

15 min

1 ▪ Aidés du gabarit A (page matériel H), les élèves vont devoir tracer un rectangle et un carré en faisant subir diverses rotations à leur gabarit.

▪ Le travail est identique au travail réalisé dans l'activité manipulatoire.

Construction d'un rectangle avec rotation du gabarit A :

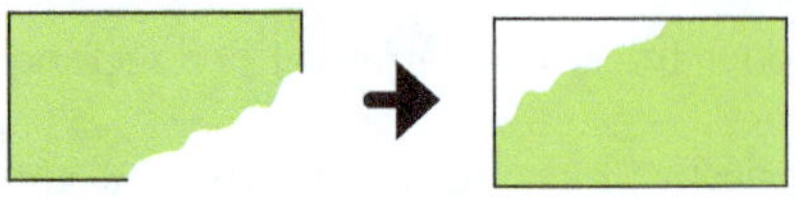

Construction d'un carré avec trois rotation du gabarit A :

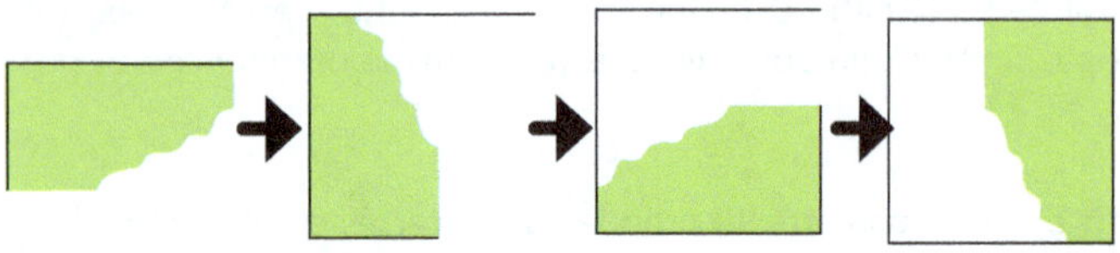

Erreurs possibles

– Confusion carré/rectangle.

– Manque de minutie : lorsque le gabarit est retourné : le côté de ce dernier et le tracé du côté doivent se superposer.

Remédiation

– Connaître les propriétés des figures pour ne pas les confondre.

– Montrer que le gabarit joue deux rôles : celui d'une équerre et celui d'une bande de papier qui permet de reporter des longueurs.

Institutionnalisation orale

Poser la question : « *Qu'avons-nous appris aujourd'hui ?* »

Réponse attendue proche de : « *Nous avons appris à tracer des carrés et des rectangles, sur papier uni, à l'aide d'un gabarit.* »

En individuel

Je m'entraîne

15 min

2 Cet exercice bien que similaire au *Découvrons*, risque de déstabiliser certains élèves. En effet, ils doivent tracer un carré puis un rectangle à l'aide du gabarit B, gabarit qui a deux côtés de même longueur. Le travail sur le tracé du carré ne posera pas de problème, mais le tracé du rectangle va les obliger à choisir un repère sur un des côté (ou de reporter deux fois). Généralement les élèves ont des réticences à choisir par eux-mêmes une longueur (rupture du contrat didactique selon lequel toutes les données sont présentes).

S'inspirer des étapes de construction présentées dans le Découvrons pour expliquer la méthode de construction attendue.

Erreurs possibles

– Manque de minutie : lorsque le gabarit est retourné : le côté de ce dernier et le tracé du côté doivent se superposer.

– Difficulté à choisir une mesure pour la longueur des côtés du rectangle.

Remédiation

– Utiliser le gabarit d'angle droit et une bande de papier pour vérifier les tracés.

– Réaliser une affiche répertoriant des tracés libres de carrés et de rectangles : montrer ainsi qu'il peut y avoir autant de carrés et de rectangles différents que d'élèves dans la classe.

Différenciation

Consolidation Photofiche 76c

Elle reprend le travail réalisé dans le *Découvrons* : l'élève doit tracer un rectangle et un carré à partir d'un gabarit ayant deux côtés de longueurs différentes.

86 Tracer un carré ou un rectangle sur papier uni

Fichier p. 99

Programme 2018	**Reconnaître, nommer, décrire, reproduire, construire quelques figures géométriques** Construire un carré ou un rectangle sur un support uni connaissant la longueur des côtés : ▪ Propriété des angles et égalités de longueur des côtés pour les carrés et les rectangles.
Compétence	Tracer un rectangle et un carré sur papier uni.
Remarques préalables	Les élèves ont appris, en leçon 75, à tracer un triangle rectangle sur papier uni et en leçon 85 à tracer un carré et un rectangle à l'aide d'un gabarit sur papier uni. Avec cette leçon, ils vont apprendre à tracer, sur papier uni, un rectangle et un carré de dimensions données, dont un côté et un sommet de l'angle droit sont déjà placés. Ici l'équerre joue le rôle de gabarit d'angle droit. **Difficultés de la leçon** Utiliser correctement l'équerre et connaître les propriétés des carrés et des rectangles. **Aide** – Reprendre l'apprentissage du tracé de l'angle droit que les élèves ont étudié dans la leçon 43. – Observer et commenter le Mémo page 15.

Calcul mental 5 min

→ *Complément à un nombre < 20. Dire : « Combien faut-il ajouter à 8 pour obtenir 12 ? » ; l'élève écrit 4.*
***Items :** (8 ; 12), (11 ; 15), (7 ; 13), (14 ; 19), (9 ; 12), (15 ; 18), (8 ; 14), (6 ; 12), (5 ; 11), (4 ; 14).*

Prérequis oral

« Combien de côtés de même longueur possède un carré ? un rectangle ? »
Les réponses permettent de vérifier que les élèves connaissent les propriétés concernant les côtés de ces deux figures, prérequis indispensable pour réaliser cette leçon.

En collectif

Manipulations préparatoires 15 min

Matériel	Pour chaque groupe de deux élèves : une fiche (cf. matériel photocopiable en fin de leçon) ; une équerre ; une règle graduée ; un crayon gris ; une gomme.
Organisation	Groupes de deux élèves.

Activité 1 : Tracer un rectangle de côté 4 cm et 7 cm

Manipuler

▪ Distribuer une photofiche à chaque groupe (cf matériel photocopiable en fin de leçon).
▪ Donner les consignes de travail : *« Vous devez terminer le tracé du rectangle. Deux côtés sont sur les traits en pointillés, le point noir est le sommet d'un angle droit. Les côtés du rectangle mesurent 4 cm et 7 cm. »*
Certains tracés d'angles droits demandent de retourner l'équerre. Il faut aussi penser à respecter les contraintes des longueurs des côtés.
▪ Inciter les élèves à pratiquer l'entraide : un élève place puis appuie sur l'équerre pour l'empêcher de bouger, l'autre trace, au crayon gris, le deuxième côté de l'angle droit.
▪ Venir en aide à ceux qui rencontrent des difficultés pour tracer l'angle droit des rectangles ou pour tracer un côté de longueur donnée.

Débattre

Les élèves échangent leur tracé pour vérification. Débattre sur les litiges qui peuvent apparaître.
Un élève vient ensuite au tableau et trace un rectangle de dimensions données avec l'équerre et la règle du tableau.

Activité 2 : Tracer un carré de côté 8 cm

Réaliser le même travail en demandant aux élèves de terminer de tracer un carré de 8 cm sur la fiche distribuée.

Découvrons 15 min

1 ▪ Lire la consigne et observer l'illustration du programme de construction du rectangle.
▪ Remarquer que les longueurs des côtés sont données : un côté vertical mesure 5 cm et un côté horizontal 9 cm.
▪ Formuler oralement ce programme.
▪ Tracer le rectangle

Institutionnalisation orale

Poser la question : *« Qu'avons-nous appris aujourd'hui ? »*
Réponse attendue proche de : *« Nous avons appris à tracer des rectangles et des carrés sur du papier uni à partir des longueurs des côtés de l'angle droit. »*

Je m'entraîne

15 min

En individuel

2 Les côtés de l'angle droit du rectangle sont déjà tracés. Pour connaître la longueur des côtés du rectangle, il faut utiliser une règle graduée pour les mesurer (3 cm et 10 cm).
En revanche, la mesure n'est pas nécessaire avec une bande de papier qui permet de reporter les longueurs sans les mesurer.

Erreurs possibles

– Difficulté à positionner l'équerre : pour tracer le côté vertical, il faut la retourner.

– Difficultés pour reporter les longueurs : les élèves utilisent l'équerre pour mesurer alors qu'elle est encore positionnée pour tracer l'angle.

Remédiation

– Travailler en atelier pour apprendre à positionner l'équerre et à la retourner, à l'extrémité gauche et à l'extrémité droite d'un segment, sur des segments horizontaux et verticaux.

– Insister sur l'utilisation des différents outils de la géométrie, revoir le positionnement de la règle avec le « zéro » qui doit se positionner au début de la demi-droite à tracer.

3 Les côtés de l'angle droit sont tracés. L'énoncé donne la longueur des côtés du carré : 3 cm.

Erreurs possibles

Les mêmes que celles de l'exercice 2.

Remédiation

Les mêmes que celles de l'exercice 2.

Différenciation

Consolidation Photofiche 77c

Cette photofiche se compose de deux exercices. Les élèves vont devoir tracer un carré et un rectangle de dimensions données sans aide.

86 Tracer un carré ou un rectangle sur papier uni

Matériel photocopiable

Trace un rectangle de côté 4 cm et 7 cm. Les cotés de l'angle droit sont déjà tracés.	**Trace** un carré de côté 8 cm. Les cotés de l'angle droit sont déjà tracés.

87 Apprendre les tables de multiplication

Fichier p. 100

Programme 2018	**Calculer avec des nombres entiers** Mémoriser des faits numériques et des procédures : ▪ Tables de la multiplication.
Compétence	Compléter une table de multiplication à partir d'un résultat connu.
Remarques préalables	L'apprentissage des tables de la multiplication est long et s'étale sur plusieurs années. Nous voulons montrer à l'enfant que, s'il a oublié un résultat, il peut le retrouver à partir d'un résultat connu, en « remontant » ou en « descendant » dans la table. **Difficultés de la leçon** – Comprendre la structure d'une table de multiplication. – Percevoir les liens entre les différents produits. **Aide** – Aide visuelle avec une table écrite au tableau et des flèches montrant comment on passe d'un produit au suivant. – Procéder régulièrement à ce type d'exercice : « 6 × 4 = 24 ; quelle est la valeur de 6 × 5 » ?

Calcul mental 5 min

➜ *Différence de nombres < 10. Dire : « 9 – 7 » ; l'élève écrit 2.*
Items : *9 – 7 ; 5 – 4 ; 6 – 4 ; 8 – 5 ; 8 – 6 ; 3 – 2 ; 9 – 2 ; 7 – 3 ; 8 – 3 ; 6 – 3.*

Prérequis oral

« Comment passer de 2 × 3 à 3 × 3 ? »
Cette question introduit la leçon à partir d'un petit produit. L'élève utilise les résultats établis dans la construction de la table de 3 : on passe d'un produit au suivant en ajoutant 3.

Manipulations préparatoires 30 min

En collectif

Matériel	10 bandes représentant des constellations du 3 (voir matériel photocopiable).
Organisation	Groupes de 4 élèves.

Activité 1 : Descendre dans la table

Manipuler, schématiser

▪ Distribuer et faire découper des bandes de constellations du 3.
▪ Prendre la bande correspondant à 5 × 3. Colorier les 5 constellations. Faire trouver puis écrire le nombre 15 au dos de cette bande (c'est le produit de 5 × 3).
▪ Placer, au-dessous de cette bande, la bande qui correspond à 6 × 3, en alignant les deux premières cases des 2 bandes. Constater qu'il y a une constellation supplémentaire. Retourner la bande du dessus pour faire apparaître le nombre 15. Demander de trouver la valeur de 6 × 3 à partir de la première bande. L'écrire au dos de cette bande.
▪ Procéder de même avec la bande 7 × 3, puis la bande 8 × 3...

Débattre, symboliser

▪ Chaque groupe expose sa démarche. Il ressort de ce débat que si on connaît 5 × 3 = 15, on peut facilement calculer 6 × 3 en ajoutant 3 à 15, et ainsi de suite. Il n'est donc pas nécessaire de réciter toute la table.
▪ Écrire au tableau les égalités suivantes qu'un élève vient compléter. Les autres élèves vérifient.

5 × 3 = 15
6 × 3 = ... (+3)
7 × 3 = ... (+3)
8 × 3 = ... (+3)

Activité 2 : Remonter dans la table

Manipuler, schématiser

▪ Placer, au-dessus de la bande 5 × 3, la bande qui correspond à 4 × 3, en alignant toujours les deux premières cases des 2 bandes.
▪ Constater qu'il y a une constellation de moins. Demander de trouver la valeur de ce produit à partir de la première bande.
▪ Procéder de même avec la bande 3 × 3, puis la bande 2 × 3.

Débattre, symboliser

▪ Chaque groupe expose sa démarche. Il ressort de ce débat que, si l'on connaît 5 × 3 = 15, on peut facilement calculer 4 × 3 en retranchant 3 à 15 et ainsi de suite. Il n'est donc pas nécessaire de réciter toute la table.
▪ Écrire au tableau les égalités suivantes qu'un élève vient compléter :

2 × 3 = ...
3 × 3 = ... (–3)
4 × 3 = ... (–3)
5 × 3 = 15 (–3)

Découvrons 15 min

1 ▪ Les élèves retrouvent les deux activités manipulatoires mais avec la table de 5.
▪ Lire la bulle de Léa : elle « descend » dans la table en ajoutant 5 d'un résultat au suivant.
▪ Lire la bulle de Théo : il « remonte » dans la table en retranchant 5 d'un résultat au précédent.

- Les erreurs de calcul sont peu probables, tous les nombres se terminant par 0 ou 5.

4 × 5 = 20	+ 5	7 × 5 = 35	− 5
5 × 5 = 25	+ 5	8 × 5 = 40	− 5
6 × 5 = 30	+ 5	9 × 5 = 45	− 5
7 × 5 = 35		10 × 5 = 50	

Institutionnalisation orale

Poser la question : « *Qu'avons-nous appris aujourd'hui ?* » Réponse attendue proche de : « *Nous avons appris à compléter une table de multiplication à partir d'un résultat connu.* »

Je m'entraîne

15 min

En individuel

2 Cet exercice comporte 3 items où l'élève doit reconnaître la table de 5, puis la table de 3 et enfin la table de 4. Il faut retrouver les résultats qui suivent un résultat donné.

5 × 5 = 25	+ 5	3 × 3 = 9	+ 3	5 × 4 = 20	+ 4
6 × 5 = 30	+ 5	4 × 3 = 12	+ 3	6 × 4 = 24	+ 4
7 × 5 = 35		5 × 3 = 15		7 × 4 = 28	

Erreurs possibles

- L'élève ne perçoit pas de quelle table il s'agit.
- Erreurs de calcul.

Remédiation

Se reporter au *Découvrons* pour l'item 1 et à l'activité manipulatoire 1 pour l'item 2.

3 Ce sont les mêmes tables que celles de l'exercice 2. Il faut retrouver les résultats qui précèdent un résultat donné.

8 × 5 = 40	− 5	8 × 3 = 24	− 3	8 × 4 = 32	− 4
9 × 5 = 45	− 5	9 × 3 = 27	− 3	9 × 4 = 36	− 4
10 × 5 = 50		10 × 3 = 30		10 × 4 = 40	

Erreurs possibles

- L'élève ne perçoit pas de quelle table il s'agit.
- Erreurs de calcul.

Remédiation

Se reporter au *Découvrons* pour l'item 1 et à l'activité manipulatoire 2 pour l'item 2.

Réinvestissement

4 C'est un réinvestissement de la lecture de l'heure du matin et de celle du soir.

matin 9 h 00
soir 21 h 00

matin 4 h 30
soir 16 h 30

Différenciation

Remédiation Photofiche 78R

Cette photofiche propose trois exercices portant sur les tables de 2, 3, 4 et 5. L'élève doit retrouver des résultats des produits à partir d'un résultat donné. La présentation est différente de celle du fichier.

87 Apprendre les tables de multiplication

Matériel photocopiable

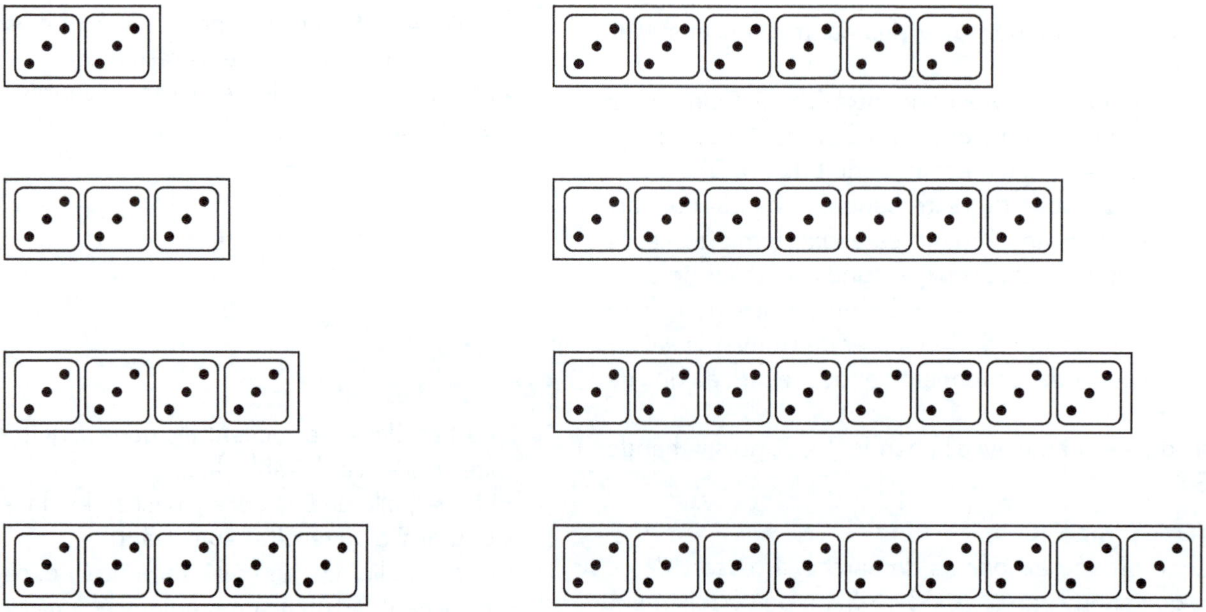

88 Connaître le mètre, le décimètre, le centimètre

Fichier p. 101

Programme 2018	**Comparer, estimer, mesurer des longueurs, des masses, des contenances, des durées** **Utiliser le lexique, les unités, les instruments de mesures spécifiques à ces grandeurs** Dans des cas simples, mesurer des longueurs, des masses et des contenances en utilisant un instrument adapté. ▪ Unités de mesures usuelles : longueur : m, dm, cm, mm, km et relation entre m, dm, cm et mm ainsi qu'entre cm et m.
Compétences	Connaître le m, le dm, le cm et leurs relations. Choisir l'unité qui convient.
Remarques préalables	▪ Dans cette leçon, sur les mesures de longueur nous limitons le travail au mètre et à deux de ses sous-multiples : le décimètre et le centimètre. L'étude du kilomètre fera l'objet de la leçon 95. ▪ Pour que les élèves maîtrisent correctement les relations entre ces unités, il est indispensable de les inciter à réaliser des exercices pratiques de mesurage aussi souvent que l'occasion s'en présente, par exemple au cours des leçons de géométrie (tracer des segments ou des figures dont les dimensions sont données…), mais aussi lors des séances d'arts plastiques (réaliser une maquette…), de biologie (mesurer la croissance d'un végétal), d'éducation physique (mesurer la hauteur et la longueur d'un saut), etc. **Difficulté de la leçon** Admettre qu'entre le m et le cm existe une unité que l'on utilise peu : le décimètre. **Aide** Visualiser et manipuler le plus souvent possible ces unités.

Calcul mental — 5 min

→ *Différence de nombres. Dire : « 14 – 6 » ; l'élève écrit 8.*
Items : *14 – 6 ; 17 – 3 ; 12 – 4 ; 15 – 7 ; 23 – 5 ; 32 – 3 ; 41 – 2 ; 31 – 3 ; 42 – 3 ; 25 – 6.*

Prérequis oral

« Combien peut mesurer un grand pas ? »
Cette question introduit le mètre.

Manipulations préparatoires — 30 min

En collectif

Matériel	Règle graduée du tableau de 1 m ; règle de la trousse ; bandes rouges de la page matériel G.
Organisation	Groupe classe.

Activité 1 : Comparer différentes règles

▪ Observer la règle graduée du tableau.
Indiquer que sa longueur est égale à 1 mètre. Le symbole du mètre est « m ».
▪ Avec cette règle estimer la hauteur d'une porte, la longueur du tableau, la largeur de la classe, un grand pas, etc.
▪ Demander à un élève d'observer les graduations et de mesurer la longueur entre 2 graduations en utilisant la règle graduée de la trousse : 1 cm.
▪ Faire découvrir le nombre de cm dans 1 mètre.
▪ Écrire au tableau 1 m = 100 cm.

Activité 2 : Le décimètre

▪ Découper une des deux bandes rouges de la page matériel G. Indiquer que cette bande a une longueur de 1 décimètre. Le symbole du décimètre est « dm ».
▪ Demander de mesurer la longueur de cette bande avec la règle graduée de la trousse : 10 cm.
▪ Écrire au tableau : « 1 dm = 10 cm ».
▪ Proposer alors le problème suivant :
« Combien de fois peut-on reporter cette bande rouge sur la règle du tableau ? »
Après un débat, un élève vient vérifier les propositions : 10 fois.
▪ Écrire au tableau : « 1 m = 10 dm ».

Découvrons — 15 min

1 ▪ Les élèves utilisent le résultat de l'activité 1 pour compléter l'égalité : 1 m = 100 cm.
▪ Faire remarquer que dans le mot « centimètre » on entend « cent ».

2 ▪ Les élèves utilisent le résultat de l'activité 2 pour compléter les égalités : 1 dm = 10 cm et 1 m = 10 dm.
▪ Faire remarquer que toutes ces égalités doivent être connues par cœur.

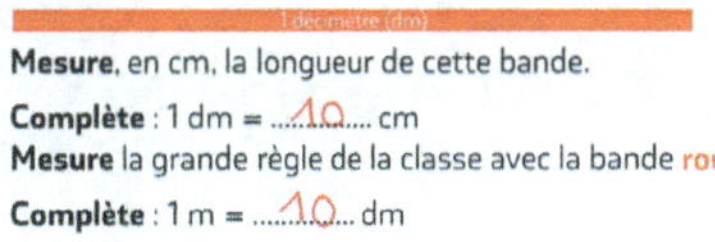

Erreur possible
L'élève écrit : « 1 m = 100 dm ».

Remédiation
Faire remarquer que l'on reporte 10 fois (et non 100 fois) la bande rouge d'un décimètre de longueur sur la règle de 1 m.

Institutionnalisation orale

Poser la question : *« Qu'avons-nous appris aujourd'hui ? »*
Réponse attendue proche de : *« Nous avons appris qu'une longueur pouvait se mesurer en mètres, en décimètres ou en centimètres et que 1 m = 10 dm = 100 cm. »*

Je m'entraîne

15 min

En individuel

3 Cet exercice porte sur le choix de l'unité. En cas de divergence, proposer le recours à l'expérimentation quand c'est possible.

Erreurs possibles
Erreurs d'unités.

Remédiation
Il est important que chaque élève ait ses propres références : les mesures 2 m pour l'épaisseur d'un livre ou 2 cm pour le saut d'un garçon doivent lui apparaître absurdes.

4 Cet exercice renforce les conversions. Les égalités 1 m = 100 cm et 1 dm = 10 cm doivent être acquises. Procéder par étapes.

2 m = 20 dm
3 m = 300 cm
5 dm = 50 cm

1 m 43 cm = 100 cm + 43 cm = 143 cm
1 m 5 cm = 100 cm + 5 cm = 105 cm
165 cm = 100 cm + 65 cm = 1 m 65 cm

Erreur possible
L'élève écrit : 2 m = 200 dm.

Remédiation
Procéder par étapes :
2 m = 2 × 1 m = 2 × 10 dm = 20 dm.

Réinvestissement

5 Cet exercice réinvestit le retrait d'un petit nombre à un nombre de 2 chiffres avec passage à la dizaine. Les calculs s'effectuent colonne par colonne.

14 – 4 = 10	23 – 3 = 20	45 – 5 = 40
14 – 5 = 9	23 – 5 = 18	45 – 7 = 38

Erreur possible
L'élève ne fait pas le lien entre les deux calculs d'une même colonne.

Remédiation
Mettre en évidence la relation entre les deux calculs. Si 14 – 4 = 10, 14 – 5 c'est « 1 de moins » : 10 – 1 = 9.

Problème de recherche personnelle

Procéder par essais successifs.

Le coin du chercheur
Deux nombres se suivent.
Leur somme est égale à 17.
Quels sont ces deux nombres ?
8 9

Différenciation

Consolidation Photofiche 79c
Cette photofiche comporte quatre exercices.
Le premier concerne le choix d'une unité et le deuxième des conversions.
Dans les deux derniers, l'élève doit prolonger un segment dont la longueur est exprimée en cm ou dm et cm.

89 Compléter une figure par symétrie

Fichier p. 102

Programme 2018	**Reconnaître, nommer, décrire, reproduire, construire quelques figures géométriques** **Reconnaître et utiliser les notions d'alignement, d'angle droit, d'égalité de longueurs, de milieu, de symétrie** Compléter une figure pour qu'elle soit symétrique par rapport à un axe donné : ▪ Symétrie axiale.
Compétence	Utiliser le calque pour compléter une figure par symétrie.
Remarques préalables	▪ Dans cette leçon, les élèves vont apprendre à compléter une figure qui possède un axe de symétrie en utilisant le papier calque. ▪ L'utilisation du papier calque à des fins de symétrie nécessite un apprentissage particulier : après avoir fixé la feuille de papier calque sur le modèle, il faut repasser sur le contour de la demi-figure à reproduire avec un crayon gras en appuyant suffisamment, puis retourner la feuille de papier calque, la faire coïncider avec l'axe de symétrie en la plaçant au bon niveau (ce qui, dans certains cas, peut être facilité par un point de repère dessiné sur l'axe de symétrie du modèle), la fixer à nouveau et repasser par transparence en appuyant suffisamment sur le premier tracé afin qu'il laisse une trace sur la feuille. ▪ Quand on retire la feuille de papier calque, il est souvent nécessaire de repasser sur les traces laissées par le calque car elles manquent de netteté. Pour convaincre les élèves de l'efficacité du procédé, plier une feuille volante suivant l'axe de symétrie afin de faire constater par transparence la superposition des deux demi-figures. **Difficultés de la leçon** – Décalquer la figure sans bouger le calque. – Positionner correctement la figure décalquée retournée. **Aide** – Fixer le calque avec un adhésif. – Ne pas oublier de tracer l'axe de symétrie qui positionnera la figure retournée.

Calcul mental — 5 min

→ *Tables de multiplication par 4. Dire : « 7× 4 » ; l'élève écrit 28.*
Items : *7 × 4 ; 6 × 4 ; 2 × 4 ; 4 × 4 ; 8 × 4 ; 3 × 4 ; 1 × 4 ; 5 × 4 ; 10 × 4 ; 9 × 4.*

Prérequis oral

« Observez vos 2 mains ouvertes posées sur le bureau. Que pouvez-vous dire ? »
Cette question demande une réponse contenant les mots *« symétrie »*, *« symétriques »* que les élèves ont déjà vus en leçon 62.

Manipulations préparatoires — 30 min

En collectif

Matériel	Par élève : 4 quarts de feuille de papier calque ; du ruban adhésif repositionnable (ou trombones) ; une feuille avec des figures à décalquer (cf. matériel photocopiable).
Organisation	Groupes de 4 élèves.

Activité 1 : Comprendre le rôle du calque

▪ Distribuer la feuille des figures à décalquer.
▪ Observer les dessins. Demander ce que représentent les traits en pointillés.
Constater que chaque trait en pointillés représente l'axe de symétrie de ces figures. Si certains élèves n'en sont pas convaincus, proposer de découper le coeur et de le plier.
▪ Demander ensuite de décalquer le cœur. Il faut apprendre à décalquer : poser le calque sur la feuille, le fixer avec des bandelettes de papier adhésif (ou des trombones) pour éviter qu'il ne bouge quand on repasse au crayon les bords de la figure pour obtenir, sur le calque, une figure « pareille » ou « superposable » au modèle.
▪ Demander ensuite aux élèves de retourner le calque et de superposer la figure retournée sur le cœur dessiné sur la feuille. Ils constatent que la superposition est possible.
▪ Indiquer que cette superposition est possible car ce cœur possède un axe de symétrie.

Activité 2 : Utiliser un calque

▪ Le même travail est accompli avec la seconde figure, l'amphore.
▪ Mais cette fois-ci, les élèves prennent soin de bien positionner le calque (le faire coïncider avec l'axe de symétrie) après l'avoir retourné afin de repasser par transparence sur le premier tracé. Ce dernier laisse une trace sur la feuille.
▪ Quand on retire le calque, il est souvent nécessaire de repasser sur les traces car elles manquent de netteté.
▪ La figure a été complétée par symétrie.

Découvrons — 15 min

1 ▪ Imaginer les différentes étapes de la reproduction du papillon.
▪ Reconnaître la première étape de l'utilisation du papier calque, déjà vue précédemment.

▪ Constater que les deux parties du papillon doivent être identiques, de chaque côté de la ligne rouge. On doit pouvoir les superposer. Cette ligne est l'axe de symétrie de la figure.

▪ Pour tracer cette partie symétrique, on va utiliser le calque. Les élèves sont alors munis d'un morceau de papier calque et appliquent la consigne. Veiller au positionnement et à la fixation du papier calque sur la figure à l'aide du ruban adhésif (ou de trombones). Rythmer l'activité en différenciant bien les étapes de la reproduction : repasser sur le modèle sans oublier de tracer l'axe de symétrie rouge, retourner le papier calque, le fixer à nouveau sur une partie blanche du fichier, repasser sur les traits, enlever le papier calque.

▪ Lors de la correction, rappeler la méthode pour décalquer et compléter une figure.

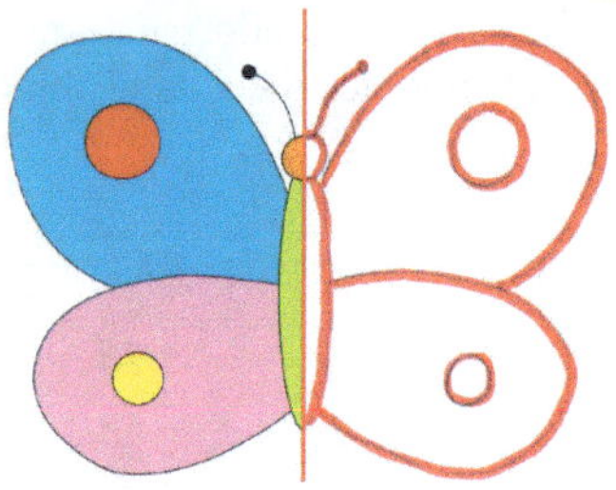

Institutionnalisation orale

Poser la question : « *Qu'avons-nous appris aujourd'hui ?* »
On attend une réponse proche de : « *Nous avons appris à utiliser le calque pour compléter une figure qui possède un axe de symétrie.* »

Je m'entraîne

15 min

En individuel

2 Les élèves décalquent la demi-tortue et complètent le dessin en réinvestissant la méthode vue précédemment. Pour ceux qui terminent rapidement l'activité, leur conseiller de colorier à leur goût la figure reproduite. Cela laisse du temps pour aider les élèves en difficulté.

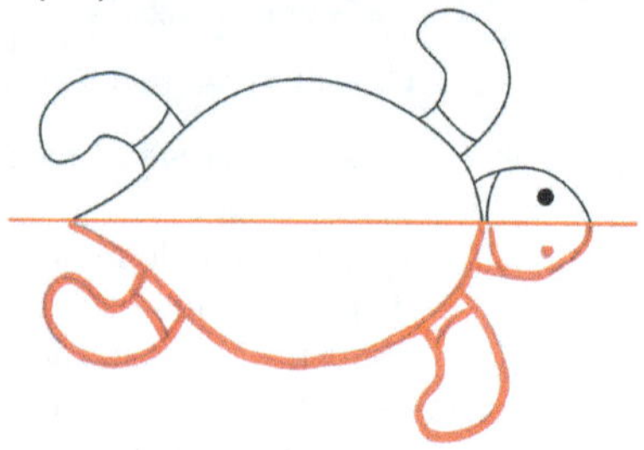

Erreurs possibles

- Difficulté à utiliser correctement le papier calque.
- L'élève ne retourne pas le calque.

Remédiation

- Fixer le calque avec du ruban adhésif (ou des trombones).
- Ne pas oublier de tracer l'axe de symétrie qui positionnera la figure retournée.

Différenciation

Consolidation Photofiche 80c
Cette fiche comporte deux exercices.
Dans le premier, l'élève doit compléter par symétrie une feuille d'érable en utilisant un papier calque.
Dans le second, le dessin à compléter est plus complexe (axe de symétrie horizontal).

89 Compléter une figure par symétrie

Matériel photocopiable

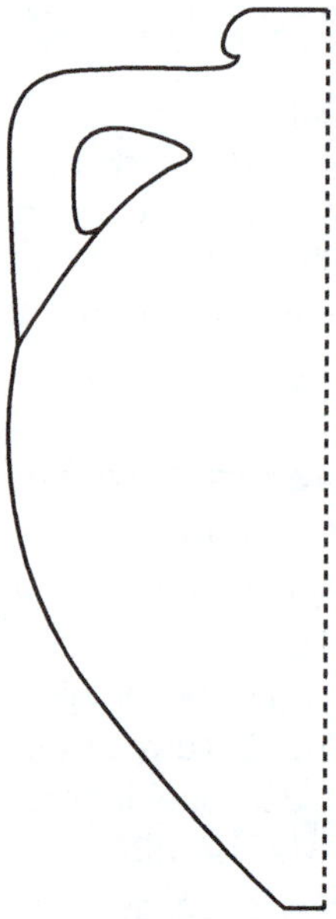

90 Calcul en ligne : Calculer la somme de nombres de 2 ou 3 chiffres

Fichier p. 103

Programme 2018	**Calculer avec des nombres entiers** Calcul en ligne : Calculer avec le support de l'écrit, en utilisant des écritures en ligne additives.
Compétence	Utiliser la décomposition canonique des nombres et la commutativité de l'addition pour calculer la somme de nombres de trois chiffres.
Remarques préalables	La technique pour effectuer une addition écrite en ligne est pédagogiquement intéressante car elle fait appel à la compréhension de la numération de position. ▪ Elle met en pratique la décomposition canonique des nombres utilisée dans « l'addition naturelle » où on calcule la somme des dizaines entières, la somme des unités et enfin la somme des résultats obtenus. Ce qui prépare efficacement les élèves au calcul mental. ▪ En CP, les élèves ont déjà ajouté en lignes deux nombres de deux chiffres. **Difficulté de la leçon** Trouver la décomposition et additionner les deux plus petits produits obtenus. **Aide** Revenir à la manipulation des plaques centaines, des barres dizaines et des jetons unités. Ne pas hésiter à découper avec les ciseaux le tableau rectangulaire schématisant les nombres à manipuler.

Calcul mental 5 min

→ *Table de multiplication par 4. Dire : « En 24, combien de fois 4 ? » ; l'élève écrit 6.*
***Items :** 24 ; 8 ; 32 ; 12 ; 36 ; 16 ; 4 ; 20 ; 40 ; 28.*

Prérequis oral

« Décompose 236 en somme de centaines, dizaines et unités. »
La réponse à cette consigne permet de vérifier que les élèves connaissent la décomposition canonique de nombres de trois chiffres.

Manipulations préparatoires — 15 min

En collectif

Matériel	Par groupe : 9 plaques bleues, 9 barres vertes et 9 jetons jaunes (page matériel A).
Organisation	Groupe de 2 élèves.

Activité 1 : Combien font 315 + 211 ?

Manipuler, schématiser

▪ Présenter la situation : Sans poser l'opération, demander de calculer 315 + 211.
▪ Demander à chaque groupe de 2 élèves de constituer ces deux collections à l'aide du matériel de numération
▪ Réunir ensuite les deux collections et trouver le résultat.

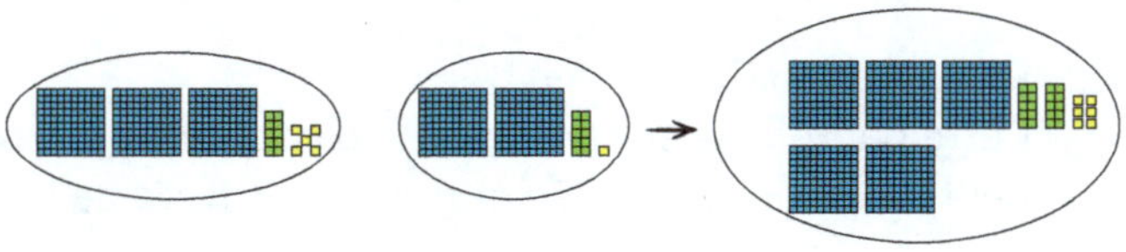

Débattre

Le débat porte sur la réunion des 2 collections que les élèves viennent de réaliser.
« Dans 315, il y a 3 centaines donc 3 plaques bleues, 1 dizaine donc 1 barre verte et 5 unités donc 5 jetons jaunes.
Dans 211, il y a 2 centaines donc 2 plaques bleues, 1 dizaine donc 1 barre verte et 1 unité donc 1 jeton jaune.
Lorsqu'on réunit les deux collections, on obtient 5 plaques bleues donc 5 centaines, 2 barres vertes donc 2 dizaines et 6 jetons jaunes donc 6 unités.
Comment s'écrit ce nombre ? »
Les élèves annoncent que ce nombre s'écrit 526.

Symboliser

Traduire ces actions par une écriture mathématique :
315 = 300 + 10 + 5
211 = 200 + 10 + 1
315 + **211** = 300 + 10 + 5 + 200 + 10 + 1
315 + **211** = 500 + 20 + 6
315 + **211** = **526**

Reprendre le même type de situation deux ou trois fois de suite avec des nombres différents, suivi de sa traduction mathématique.

Découvrons — 15 min

1 ▪ Observer, puis commenter le calcul de Théo. Celui-ci a écrit un calcul en ligne et décomposé les nombres 432 en 400 + 30 + 2 et 246 en 200 + 40 + 6.
▪ Commenter l'organisation du calcul qui fait apparaître les additions séparées des centaines, des dizaines et des unités.
▪ Compléter le calcul de Théo :

432 + 246 = 400 + 30 + 2 + 200 + 40 + 6
432 + 246 = 600 + 70 + 8 = 678

Léa doit effectuer : 170 + 145 + 30. Elle a écrit le calcul en ligne et a grisé les nombres 170 et 30.

▪ Commenter l'utilité du grisé 170 + 30 dont le résultat s'obtient soit par le surcomptage de 10 en 10 à partir de 170, soit en travaillant avec le nombre de dizaines 170 c'est 17d et 30 c'est 3d, donc 17d + 3 d = 20d, c'est-à-dire 200.
Comparer cette technique avec celle de Théo en montrant que les deux démarches conduisent au même résultat, celle de Léa peut paraître moins longue et plus astucieuse.
▪ Il suffit alors de calculer 200 + 145, c'est-à-dire ajouter des centaines entières à un nombre de trois chiffres.
▪ Compléter le calcul de Léa :

170 + 145 + 30 = 170 + 30 + 145
170 + 145 + 30 = 200 + 145 = 345

Institutionnalisation orale

Poser la question : « *Qu'avons-nous appris aujourd'hui ?* »
Réponse attendue proche de : « *Nous avons appris à calculer en ligne une somme de deux ou trois nombres de deux chiffres en utilisant leur décomposition.* »

Je m'entraîne

15 min

En individuel

2 Cet exercice reprend la méthode de Théo pour calculer la somme de 2 nombres.

245 + 124 = 200 + 40 + 5 + 100 + 20 + 4
245 + 124 = 300 + 60 + 9 = 369

Erreur possible
Erreur de calcul.

Remédiation
Ajouter une étape : décomposer en ligne chaque nombre.
Utiliser la couleur pour surligner les pointillés afin de facilité le calcul.
Revenir à l'utilisation du matériel de numération.

3 Cet exercice reprend la méthode de Léa pour calculer la somme de 3 nombres.

180 + 234 + 20 = 180 + 20 + 234
180 + 234 + 20 = 200 + 234 = 434

Erreur possible
Erreur de calcul.

Remédiation
Ajouter des étapes : travailler dans un premier temps avec les nombres 180 et 20. Pour trouver leur somme utiliser le surcomptage, la droite numérique ou travailler avec le nombre de dizaines voire même avec le matériel de numération.

Puis ajouter les centaines entières ainsi obtenues à un nombre. Utiliser les mêmes remédiations que précédemment : surcomptage de 100 en 100, utilisation de la droite numérique...

4 Pour résoudre ce problème, les élèves vont devoir ajouter trois nombres 122, 55 et 21.
La méthode de Théo va leur être très utile, puisque ce calcul est facilement réalisable si on décompose de façon canonique chaque nombre.

122 + 55 + 21 = 198

Il va payer 198 €.

Réinvestissement

5 Cet exercice réinvestit les relations entre les unités de temps.

1 jour = 24 heures 1 semaine = 7 jours
1 heure = 60 minutes
48 heures = 2 jours

Erreur possible
Méconnaissance des relations entre semaine, jour, heure et minute.

Remédiation
Reprendre, avec les élèves en difficulté, les activités et les jeux des activités manipulatoires vues dans la leçon 84.

Problème de recherche personnelle

Si on supprime le cube du dessus, on obtient une croix formée de 5 cubes. Cet asssemblage se compose donc de 6 cubes.

Le coin du chercheur

Combien de cubes composent cet assemblage ? 6

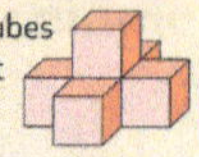

Différenciation

Remédiation Photofiche 81R
Cette photofiche se compose de 6 calculs. Trois reprennent la méthode de Théo et trois la méthode de Léa.

91 Situations de division : groupements

Fichier p. 104

Programme 2018	**Résoudre des problèmes en utilisant des nombres entiers et le calcul** Résoudre des problèmes issus de situations de la vie quotidienne ou adaptés de jeux portant sur des grandeurs et leur mesure, des déplacements sur une demi-droite graduée, … conduisant à utiliser les quatre opérations : ▪ Problèmes relevant des structures multiplicatives, de partages ou de groupements (multiplication/division).
Compétence	Résoudre des problèmes de division quotition.
Remarques préalables	La division peut avoir deux sens : celui de partages et celui de groupements. Elle permet donc de modéliser deux types de problèmes. Lorsque la division intervient dans des situations de regroupements, cela revient à calculer le nombre de paquets identiques que l'on peut réaliser dans une collection, connaissant la valeur d'un paquet : on parle de division-groupements ou quotition. **Difficulté de la leçon** Ce type de division a été abordé au CP, mais les nombres choisis donnaient un reste nul. Ici les élèves vont réaliser des groupements afin de trouver le quotient de la division et le reste. **Aide** S'appuyer sur la manipulation.

Calcul mental 5 min

➜ *Dictée de nombres. Dire : « 578 » ; l'élève écrit 578.*
***Items :** 578 ; 364 ; 192 ; 638 ; 597 ; 482 ; 379 ; 265 ; 391 ; 487.*

Manipulations préparatoires 15 min

En collectif

Matériel	Matériel photocopiable : 31 cartes fleurs par groupe.
Organisation	Groupes de 3 ou 4 élèves.

Activité : La fleuriste

▪ Écrire l'énoncé au tableau : *La fleuriste a reçu 31 roses ce matin. Elle souhaite réaliser des bouquets de 5 roses. Combien de bouquets va-t-elle réaliser ? Combien de roses va-t-il lui rester ?*
▪ Les élèves lisent l'énoncé au tableau.

Manipuler

▪ Distribuer à chaque groupe une enveloppe contenant 31 petites cartes représentant les 31 roses. Les élèves doivent répartir les 31 roses par paquet de 5 avant de dire combien de bouquets ils ont obtenus. Attendre que chaque groupe ait terminé sa manipulation et puisse formuler une réponse à la question du problème.

Débattre, schématiser

▪ Dessiner au tableau 31 petits carrés et les entourer par paquets de 5. Faire apparaître que ce dessin représente ce que les élèves ont fait en les regroupant par bouquets.

Symboliser

▪ Demander aux élèves d'écrire une égalité commençant par 31 = 5 + …
Exposer les différentes propositions au tableau. Retenir l'égalité 31 = 5 + 5 + 5 + 5 + 5 + 5 +1 soit 6 fois 5 plus 1 (l'égalité 31 = 6 x 5 + 1 sera vue au CE2). La fleuriste obtiendra 6 bouquets de 5 roses et il lui restera 1 rose.
▪ Annoncer que les élèves viennent de diviser le nombre 31 par 5.

Découvrons 20 min

1 ▪ Comme le signale Mathix, les élèves groupent les crayons par 8. Ils obtiennent 3 ensembles de 8 crayons. Chaque ensemble correspond à une boîte pleine. Il reste 4 crayons.
▪ Ils répondent à la question du problème : *Léa a rempli 3 boîtes. Il reste 4 feutres à ranger.*

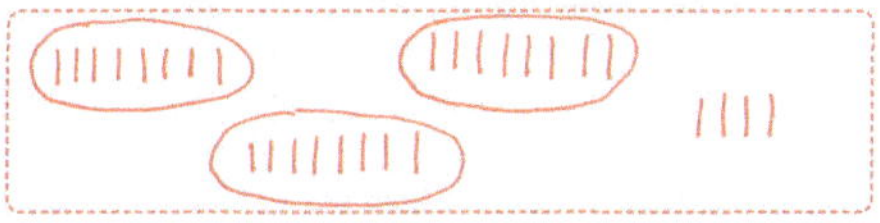

Complète. Léa a rempli ...3... boîtes. Il reste ...4... feutres à ranger.

Institutionnalisation orale

Poser la question : « *Qu'avons-nous appris aujourd'hui ?* »
Réponse attendue proche de : « *Nous avons appris à faire des groupements pour diviser un nombre.* »

Je m'entraîne 20 min

En individuel

2 Décrire la situation et s'assurer que tous les élèves ont compris le problème.
Laisser les élèves travailler seuls car cette situation est semblable à celle du *Découvrons.*
Quand les élèves sont en mesure de proposer une réponse orale à la question posée, faire compléter la phrase réponse : *Il lui faut 3 pages. Il reste 2 cartes.*
Une manipulation effective de 20 jetons groupés par paquets de 6 jetons peut venir valider la réponse.

Complète. Il remplit ...3... pages. Il reste ...2... cartes.

Erreurs possibles
– L'élève ne perçoit pas la nécessité de réaliser le schéma ou n'entoure pas les carrés par paquet de 6.
– Il est perdu par un nombre trop important d'objets.

Remédiation
– Utiliser la manipulation avec des jetons et des petits tiroirs de boîtes d'allumettes pour représenter les pages. Faire le lien avec la schématisation.

3 Décrire la situation et s'assurer que tous les élèves ont compris le problème.
Laisser les élèves travailler seuls.
Dans ce problème de division le reste est nul.

Complète. Boris fera ...5... équipes.

Erreur possible
L'élève est perturbé car il n'y a pas de reste.

Remédiation
Utiliser la manipulation de jetons.

Différenciation

Remédiation. Photofiche 82R
Elle propose trois problèmes portant sur des situations de division-groupements.
Dans les deux premiers, les illustrations facilitent la résolution par groupements. Dans le dernier, les élèves doivent réaliser le schéma.

Cahier Problèmes : Leçon 9

91 Situations de division : groupements

Matériel photocopiable

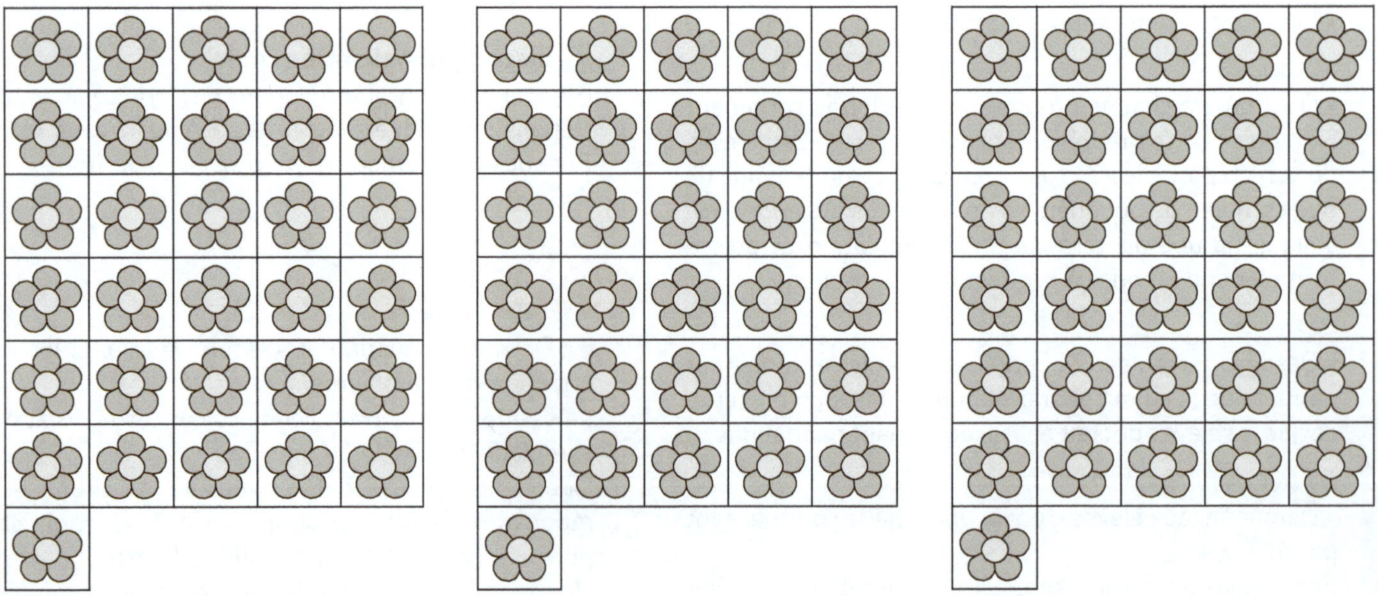

92 Situations de division : partages

Fichier p. 105

Programme 2018	**Résoudre des problèmes en utilisant des nombres entiers et le calcul** Résoudre des problèmes issus de situations de la vie quotidienne ou adaptés de jeux portant sur des grandeurs et leur mesure, des déplacements sur une demi-droite graduée, ... conduisant à utiliser les quatre opérations : ▪ Problèmes relevant des structures multiplicatives, de partages ou de groupements (multiplication/division).
Compétence	Résoudre des problèmes de division-partition.
Remarques préalables	Comme nous l'avons vu précédemment, il est important de présenter la division en contexte, puisqu'elle peut avoir deux sens : celui de partages et celui de groupements. Lorsque la division intervient dans des situations de partages, où on est amené à chercher « la valeur d'une part », on parle de division-partage ou division-partition. Pour que ce type de situation puisse être résolu par la manipulation, il faut associer une distribution un à un de tous les objets à partager. **Difficulté de la leçon** Ce type de division a aussi été abordé au CP mais les nombres choisis donnaient un reste nul. Ici les élèves vont réaliser des distributions afin de trouver le quotient de la division et le reste. **Aide** S'appuyer sur la manipulation.

Calcul mental 5 min

→ *Retrancher des dizaines à des nombres de trois chiffres.*
Écrire 158 – 30 » ; l'élève écrit 128.
Items : *158 – 30 ; 365 – 50 ; 463 – 30 ; 638 – 30 ; 578 – 60 ; 239 – 20 ; 398 – 80 ; 364 – 40 ; 374 – 50 ; 487 – 80.*

Manipulations préparatoires 15 min

En collectif

Matériel	Matériel photocopiable : 31 cartes fleurs par groupe (Leçon 91). 7 feuilles A6 pour chaque groupe.
Organisation	Groupes de 3 ou 4 élèves.

Activité : La fleuriste

▪ Écrire l'énoncé au tableau : *La fleuriste a reçu 31 roses ce matin. Elle souhaite réaliser 7 bouquets identiques. Combien de roses va-elle mettre dans chaque bouquet ? Combien de roses va-t-il lui rester ?*

Mmanipuler

▪ Distribuer à chaque groupe une enveloppe contenant 31 petites cartes représentant les 31 roses. Les élèves doivent répartir les 31 roses de façon équitable en 7 paquets, chacun représentant un bouquet.

▪ Observer comment procède chaque groupe. Pour ceux qui rencontrent des difficultés proposer de prévoir l'emplacement des 7 bouquets (feuilles de format A6) puis de distribuer les roses une à une dans chacun des 7 bouquets.

Attendre que chaque groupe ait terminé sa manipulation et puisse formuler une réponse à la question du problème.

Débattre, schématiser

▪ Dessiner au tableau 31 petits carrés (qui représentent les fleurs) et 7 zones (qui représentent les 7 bouquets). Distribuer, un par un chaque carré dans une zone. Faire apparaître que ce dessin schématise ce que les élèves ont fait en distribuant les fleurs entre les 7 bouquets.

Symboliser

▪ Demander aux élèves d'écrire une égalité commençant par 31 = ...

Exposer les différentes propositions au tableau. Retenir l'égalité 31 = 7 + 7 + 7 + 7 + 3 soit 4 fois 7 plus 3.

▪ Faire le lien entre la question posée par le problème, les manipulations, le schéma et l'égalité finale.

La fleuriste obtiendra 4 bouquets de 7 roses chacun et il restera 3 roses.

▪ Annoncer que les élèves de diviser le nombre 31 par 7.

Découvrons 20 min

1 ▪ Lire la consigne et établir le lien entre le schéma que les élèves doivent compléter sur le fichier et l'activité préparatoire qui a été représentée par un schéma comparable.

▪ Laisser les élèves achever la schématisation de la distribution des 17 images entre les 4 amis.

▪ Demander de compléter la phrase qui indique le résultat du partage.

Institutionnalisation orale

Poser la question : « *Qu'avons-nous appris aujourd'hui ?* »
Réponse attendue proche de : « *Nous avons appris à partager des objets entre plusieurs personnes pour que chacun en ait le même nombre.* »

Je m'entraîne

20 min

En individuel

2 Décrire la situation et s'assurer que tous les élèves ont compris le problème.
Laisser les élèves travailler seuls car cette situation est semblable à celle du *Découvrons.*
Quand les élèves sont en mesure de proposer une réponse orale à la question posée faire compléter la phrase réponse : *Chacun aura 6 cartes. Il restera 2 cartes*
Une manipulation effective de 20 jetons répartis en 3 tas peut venir valider la réponse**.**

Erreurs possibles

– L'élève ne perçoit pas la nécessité de réaliser le schéma ou ne barre pas les cartes au fur et à mesure.
– Il ne réalise pas une distribution équitable.

Remédiation

– Utiliser des couleurs différentes pour barrer les cartes au futur et à mesure (à chaque couleur correspond un enfant)
– Utiliser la manipulation avec des jetons et des petits tiroirs de boîtes d'allumettes pour représenter les enfants et distribuer 1 par 1 les jetons dans chaque tiroir.

3 Décrire la situation et s'assurer que tous les élèves ont compris le problème.
Laisser les élèves travailler seuls.
Dans ce problème de division le reste est nul.

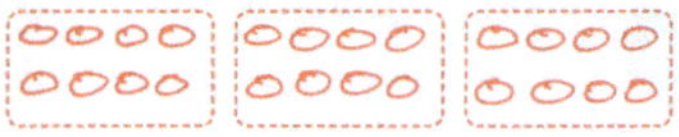

Erreur possibles

L'élève est perturbé car il n'y a pas de reste.

Remédiation

Utiliser la manipulation de jetons.

Problème de recherche personnelle

Différenciation

Remédiation Photofiche 83R
Elle propose deux problèmes portant sur des situations de division-partages.
La difficulté porte sur la taille des nombres.

Cahier Problèmes : Leçon 10

93 Je fais le point (7)

Fichier pp. 106-107

Procéder régulièrement au bilan des compétences des élèves. L'élève fait le point sur ses connaissances. Les résultats permettent aussi de repérer les notions mathématiques et les techniques de calcul maîtrisées par la majorité des élèves et celles qui doivent donner lieu à un travail de remédiation en atelier.
Comme les items des pages « Je fais le point » peuvent être faits à la maison, leur préférer ceux proposés dans le guide pédagogique pour réaliser les évaluations finales des demi-périodes. Utiliser alors les pages « Je fais le point » du fichier comme activités préparatoires aux évaluations finales.

Consignes de passation

Pour chaque exercice, les élèves travaillent individuellement. Lire une fois la consigne à haute voix. Leur laisser un temps raisonnable pour réfléchir, calculer et rédiger la réponse puis passer à l'exercice suivant. L'ensemble des exercices de la page peut être traité en deux séances. La correction se fera à la fin de chaque séance.

Connaissances et compétences	Commentaires	Propositions de remédiation
1. **Calculer avec des nombres entiers.** → Connaître la table de 3 de la multiplication.	Observer si les élèves trouvent le résultat spontanément ou s'ils sont obligés d'effectuer des additions ou de tracer des rectangles pour le trouver.	Construire la table de 3 en petits groupes en insistant sur le passage d'un résultat au résultat suivant.
2. **Calculer avec des nombres entiers.** → Calculer une somme de deux nombres de 3 chiffres en utilisant leur décomposition canonique.	La décomposition canonique d'un nombre permet de savoir si l'élève a compris la valeur des chiffres en fonction de sa position dans le nombre.	Utiliser le matériel de numération (plaques, barres, jetons unités). Revoir la décomposition canonique des nombres de 3 chiffres. → **Photofiche 81R**
3. **Résoudre des problèmes en utilisant des nombres entiers et le calcul.** → Résoudre un problème de groupements.	Ce problème de division quotition ne comporte pas de reste. De plus, les images sont alignées par 6.	S'assurer que l'énoncé est compris. Manipuler avec des jetons. → **Photofiche 82R**
4. **Comparer, estimer, mesurer des longueurs, des masses, des contenances, des durées. Utiliser le lexique, les unités, les instruments de mesures spécifiques à ces grandeurs.** → Connaître les relations entre m, cm, dm.	Exercice de conversion entre m et cm, puis dm et cm et enfin m et dm.	L'élève doit apprendre par cœur les conversions de base : 1 m = 100 cm 1 = 10 dm 1 dm = 10 cm

Connaissances et compétences	Commentaires	Propositions de remédiation
5. **Comparer, estimer, mesurer des longueurs, des masses, des contenances, des durées. Utiliser le lexique, les unités, les instruments de mesures spécifiques à ces grandeurs.** → Connaître les relations entre semaine, jour, heure, minute.	Des réponses absurdes montrent que l'élève n'a pas connaissance, même approximative, de chacune des durées.	Pour mieux mémoriser ces conversions, l'élève doit connaître les durées approximatives de chacune de ces unités de mesure de durées. Pour cet apprentissage, un travail quotidien liant les durées à des activités habituelles est nécessaire.
6. **Comparer, estimer, mesurer des longueurs, des masses, des contenances, des durées. Utiliser le lexique, les unités, les instruments de mesures spécifiques à ces grandeurs.** → Mesurer et additionner des longueurs.	Cet exercice propose de mesurer la longueur d'une ligne brisée constituée de 3 segments. Observer comment les élèves effectuent leur mesurage.	Vérifier si l'erreur provient du calcul ou du mesurage. Certains placeront l'extrémité de la règle et non la graduation du zéro devant l'extrémité du segment. → Mémo page 13 → **Photofiche 72R**
7. **Reconnaître, nommer, décrire, reproduire, construire quelques figures géométriques. Reconnaître et utiliser les notions d'alignement, d'angle droit, d'égalité de longueurs, de milieu, de symétrie.** → Identifier un carré ou un rectangle.	Indiquer aux élèves qu'ils peuvent utiliser une bande de papier et une équerre. Les figures proposées ne comportent que des angles droits.	Vérifier si l'élève connaît les propriétés d'un carré et celles d'un rectangle. Observer comment il compare les longueurs des côtés. Demander à un élève qui a réussi de venir au tableau expliciter sa démarche. → Mémo page 16 → **Photofiche 73R**
8. **Reconnaître, nommer, décrire, reproduire, construire quelques figures géométriques. Reconnaître et utiliser les notions d'alignement, d'angle droit, d'égalité de longueurs, de milieu, de symétrie.** → lTracer un rectangle sur papier uni.	Les élèves doivent mesurer les côtés du rectangle pour pouvoir le terminer. Ils doivent utiliser l'équerre et la retourner.	Les élèves doivent connaître les propriétés du rectangle et savoir utiliser les instruments de géométrie : règle graduée, équerre.

E7 # Évaluation (7)

Fichier CE1
Leçons 80 à 92

Prénom .... **Date** ....

Connaissances et compétences | **Évaluation**

Connaissances et compétences	Évaluation
Nombres et calculs	
Calculer avec des nombres entiers	
1. Connaître la table de 3 de la multiplication.	
2. Calculer une somme de deux nombres de 3 chiffres en utilisant leur décomposition canonique.	
Résoudre des problèmes utilisant des nombres entiers et le calcul	
3. Résoudre un problème de groupements.	

1 **Complète.**

2 × 3 = ... | 5 × 3 = ... | 6 × 3 = ...

2 **Calcule** en décomposant chaque nombre en centaines, dizaines et unités.

134 + 352 = 100 + ...+ .... + ... + ... + ...

134 + 352 = ... + ... + ... = ...

3 Nils possède 15 petites voitures. Il les range dans des boîtes de 3 voitures.
Combien de boîtes lui faut-il ?

Il lui faut .... boîtes.

Connaissances et compétences **Évaluation**

Grandeurs et mesures	
Comparer, estimer, mesurer des longueurs, des masses, des contenances, des durées	
4. Mesurer et additionner des longueurs	
5. Connaître les relations entre semaine, jour, heure, minute.	

4 Quelle est la longueur du chemin de la coccinelle ?

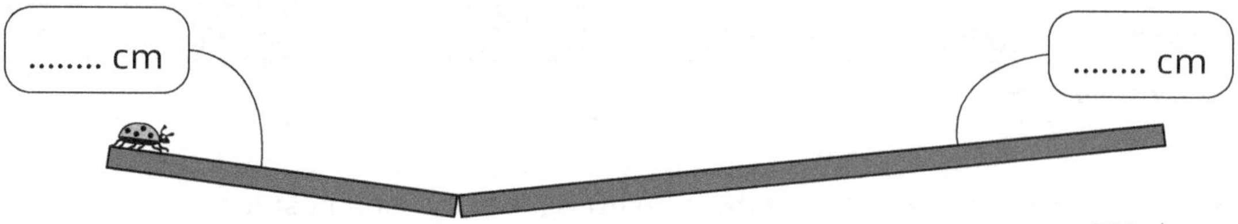

.... cm + ... cm = ... cm

La longueur du chemin est égale à .... cm.

5 **Complète.**

1 semaine = ... jours *1 jour = ... heures* *1 heure = ... minutes*

Connaissances et compétences **Évaluation**

Espace et géométrie	
Reconnaître, nommer, décrire, reproduire, construire quelques figures géométriques Reconnaître et utiliser les notions d'alignement, d'angle droit, d'égalité de longueurs, de milieu, de symétrie	
6. Identifier un carré ou un rectangle.	
7. Tracer un rectangle sur papier uni.	
8. Compléter une figure par symétrie en utilisant le calque.	

6 **Colorie** le carré en jaune.

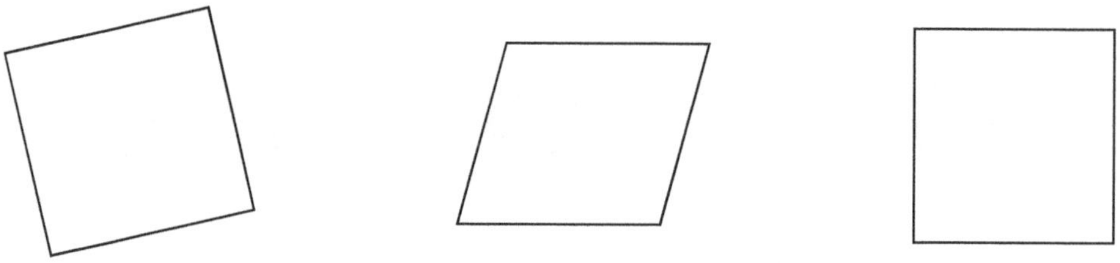

7 **Complète** le carré. Un côté est déjà tracé.

8 **Utilise** un calque pour compléter le dessin par symétrie.

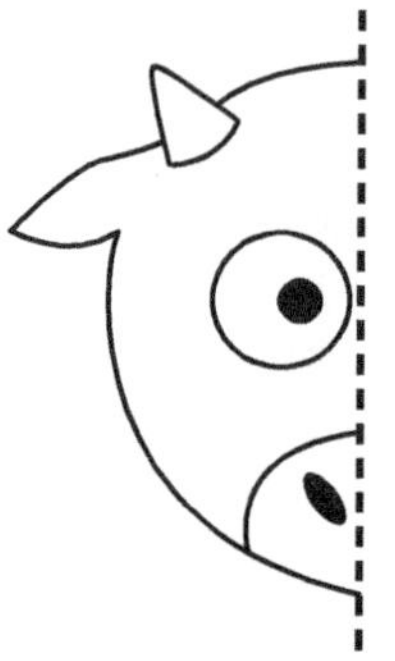

94 Calcul en ligne : Calculer un produit (1)

Fichier p. 108

Programme 2018	**Calculer avec des nombres entiers** Calcul en ligne : Calculer en utilisant des écritures en ligne additives, soustractives, multiplicatives, mixtes.
Compétence	Calculer un produit (les 2 termes inférieurs à 10).
Remarques préalables	▪ Au CE1, les élèves sont confrontés à des calculs multiplicatifs mais ne connaissent pas les tables de multiplication au-delà de celle de 5. Ils vont découvrir que ces calculs peuvent être traités par des procédures de calcul utilisant la distributivité par rapport à l'addition. ▪ Dans cette leçon, nous illustrons le calcul par des découpages de tableaux rectangulaires en deux sous-tableaux, ce qui permet des manipulations effectives. ▪ Cette approche, compatible avec la définition du produit de deux entiers comme nombre de cases d'un quadrillage rectangulaire, n'utilise pas les parenthèses qui seront présentées en CM1. Elles sont remplacées par le surlignage coloré des sous-produits et le support schématique qui semblent plus faciles à comprendre pour les élèves de CE1. ▪ Le découpage additif du plus grand des deux facteurs est présenté comme un moyen de remplacer un calcul difficile par deux calculs plus simples que l'élève a appris à effectuer dans les leçons précédentes. **Difficultés de la leçon** – Difficulté à compléter les calculs déjà initiés. – Méconnaissance des tables de multiplication. **Aide** – Reprendre l'activité préparatoire en atelier. – Permettre la consultation des tables de multiplication (plat II du fichier).

Calcul mental — 5 min

➜ Retrancher des centaines à des nombres de trois chiffres. Écrire 563 – 200 = … ; l'élève écrit 363.
Items : *563 – 200 = … ; 345 – 100 = … ; 460 – 300 = … ; 500 – 200 = … ; 640 – 300 = … ; 756 – 300 = … ; 800 – 500 = … ; 878 – 400 = … ; 924 – 500 = … ; 684 – 400 = …*

Prérequis oral

« Combien font 7×5 ? 7×4 ? »
Les réponses à ces questions vérifient la connaissance des tables de multiplication jusqu'à la table de 5.

Manipulations préparatoires — 30 min

En collectif

Matériel	Des rectangles quadrillés (voir matériel photocopiable) : petit format pour les élèves et grand format pour l'enseignant.
Organisation	Groupes de 2 élèves.

Activité : Découper des tableaux rectangulaires

Manipuler

▪ Écrire au tableau le produit 6×9.
▪ Afficher le grand tableau rectangulaire de 6 lignes et 9 colonnes associé à ce produit et distribuer à chaque groupe, 2 petits tableaux rectangulaires correspondant au même produit.
▪ Demander de calculer ce produit sans compter toutes les cases du tableau une à une et en utilisant les tables de multiplication qui ont déjà été vues.
▪ Si les élèves ne le proposent pas, indiquer qu'il faut découper le tableau de façon à faire intervenir deux produits qui se trouvent dans les tables de multiplication que l'élève connaît.
▪ Colorier les sous-tableaux obtenus par découpage de deux couleurs différentes.

Schématiser, débattre

▪ Afficher les découpages obtenus : 3×9 et 3×9 ; 2×9 et 4×9 ; 6×4 et 6×5…
▪ Privilégier le découpage ci-dessous :

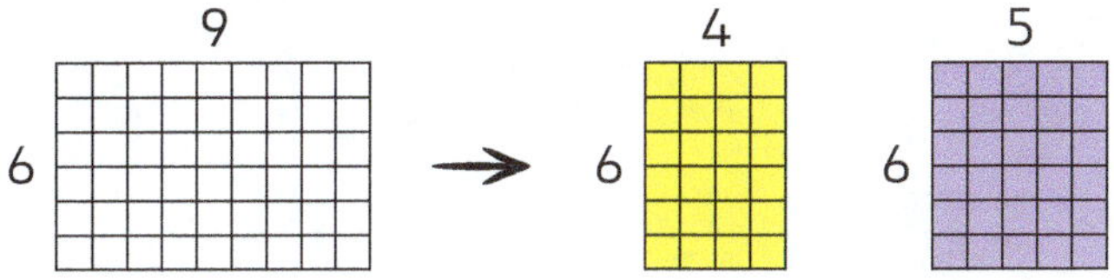

Symboliser

▪ Demander quel produit correspond à chaque partie du découpage : les produits 6×4 et 6×5 sont proposés.
▪ Préciser que grâce à ce découpage, les élèves sont capables de calculer le produit 6×9. Les propositions font apparaître que :
$6 \times 9 = 6 \times 4 + 6 \times 5 = 24 + 30 = 54$.
Cette situation peut être reprise avec, par exemple, le produit 7×8.

Découvrons — 15 min

1 ▪ Observer le grand rectangle quadrillé bicolore et demander :
« Comment peut-on écrire le nombre total de carreaux sous la forme d'un seul produit ? » Les réponses attendues sont 9×7 ou 7×9.
« Connaissez-vous la valeur de ce produit ? » Les élèves ne connaissent pas encore les tables de 7 et de 9.
« Comment calculer ce produit ? »

▪ Expliquer les calculs de Léa. Puisque Léa ne sait pas calculer directement 7 × 9, elle partage le rectangle en deux parties. Elle décompose 9 en 5 + 4. Le codage en couleurs permet une bonne visualisation de ce partage. Elle utilise cette méthode car elle connaît les tables de 4 et de 5 et sait donc calculer les produits : 7 × 5 et 7 × 4. Elle peut alors calculer le produit 7 × 9.
Elle calcule d'abord 7 × 5 (la partie rose du quadrillage) ; ensuite, elle calcule 7 × 4 (la partie verte du quadrillage).
▪ Terminer les calculs de Léa, puis confronter les résultats.

7 × 9 = 7 × 5 + 7 × 4
7 × 9 = 35 + 28
7 × 9 = 63

▪ Demander : « *Pourrait-on trouver un autre découpage qui permette de calculer le produit 9 × 7 ?* » Toute réponse permettant de parvenir au résultat sera acceptée : par exemple, 9 × 7 = 9 × 3 + 9 × 4 ou 9 × 7 = 9 × 2 + 9 × 5.

Institutionnalisation orale

Poser la question : « *Qu'avons-nous appris aujourd'hui ?* »
Réponse attendue proche de : « *Nous avons appris à décomposer un grand produit en produits plus petits que l'on sait calculer.* »

Je m'entraîne

15 min

En individuel

2 Le dessin privilégie le découpage du quadrillage basé sur la décomposition de 7 en 5 + 2. Ce découpage impose l'égalité :
6 × 7 = 6 × 5 + 6 × 2.

6 × 7 = 6 × 5 + 6 × 2
6 × 7 = 30 + 12
6 × 7 = 42

Erreurs possibles
– Décomposition erronée.
– Méconnaissance des tables de multiplication.

Remédiation
– Le codage en couleurs est, ici, une aide précieuse à la décomposition.
– Utiliser les tables de multiplication (plat II du fichier).

3 Même exercice. Le dessin privilégie le découpage du quadrillage basé sur la décomposition de 8 en 4 + 4. Ce qui impose l'égalité : 9 × 8 = 9 × 4 + 9 × 4.

9 × 8 = 9 × 4 + 9 × 4
9 × 8 = 36 + 36
9 × 8 = 72

Erreurs possibles et **Remédiation**
Les mêmes que celles de l'exercice 2.

Réinvestissement

4 Cet exercice sur la monnaie réinvestit la conversion : 50 c + 50 c = 1 €.

3 €

Remédiation
– Entourer 2 pièces de 50 c pour obtenir des paquets de 1 €.
– Utiliser la monnaie factice et procéder à des échanges : 2 pièces de 50 c contre une pièce de 1 €.

Différenciation

Remédiation Photofiche 84R
Cette fiche présente deux exercices dans le même esprit que ceux du fichier où la décomposition d'un des termes du produit est imposée.

94 Calcul en ligne : Calculer un produit (1)

Matériel photocopiable

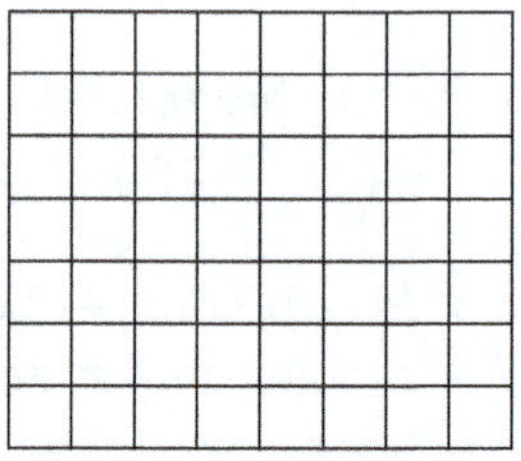

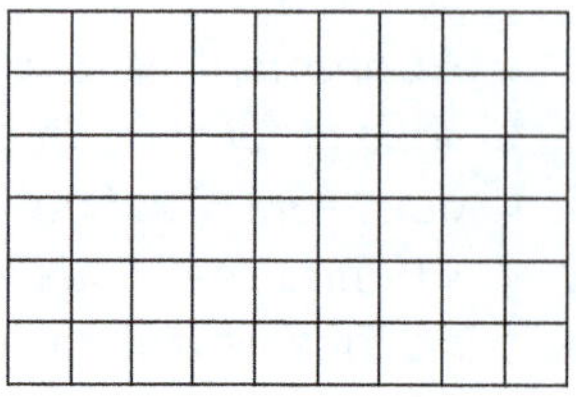

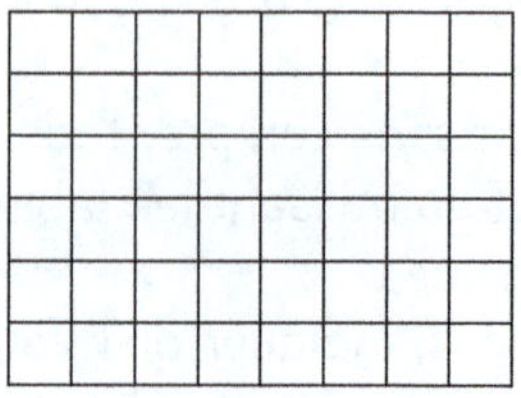

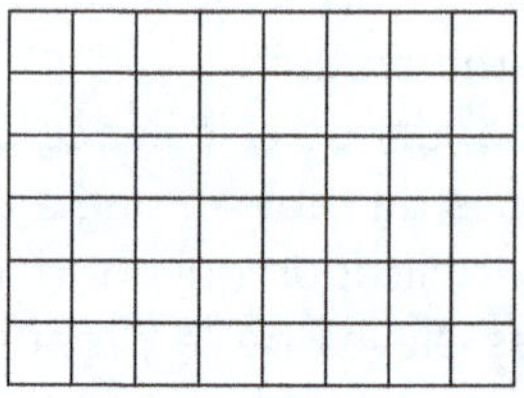

95 Connaître le mètre, le kilomètre

Fichier p. 109

Programme 2018	**Comparer, estimer, mesurer des longueurs, des masses, des contenances, des durées** **Utiliser le lexique, les unités, les instruments de mesures spécifiques à ces grandeurs** Dans des cas simples, mesurer des longueurs, des masses et des contenances en utilisant un instrument adapté. ▪ Unités de mesures usuelles : longueur : m, dm, cm, mm, km et relation entre m, dm, cm et mm ainsi qu'entre cm et m.
Compétences	Utiliser le mètre et le kilomètre. Choisir l'unité qui convient.
Remarques préalables	▪ Auparavant, les unités de longueur étaient nombreuses (lieue, toise, pied, pouce, canne…) et pouvaient varier d'un village à l'autre. Une revendication des États Généraux de 1789 était d'unifier les unités et de les rendre universelles. C'est ainsi que naquirent le mètre (dix millionième partie du quart d'un méridien terrestre), le kilogramme, la seconde, l'ampère… Ces unités se sont imposées pratiquement dans tous les pays. ▪ Il est à noter qu'aujourd'hui le mètre est défini à partir de la vitesse de la lumière dans le vide. Un ouvrage historique très intéressant, *Le Mètre du monde* de Denis Guedj, montre comment et pourquoi, pendant la Révolution française, on a mesuré avec précision la longueur d'un méridien terrestre. ▪ « Kilo » est un préfixe provenant du grec, signifiant « mille ». **Difficulté de la leçon** L'élève ne maîtrise pas un ordre de grandeur des distances. **Aide** Proposer régulièrement des estimations de longueurs, de distances…

Calcul mental — 5 min

➜ *Table de multiplication par 3. Dire : « 7 × 3 » ; l'élève écrit 21.*
***Items** : 7 × 3 ; 5 × 3 ; 4 × 3 ; 3 × 3 ; 8 × 3 ; 9 × 3 ; 2 × 3 ; 6 × 3 ; 3 × 7 ; 3 × 4.*

Prérequis oral

« À Lyon, un panneau indique "Paris 470". Que signifie cette indication ? »
L'élève a sûrement lu des panneaux routiers. Cette question introduit le kilomètre.

En collectif

Manipulations préparatoires — 20 min

Organisation	Groupes de 3 ou 4 élèves.

Activité : En plein air !

▪ Au cours de la séance d'EPS, demander aux élèves d'effectuer en marchant ou en trottinant 3 tours de stade. À l'arrivée, leur annoncer qu'ils ont parcouru environ 1 km.

▪ Tracer 2 traits sur le sol d'espacement 1 m. Demander aux élèves de sauter par-dessus les 2 traits. Leur annoncer qu'ils viennent de sauter 1 m.

Poser les questions :

– *« Quelle est le plus grand : 1 m ou 1 km ? »*

– *« Donnez une distance de quelques kilomètres ? De quelques mètres ? »*

Découvrons — 15 min

1 ▪ Cette activité est en lien direct avec l'activité manipulatoire. Mathix leur rappelle les tours de stade effectués !

▪ Ce type d'activité est à reprendre régulièrement.

La longueur d'un terrain de football est de 100 ...m....
La distance Paris-Marseille est de 800 ...km....

2 Cette activité est présentée sous forme de problème dont les données sont à rechercher sur l'illustration. Grâce à l'encadré, les élèves savent que 1 km = 1 000 m. Ils doivent donc appréhender que 6 km 800 m est beaucoup plus grand que 1 000 m.

Complète. ...4... km ...500... m + ...2... km ...300... m = ...6... km ...800... m
Théo doit parcourir ...6... *km* ...800... *m.*
Théo a-t-il parcouru plus ou moins de 1 000 m ? ☒ plus ☐ moins

Institutionnalisation orale

Poser la question : *« Qu'avons-nous appris aujourd'hui ? »*
Réponse attendue proche de : *« Nous avons appris à utiliser le mètre et le kilomètre et à effectuer des calculs avec ces unités. »*

En individuel

Je m'entraîne — 15 min

3 Cet exercice reprend le premier exercice du *Découvrons*, mais il est conduit en autonomie.
Le Haut-Folin est le point culminant du massif du Morvan.

Hauteur de la tour Eiffel	Distance de Paris à Lyon	Hauteur du Haut-Folin
324 ...m...	470 ...km...	901 ...m...

Erreur possible
Confusion entre les deux unités.

Remédiation
Indiquer que le km est utilisé pour les grandes distances, comme la distance entre 2 villes. Prendre d'autres exemples avec des distances ou des longueurs plus petites.

4 Cet exercice reprend le second exercice du *Découvrons*, mais il est effectué en autonomie.
Les données sont à rechercher sur les pancartes.

1 km 600 m + 2 km 100 m = 3 km 700 m
La longueur totale du parcours est de 3 km 700 m.

Erreurs possibles
- L'élève ne trouve pas les données.
- Erreur de calcul.

Remédiation
Reprendre l'exercice en petits groupes et procéder par étapes.

Réinvestissement

5 Cet exercice réinvestit la leçon 88.

1 m = 100 cm   1 m = 10 dm

Problème de recherche personnelle

Montrer une solution experte qui est dans l'utilisation de la table de 3. Cela revient à calculer $3 \times ... = 12$ ou $... \times 3 = 12$. Il suffit donc de chercher le résultat 12 dans la table de 3. On constate que $4 \times 3 = 12$. Une étoile vaut donc 4.

Différenciation

Consolidation Photofiche 85c
Cette photofiche propose trois exercices.
Dans le premier, l'élève doit colorier les étiquettes d'unités de longueur parmi des unités d'autres grandeurs.
Le deuxième est ludique. Il est présenté comme un conte avec des phrases à trous à compléter avec des unités de longueur.
Le troisième est un problème où l'élève doit additionner des longueurs exprimées en km et m.

96 Reconnaître, décrire des solides

Fichier p. 110

Programme 2018	**Reconnaître, nommer, décrire, reproduire quelques solides** – Reconnaître et trier les solides usuels parmi des solides variés. – Décrire et comparer des solides en utilisant le vocabulaire approprié pour : ▪ nommer des solides (boule, cylindre, cône, cube, pavé droit, pyramide). ▪ décrire des polyèdres (face, sommet, arête).
Compétences	Reconnaître et décrire les polyèdres. Utiliser le vocabulaire : faces, arêtes, sommets.
Remarques préalables	▪ Il est nécessaire que les élèves manipulent les objets, verbalisent leurs observations, construisent un vocabulaire permettant de décrire ce qu'ils observent, classent les objets selon des critères géométriques. ▪ Il est donc souhaitable de commencer ou de prolonger les activités de cette leçon par des séances de jeux collectifs (jeux de Kim, du portrait, du solide auquel je pense...) qui permettent l'utilisation des mots face, arête, sommet. **Difficulté de la leçon** Difficulté à reconnaître un solide représenté par un dessin sur le fichier : la représentation d'un objet à 3 dimensions sur une feuille de papier nécessite l'utilisation de la perspective ; les angles et les égalités de longueurs ne sont pas respectés. **Aide** Revenir aux solides utilisés dans l'activité préparatoire pour donner corps aux illustrations. Montrer que leur position ne modifie pas leur forme.

Calcul mental 5 min

➜ *Table de multiplication par 3. Dire : « En 24, combien de fois 3 ? » ; l'élève écrit 8.*
Items : *« En 24, combien de fois 3 ? » ; « En 12, combien de fois 3 ? » ; « En 6, combien de fois 3 ? » ; « En 21, combien de fois 3 ? » ; « En 18, combien de fois 3 ? » ; « En 30, combien de fois 3 ? » ; « En 9, combien de fois 3 ? » ; « En 15, combien de fois 3 ? » ; « En 27, combien de fois 3 ? » ; « En 3, combien de fois 3 ? ».*

Prérequis oral

« Quel solide de la vie courante a la forme d'un cylindre ? d'un cube ? »
Vérifie la connaissance du vocabulaire géométrique qui se met en place.

Manipulations préparatoires 30 min

En collectif

Matériel	Des solides géométriques (en bois, plastique ou carton : boule, cube, pavé droit, pyramide, cône, cylindre, prisme), des étiquettes portant le nom des solides.
Organisation	Groupe classe.

Activité 1 : Découverte des solides

Manipuler, débattre

▪ Disposer les solides sur une table et inviter les élèves à les regarder, les toucher et se mettre d'accord sur la façon de les nommer.
▪ Privilégier le vocabulaire de la géométrie, du moins pour les solides du programme et faire reformuler les commentaires imprécis.
▪ Demander ensuite de mettre ensemble les objets « qui se ressemblent ». Discuter les critères de classement et mettre en évidence les plus pertinents du point de vue géométrique.

Symboliser

▪ Séparer les solides en deux groupes et les nommer : les polyèdres (faces planes) et les non polyèdres (comportant des parties arrondies).

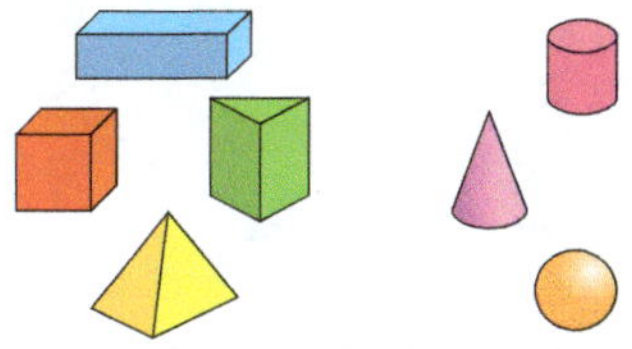

▪ Placer l'étiquette nom près de chaque solide.

Activité 2 : Jeu du portrait visuel

▪ Faire momentanément sortir un élève de la classe. Pendant son absence, ses camarades choisissent un solide géométrique.
▪ Demander à l'élève de revenir pour découvrir le solide, choisi par la classe, en posant des questions auxquelles la classe ne répond que par « oui » ou « non ».

Activité 3 : Jeu du portrait tactile

▪ Mettre les solides dans un sac.
▪ Inviter un élève à mettre la main dans le sac. Il choisit l'un des solides sans le sortir du sac, et le décrit en le touchant.
▪ La classe doit découvrir ce solide. La vérification s'effectue en sortant le solide du sac.

Activité 4 : Jeu de Kim

▪ Disposer les solides sur un bureau face à la classe.
▪ Faire momentanément sortir un élève de la classe. Pendant son absence, un autre élève soustrait un solide et le cache.

▪ Demander à l'élève de revenir pour nommer le solide manquant.
Si l'élève ne trouve pas, la classe lui donne un ou plusieurs indices : à tour de rôle, un élève décrit l'objet en utilisant le vocabulaire géométrique. La vérification s'effectue en montrant l'objet.

Découvrons

15 min

1 ▪ Les élèves retrouvent la première activité manipulatoire. Il faut colorier les polyèdres donc différencier polyèdres et non-polyèdres. Faire nommer les polyèdres et les non-polyèdres.
▪ Permettre aux élèves de venir manipuler les solides de l'activité manipulatoire.

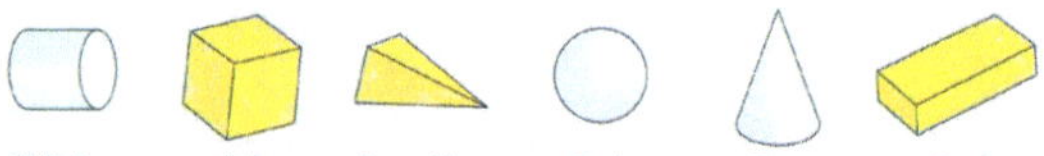

2 ▪ Utiliser les polyèdres qui ont été triés pendant l'exercice 1.
▪ Les élèves rappellent que les polyèdres ont des faces planes. Ils comptent les faces de chaque polyèdre. Ils nomment les bords des faces : les arêtes. Ils les comptent. Ils nomment les « coins » où les arêtes se rejoignent : les sommets. Ils les comptent.
▪ Compléter le tableau. La pyramide prête à débat selon la nature de sa base (carrée ou triangulaire). La solution proposée concerne une pyramide à base carrée.

Solide			
Nombre de faces	6	6	5
Nombre d'arêtes	12	12	8
Nombre de sommets	8	8	5

Institutionnalisation orale

Poser la question : « *Qu'avons-nous appris aujourd'hui ?* »
Réponse attendue proche de : « *Nous avons appris à distinguer les polyèdres des autres solides, à nommer quelques solides et à utiliser le vocabulaire : face, arête, sommet.* »

Je m'entraîne

15 min

En individuel

3 Les solides qui ne sont pas des polyèdres comportent des parties arrondies. Nommer ces solides : cône, boule, cylindre.

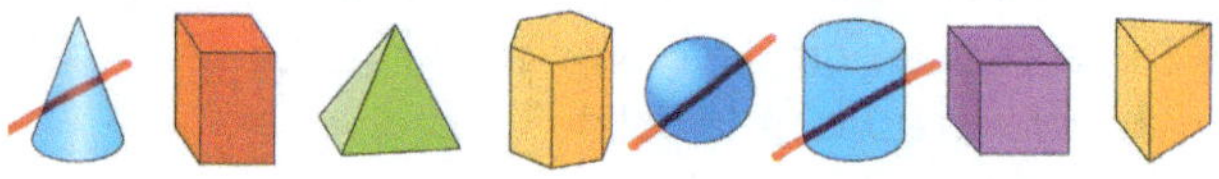

Erreur possible
Mauvaise perception des solides représentés en deux dimensions sur le fichier.

Remédiation
Utiliser le matériel des activités préparatoires pour montrer un exemplaire de chaque type de solide et faire constater aux élèves que chacun des trois solides barrés possède une partie arrondie, contrairement aux polyèdres.

4 La base grisée visible de cette pyramide à base triangulaire (tétraèdre) est une aide forte pour le comptage des faces, arêtes et sommets.

Cette pyramide possède ...4... faces, ...6... arêtes, ...4... sommets

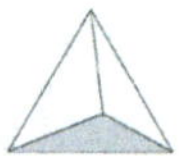

Erreur possible
Oubli d'une face.

Remédiation
Pour faire les comptages utiliser un solide pyramide réel et non un dessin.

5 Exercice difficile, les élèves doivent avoir une représentation mentale du pavé pour pouvoir répondre.

...3... faces, ...3... arêtes, ...1... sommet sont cachés

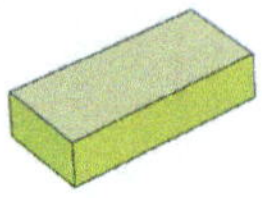

Erreur possible
Comptage erroné.

Remédiation
Utiliser un pavé réel que l'élève peut manipuler et non un dessin.

Différenciation

Remédiation Photofiche 86R
Cette photofiche propose deux exercices.
Dans l'exercice 1, il faut retrouver le nom de trois solides.
Dans l'exercice 2, il faut barrer les solides qui ne sont pas des polyèdres.

97 Multiplier par un nombre entier de dizaines, de centaines

Fichier p. 111

Programme 2018	**Calculer avec des nombres entiers** – Traiter à l'oral et à l'écrit des calculs relevant des quatre opérations. – Élaborer ou choisir des stratégies, expliciter les procédures utilisées et comparer leur efficacité.
Compétence	Multiplier par un nombre entier de dizaines, de centaines.
Remarques préalables	En leçon 69, les élèves ont appris à multiplier un nombre par 10, ils vont maintenant apprendre à le multiplier par un nombre entier de dizaines, puis par un nombre entier de centaines en utilisant la numération. Par exemple, quand on multiplie 4 par 30 : 4 × 30 = 4 × 3 dizaines = 12 dizaines = 120. Il en va de même quand on multiplie par 200 ; 4 × 200 = 4 × 2 centaines = 8 centaines = 800. **Difficultés de la leçon** – Écrire les multiples de 10 sous la forme d'un nombre de dizaines et les multiples de 100 sous la forme d'un nombre de centaines et vice-versa. – Connaître les tables de multiplication. **Aide** – Utiliser un tableau de numération. – Utiliser les tables de multiplication.

Calcul mental **5 min**

→ *Compléments à 10. Dire : « Combien faut-il ajouter à 3 pour avoir 10 ? » ; l'élève écrit 7.*
***Items :** 3 ; 6 ; 9 ; 7 ; 5 ; 4 ; 1 ; 2 ; 8 ; 0.*

Prérequis oral

« Calculez : 21 × 10. »
Les réponses à cette consigne permettent de vérifier les acquis des élèves sur la multiplication par 10.

En collectif

Manipulations préparatoires **30 min**

Matériel	Billets de la page matériel F. Par groupe : 7 billets de 50 €, 4 de 200 € ; 40 barres dizaines, 10 plaques centaines, un tableau de numération ; une ardoise par élève.
Organisation	Groupes de 4 élèves.

Activité 1 : Jouer avec les billets de 50 €

Manipuler

▪ Distribuer à chaque groupe 7 billets de 50 € ainsi qu'un tableau de numération et des barres dizaines.
▪ Demander : *« Comment calculez cette somme d'argent en utilisant la table de 5 de la multiplication. Vous pouvez également utiliser un tableau de numération. »*

Débattre, schématiser

▪ Lors de la discussion, lister les différentes méthodes et favoriser celle utilisant le matériel de numération.
▪ Schématiser au tableau :

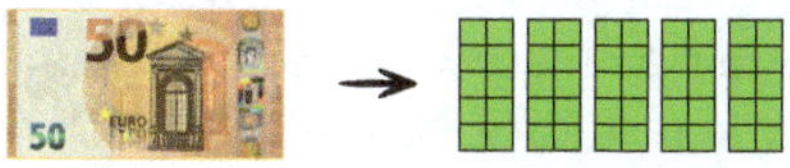

On obtient 7 fois 5 dizaines.

Symboliser

▪ Écrire au tableau l'égalité et demander de la compléter : 7 × 50 = 7 × 5 dizaines = ... dizaines.
Pour calculer le résultat deux méthodes peuvent être proposées.
Méthode 1 : Utilisation d'un tableau de numération.
▪ Écrire le résultat de l'égalité ci-dessus dans le tableau de numération et demander de le compléter :

centaine	dizaine	unité
c	d	u
3	5	......

▪ Terminer le calcul : 7 × 50 = 350.
Méthode 2 : Utilisation de la multiplication par 10 que les élèves connaissent (écriture d'un zéro à droite du nombre).
35 d = 35 × 10 = 350.

Activité 2 : Jouer avec les billets de 200 €

Reprendre la démarche en distribuant 4 billets de 200 € à chaque groupe.

Découvrons **15 min**

1 ▪ Observer le tableau des articles, reconnaître les objets représentés, expliquer les mots « articles », « quantité », « total » (vocabulaire rencontré sur un bon de commande, une facture) et vérifier la lecture du tableau en posant les questions : *« Combien de paquets de règles a-t-on commandés ? Combien de règles contient un seul paquet ? Quel est le nombre total de règles commandées ? »...*
▪ Attirer l'attention des élèves sur les calculs de Léa :
30 c'est 3 dizaines.
7 × 30 = 7 × 3 d = 21 d

- Utiliser un tableau de numération pour écrire la réponse : 21 d = 210.

centaine	dizaine	unité
c	d	u
2	1	……

- Calculer ensuite, sur l'ardoise, le nombre de stylos-plume.
- Vérifier que l'opération à effectuer est bien comprise par chacun : 6 × 50. Permettre la consultation de la table de Pythagore (plat II du fichier).
- Demander d'expliquer la procédure lors de la mise en commun. Insister sur les deux étapes du calcul : la première est la multiplication des dizaines ; la seconde est l'écriture du 0 à droite du nombre obtenu par la multiplication. Ces deux étapes sont reprises au tableau sous la forme schématique : 6 × 5 0

  ↓ ↓

  3 0 0
- Attirer maintenant l'attention des élèves sur les calculs de Théo qui explique comment calculer le nombre de crayons.
- Reprendre cette explication au tableau :

100 c'est 1 centaine.

2 × 100 = 2 × 1 c = 2 c

- Utiliser un tableau de numération pour écrire la réponse : 2 × 100 = 200.

centaine	dizaine	unité
c	d	u
2	……	……

- Calculer ensuite, sur l'ardoise, le nombre de feuilles.
- Vérifier que l'opération à effectuer est bien comprise par chacun : 4 × 200.
- Demander d'expliquer la procédure lors de la mise en commun.
- Schématiser au tableau : 4 × 2 0 0

  ↓ ↓ ↓

  8 0 0
- Pour consolider les techniques de multiplication des dizaines et des centaines, proposer quelques calculs à effectuer sur l'ardoise : 2 × 300 ; 4 × 200 ; 4 × 60 ; 50 × 3…
- Proposer aussi quelques multiplications faisant apparaître les analogies de calcul : 3 × 2 ; 3 × 20 ; 3 × 200…

Article	Quantité par paquet	Nombre de paquets	Total
	30	7	210
	100	2	200
	50	6	300
200 feuilles	200	4	800

Institutionnalisation orale

Poser la question : « *Qu'avons-nous appris aujourd'hui ?* »
Réponse attendue proche de : « *Nous avons appris à multiplier des dizaines ou des centaines par un petit nombre.* »

Je m'entraîne

15 min

En individuel

2 Cet exercice vérifie l'ensemble des deux techniques apprises lors de la leçon.
Rappeler aux élèves qu'ils doivent décomposer les produits en deux étapes.

2 × 30 = 60	4 × 50 = 200	3 × 100 = 300	3 × 200 = 600
4 × 30 = 120	8 × 50 = 400	9 × 100 = 900	2 × 400 = 800

Erreurs possibles

- Calculs erronés.
- Méconnaissance de la méthode pour multiplier par 10, par 100.

Remédiation

- Utiliser les tables de multiplications (plat II du fichier).
- Reprendre en atelier l'activité préparatoire.

3 L'enseignant, après la lecture de l'énoncé, s'assure de sa bonne compréhension. Il le fait reformuler puis demande de relever les données concernant les billets : « 7 billets de 50 € ».

7 × 50 = 350 …… *Kévin possède* 350 €.

Erreur possible

Mauvais enchaînement des égalités.

Remédiation

Écrire au tableau le canevas de calcul :
… × … = … × … d = … d = …

Réinvestissement

4 Identifier un polyèdre.

Remédiation

Manipuler les solides réels, les associer à des objets de la vie courante.

Problème de recherche personnelle

Une des innombrables solutions possibles.

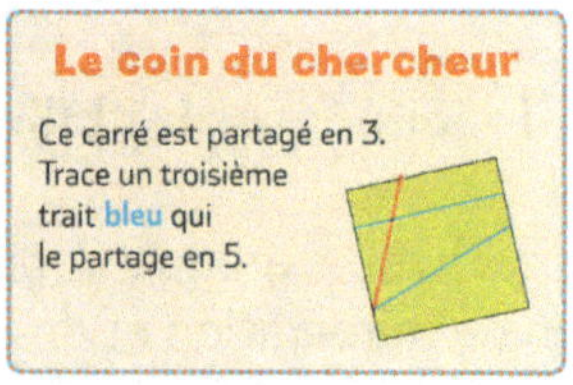

Différenciation

Consolidation Photofiche 87c

Cette photofiche propose trois exercices. Le premier porte sur la multiplication par un multiple de 10, le deuxième par un multiple de 100. L'élève est aidé par les conseils de Mathix. Dans le troisième exercice, il faut associer le résultat à son calcul en coloriant de la même couleur un camion et sa remorque.

98 Calcul en ligne : Calculer un produit (2)

Fichier p. 112

Programme 2018	**Calculer avec des nombres entiers** Calcul en ligne : Calculer en utilisant des écritures en ligne additives, soustractives, multiplicatives, mixtes.
Compétence	Calcul en ligne : Calculer un produit dont un facteur est supérieur à 10.
Remarques préalables	Après avoir étudié la distributivité pour calculer un produit dont les termes étaient inférieurs à 10 (leçon 94), nous allons aborder, dans cette leçon, le cas où l'un des termes du produit est supérieur à 10 en utilisant sa décomposition additive sur le nombre 10. **Difficulté de la leçon** Trouver la décomposition et écrire les deux produits à additionner. **Aide** Revenir à la manipulation par découpage avec les ciseaux du tableau rectangulaire schématisant le grand produit à calculer.

Calcul mental — 5 min

➜ *Compléments à la dizaine supérieure. Dire : « Combien faut-il ajouter à 26 pour obtenir 30 ? » ; l'élève écrit 4.*
***Items :** « Combien faut-il ajouter à 26 pour obtenir 30 ? » ;*
« Combien faut-il ajouter à 15 pour obtenir 20 ? » ;
« Combien faut-il ajouter à 17 pour obtenir 20 ? » ;
« Combien faut-il ajouter à 25 pour obtenir 30 ? » ;
« Combien faut-il ajouter à 37 pour obtenir 40 ? » ;
« Combien faut-il ajouter à 47 pour obtenir 50 ? » ;
« Combien faut-il ajouter à 44 pour obtenir 50 ? » ;
« Combien faut-il ajouter à 56 pour obtenir 60 ? » ;
« Combien faut-il ajouter à 54 pour obtenir 60 ? » ;
« Combien faut-il ajouter à 67 pour obtenir 70 ? ».

Prérequis oral

« Savez-vous calculer 6 × 4 ; 6 × 14 ? »
Cette question permet d'introduire la leçon : comment à partir d'un produit qui se trouve dans une table de multiplication peut-on obtenir un produit dont un facteur est supérieur à 10 ?

Manipulations préparatoires — 30 min

En collectif

Matériel	Une photocopie de l'immeuble (matériel photocopiable ci-après) par groupe d'élèves. Une photocopie agrandie de cet immeuble à afficher au tableau.
Organisation	Groupes 2 ou 4 élèves.

Activité : Découper des tableaux rectangulaires

Manipuler, débattre

▪ Par groupe d'élèves, distribuer une photocopie de l'immeuble et afficher une photocopie agrandie au tableau.
▪ Demander comment on pourrait calculer le nombre de fenêtres de cet immeuble.
L'arbre devant l'immeuble cachant des fenêtres, le nombre total ne pourra être trouvé que par un calcul réfléchi du produit 13 × 4.
▪ Observer les différentes procédures mises en place.
Lors de la mise en commun, quelques élèves notent leur réponse au tableau et expliquent leur démarche. La classe valide ou non en argumentant.

Schématiser

Parmi les propositions, on retiendra les schémas suivants utilisant des tableaux rectangulaires :

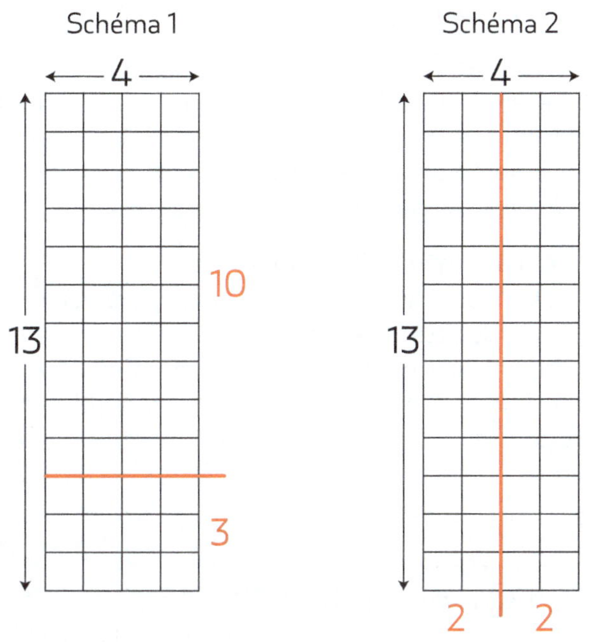

Schéma 1 : il suffit de savoir calculer 10 × 4 et 3 × 4
Schéma 2 : il suffit de savoir calculer 13 × 2, c'est-à-dire le double de 13.

Symboliser

Utilisation du schéma 1 :
13 × 4 = 10 × 4 + 3 × 4
13 × 4 = 40 + 12 = 52
Utilisation du schéma 2 :
13 × 4 = 13 × 2 + 13 × 2
13 × 4 = 26 + 26 = 52
▪ Constater que ces deux calculs conduisent au même résultat et que ce sont les plus simples à effectuer : dans le premier parce qu'il s'agit de multiplier par 10

(compétence acquise lors de la leçon 69) puis d'ajouter un petit produit, dans le second parce qu'il s'agit de calculer des doubles et de les ajouter.

Découvrons

15 min

1 ▪ Lire la consigne.
▪ Demander quelle est l'opération à effectuer.
▪ Observer le dessin de l'immeuble et constater que la décomposition de 24 en 20 + 4 permet de calculer plus facilement le produit.
▪ Les réponses attendues sont :
$6 \times 24 = 6 \times 20 + 6 \times 4 = 120 + 24 = 144$.
La mise en commun permet de vérifier si la démarche proposée est comprise et bien appliquée.

24 = 20 + 4
6 × 24 = 6 × 20 + 6 × 4
6 × 24 = 120 + 24
6 × 24 = 144

Cet immeuble comporte 144 fenêtres.

Erreur possible
L'élève ne fait pas le lien entre le découpage et les opérations à effectuer.

Remédiation
Travailler en atelier avec les élèves à partir de quadrillages que l'on découpe avec des ciseaux afin de faire apparaître de manière visuelle les deux petits produits. On peut transformer 6×20 en $6 \times 10 + 6 \times 10$.

Institutionnalisation orale
Poser la question : « *Qu'avons-nous appris aujourd'hui ?* » Réponse attendue proche de : « *Nous avons appris à décomposer un grand produit en produits plus petits en utilisant la multiplication par un nombre entier de dizaines.* »

Je m'entraîne

15 min

En individuel

2 L'élève doit calculer 5×12.
La décomposition est imposée sur le schéma et le calcul est initié.
La multiplication par 10 et l'utilisation de la table de 2 ou de 5, doivent être connues.

5 × 12 = 5 × 10 + 5 × 2
5 × 12 = 50 + 10
5 × 12 = 60

Erreur possible
Difficulté à associer découpage et sous-produits.

Remédiation
Montrer la correspondance entre le partage de l'immeuble et l'expression de chaque sous-produit en prenant appui sur les couleurs.

3 Cet exercice est semblable à celui du *Découvrons* avec la décomposition en 20 + 5 et l'utilisation de la table de 3 (ou de 5).

3 × 25 = 3 × 20 + 3 × 5
3 × 25 = 60 + 15
3 × 25 = 75

Réinvestissement

4 Cet exercice réinvestit la leçon 88.
– L'égalité 1 m = 100 cm doit être acquise. Si les élèves procèdent comme ils l'ont appris en leçon 88, ils doivent réussir cette conversion :
1 m 5 cm = 100 cm + 5 cm = 105 cm.
– Écrire une étape supplémentaire dans l'égalité :
1 m 5 cm = 100 cm + 5 cm.

1 m 5 cm = 100 cm + 5 cm = 105 cm
Valentin mesure 105 cm.

Différenciation

Remédiation Photofiche 88R
Cette photofiche propose trois exercices progressifs utilisant les tables de 4 ou de 5 de la multiplication, pour calculer le nombre de fenêtres d'un immeuble partiellement caché par un arbre.

98 Calcul en ligne : Calculer un produit (2)

Matériel photocopiable

99 Estimer un ordre de grandeur

Fichier p. 113

Programme 2018	**Calculer avec des nombres entiers** Calcul mental : Calculer sans le support de l'écrit, pour obtenir un résultat exact, pour estimer un ordre de grandeur ou pour vérifier la vraisemblance d'un résultat.
Compétence	Estimer l'ordre de grandeur d'un résultat par troncature.
Remarques préalables	L'estimation est une démarche nouvelle pour les élèves habitués à produire des résultats numériques justes ou faux. La façon qui semble la plus simple pour leur faire découvrir cette démarche, est celle qui utilise des grandeurs mesurables facilement manipulables comme la longueur ou la masse. Si l'enseignant montre à la classe le fichier de maths, dont chaque élève possède un exemplaire identique, en demandant aux élèves d'écrire sa longueur (ou sa masse) sur leur ardoise sans la mesurer, les réponses des élèves vont informer l'enseignant sur leur perception réelle des mesures de longueur (ou de masse) et sur le sens qu'ils accordent aux unités de mesure. La validation sera apportée par une mesure qui donnera par exemple une longueur de 30 cm. L'enseignant pourra alors déclarer que toutes les réponses comprises entre 25 cm et 35 cm sont de bonnes estimations de la longueur du fichier. Cette façon de considérer que des réponses réputées fausses, puissent être considérées comme correctes installe l'idée d'estimation fondée sur des approximations vraisemblables. En répétant fréquemment ce type de petit défi, les élèves se créent des repères utiles et se familiarisent à la fois avec les mesures de grandeur et avec la notion d'approximation. Cette démarche aide à comprendre les estimations purement numériques proposées dans cette leçon. **Difficulté de la leçon** Accepter l'idée qu'une valeur puisse être une estimation correcte alors qu'elle n'est pas la valeur exacte. **Aide** Avoir recours à des estimations de mesures de grandeur comme proposé ci-dessus.

Calcul mental 5 min

→Compléments à 100 d'une dizaine entière.
Dire : « Combien faut-il ajouter à 30 pour obtenir 100 ? » ; l'élève répond 70.
***Items :** « Combien faut-il ajouter à 30 pour obtenir 100 ? » ;*
« Combien faut-il ajouter à 80 pour obtenir 100 ? » ;
« Combien faut-il ajouter à 60 pour obtenir 100 ? » ;
« Combien faut-il ajouter à 40 pour obtenir 100 ? » ;
« Combien faut-il ajouter à 90 pour obtenir 100 ? » ;
« Combien faut-il ajouter à 60 pour obtenir 100 ? » ;
« Combien faut-il ajouter à 10 pour obtenir 100 ? » ;
« Combien faut-il ajouter à 20 pour obtenir 100 ? » ;
« Combien faut-il ajouter à 70 pour obtenir 100 ? » ;
« Combien faut-il ajouter à 50 pour obtenir 100 ? ».

Prérequis oral

« Calculez : 30 + 50 ; 20 + 40. »
Les sommes à calculer vérifient que les élèves savent additionner des dizaines.

Manipulations préparatoires

30 min

En collectif

Matériel	Activité 1 : trois boîtes ; quinze cartes. Activité 2 : Une bande de couleurs ; sept étiquettes nombres.
Organisation	Activité 1 : groupes de 2. Activité 2 : groupe classe.

Activité 1 : Estimer la hauteur du bureau

- Demander de sortir les ardoises et d'y écrire la hauteur du bureau sur lequel travaillent les élèves sans chercher à la mesurer.
- Laisser quelques secondes de réflexion puis demander aux élèves de lever leur ardoise. Enregistrer rapidement les différents résultats proposés.
- Se munir d'un mètre-ruban et demander à un élève de mesurer cette hauteur. Supposons qu'elle soit égale à 70 cm.
- Déclarer alors que tous ceux qui ont proposé une hauteur comprise entre 50 cm et 90 cm ont bien répondu en donnant une estimation correcte de cette hauteur.
- Préciser qu'une estimation n'est pas une valeur exacte, mais qu'elle doit rester assez proche de la valeur exacte pour être considérée comme une bonne estimation.

Activité 2 : Jeu des boîtes

- Placer trois boîtes sur lesquelles sont écrites trois inégalités :

- Distribuer 15 cartes (une pour deux élèves).

65 + 61	34 + 31	56 + 61	44 + 21	54 + 32
84 + 35	96 + 20	17 + 22	35 + 32	47 + 23
45 + 41	77 + 52	75 + 12	15 + 21	8 + 35

Consigne : chaque carte doit trouver sa boîte.
Lire et expliquer ce qui est écrit sur les boîtes.

Débattre

Comment faire ?
- Les élèves pensent qu'il va falloir calculer les sommes.
- Il n'est pas nécessaire de calculer les résultats des additions.

Il suffit de calculer la somme des dizaines. On sait qu'avec la somme des unités qu'il n'est pas nécessaire de calculer, la somme totale dépassera la somme des dizaines.

- Un élève de chaque groupe vient placer sa carte à côté de la boîte qu'il pense lui correspondre, il explique son calcul : par exemple avec 65 + 61 on calcule 60 + 60 = 120 la carte ira dans la boîte des cartes > 100.
- La classe valide et la carte est placée dans la boîte, si son calcul n'est pas validé, un autre élève vient l'effectuer.

Découvrons

15 min

1 Étudier la situation. Lire la bulle de Léa. Comment Théo a-t-il fait pour affirmer que Léa se trompe ?
Débattre de la démarche de Théo. Théo n'a pas effectué le calcul complet de la somme 43 + 26. Pour affirmer que Léa se trompe, le calcul de la somme des dizaines a suffi (60 = 20 + 40) car 60 est éloigné de 100 et la somme des unités ne peut pas combler cet écart.

Complète : 43 → 40 ; 26 → 20 ; 40 + 20 = 60
Léa va-t-elle dépenser plus ou moins de 100 € ? ☐ plus ☒ moins
Léa a-t-elle raison ? ☐ oui ☒ non

Institutionnalisation orale

Poser la question : *« Qu'avons-nous appris aujourd'hui ? »*
Réponse attendue proche de : *« Nous avons appris à estimer l'ordre de grandeur d'un résultat. »*

Je m'entraîne

15 min

En individuel

2 Il faut connaître la signification des signes < et > et savoir calculer des sommes de dizaines pour répondre à la consigne.

13 + 15 > 50	34 + 35 > 50	24 + 40 < 50
24 + 52 > 100	41 + 73 > 100	56 + 76 < 100

Erreurs possibles
- Sommes de dizaines erronées.
- Lecture erronée des signes < et >.

Remédiation
- Apprentissage des tables d'additions ; calcul mental portant sur les sommes de dizaines.
- Rappel de la signification des signes < et > : la pointe du signe montre le plus petit.

3 Faire expliciter la consigne : pour être bleu, le papillon doit avoir un nombre compris entre 0 et 50 ; pour être rouge, le papillon doit avoir un nombre compris entre 50 et 100, etc.
Il peut y avoir plusieurs papillons qui auront la même couleur.
Pour chaque somme, le calcul des sommes de dizaines suffit pour répondre à la consigne.

Erreurs possibles
- Sommes de dizaines erronées.
- Incompréhension du code couleur.

Remédiation
- Apprentissage des tables d'additions ; calcul mental portant sur les sommes de dizaines.
- Dicter des nombres, les élèves doivent montrer la couleur qui convient

Réinvestissement

4 Multiplier un nombre entier de dizaines, de centaines (leçon 97).

3 × 20 = 60 | 4 × 50 = 200
12 × 20 = 240 | 6 × 100 = 600

Problème de recherche personnelle

Si les deux petits triangles sont facilement identifiés, les deux grands formés de deux parties ne sont pas toujours reconnus.

Le coin du chercheur
Combien comptes-tu de triangles ?

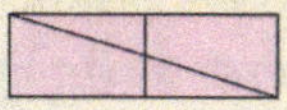

4

Différenciation

Consolidation Photofiche 89c
Cette photofiche propose un seul exercice qui comporte neuf additions de deux nombres dont il faut estimer l'ordre de grandeur.

100 Poser et effectuer une soustraction sans retenue (2)

Fichier p. 114

Programme 2018	**Calculer avec des nombres entiers** Calcul posé : Mettre en œuvre un algorithme de calcul posé pour l'addition, la soustraction, la multiplication.
Compétences	Poser et effectuer une soustraction sans retenue de deux nombres de trois chiffres.
Remarques préalables	L'élargissement de la technique de la soustraction posée sans retenue aux nombres de trois chiffres permet à la fois de renforcer la connaissance de ces nombres, la technique de la pose en colonnes, la pratique de l'algorithme conventionnel et celle des soustractions élémentaires. L'utilisation des nombres de trois chiffres permet aussi d'introduire dans la soustraction des nombres comportant un zéro au chiffre des dizaines et donc d'apprendre à retrancher zéro qui n'est pas un nombre comme les autres. **Difficultés de la leçon** – Poser correctement l'opération. – Méconnaissance des soustractions élémentaires. **Aide** – Contrairement à l'addition, l'ordre des termes a une grande importance : le grand nombre doit toujours être écrit en haut. – Pratiquer régulièrement la différence de deux petits nombres en calcul mental.

Calcul mental — 5 min

➜*Compléments à la centaine supérieure. Dire : « Combien faut-il ajouter à 285 pour obtenir 300 ? » ; l'élève écrit 15.*
Items : *« Combien faut-il ajouter à 285 pour obtenir 300 ? » ;*
« Combien faut-il ajouter à 295 pour obtenir 300 ? » ;
« Combien faut-il ajouter à 390 pour obtenir 400 ? » ;
« Combien faut-il ajouter à 380 pour obtenir 400 ? » ;
« Combien faut-il ajouter à 394 pour obtenir 400 ? » ;
« Combien faut-il ajouter à 496 pour obtenir 500 ? » ;
« Combien faut-il ajouter à 470 pour obtenir 500 ? » ;
« Combien faut-il ajouter à 450 pour obtenir 500 ? » ;
« Combien faut-il ajouter à 585 pour obtenir 600 ? » ;
« Combien faut-il ajouter à 880 pour obtenir 900 ? ».

Prérequis oral

« Calculez : *9 – 3 ; 7 – 2.* »
Ces calculs vérifient la connaissance des tables de soustraction.

Manipulations préparatoires — 30 min

En collectif

Matériel	Par élève : Matériel de numération 2 plaques centaines ; 5 barres dizaines ; 6 jetons (page matériel A) Matériel collectif construit par l'enseignant (le même que le matériel individuel en plus grand).
Organisation	Groupe classe.

Activité : Des collections de timbres

Manipuler, schématiser

▪ Chaque élève dispose du matériel de numération.
▪ Proposer ce problème écrit au tableau : « Léa possède 256 timbres ; elle en donne 132 à Boris. Combien lui en reste-t-il ? »
▪ Demander aux élèves d'expliquer la situation et de préciser l'opération à utiliser pour résoudre ce problème.
▪ Certains élèves peuvent essayer de la calculer en ligne ; d'autres peuvent utiliser le matériel de numération.

Débattre, schématiser

▪ Chaque groupe expose sa méthode de résolution au tableau.
▪ Mettre en avant la méthode utilisant le matériel de numération.
Utiliser le matériel collectif au tableau et individuel sur les bureaux des élèves.
On schématise 256 timbres par 2 plaques centaines, 5 barres dizaines et 6 jetons unités. Retirer 132 jetons, cela revient à retirer 1 plaque centaine, 3 barres dizaines, 5 jetons unités.
▪ Constater qu'il reste 1 plaque centaine, 2 barres dizaines et 4 jetons unités.

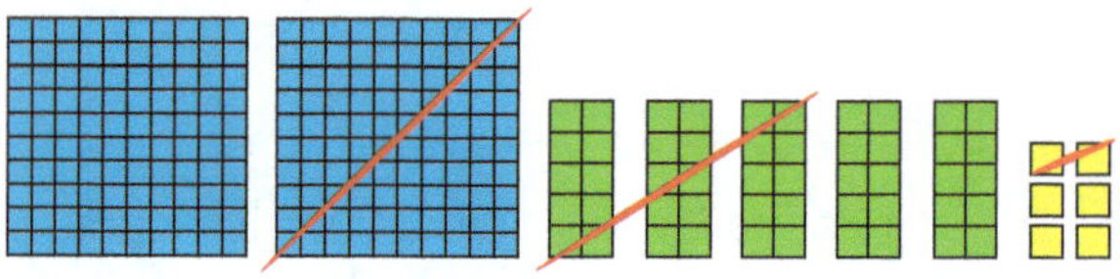

Symboliser

▪ On peut donc écrire : 256 – 132 = 124. Il reste 124 timbres à Léa.
▪ Il est donc possible d'effectuer cette soustraction en retirant séparément la centaine, les dizaines et les unités du nombre de départ.
▪ Rappeler qu'en leçon 71, les élèves ont appris à poser une soustraction en colonnes de deux nombres de deux chiffres. Poser l'opération au tableau. La faire calculer au tableau par un élève pendant que les autres la calculent sur leur ardoise. Expliquer pourquoi l'algorithme conventionnel demande de commencer par la colonne des unités, même si dans le cas de la soustraction sans retenue, il n'est pas nécessaire de respecter cet algorithme.

	c	d	u
	2	5	6
–	1	3	2
=	1	2	4

Les élèves constatent qu'ils ont trouvé le même nombre que celui trouvé avec le matériel de numération. Ce matériel pourra servir de vérification. La vérification se fait aussi en effectuant l'addition 124 + 132 = 256.

Découvrons

15 min

1 ▪ Lire la consigne.
▪ Écrire, au tableau, l'opération du fichier posée dans un tableau de numération.
▪ Faire remarquer le signe « – » et l'écriture du plus grand nombre en haut du tableau de numération.
▪ Préciser l'importance de commencer par écrire d'abord le plus grand nombre puis d'aligner correctement les chiffres dans les colonnes correspondantes : les unités dans les unités, les dizaines sous les dizaines.
▪ Demander à un élève de venir effectuer la soustraction : 346 – 132 = 214.
Le résultat est vérifié comme le fait Mélissa avec les jetons et les barres-dizaines. Insister sur l'équivalence entre ces deux modes de calcul.

	c	d	u
	3	4	6
–	1	3	2
=	2	1	4

Il existe une autre façon de vérifier la soustraction :
si 346 – 132 = 214, alors 132 + 214 = 346.
Un schéma peut s'avérer nécessaire :

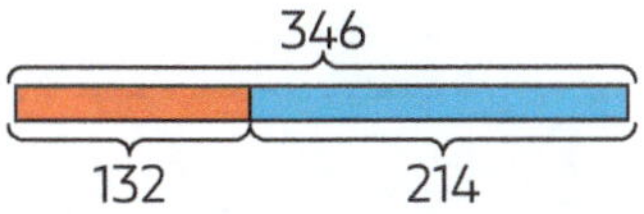

Demander aux élèves de calculer cette addition.
▪ Montrer que l'écriture 346 = 132 + 214 est aussi équivalente à 346 – 214 = 132.

Institutionnalisation orale

Poser la question : « *Qu'avons-nous appris aujourd'hui ?* »
Réponse attendue proche de : « *Nous avons appris à poser et à effectuer une soustraction de nombres de trois chiffres en la posant en colonnes.* »

Je m'entraîne

15 min

En individuel

2 Les trois soustractions sont déjà posées.

	c	d	u
	5	7	9
–	4	3	6
=	1	4	3

	c	d	u
	6	8	2
–	5	0	2
=	1	8	0

	c	d	u
	8	9	7
–		6	4
=	8	3	3

Erreurs possibles
Erreurs de calcul qui proviennent généralement de la méconnaissance des tables ou du décomptage mal utilisé.

Remédiation
Travailler les tables de soustractions en petits groupes.

3 Il faut poser les opérations sur le quadrillage Seyès. Les élèves ont déjà posé les additions sur ce type de quadrillage. Les colonnes sont repérées par les lettres c, d, u ; pour ne pas faire d'erreur dans la pose des nombres, commencer par écrire les chiffres des unités ; rappeler que les chiffres mesurent deux interlignes de hauteur ; que le trait horizontal se trace un interligne sous les chiffres du bas ; qu'il ne faut pas oublier le signe « – ». Être attentif à la pose du nombre de deux chiffres de la deuxième soustraction.

748 – 538

	c	d	u
	7	4	8
–	5	3	8
	2	1	0

297 – 76

	c	d	u
	2	9	7
–		7	6
	2	2	1

Erreurs possibles
– Opération mal posée.
– Erreurs de calcul.

Remédiation
– Tracer les traits verticaux de séparation entre les colonnes.
– Travailler les tables de soustractions en petits groupes.

Réinvestissement

4 Multiplier par un nombre entier de dizaines, de centaines.

2 × 40 = 80
3 × 300 = 900

3 × 30 = 90
2 × 500 = 1000

5 × 50 = 250
4 × 200 = 800

Différenciation

Remédiation Photofiche 90R
Cette photofiche propose trois exercices. Dans le premier, les trois opérations qui comportent toutes des nombres de trois chiffres sont posées dans des tableaux. Dans le deuxième, il faut poser sur Seyès deux soustractions dont une comporte un nombre de deux chiffres, les lettres c, d, u sont une aide pour la pose des chiffres dans les colonnes. Dans le troisième, les soustractions de nombres de trois chiffres sont à poser sur Seyès sans aide.

101 Jeu du chapeau (3)

Fichier p. 115

Programme 2018	**Calculer avec des nombres entiers** – Traiter à l'oral et à l'écrit des calculs relevant des quatre opérations. – Élaborer ou choisir des stratégies, expliciter les procédures utilisées et comparer leur efficacité : ▪ Addition, soustraction, multiplication, division.
Compétence	Résoudre des situations additives ou soustractives : recherche de la transformation.
Remarques préalables	▪ Sous un aspect ludique, facile à jouer en classe, le « jeu du chapeau » cache un véritable problème mathématique. ▪ Il s'agit ici d'un problème de transformation d'état dans lequel on cherche la valeur de la transformation dans une situation d'ajout ou de retrait. La simplicité du matériel requis permet de jouer effectivement les situations décrites et de rendre chaque situation auto-validante car, quand on soulève le chapeau, il est facile de confronter sa réponse à la réalité en dénombrant les jetons. Un jeton bleu vaut 100 points, un jeton vert vaut 10 points, un jeton jaune vaut 1 point, comme le rappelle la règle en haut à droite de la page du fichier. ▪ Cette activité permet d'évaluer rapidement le niveau de la classe et de choisir de prolonger ce type de situation sur d'autres séances, si on le juge utile, en lieu et place des séances de calcul mental proposées dans le fichier. ▪ Le cap de l'échange dix contre un n'est pas franchi ici car les nombres de jetons unités, dizaines ou centaines ne dépassent jamais 10. Il appartient à l'enseignant(e) de franchir éventuellement ce cap avec un groupe d'élèves en approfondissement. **Difficultés de la leçon** – Comparer l'état initial et l'état final : nombre de jetons de chaque sorte. – Traduire les jetons en nombre de points. **Aide** – Correspondance terme à terme sur le fichier entre état initial et état final. – Utiliser ensuite un tableau de numération.

Calcul mental 5 min

→ *Multiplier par un nombre entier de dizaines.*
Dire : « 7 × 20 » ; l'élève écrit 140.
***Items :** « 7 × 20 » ; « 5 × 20 » ; « 6 × 20 » ; « 2 × 30 » ; « 3 × 30 » ; « 5 × 30 » ; « 4 × 50 » ; « 5 × 50 » ; « 2 × 90 » ; « 3 × 80 ».*

Problèmes du fichier

En collectif

Matériel	Un chapeau et quelques jetons bleus, verts et jaunes.
Organisation	Groupe classe.

1 Le problème 1 est une situation de retrait.
▪ Placer sous le chapeau, 2 jetons bleus, 1 jeton vert et 2 jetons jaunes en les montrant aux élèves. Dessiner ces jetons au tableau.
▪ Retirer un jeton bleu sous le chapeau en prenant soin de ne pas le montrer aux élèves.
▪ Soulever enfin le chapeau pour montrer les jetons restants. Les élèves observent 1 jeton bleu, 1 jeton vert et 2 jetons jaunes.
▪ Demander alors : « *Quel jeton ai-je retiré ? À combien de points cela correspond-il ?* »
On a retiré 1 jeton bleu.
La validation s'effectue en ajoutant un jeton bleu : on retrouve l'état initial.
Un élève vient écrire au tableau : 1 c = 100.
On a retiré 100 points.

▪ Demander de compléter les phrases réponses.

Erreur possible
Comparaison erronée entre les deux états.

Remédiation
– Retracer les étapes de la manipulation.
– Utiliser un tableau de numération.

2 Le problème 2 est une situation d'ajout.
▪ Placer, sous le chapeau, 1 jeton bleu et 3 jetons jaunes en les montrant aux élèves. Dessiner ces jetons au tableau.
▪ Ajouter 1 jeton bleu et 1 jeton vert sous le chapeau en prenant soin de ne pas le montrer aux élèves.
▪ Soulever enfin le chapeau pour montrer les jetons.
Les élèves observent 2 jetons bleus, 1 jeton vert et 3 jetons jaunes.
▪ Demander alors : « *Quels jetons ai-je rajoutés ? À combien de points cela correspond-il ?* »
On a ajouté 1 jeton bleu et 1 jeton vert.
La validation s'effectue en retirant ces 2 jetons : on retrouve l'état initial.
Un élève vient écrire au tableau :
1 c + 1 d = 100 + 10 = 110.
On a ajouté 110 points.

Erreurs possibles

- Comparaison erronée entre les deux états.
- Erreurs de calcul ou oubli du zéro dans le tableau de numération.

Remédiation

- Retracer les étapes de la manipulation.
- Utiliser un tableau de numération.
- Montrer l'importance de coder par un zéro l'absence d'unité.

Erreurs possibles

- Comparaison entre les deux états.
- Erreurs de calcul ou oubli du zéro dans le tableau de numération.

Remédiation

- Retracer les étapes de la manipulation.
- Utiliser un tableau de numération.
- Montrer l'importance de coder par un zéro l'absence de dizaines.

Problèmes du fichier

En individuel

3 Cette activité peut être conduite sur le même modèle que l'exercice 1 en laissant un temps suffisant pour répondre aux questions du fichier. L'élève travaille seul. La validation des réponses est collective et se fait par la manipulation des jetons à rebours.
On a retiré 1 jeton bleu et 2 jetons jaunes.
1 c + 2 u = 100 + 2 = 102
On a retiré 102 points.

Différenciation

Consolidation Photofiche 91c
Cette photofiche « Jeu du chapeau » propose trois situations de recherche de la transformation : deux additives et une soustractive. Elle permet aux élèves ayant réussi à résoudre les situations de la leçon de conforter leurs procédures de résolution.

102 Problèmes (8) : Situations additives ou soustractives

Fichier p. 116

Programme 2018	**Résoudre des problèmes en utilisant des nombres entiers et le calcul** Résoudre des problèmes issus de situations de la vie quotidienne ou adaptés de jeux conduisant à utiliser les quatre opérations : – Problèmes relevant des structures additives (addition/soustraction). – Modéliser ces problèmes à l'aide d'écritures mathématiques : ▪ Sens des symboles +, −, ×, ÷.
Compétence	Trouver la valeur de la transformation dans un problème de transformation d'états.
Remarques préalables	▪ Dans cette leçon de problèmes additifs ou soustractifs, les situations proposées correspondent à des transformations d'états qui peuvent être additives ou soustractives et dans lesquelles on recherche la valeur de la transformation. La recherche de la valeur de la transformation est plus délicate que la recherche de l'état final ou de l'état initial, c'est pourquoi cette leçon est proposée plus tardivement. ▪ Chacun des trois problèmes de la leçon est illustré par trois images retraçant la chronologie des actions. Ces problèmes ont pour cadre la cour de récréation de l'école : un enfant y gagne des cartes, y distribue des bonbons ou y gagne des billes. Ce contexte familier peut aider les élèves à se représenter les situations proposées. La résolution demande aux élèves de reconstruire le lien entre l'état initial et l'état final et exige donc un effort d'imagination que tous ne réussissent pas encore à produire. La vérification par l'expérimentation sera donc encore plus nécessaire que dans les précédentes leçons consacrées à la résolution de problèmes. ▪ Cette leçon peut être découpée en deux séances : la première est consacrée aux manipulations préparatoires, la seconde aux activités sur le fichier. **Difficulté de la leçon** Écrire la traduction mathématique de la transformation. **Aide** – Demander de comparer l'état final à l'état initial : cela permet de savoir s'il y a eu ajout ou retrait. – Rappeler la traduction mathématique de ces calculs dont l'élève ne perçoit pas la nécessité.

Calcul mental 5 min

➜ *Multiplier par un nombre entier de centaines.*
Dire : « 4× 200 » ; l'élève écrit : 800.
Items : *4 × 200 ; 2× 300 ; 5 × 100 ; 5 × 200 ; 4 × 100 ; 2 × 200 ; 3 × 300 ; 3 × 100 ; 2 × 500 ; 6 × 100.*

Manipulations préparatoires 15 min

En collectif

Matériel	Un chapeau ; 15 jetons.
Organisation	Groupe classe.

Activité 1 : Jeu du chapeau

Manipuler

▪ Reprendre le jeu du chapeau avec seulement des jetons unités.
▪ Placer 10 jetons sous le chapeau en les faisant dénombrer un à un. L'écrire au tableau.
▪ Dire : *« Je vais ajouter ou retirer des jetons. »*
▪ Placer la main sous le chapeau et ajouter 3 jetons sans que les élèves puissent savoir s'il s'agit d'un ajout ou d'un retrait.
▪ Soulever le chapeau.
▪ Demander si on a ajouté ou retiré des jetons et combien.

Débattre, schématiser

Il ressort du débat que :
– pour savoir si l'on a ajouté ou retiré des jetons, il faut compter les jetons qu'il y a au final sous le chapeau : on compte 13 jetons. Il y a plus de jetons qu'avant. On a donc ajouté des jetons.
– pour trouver le nombre de jetons ajoutés, on peut schématiser la situation :

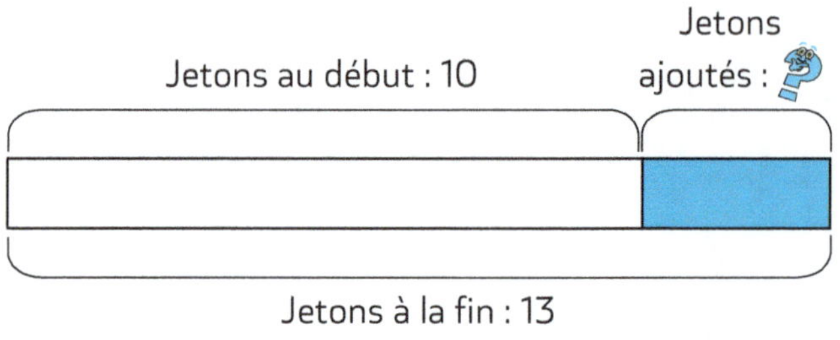

Symboliser

La schématisation montre qu'il faut résoudre l'addition à trou :
10 + ? = 13
Pour cela, il faut calculer la soustraction :
13 – 10 = 3
On a ajouté 3 jetons.
On dit que 3 est la différence entre 10 et 13.

Activité 2 : Jeu du chapeau

Manipuler

Reprendre l'activité en plaçant 15 jetons sous le chapeau et en retirant 4 jetons sans les montrer.

Débattre, schématiser

Il ressort du débat que :
– pour savoir si l'on a ajouté ou retiré des jetons, il faut compter les jetons qu'il y a au final sous le chapeau : on compte 11 jetons. Il y a moins de jetons qu'avant. On a donc retiré des jetons.
– pour trouver le nombre de jetons retirés, on peut schématiser la situation :

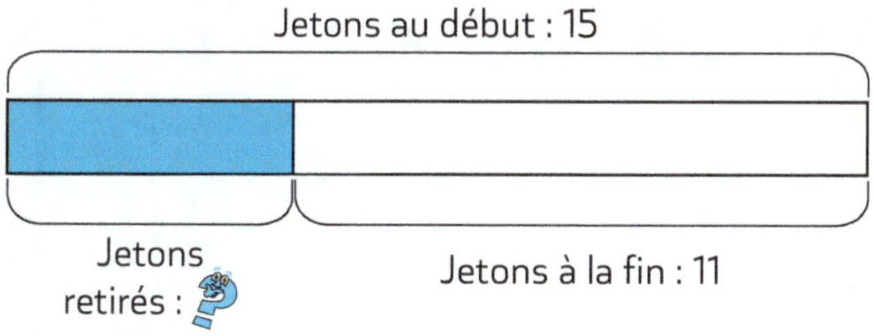

Symboliser

La schématisation montre qu'il faut calculer la différence entre les jetons de départ et les jetons de la fin :
15 – 11 = 4
On a retiré 4 jetons.
On dit que la différence entre 15 et 11 est 4.

Problèmes du fichier

15 min

1 ▪ Conduire la résolution de ce problème comme l'activité manipulatoire 1.

▪ Proposer alors le schéma suivant :

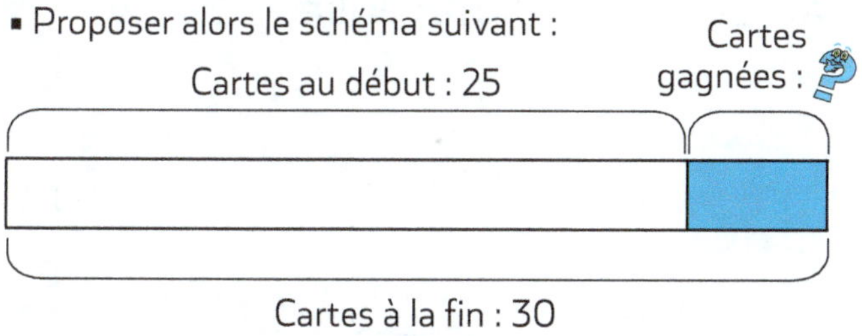

▪ Laisser un temps suffisant à la classe pour calculer le nombre de cartes gagnées par Julie.
Le calcul se fait en résolvant une addition à trou : 25 + ? = 30 ou en calculant la soustraction 30 – 25 = 5.
On dit que la différence entre 30 et 25 est 5.

PROBLÈME DE RÉFÉRENCE 8

(matériel photocopiable)
Ce problème va servir de référence à toute la catégorie de problèmes dans lesquels il faut calculer la valeur d'une transformation additive. Il est destiné à être affiché sur le mur des mathématiques et collé sur le cahier de références mathématiques des élèves.

2 ▪ Conduire la résolution de ce problème comme l'activité manipulatoire 2.

▪ Proposer alors le schéma suivant :

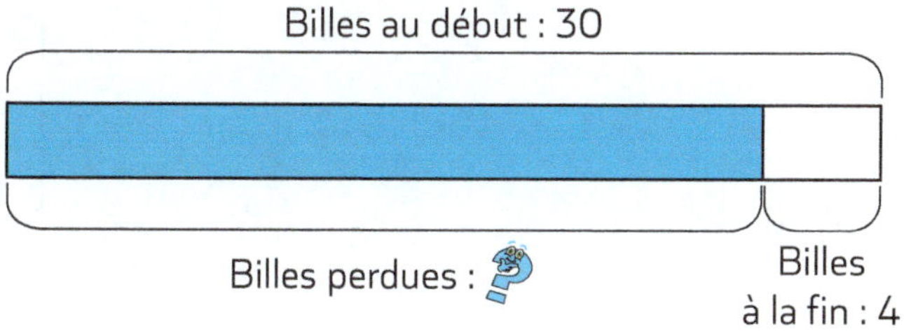

Le nombre de billes perdues s'obtient par le calcul : 26 + 4 = 30 ou bien 30 – 4 = 26.

PROBLÈME DE RÉFÉRENCE 9

(matériel photocopiable)
Ce problème va servir de référence à toute la catégorie de problèmes dans lesquels il faut calculer la valeur d'une transformation soustractive. Il est destiné à être affiché sur le mur des mathématiques et collé sur le cahier de références mathématiques des élèves.

Je m'entraîne

15 min

En individuel

3 Le dernier problème est traité individuellement.
S'assurer que tous les élèves ont bien compris l'énoncé. L'élève doit tout d'abord définir la nature de la transformation (additive ou soustractive) avant d'en calculer la valeur. Théo a gagné 10 toupies.

Erreur possible

Mauvaise interprétation de l'énoncé.

Remédiation

Jouer la situation, puis la schématiser.

Différenciation

Consolidation Photofiche 92c
Cette photofiche propose trois problèmes illustrés du même type que ceux de la leçon.
Dans les deux premiers, le contexte est le même : montée ou descente d'élèves d'un car. La nature de la transformation est indiquée ; il faut en calculer la valeur.
Dans le dernier, le contexte est celui d'un jeu de cartes, il faut trouver la nature et la valeur de la transformation.

Cahier Problèmes : Leçon 3 et Leçon 6

PROBLÈME DE RÉFÉRENCE 8

Je sais…
trouver la transformation quand la collection augmente

Léa arrive à l'école. Elle a 25 cartes. À la récréation, elle gagne des cartes. Elle rentre chez elle. Elle a 30 cartes.

Combien de cartes a-t-elle gagnées à la récréation ?

Que dois-je chercher ?

→ Je dois chercher le nombre de cartes gagnées par Julie à la récréation.

J'imagine la situation.

Je schématise.

Léa possède plus de cartes lorsqu'elle part de l'école.

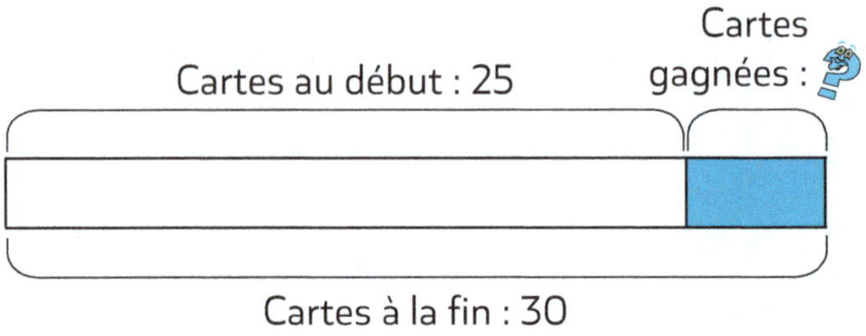

Je choisis l'opération.

→ Je dois calculer une **soustraction**.
J'utilise le signe –.

Je calcule.

30 – 25 = 5

Je rédige une phrase réponse.

Léa a gagné 5 cartes.

PROBLÈME DE RÉFÉRENCE 9

Je sais...
trouver la transformation quand la collection diminue

Mélissa arrive à l'école. Elle a 30 billes. À la récréation, elle perd des billes. Elle rentre chez elle. Elle n'a plus que 4 billes.

Combien de cartes a-t-elle perdues à la récréation ?

Que dois-je chercher ?

➜ Je dois chercher le nombre de billes perdues par Mélissa à la récréation.

J'imagine la situation.

Je schématise.

Mélissa possède moins de billes lorsqu'elle part de l'école.

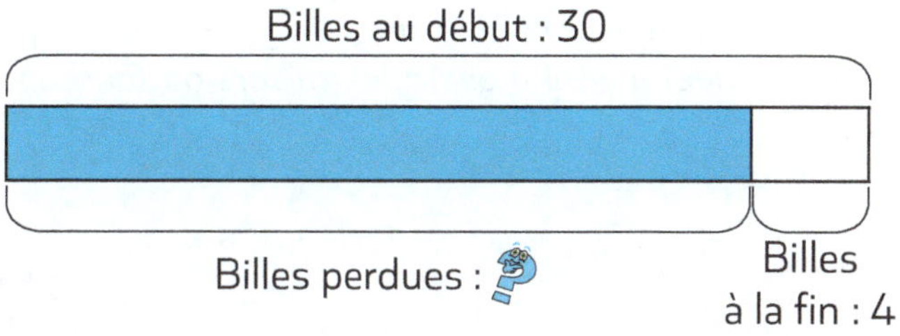

Je choisis l'opération.

➜ Je dois calculer une **soustraction**.
J'utilise le signe −.

Je calcule.

30 − 4 = 26

Je rédige une phrase réponse.

Mélissa a perdu 26 billes.

103 Maths Aventures (4)
Plongée en mer

Fichier p. 117

Programme 2018	**Attendus de fin de cycle 2** Au cycle 2, la résolution de problèmes est au centre de l'activité mathématique des élèves, développant leurs capacités à chercher, raisonner et communiquer. Les problèmes permettent d'aborder de nouvelles notions, de consolider des acquisitions, de provoquer des questionnements. Ils peuvent être issus de situations de vie de classe ou de situations rencontrées dans d'autres enseignements, notamment « Questionner le monde ». Ils ont le plus souvent possible un caractère ludique.
Remarques préalables	Les pages « Maths Aventures » concluent chacune les cinq périodes. Le contexte de ces pages, bien que plus ludique, est plus complexe que celui d'un problème classique. Répondre aux cinq ou six questions nécessite une recherche d'informations et le réinvestissement des notions et des techniques étudiées durant la période. Les cinq pages « Maths Aventures » sont traitées de la même façon, le jour même : – Lecture et explications de l'enseignant. – Travail individuel. **Difficultés de la leçon** Difficulté à réinvestir les manipulations et les compétences des leçons de la période dans un contexte inédit. **Aide** – Reformulation des énoncés. – Revenir aux *Découvrons* des leçons concernées.

La découverte — 15 min

En collectif

▪ Pendant quelques minutes, les élèves observent le dessin, puis communiquent leurs observations à la classe.

▪ Poser quelques questions pour attirer leur attention sur les points qui n'ont pas été relevés et sur les éléments indispensables pour répondre aux questions.

– *« Où se situe la scène ? »*

– *« Qui a déjà mis un masque de plongée ? »*

– *« Qu'est-ce que le plongeur a sur son dos ? Pourquoi ? »*

– *« Qui a vu une étoile de mer ? »*

– *« Pourquoi peut-il y avoir des trésors au fond de la mer ? »*

Les problèmes — 15 min

En individuel

Matériel	Papier calque (un quart de feuille format A4) par élève.

▪ Lire ou faire lire chaque bulle à voix haute, puis la commenter, surtout si le texte, ou le contexte, n'est pas compris par certains.

▪ Laisser les élèves travailler individuellement. Aider les élèves en cas de difficulté. Quand tous ont complété les réponses aux questions, ils peuvent comparer leurs résultats par groupes de 2, 3 ou 4, sans corriger leurs réponses. Les groupes s'entendent sur une solution qui sera présentée lors de la mise en commun. Cette dernière permet de confronter les réponses données, de les justifier ou éventuellement de les corriger.

1 Il faut savoir que 1 h = 60 min.
Donc 2 h = 60 min + 60 min = 120 min.

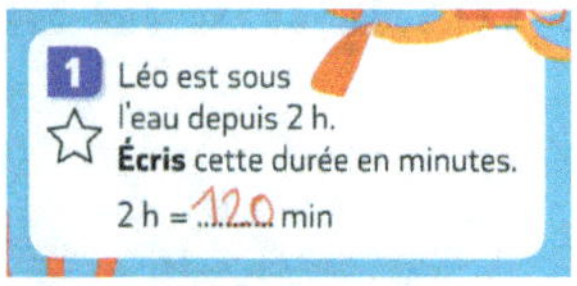

2 Les poissons sont disposés en un tableau rectangulaire de 4 lignes et 5 colonnes.
4 × 5 = 20.
Il y a 20 poissons clowns.

3 La donnée manquante est écrite sur le coffre : 296 pièces d'or.
Il n'en reste plus que 205. Pour trouver le complément à 205 pour faire 296, il faut calculer la différence entre 296 et 205 : 296 – 205 = 91. On vérifie en calculant 205 + 91 = 296.

4 Exercice difficile qui nécessite la manipulation du calque et un crayon gris : il faut décalquer, marquer l'axe de symétrie, retourner le calque, bien le positionner puis repasser sur le contour de l'étoile !

5 La différence entre deux quantités est ce qu'il faut ajouter à la plus petite pour obtenir la plus grande ou ce qu'il faut retrancher à la plus grande pour obtenir la plus petite. Cet écart se calcule en effectuant une soustraction, ici : 146 – 32 = 114.
On vérifie en effectuant : 114 + 32 = 146.

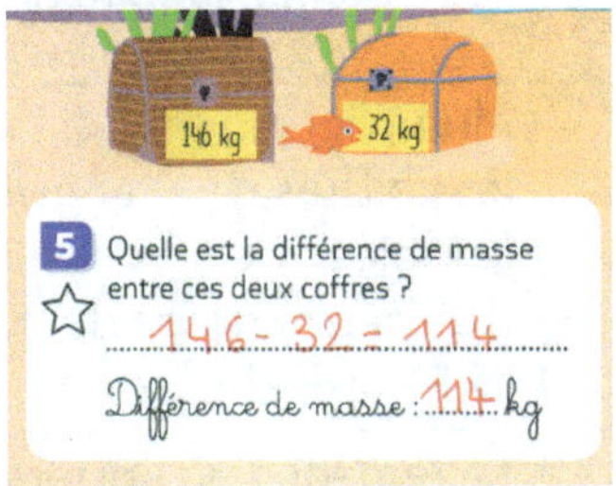

6 Cet exercice demande d'utiliser la conversion : 1 m = 100 cm.
La rame a une longueur de 240 cm.

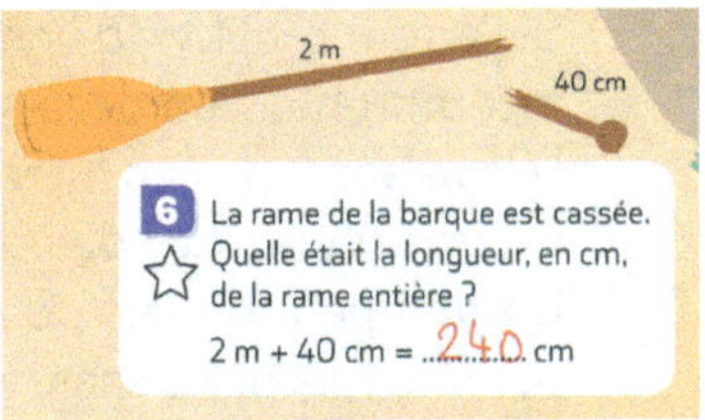

Erreurs possibles

- Erreurs de conversion dans les durées ou dans les longueurs.
- Situation multiplicative non perçue.
- Difficulté d'utiliser correctement le calque.
- Erreur de calcul.

Remédiation

- En cas de difficulté de compréhension de l'énoncé, l'élève demande l'aide de l'enseignant.
- Demander aux élèves qui ont réussi d'expliquer à leur camarade.
- Travailler en petits groupes les notions non acquises.

Le bilan

- L'activité terminée, l'élève compte les exercices qu'il a réussis, c'est-à-dire son nombre d'étoiles : s'il a colorié 5 ou 6 étoiles, il colorie la médaille d'or ; 3 ou 4 étoiles, il colorie la médaille d'argent ; sinon il colorie la médaille de bronze. Ainsi, tous les élèves colorient une médaille.
- Pour recenser et comparer les résultats obtenus pour toutes les périodes de l'année, l'élève note son score en coloriant les étoiles et la médaille correspondante sur la fiche récapitulative (cf. matériel photocopiable du Maths Aventures (1) *La course à la voile*, page 65). Ces informations seront utiles pour d'éventuelles séances de remédiation organisées avant les évaluations de fin de période.
- Ce type d'évaluation à la fois ludique et rapide informe sur le degré de réussite de la classe. Son information sera complétée par les résultats à l'évaluation qui suivra dans laquelle les élèves feront le point sur la demi-période écoulée.

104 Je fais le point (8)

Fichier pp. 118-119

– Procéder régulièrement au bilan des compétences des élèves. L'élève fait le point sur ses connaissances. Les résultats permettent aussi de repérer les notions maîtrisées par la majorité des élèves et celles qui doivent donner lieu à un travail de remédiation en atelier.
Comme les items des pages « Je fais le point » peuvent être faits à la maison, leur préférer ceux proposés dans le guide pédagogique pour réaliser les évaluations finales des demi-périodes.
– Utiliser alors les pages « Je fais le point » du fichier comme activités préparatoires aux évaluations finales.

Consignes de passation

Pour chaque exercice, les élèves travaillent individuellement.
Lire une fois la consigne à haute voix et leur laisser un temps raisonnable pour réfléchir, calculer et rédiger la réponse puis passer à l'exercice suivant. L'ensemble des exercices de la page peut être traité en deux séances. La correction se fera à la fin de chaque séance.

Connaissances et compétences	Commentaires	Propositions de remédiation
1. **Calculer avec des nombres entiers.** → Multiplier un nombre par dix.	Cet exercice ne présente guère de difficulté. L'élève doit multiplier un nombre d'un ou de deux chiffres par dix. La règle est simple à appliquer.	Multiplier par dix c'est décaler tous les chiffres d'un rang vers la gauche dans le tableau de numération : d'où l'écriture d'un zéro à droite du nombre. → **Photofiche 62R**
2. **Calculer avec des nombres entiers.** → Multiplier par un nombre entier de dizaines, de centaines.	Pour réussir cet exercice, les élèves doivent : – connaître les tables de multiplication ; – savoir multiplier par 10 et par 100.	La remédiation portera sur chacune des lacunes constatées : – l'apprentissage des tables ; – le nombre de zéros à écrire après le nombre.
3. **Calculer avec des nombres entiers.** → Calculer un produit en utilisant la distributivité.	Cette opération bénéficie de l'aide du quadrillage. Le découpage est imposé pour utiliser les tables connues de 4 et de 5 de la multiplication.	Si l'erreur provient d'une incompréhension de la situation, guider l'élève pas à pas en lui faisant remarquer la correspondance des couleurs. L'erreur peut provenir du calcul par une méconnaissance des tables. Renforcer l'apprentissage des tables. → **Photofiche 84R**
4. **Calculer avec des nombres entiers.** → Calculer un produit en utilisant la distributivité.	Cette opération bénéficie de l'aide du quadrillage. Elle s'appuie sur la décomposition canonique des nombres < 20. Le découpage imposé permet d'utiliser les tables connues de 4 de 5 et de 10 de la multiplication.	Si l'erreur provient d'une incompréhension de la situation, guider l'élève pas à pas en lui faisant remarquer la correspondance des couleurs. L'erreur peut provenir du calcul par une méconnaissance des tables. Renforcer l'apprentissage des tables. → **Photofiche 88R**

Connaissances et compétences	Commentaires	Propositions de remédiation
5. **Calculer avec des nombres entiers.** → Poser et effectuer une soustraction sans retenue de deux nombres à trois chiffres.	L'élève doit poser et effectuer deux soustractions sans retenue. Les différences de deux petits nombres doivent être connues.	Identifier le type d'erreur : – erreur de pose ; – erreur de calcul. En calcul mental, demander régulièrement de calculer la différence de deux petits nombres. → **Mémo** page 12 → **Photofiche 90R**
6. **Résoudre des problèmes en utilisant des nombres entiers et le calcul.** → Rechercher la transformation dans une situation additive.	L'illustration reprend la chronologie de celle de la leçon, avec de nouveaux nombres.	Jouer la situation avec des petits nombres pour mieux saisir le sens de la situation. Utiliser un schéma.
7. **Comparer, estimer, mesurer des longueurs, des masses, des contenances, des durées. Utiliser le lexique, les unités, les instruments de mesures spécifiques à ces grandeurs.** → Connaître et utiliser le mètre et le kilomètre.	Exercice d'ajout de longueurs avec le km et le m comme unités. Après avoir calculé 3 km 200 m + 5 km 400 m = 8 km 600 m, répondre à la question : Théo a-t-il parcouru plus ou moins de 1 000 m ? demande la connaissance de la conversion 1 km = 1 000 m.	Décomposer 3 km 200 m + 5 km 400 m en 3 km + 200 m + 5 km + 400 m
8. **Reconnaître, nommer, décrire, reproduire quelques solides.** → Reconnaître les faces, arêtes et sommets d'un polyèdre.	Au CE1, la plupart des élèves reconnaissent le dessin d'une pyramide, mais la perspective peut en gêner certains. Il faut imaginer le solide réel pour « voir » sur le dessin la partie cachée du solide.	Les mots, face, arête, sommet, ne sont pas mémorisés par tous les élèves car ils ne sont pas utilisés dans leur vécu quotidien. Manipuler et décrire un solide pyramide réel. → **Photofiche 86R**

E8 Évaluation (8)

Fichier CE1
Leçons 94 à 103

Prénom	Date ....

Connaissances et compétences	Évaluation
Nombres et calculs	
Calculer avec des nombres entiers	
1. Multiplier par un nombre entier de dizaines.	
2. Multiplier par un nombre entier de centaines.	
3. Calculer un produit en utilisant la distributivité (les deux termes < 10).	
4. Calculer un produit en utilisant la distributivité (un terme > 10).	
5. Poser et effectuer une soustraction sans retenue.	
Résoudre des problèmes utilisant des nombres entiers et le calcul	
6. Rechercher la transformation dans une situation additive.	

1 Complète.

$2 \times 30 =$ ....

$6 \times 50 =$ ....

$4 \times 40 =$ ....

2 Calcule.

$4 \times 200 =$ ....

$3 \times 300 =$ ....

$200 \times 5 =$ ....

3 Calcule 9×7.

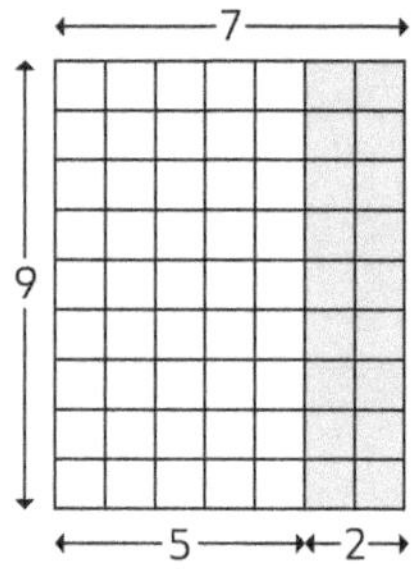

$9 \times 7 = 9 \times$ .... $+ 9 \times$ ....

$9 \times 7 =$ .... $+$ ....

$9 \times 7 =$ ....

4 Calcule 5×13.

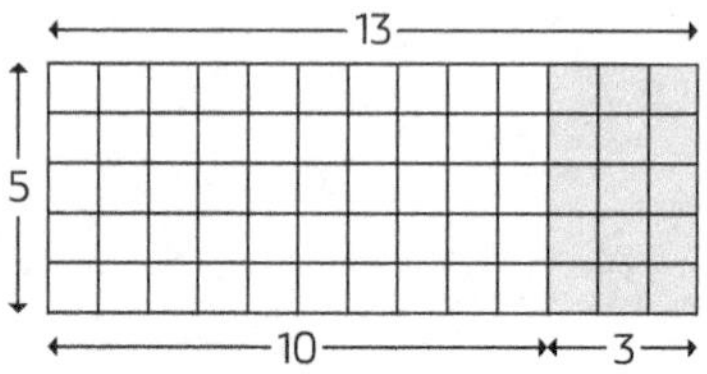

$5 \times 13 = 5 \times 10 + 5 \times$ ....

$5 \times 13 =$ .... $+$ ....

$5 \times 13 =$ ....

5 **Pose** et **effectue**.

678 – 135

	c	d	u	

586 – 43

	c	d	u	

6 **Problème :** Au début de la récréation, Paolo a 35 billes.
À la fin de la récréation, il en a 48.
Combien de billes a-t-il gagnées ?

	d	u	

Complète.

Paolo a gagné .... billes.

Connaissances et compétences **Évaluation**

Grandeurs et mesures	
Comparer, estimer, mesurer des longueurs, des masses, des contenances, des durées	
7. Connaître et utiliser le m et le km.	

7 Aïcha a parcouru 2 km 300 m ce matin et 1 km 500 m cet après-midi.
Quelle distance a-t-elle parcourue dans la journée ?

Complète et **coche** la bonne réponse.

Aïcha a parcouru en tout .... km .... m.

Elle a parcouru ☐ plus ☐ moins de 1 000 m.

Connaissances et compétences **Évaluation**

Espace et géométrie	
Reconnaître, nommer, décrire, reproduire, construite quelques figures géométriques	
8. Reconnaître les faces, arêtes et sommets d'un polyèdre.	

8 **Complète.**

Un cube possède :

.... sommets, ... arêtes, ... faces.

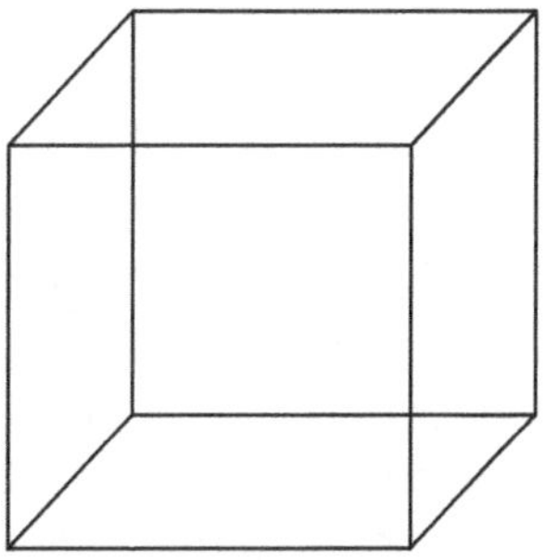

105 Je cherche (4)

Fichier p. 120

Programme 2018	On veillera aussi à proposer aux élèves dès le CP des problèmes pour apprendre à chercher qui ne soient pas de simples problèmes d'application à une ou plusieurs opérations mais nécessitent des recherches avec tâtonnements.
Compétence	Résoudre un problème de logique.
Remarques préalables	Comme le recommandent les programmes de 2018, il est souhaitable de proposer aux élèves de CE1 des problèmes pour apprendre à chercher qui les obligent à faire des essais successifs. Montrer que trouver le résultat d'un problème n'est pas le fruit de la chance ou du hasard mais celui d'une démarche qui s'appuie sur des premiers essais infructueux, qu'il faut corriger pour atteindre la réponse, est l'objectif de cette leçon. Cette démarche demande de l'initiative, de la réflexion, de la méthode aussi. Elle ouvre une autre voie à l'activité mathématique différente de la résolution des problèmes arithmétiques portant sur les différentes opérations, sans en amoindrir l'importance. Elle peut permettre à de nombreux élèves de retrouver confiance en eux.

Pour chacune des activités :

Matériel	Une photocopie des dessins du fichier pour chaque élève afin de permettre de faire des essais en dehors du fichier. Une photocopie grand format à afficher au tableau.
Organisation	Travail individuel.

En individuel

Activité 1

15 min

- L'élève doit résoudre un problème de logique.
- Distribuer une photocopie des dessins du fichier. Lire l'énoncé et s'assurer que tous l'ont compris.
- Laisser un temps de recherche individuelle de 5 minutes avant de procéder à une mise en commun orale.
- Vérifier les différentes propositions par coloriage au tableau.
- Mettre en évidence qu'il n'y a qu'une solution.
- Conclure ce travail en évoquant un début de méthodologie : Utiliser 4 gommettes de la couleur des voitures et les placer en ligne au fur et à mesure que l'on lit l'énoncé du problème.

On place la gommette rouge. La voiture bleue est derrière la voiture rouge : on place la gommette bleue à droite de la gommette rouge.

La voiture rouge est derrière la voiture verte : la voiture verte est donc devant la voiture rouge. On place la gommette verte à gauche de la gommette rouge.

La voiture jaune est derrière la voiture bleue : on place la gommette jaune à droite de la gommette bleue.

Solution :

Activité 2

15 min

- L'élève doit résoudre un problème de logique.
- Distribuer une photocopie des dessins du fichier. Lire l'énoncé et s'assurer que tous l'ont compris.
- Laisser un temps de recherche individuelle de 5 minutes avant de procéder à une mise en commun orale.
- S'assurer que les élèves ont remarqué que les poissons se déplacent de gauche à droite contrairement aux voitures qui se déplaçaient de droite à gauche.
- Vérifier les différentes propositions au tableau. Mettre en évidence qu'il n'y a qu'une solution.
- Conclure ce travail en évoquant un début de méthodologie (voir première activité).

Solution :

Activité 3

15 min

- L'élève doit résoudre un problème de logique et élaborer une stratégie.

Distribuer une photocopie des dessins du fichier. Lire l'énoncé et s'assurer que tous l'ont compris.

- Pour chaque grille, laisser un temps de recherche individuelle avant de procéder à une mise en commun orale.
- Les deux dernières grilles sont plus difficiles car il faut interpréter le rond (une partie du bateau se trouve dans cette case puisque le bateau est touché) et la croix (aucune partie du bateau se trouve dans cette case).

Solution :

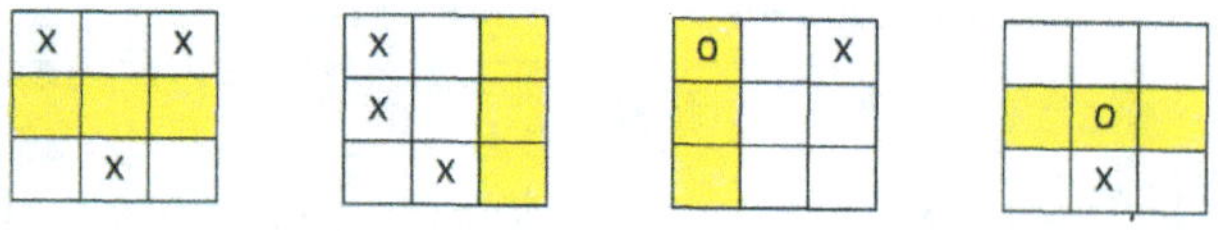

Différenciation

Consolidation Photofiche 93c

Cette photofiche propose deux autres problèmes de recherche personnelle portant sur la géométrie : identification de deux feuilles identiques par l'utilisation d'un calque, repérage dans une salle de classe à partir d'un dessin avec l'utilisation des expressions : « à droite de », « à gauche de », « devant », « derrière ».

Cahier Problèmes : Leçon 14

106 Mesurer des masses

Fichier p. 121

Programme 2018	**Comparer, estimer, mesurer des longueurs, des masses, des contenances, des durées** **Utiliser le lexique, les unités, les instruments de mesures spécifiques à ces grandeurs** Dans des cas simples, mesurer des longueurs, des masses en utilisant un instrument adapté (balance à plateaux, balance à lecture directe). ▪ Unités de mesures usuelles de masse : g, kg, tonne et relation entre kg et g ainsi qu'entre tonne et kg.
Compétences	Mesurer des masses. Utiliser le g et le kg.
Remarques préalables	▪ Une masse est une quantité de matière que l'on exprime en g ou en kg. La masse est la même que l'on soit sur la Terre, sur la Lune, dans une station spatiale… ▪ La masse est souvent confondue avec le poids qui est une force exercée par la Terre et due à la gravitation. On pèse 6 fois moins sur la Lune que sur Terre. Cette subtilité est, bien sûr, hors programme à l'école primaire ! L'emploi du verbe « peser » pour mesurer une masse est une conséquence de cette confusion. Le poids est une force, il se mesure en newton (N) et la masse en kilogramme (kg). ▪ Au cours de cette leçon, le travail sur le fichier doit être précédé de manipulations. L'étude et l'utilisation d'une boîte de masses marquées nous semblent indispensables. L'ordre de grandeur est abordé. On vérifie d'abord en soupesant les objets, puis en utilisant une balance Roberval. ▪ Le gramme et le kilogramme ne sont plus considérés, au CE1, comme des unités indépendantes puisque l'élève doit connaître la relation : 1 kg = 1 000 g. **Difficulté de la leçon** Estimer la masse d'un objet et utiliser la bonne unité pour exprimer sa masse. **Aide** Revenir aux manipulations préparatoires en atelier.

Calcul mental **5 min**

➜ *Multiplier par 5 et par 10. Dire : « 8× 5 » ; l'élève écrit 40.*
Items : *34 × 10 ; 9 × 5 ; 52 × 10 ; 7 × 5 ; 31 × 10 ; 8 × 5 ; 15 × 10 ; 6 × 5 ; 47 × 10 ; 9 × 5.*

Prérequis oral

« Combien pesez-vous ? »
Cette question permet de vérifier si les élèves ont bien conscience de la grandeur « masse » et s'ils expriment la mesure avec l'unité appropriée.

Manipulations préparatoires **30 min**

En collectif

Matériel	Différents objets pour la pesée : punaise, trombone, ballon de baudruche, fruits (pomme, ananas, pastèque), boîte de sucre, dictionnaire ; balances Roberval avec leurs masses marquées ; photos d'objets ainsi que des étiquettes masses (cf. matériel photocopiable ci-après) ; ardoise ou cahier de brouillon pour réaliser les calculs.
Organisation	Activité 1 : groupe classe. Activité 2 : autant de groupes que de balances disponibles.

Activité 1 : L'ordre de grandeur : gramme ou kilogramme

▪ Découvrir les masses marquées contenues dans une boîte. Montrer la masse de 1 g et celle de 1 kg. Indiquer que le gramme qui a pour symbole « g » et le kilogramme qui a pour symbole « kg » sont des unités de mesure de masse. Soupeser ces deux masses.
▪ Distribuer les objets, les soupeser.
▪ Dire que, usuellement, la masse d'un objet « léger » s'exprime en gramme et celle d'un objet « lourd » en kilogramme.
▪ Afficher, au tableau, des photos d'objets (matériel photocopiable) et demander ensuite aux élèves de les classer en deux colonnes : ceux dont la masse s'exprime en gramme et ceux dont la masse s'exprime en kilogramme.

Activité 2 : Manipuler une balance et des masses marquées

▪ Répartir les élèves en autant de groupes qu'il y a de balances disponibles. Distribuer un objet à chaque groupe (livre, trousse, ballon, etc.).
▪ Remarquer que les plateaux vides sont en équilibre avant que l'on pose l'objet sur l'un des plateaux.
▪ À tour de rôle, dans chaque groupe, les élèves soupèsent l'objet pour en évaluer la masse, puis vérifient leur évaluation en effectuant la pesée.
▪ Remarquer que les plateaux sont à nouveau en équilibre lorsque la masse de l'objet à peser est égale à la somme des masses marquées que l'on place sur l'autre plateau.
▪ Exprimer la masse de l'objet en grammes ou en kilogrammes.

Découvrons **15 min**

1 ▪ Cette activité est la trace écrite de la deuxième activité manipulatoire.

- Observer les dessins des balances.
- Demander : « *Comment connaître la masse de chaque livre ?* » Il faut additionner les différentes masses marquées posées sur le plateau. L'enseignant sera attentif à ce que les élèves additionnent séparément g et kg pour la deuxième pesée.

Institutionnalisation orale

Poser la question : « *Qu'avons-nous appris aujourd'hui ?* »
Réponse attendue proche de : « *Nous avons appris à choisir une unité de masse : gramme ou kilogramme et à mesurer la masse d'un objet avec une balance.* »

Je m'entraîne

15 min

En individuel

2 Cet exercice fait référence à la première activité manipulatoire. Une punaise pèse 1 g, un gros livre 1 kg, un feutre 10 g, un vélo de course 8 kg.

Erreur possible
Mauvaise appréciation de la masse des objets présentés.

Remédiation
Reprendre, en atelier, l'activité manipulatoire en variant les objets afin que les élèves se constituent un répertoire le plus large possible.

3 Cet exercice se réfère au *Découvrons*. Le melon pèse 700 g ; la pastèque : 1 kg 510 g ; le régime de bananes : 1 kg 600 g.

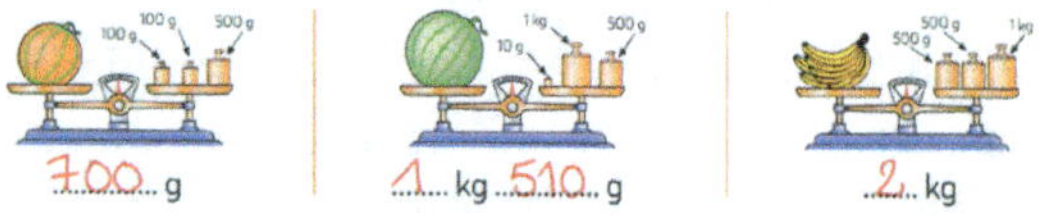

Erreurs possibles
- Additions erronées des masses.
- Addition de toutes les masses sans distinguer les grammes des kilogrammes.

Remédiation
- Reprendre le calcul en décomposant 500 + 100 + 100 en centaines : 5 c + 1 c + 1 c.
- Rappeler que l'on ne peut ajouter que des mesures exprimées avec la même unité.

4 Dans ce problème, les élèves doivent prélever dans le texte la masse de chacun des poissons et comprendre la question qui leur demande d'ajouter ces masses.
- Faire surligner les données.
- Utiliser l'ardoise pour calculer 250 g + 450 g.

Théo a pêché 1 kg 700 g de poisson.

1 kg 250 g + 450 g = 1 kg 700 g
Théo a pêché 1 kg 700 g de poisson.

Réinvestissement

5 Compter de 3 en 3.

Remédiation
Utiliser une portion de droite graduée ou un abaque.

Problème de recherche personnelle

Écrire tous les nombres de 55 à 65 est la méthode la plus sûre.

Le coin du chercheur
De 55 à 65, combien de nombres ont le chiffre des unités plus petit que le chiffre des dizaines ? 6

Différenciation

Remédiation Photofiche 94R
Cette photofiche propose deux exercices.
Dans le premier exercice, l'élève doit préciser l'unité de masse. Dans le second, l'élève doit ajouter des masses marquées.

106 Mesurer des masses

Matériel photocopiable

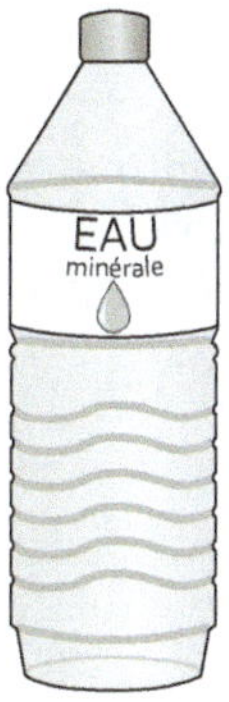

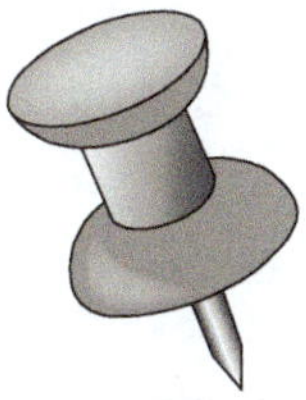

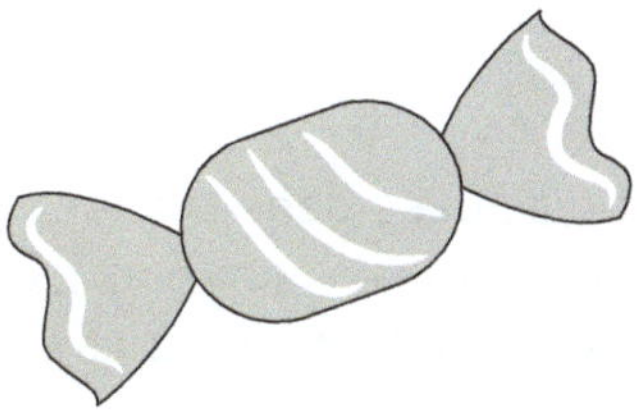

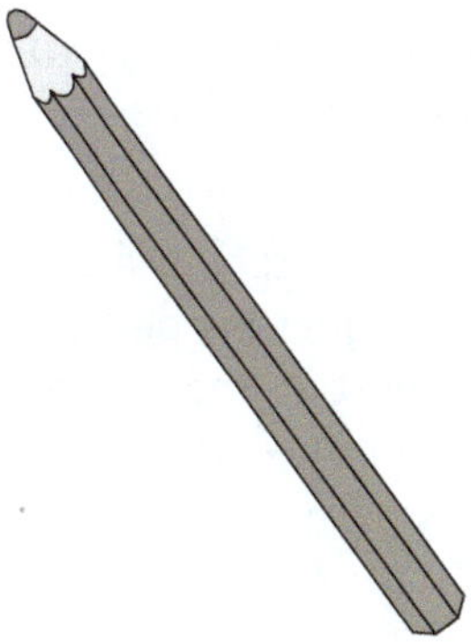

107 Repérer un rang ou une position

Fichier p. 122

Programme 2018	**Comprendre et utiliser des nombres entiers pour dénombrer, ordonner, repérer, comparer** – Repérer un rang ou une position dans une file ou sur une piste. – Faire le lien entre rang dans une liste et le nombre d'éléments qui le précèdent.
Compétence	Repérer un rang, une position dans une file orientée.
Remarques préalables	Les élèves ont appris à utiliser le nombre pour exprimer la position d'un objet ou d'une personne dans un jeu, dans une situation organisée, sur un rang ou pour comparer des positions. Dans cette leçon, les élèves peuvent utiliser le repérage ordinal mais ils peuvent aussi utiliser le repérage relatif par rapport au repère le plus proche. **Difficulté de la leçon** Trouver un référent pour réussir un repérage respectant l'ordre. **Aide** Trouver le référent le plus facile à utiliser (le plus proche).

Calcul mental 5 min

➜ *Sommes de dizaines entières. Dire : « 50 + 30 = ... » ; l'élève écrit 80.*
Items : *50 + 30 ; 40 + 10 ; 30 + 20 ; 80 + 10 ; 60 + 20 ; 40 + 20 ; 30 + 30 ; 70 + 20 ; 40 + 30.*

Prérequis oral

« Demander à 5 élèves de faire la chenille. Quel est le prénom du premier, du deuxième ? »
Cette activité vérifie que les élèves sont capables de repérer une position sur un rang.

Manipulations préparatoires 15 min

En collectif

Matériel	Colliers de 30 perles avec 1 fermoir.
Organisation	Groupe de 3 élèves.

Activité : Jeu des colliers

Manipuler 1

- Distribuer par groupe d'élèves 1 collier de 30 perles (voir ci-dessous)

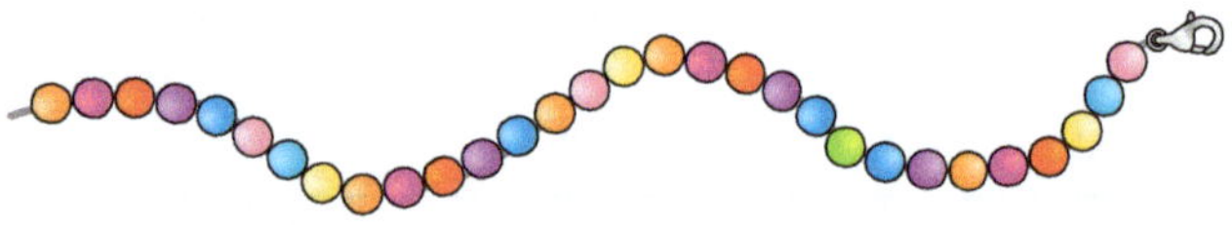

- Poser quelques questions : *« Quelle couleur a la perle que l'on a enfilée en premier sur ce collier ? », Quelle est la couleur de la 8ᵉ perle ? », « de la trentième ? »*, etc.

Débattre

- Faire expliciter aux élèves la méthode qu'ils ont utilisée pour désigner les perles : le rang des perles est donné par rapport à l'une des extrémités (le fermoir).
- Reproduire l'activité plusieurs fois en changeant la couleur des perles.

Manipuler 2

Proposer ensuite cette seconde manipulation toujours avec le même collier de 30 perles :

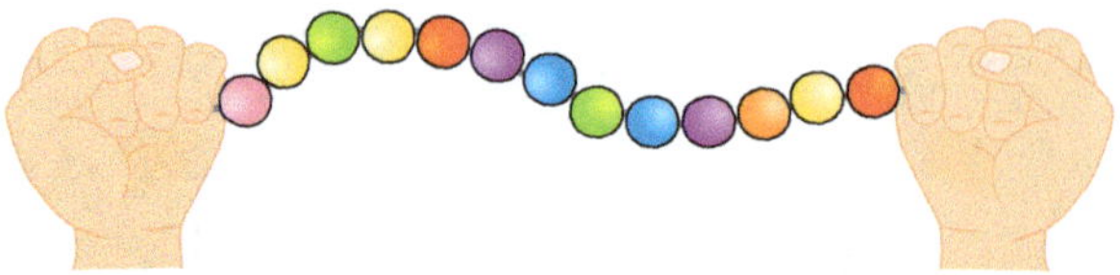

- *« La perle rouge qui touche la main droite est la 6ᵉ du collier. Combien de perles sont cachées dans la main droite ? Quel est le rang de la bille rose qui touche la main gauche ? Combien de perles sont cachées dans la main gauche ? »*

Manipuler 3

« La perle orange est la 17ᵉ sur le collier, quel est le rang de la perle rouge qui touche la main droite ? De la perle rose qui touche la main gauche ? » Etc.

Débattre

Les élèves doivent expliquer comment ils ont repéré le rang de ces perles et le nombre de perles cachées dans les mains.
Les réponses sont discutées dans chaque groupe puis argumentées lors de la mise en commun. La vérification se fait simplement en comptant les perles cachées dans les mains.

Découvrons 15 min

1 Lire la consigne. Si les activités manipulatoires ont été réalisées, les élèves vont reconnaître la situation et répondre rapidement aux questions en coloriant la perle correspondante.

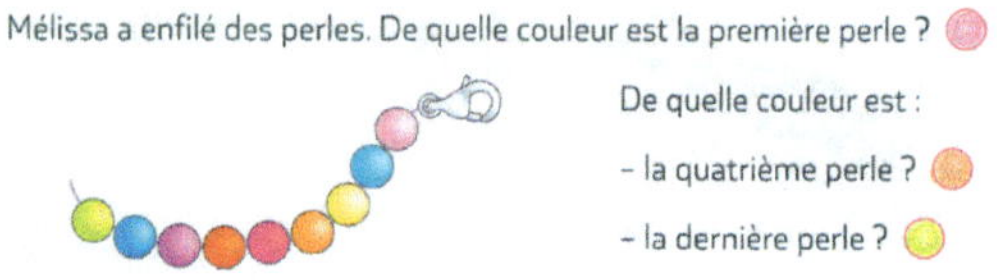

2 Cet exercice est en liaison avec la deuxième manipulation préparatoire : les perles sont remplacées par des élèves mais la problématique est la même.

Combien d'élèves sont devant elle ? 49
Quelle est la position de Théo ? 52
Quelle est la position de Mélissa ? 45

Institutionnalisation orale

Poser la question : « *Qu'avons-nous appris aujourd'hui ?* » Réponse attendue proche de : « *Nous avons appris à repérer un rang ou une position dans une file ou sur une piste.* »

Je m'entraîne

15 min

En individuel

3 Exercice qui réinvestit l'activité 1 du Découvrons, seul le sens du dessin a été inversé.

Léa a enfilé des perles. De quelle couleur est :
- la première perle ?
- la dernière perle ?
- la troisième perle ?

Erreur possible
Les élèves n'ont pas colorié les perles en fonction de leur position dans la file car ils ont imité l'activité 1 du découvrons sans remarquer que le sens de comptage a changé.

Remédiation
Jouer la situation avec le collier des manipulations préparatoires.

4 Toute la file des cyclistes n'est pas visible. Le repérage ordinal se fait à partir d'un cycliste central : celui qui porte le casque vert et qui est le 23e de la file.

Combien de personnes sont devant elle ? 22
Quelle est la position de Nils qui a le casque jaune ? 25^{e}
Quelle est la position de Maya qui a le casque bleu ? 22^{e}

Erreur possible
Repérage à partir du premier cycliste visible.

Remédiation
La scène est rejouée avec les colliers de perles ou représentée par des schémas faits au tableau : numéroter les cyclistes.

Réinvestissement

5 Calculer un produit en ligne dont un facteur est supérieur à 10.

$17 \times 4 = 10 \times 4 + 7 \times 4$
$17 \times 4 = 40 + 28$
$17 \times 4 = 68$

$24 \times 5 = 20 \times 5 + 4 \times 5$
$24 \times 5 = 100 + 20$
$24 \times 5 = 120$

Erreur possible
Erreurs de calcul.

Remédiation
Revoir la leçon 98 et la photofiche 88R.

Différenciation

Remédiation Photofiche 95R
Cette photofiche propose 4 exercices.
Dans les 2 premiers exercices, il faut retrouver sur le dessin les positions données par l'énoncé.
Dans le 3e il faut trouver les coureurs avant et après Léa, sa position servant de référence.
Dans le dernier exercice les perles sont en cercle la perle noire est le référent.

108 Problèmes (9) : Utiliser la décomposition des nombres

Fichier p. 123

Programme 2018	**Résoudre des problèmes en utilisant des nombres entiers et le calcul** Résoudre des problèmes issus de situations de la vie quotidienne ou adaptés de jeux portant sur des grandeurs et leurs mesures, des déplacements sur une demi-droite graduée, etc. conduisant à utiliser les quatre opérations. ▪ Problèmes relevant des structures multiplicatives, de partages ou de groupements (multiplication/division).
Compétence	Utiliser la décomposition canonique des nombres pour résoudre un problème de groupements.
Remarques préalables	▪ Dans cette leçon, les élèves vont découvrir que la décomposition des nombres de deux chiffres en somme de 10 ou la décomposition des nombres de trois chiffres en somme de 100, peuvent permettre de résoudre des problèmes de groupements en paquets de 10 ou paquets de 100. ▪ Cependant, savoir écrire la décomposition canonique d'un nombre de deux ou trois chiffres ne suffit pas pour résoudre un problème de groupement. Pour cette résolution, l'élève doit apprendre à analyser cette décomposition. Cet apprentissage demande toute l'attention de l'enseignant qui ne doit pas le considérer comme allant de soi. **Difficultés de la leçon** – Difficultés de lecture et d'interprétation de l'énoncé. – Résoudre une situation de groupement à partir de la numération. **Aide** – Aide au raisonnement : expliquer le sens des mots, représenter les situations par des dessins, des schémas. – Reprendre les échanges 10 contre 1 ; 100 contre 1.

Calcul mental — 5 min

→ *Ajouter des dizaines à un nombre de deux chiffres.*
Écrire 43 + 30 = … ; l'élève écrit 73.
***Items :** 43 + 30 ; 34 + 50 ; 12 + 70 ; 85 + 10 ; 59 + 20 ; 51 + 40 ; 78 + 20 ; 17 + 80 ; 21 + 60 ; 13 + 50.*

Manipulations préparatoires — 15 min

En collectif

Matériel	245 jetons ; 3 boîtes à chaussures et 30 petits sacs de congélation.
Organisation	Groupe classe.

Activité 1 : Des sacs de 10 jetons

Manipuler, débattre

▪ Placer 245 jetons sur une grande table et les petits sacs de congélation. Tous les élèves sont autour de la table.
▪ Énoncer : « *Un sac doit contenir 10 jetons. Combien de sacs seront remplis ?* »
▪ Les élèves font des propositions. La manipulation tranchera.
▪ Remplir les sacs.
▪ Constater que 24 sacs sont remplis et qu'il reste 5 jetons isolés.

Symboliser

▪ Attirer l'attention des élèves sur la décomposition du nombre 245 qui permet de prévoir le résultat.
▪ Compléter le tableau de numération.

c	d	u
2	4	5

▪ Écrire la décomposition :
245 = 2 centaines 4 dizaines 5 unités
▪ Échanger 1 centaine contre 10 dizaines.
200 = 20 dizaines.
▪ Compléter la décomposition et conclure :
245 = 24 dizaines 5 unités
24 sacs de dix jetons seront remplis et il restera 5 jetons isolés.
Faire remarquer que c'est le nombre que l'on lit sur le tableau de numération lorsqu'on cache la colonne des unités.

Activité 2 : Des boîtes de 100 jetons

Manipuler, débattre

▪ Placer maintenant des boîtes à chaussures sur la grande table. Tous les élèves sont autour de la table.
▪ Énoncer : « *Une boîte doit contenir 100 jetons. Combien de boîtes seront remplies ?* »
▪ Les élèves font des propositions. La manipulation tranchera.
▪ Remplir les boîtes.
▪ Constater que 2 boîtes sont remplies, qu'il reste 4 sacs de 10 jetons et 5 jetons isolés.

Symboliser

▪ Attirer l'attention des élèves sur la décomposition du nombre 245 qui permet de prévoir le résultat.
▪ Reprendre le tableau de numération et la décomposition du nombre 245, puis conclure :

c	d	u
2	4	5

245 = 2 centaines 4 dizaines 5 unités
2 boîtes de cent jetons seront remplies, il restera 4 sacs de dix jetons et 5 jetons isolés.

Problèmes du fichier

15 min

1 ▪ Lire le problème. S'assurer que l'énoncé est compris. Faire remarquer que ce problème comporte deux questions.

▪ Rappeler que les élèves doivent prévoir, après l'écriture de la décomposition, combien de boîtes seront complètes puis combien de voitures contiendra la boîte incomplète.

▪ Laisser un temps de recherche avant une mise en commun des résultats proposés.

▪ Faire compléter la décomposition du nombre 52 qui aidera à répondre en assimilant un paquet de dix à une dizaine. La simplicité des nombres en jeu devrait permettre aux élèves de compléter facilement la décomposition, puis d'en déduire que 5 boîtes seront complètes et que la boîte incomplète contiendra 2 voitures.

▪ Procéder à une vérification avec 52 jetons à placer dans des sacs de 10. La validation par la manipulation conserve un caractère convaincant pour ceux qui ont donné une réponse erronée.

1 Théo range 52 petites voitures dans des boîtes.
Chaque boîte peut contenir 10 voitures.
Combien de boîtes seront complètes ?

Complète. 52 = 5 dizaines 2 unités

52 = 10 + 10 + 10 + 10 + 10 + 2

5 boîtes seront complètes

Combien de voitures contiendra la boîte incomplète ?

La boîte incomplète contiendra 2 voitures.

d	u
5	2

Erreurs possibles

– Erreur sur le nombre de termes de la somme de 10.

– Le lien entre le nombre de paquets de 10 et le nombre de dizaines n'est pas fait.

Remédiation

– Reprendre la manipulation.

– Décomposer des nombres de deux chiffres avec l'aide d'un tableau de numération ou du matériel de numération.

Problèmes du fichier

20 min

En individuel

2 Procéder de la même façon que pour le problème 1. Les nombres sont plus importants. Il faut ranger 418 images dans des pochettes de 100.

S'assurer de la bonne compréhension de l'énoncé.

Laisser un temps de recherche avant de faire compléter la décomposition du nombre 418 qui aidera à répondre en assimilant un paquet de cent à une centaine. Il faut en déduire que 4 pochettes seront complètes et que la pochette incomplète contiendra 18 images.

Les élèves confrontent leur réponse à la correction écrite au tableau et corrigent leurs erreurs.

2 Sarah range 418 images dans des pochettes.
Chaque pochette peut contenir 100 images.
Combien de pochettes seront complètes ?

Complète. 418 = 4 centaines 1 dizaine 8 unités

418 = 100 + 100 + 100 + 100 + 10 + 8

4 pochettes seront complètes

Combien d'images contiendra la pochette incomplète ?

La pochette incomplète contiendra 18 images

c	d	u
4	1	8

Erreurs possibles

– Erreur sur le nombre de termes de la somme de 100.

– Le lien entre le nombre de paquets de 100 et le nombre de centaines n'est pas fait.

Remédiation

Reprendre la manipulation avec du matériel de numération.

PROBLÈME DE RÉFÉRENCE 10

(matériel photocopiable)

Ce problème va servir de référence à toute une catégorie de problèmes analogues. Sa résolution est située dans le matériel photocopiable ci-après. Ce problème résolu est à afficher sur le mur des mathématiques et à coller sur le cahier de références mathématiques.

3 Ce problème est similaire à celui de l'activité manipulatoire 1.

S'assurer de la bonne compréhension de l'énoncé.

Laisser un temps de recherche avant de faire compléter la décomposition du nombre 120 puis procéder à l'échange d'une centaine contre dix dizaines. Il faut en déduire que 12 pochettes seront complètes.

3 Nathan range 120 timbres dans des pochettes.
Chaque pochette peut contenir 10 timbres.
Combien de pochettes complètes obtiendra-t-il ?

Complète. 120 = 1 centaine 2 dizaines 0 unité

Échange 1 centaine contre 10 dizaines. 120 = 12 dizaines

Nathan obtiendra 12 pochettes complètes.

c	d	u
1	2	0

Erreurs possibles

Les mêmes que pour le problème 1.

Remédiation

Les mêmes que pour le problème 1.

Différenciation

Consolidation Photofiche 96c

Cette fiche comporte 4 problèmes.

Les problèmes 1, 2 et 4 concernent des paquets de dix (50 ; 80 et 350), et le problème 3 des paquets de cent (540).

Dans chaque cas, les élèves doivent compléter une somme de 10 ou une somme de 100 pour en déduire le nombre de paquets de 10 ou de 100 qui pourront être formés. Dans le problème 3, ils doivent trouver le nombre de cartes restantes.

PROBLÈME DE RÉFÉRENCE 10

Je sais…
résoudre un problème de groupement par 10, par 100

Sarah range 418 images dans des pochettes.
Chaque pochette peut contenir 100 images.

Combien de pochettes seront complètes ?
Combien d'images contiendra la pochette incomplète ?

Que cherche-t-on ?

➜ Il y a 2 questions. Je dois chercher :
- le nombre de pochettes de 100 images que Sarah va remplir ;
- le nombre d'images que contiendra la pochette incomplète.

J'utilise un tableau de numération.

c	d	u
4	1	8

418 = 4 centaines 1 dizaine 8 unités

418 = 100 + 100 + 100 + 100 + 18

100 + 100 + 100 + 100 : 4 pochettes complètes

18 : images dans la pochette incomplète

Je rédige les deux phrases réponses.

4 pochettes seront complètes.

La pochette incomplète contiendra 18 images.

109 Compléter une suite de nombres

Fichier p. 124

Programme 2018	**Nommer, lire, écrire, représenter des nombres entiers** Itérer une suite de 1 en 1, de 10 en 10, de 100 en 100.
Compétence	Compter de 15 en 15, de 20 en 20, de 25 en 25, de 50 en 50.
Remarques préalables	Compléter une suite de nombres est un exercice plus délicat et formateur qu'il n'y paraît. Il faut tout d'abord repérer la régularité de la suite à partir de ses premiers termes, étant sous-entendu que la suite est arithmétique, c'est-à-dire qu'on passe d'un de ses termes au suivant en ajoutant ou en retranchant toujours le même nombre. Ce repérage peut s'appuyer sur le calcul ou sur l'observation des variations des chiffres qui composent les nombres (approche algorithmique). Il faut ensuite prolonger la suite en itérant la transformation, ce qui induit un calcul ou une modification d'écriture basée sur la numération. Ce travail n'est pas sans lien avec la découverte des multiples d'un nombre ou avec la suite des résultats de certaines tables de multiplication. **Difficultés de la leçon** – Difficulté à voir la régularité de la suite numérique – Difficulté à compléter la bande numérique sans utiliser le calcul. **Aide** Utiliser des bandes numériques avec lacunes, des compteurs.

Calcul mental — 5 min

➜ *Retrancher des dizaines entières à des nombre de trois chiffres. Écrire 378 – 40 = ... ; l'élève écrit 338.*
***Items :** 378 – 40 ; 656 – 30 ; 142 – 20 ; 38 – 10 ; 543 – 40 ; 769 – 20 ; 945 – 50 ; 285 – 60 ; 186 – 80 ; 173 – 70.*

Prérequis oral

« Compter de 5 en 5 ? »
Les élèves doivent connaître cette suite numérique pour pouvoir compléter les suites à venir.

Manipulations préparatoires — 15 min

En collectif

Matériel	Collectif : matériel photocopiable, compteurs à découper et à assembler avec attache parisienne, tableaux.
Organisation	Groupes de 3 et groupe classe.

Activité 1 : Le compteur

Manipuler, débattre

▪ Distribuer le document photocopié et demander de l'observer.
▪ *« Pourquoi ce "compteur" est-il nommé le compteur du 15 ? », « Comment passe-t-on d'un nombre à l'autre ? »*
Le débat permet de conclure que pour passer d'un nombre au suivant on ajoute 15.
▪ Demander alors aux élèves de découper et d'assembler le compteur du 15 à l'aide d'une attache parisienne. Aider les plus maladroits pour éviter une perte de temps.
▪ Proposer aux élèves de se mettre par deux ou par 3. Le premier élève affiche dans la fenêtre du compteur un nombre (45 par exemple). Le deuxième élève écrit sur son ardoise le nombre qui suit. Le troisième élève vérifie le résultat en faisant tourner le compteur (60).
▪ Faire plusieurs essais puis changer les rôles.

Activité 2 : Les tableaux de nombres

Manipuler et débattre

Distribuer les 4 tableaux photocopiés.
▪ « Observez ces tableaux et trouvez la règle qui permet de les compléter. »
Chaque groupe cherche la règle et donne un nom au tableau. Un élève de chaque groupe vient afficher les résultats du groupe.
▪ Le débat, lors de la mise en commun des résultats, permet de trouver rapidement le tableau du 50, du 25. Les élèves constatent les régularités dans l'écriture des nombres qui permettent de les compléter rapidement sans se servir du calcul.
▪ Après un échange collectif, il apparaît qu'il y a deux tableaux du nombre 20 : un tableau où les nombres sont obtenus en ajoutant 20, un second où les nombres sont obtenus en retranchant 20.

Découvrons — 15 min

1 ▪ Justifier les chiffres écrits dans la file numérique.
▪ Utiliser le compteur du 15 comme remédiation.

2 Avec les élèves en difficulté utiliser le tableau du 25 des manipulations préparatoires.

200	225	250	275	300

Institutionnalisation orale

Poser la question : « *Qu'avons-nous appris aujourd'hui ?* »
On attend une réponse proche de : « *Nous avons appris à compter de 15 en 15, de 20 en 20, de 25 en 25, de 50 en 50…* »

Je m'entraîne

15 min

En individuel

3 Les nombres vont de 10 en 10. Les élèves constatent qu'il suffit d'ajouter 1 au chiffre des dizaines.

Erreur possible

Erreur dans l'écriture de la bande numérique en particulier lors du comptage à rebours.

Remédiation

Nommer les chiffres des dizaines qui vont de 1 en 1 (7d, 8d, 9d 10 d, …).

4 Compter de 50 en 50.

650	700	750	800	850

Erreurs possibles

Difficulté à écrire les nombres à rebours.

Remédiation

Utiliser le tableau du 50.

5 Les élèves doivent écrire les nombres à rebours en retranchant 20.

Erreurs possibles

Difficulté à écrire les nombres à rebours en particulier au passage de la centaine entre 210 et 190.

Remédiation

Rappeler la construction à rebours du tableau du nombre 20.

Réinvestissement

6 Réinvestissement de la leçon 107 : le dessin n'est que décoratif.

Complète. *Il y a encore ..8.... coureurs devant elle.*
Elle est maintenant ..9e... .

Erreurs possibles

Difficulté à comprendre la situation : pour beaucoup d'élèves, si elle double le 9e, elle devient 8e, alors qu'elle prend la place du 9e, elle est donc 9e.

Remédiation

- Faire jouer la situation.

Différenciation

Remédiation Photofiche de 97R

Cette photofiche comporte 5 exercices
- Dans le premier, on compte de 5 en 5.
- Dans le deuxième, de 10 en 10.
- Dans le troisième, de 25 en 25
- Dans le quatrième, de 50 en 50
- Dans le cinquième, de 100 en 100.

109 Compléter une suite de nombres

Matériel photocopiable

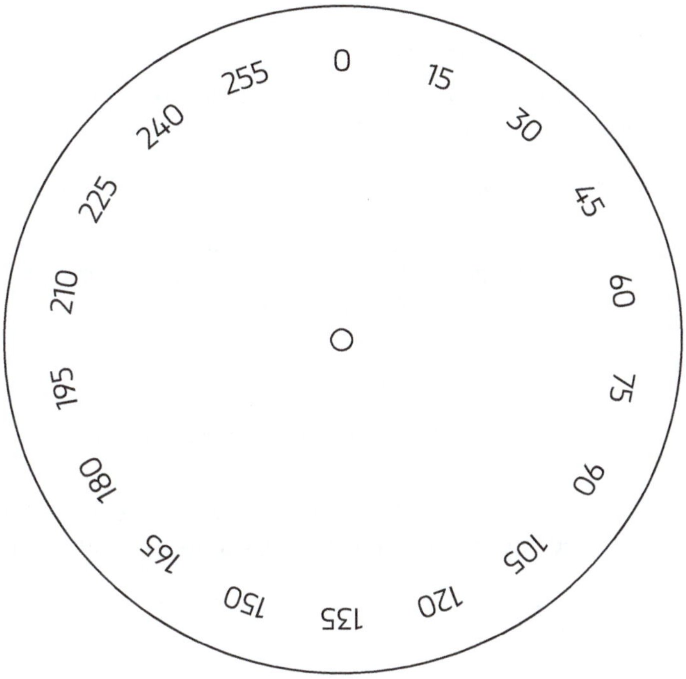

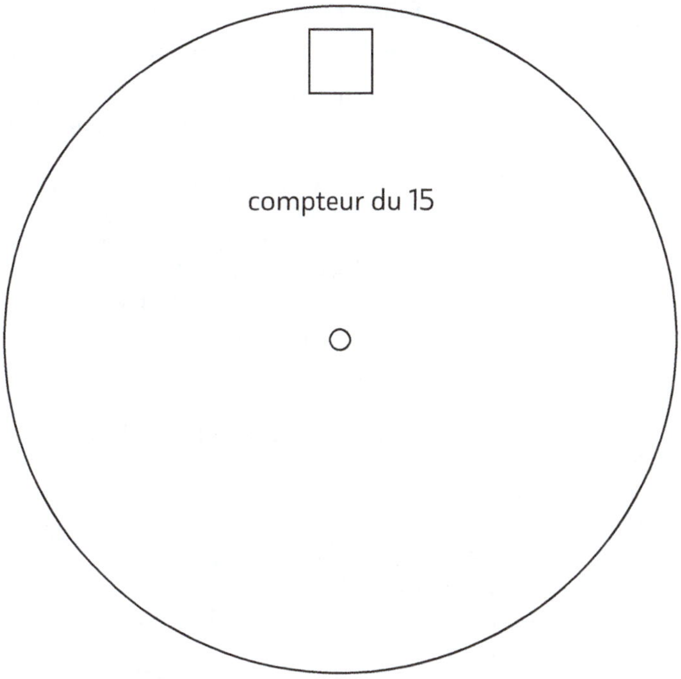

0	25	50	75
100	125		
Tableau du			

0	50	100	150
200	250		
Tableau du			

	320	340	360	380
Tableau du				

0	20	40	60	80
100	120			
Tableau du				

110 Construire un cube

Fichier p. 125

Programme 2018	**Reconnaître, nommer, décrire, reproduire quelques solides** Fabriquer un cube.
Compétence	Fabriquer un cube à partir de carrés ou de tiges que l'on peut assembler.
Remarques préalables	L'objectif de cette leçon est de construire un cube en assemblant faces et arêtes. Le vocabulaire géométrique caractéristique des solides (face, arête, sommet) ainsi que les principales propriétés géométriques du cube seront rappelés. ▪ La construction du cube, que nous proposons dans les manipulations préliminaires, est importante pour pouvoir connaître et réinvestir ces propriétés. ▪ Nous pensons cependant renforcer les représentations mentales des solides et de leurs propriétés en sensibilisant les élèves aux problèmes posés par les représentations planes des solides (déformations subies par les faces dessinées en perspective, absence de certaines faces, arêtes et sommets situés à l'arrière-plan). **Difficultés de la leçon** Difficultés pour assembler des baguettes et des faces en carton. **Aide** Utiliser un matériel adapté à la construction (cartonnette, baguettes prédécoupées, Patafix ou pâte à modeler).

Calcul mental 5 min

→ *Tables de multiplication par 2 et par 4. Dire : « 8 × 4 = … » ; l'élève écrit 32.*
Items : *8 × 4 ; 9 × 2 ; 6 × 4 ; 7 × 2 ; 5 × 4 ; 3 × 4 ; 8 × 2 ; 10 × 4 ; 5 × 2 ; 9 × 4.*

Prérequis oral

« Trouver un objet en forme de pavé, de cube. »
Les élèves doivent connaître ces objets étudiés précédemment dans la leçon 96 : « Reconnaître, décrire des solides ».

Manipulations préparatoires 10 min

En collectif

Matériel	Pour deux élèves : – un cube comme modèle ; – une page de cartonnette unie ; – 12 baguettes en bois ou pailles rigides ayant la longueur des arêtes du cube servant de modèle ; – pâte pour fixer les documents (Patafix ou autre).
Organisation	Groupes de 3 et groupe classe.

Activité 1 : observons un cube

Manipuler, débattre

▪ Distribuer le matériel par groupe.
▪ Demander d'observer le solide qui vient d'être distribué.
▪ « Reconnaissez-vous ce solide ? »
Les élèves justifient leur réponse en énonçant les diverses propriétés qu'ils observent sur le solide et qui sont des rappels de la leçon 96 : compter le nombre de sommets, de faces et d'arêtes. Le dénombrement des faces devrait se faire facilement. Cependant, les dénombrements des sommets et des arêtes risquent de poser problème. Il est conseillé de marquer à l'aide d'un crayon les sommets ou les arêtes au fur et à mesure du comptage.
▪ Faire le bilan de cette phase d'observation active : un cube possède six faces, douze arêtes et huit sommets.

Découvrons 15 min

1 Manipuler, débattre

▪ Pour identifier les traces (ou empreintes) laissées par le cube, organiser des manipulations par groupes de 3 élèves munis du cube modèle et de la feuille de cartonnette unie.
▪ Demander de dessiner comme Théo les contours des 6 faces. Les contours obtenus sont étudiés : les faces d'un cube sont des carrés.
Les élèves complètent les phrases réponses.

Combien de faces a-t-il tracées ? 6
Toutes les faces sont-elles des carrés ? ☒ oui ☐ non
Toutes les faces sont-elles superposables ? ☒ oui ☐ non

2 Manipuler, débattre

▪ *« Avec le matériel dont vous disposez (6 carrés, 12 baguettes et du Patafix, comment construire un cube ? »*
Le débat permet de proposer diverses façons, on retiendra la plus simple à réaliser :
▪ Construire d'abord le « squelette du cube » comme le propose Mathix.
Le débat se conclut en proposant d'assembler les 12 arêtes avec du Patafix. Les élèves répondent aux questions du fichier avant de commencer la construction du cube.
▪ Construire les faces. Coller sur ce squelette, en se prêtant assistance, les 6 carrés.

Combien lui faut-il de tige en bois ? 12
Les tiges en bois ont-elles toutes la même longueur ?
☒ oui ☐ non

Institutionnalisation orale

Poser la question : « *Qu'avons-nous appris aujourd'hui ?* »
On attend une réponse proche de : « *Nous avons appris à construire un cube à partir de carrés et de tiges que l'on peut assembler.* »

Je m'entraîne

15 min

En individuel

3 Cet exercice résume les différentes propriétés et étapes de la construction du cube.

Chaque boule représente : ☐ une face ☒ un sommet

Un cube possède ...8... sommets ; Boris a utilisé ...8... boules

Chaque tige représente : ☒ une arête ☐ un sommet

Un cube possède .12... arêtes ; Boris a utilisé ..12... tiges

Erreur possible

Erreurs dans les réponses données.

Remédiation

Revoir le vocabulaire approprié et rappeler le matériel utilisé pour représenter les faces, les sommets et les arêtes du cube.

4 Exercice qui reprend l'activité 1 précédente.

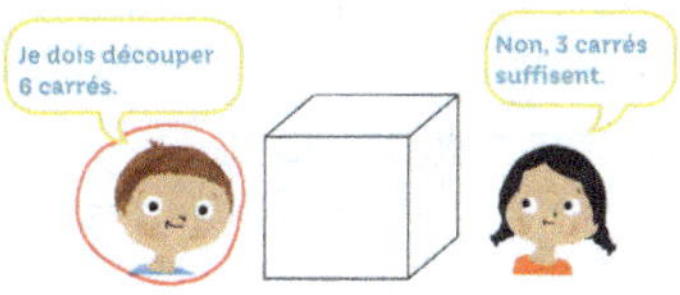

Remédiation

Demander aux élèves en difficulté de recompter les faces découpées.

Problème de recherche personnelle

Attention cette addition comporte une retenue
En effet ▲ + ★ ne peut être égal à 0 et ★ + ★ ne peut être égal à 9 : il y a donc une retenue. ★ = 4. On en déduit ▲ = 6.

Différenciation

Consolidation Photofiche de 98c

Cette photofiche comporte 2 exercices.
Dans le premier, on fait l'inventaire du matériel qui sert à construire un cube.
Dans le second, on présente un assemblage qui va servir de base à la construction d'un gros cube.

111 Poser une soustraction avec retenue

Fichier p. 126

Programme 2018	**Calculer avec des nombres entiers** Calcul posé : mettre en œuvre un algorithme de calcul posé pour l'addition, la soustraction, la multiplication.
Compétence	Calculer une différence par la soustraction posée avec une retenue..
Remarques préalables	▪ Pour des élèves de CE1, la soustraction posée avec retenue est une technique difficile à acquérir. C'est pourquoi nous avons fait le choix d'introduire la technique par « démolition » de la dizaine. ▪ Cette technique a l'inconvénient de faire apparaître de façon transitoire une écriture particulière des nombres, puisqu'elle passe par une étape où un nombre de deux chiffres est écrit dans la colonne des unités ou des dizaines, mais elle a l'avantage d'être bien comprise par les élèves quand on lui associe la manipulation et les échanges associés au matériel de numération. ▪ La technique usuelle par compensation, prend appui sur la propriété de conservation de l'écart par translation : « Une différence ne change pas si on ajoute (ou si on retranche) un même nombre à ses deux termes » que les élèves de CE1 ont plus de peine à comprendre. C'est pourquoi nous avons choisi de présenter la technique « par démolition ». ▪ L'essentiel est, pour l'instant, de donner aux élèves de CE1 une technique simple et efficace pour calculer des soustractions avec retenue. Lors de cette leçon, les élèves apprennent à effectuer une soustraction de nombres de deux chiffres avec retenue. **Difficultés de la leçon** – Savoir placer correctement les chiffres en colonne. – Comprendre la notion de retenue et savoir modifier l'écriture du premier terme de la différence. **Aide** – Utiliser les colonnes du quadrillage séyès pour bien aligner les chiffres. – Utiliser le matériel de numération pour justifier les changements d'écriture du premier terme.

Calcul mental 5 min

→ *Somme de deux nombres de deux chiffres (sans retenue).*
Écrire : 54 + 12 ; l'élève écrit 66.
Items : *54 + 12 ; 12 + 46 ; 72 + 20 ; 88 + 11 ; 74 + 25 ; 13 + 54 ; 11 + 77 ; 37 + 62 ; 43 + 46 ; 21 + 66.*

Prérequis oral

« Peut-on calculer 3 – 5 ? 13 – 5 ? »

Ce rappel sera utile dans le déroulé de la leçon pour expliquer la retenue.

Manipulations préparatoires — 30 min

En collectif

Matériel	Matériel de numération
Organisation	Groupe classe puis groupes de 4 élèves.

Activité : Le matériel de numération

Manipuler, débattre

▪ Proposer de calculer la soustraction 43 – 25.

▪ Les élèves savent poser une soustraction en colonne (leçons 71 et 100). Un élève vient au tableau poser l'opération 43 – 25 en colonnes et commence les calculs : *« Je commence par les unités : 3 – 5 = ? Comment faire puisque je ne peux pas soustraire 5 à 3 ? »* Souligner qu'il n'est pas équivalent de calculer 5 – 3 à la place de 3 – 5.

▪ Répartir la classe par groupes de 4 élèves. Chaque groupe dispose du matériel de numération.

▪ Construire le nombre 43 avec les barres et les jetons. Comment enlever 5 unités à 43 ?

Le débat conduit à proposer de casser une dizaine dans 43 pour l'échanger contre 10 unités, ce qui donne alors : 3 d et 13 u.

▪ On peut alors calculer 13 u – 5 u = 8 u

▪ On soustrait ensuite les dizaines entières : 3 d – 2 d = 1 d

Symboliser, schématiser

▪ Revenir sur l'opération posée en colonnes au tableau et traduire les échanges qui viennent d'être effectués par la technique de « démolition de la dizaine ». 43 – 25 = 18

▪ On peut demander aux élèves de vérifier la soustraction en effectuant une addition.

Le schéma ci-dessous peut être utile pour expliquer que si : 43 – 25 = 18 alors 25 + 18 = 43.

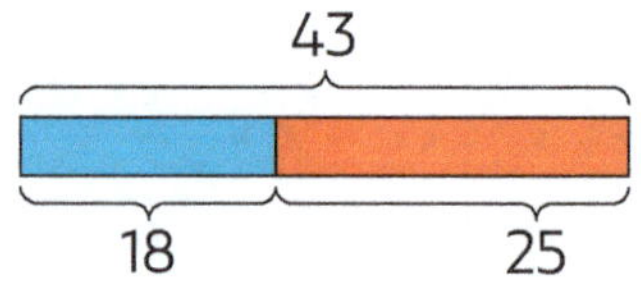

Découvrons — 15 min

1 ▪ Demander de décrire et de commenter la méthode utilisée par les enfants pour calculer 42 – 16.

▪ Demander à un élève de venir retirer 16 de 42 en s'appuyant sur du matériel de numération. La difficulté apparaît aussitôt : on ne peut pas soustraire 6 unités à 2 unités. Cela est confirmé par la bulle de Théo.

▪ Observer le travail de Léa qui casse une dizaine et l'imiter : 4 d 2 u devient 3 d 12 u.

On peut alors soustraire 6 u à 12 u.

- Les élèves achèvent le retrait de 1 d 6 u et complètent l'opération de Mélissa sur leur fichier.

d	u
3 ~~4~~	12
1	6
2	6

- On peut proposer de calculer d'autres soustractions individuellement.

Exemples : 72 – 35 ; 95 – 48 ; 70 – 24 ; etc.

Institutionnalisation orale

Poser la question : « *Qu'avons-nous appris aujourd'hui ?* »
Réponse attendue proche de : « *Aujourd'hui, nous avons appris à poser et à calculer une soustraction avec retenue.* »

Je m'entraîne

15 min

En individuel

2 Cet exercice comporte trois soustractions posées.

	d	u
	3 ~~4~~	15
–	2	7
=	1	8

	d	u
	5 ~~6~~	12
–	3	5
=	2	7

	d	u
	2 ~~3~~	16
–	1	8
=	1	8

Erreurs possibles

– Inversion de la différence sur les chiffres des unités. Exemple pour 45 – 27 l'élève calcule 7 – 5 au lieu de 5 – 7.
– Erreur de calcul.

Remédiation

– Aider les élèves à retrouver les résultats des tables de soustraction en les faisant travailler sur les décompositions additives du plus grand terme de la différence. Exemple : pour calculer 9 – 5 on écrit 9 = 5 + 4 donc 9 – 5 = 4.
– Ne pas hésiter à verbaliser les échanges d'une dizaine contre dix unités, ou les effectuer avec le matériel de numération, avant de les traduire par la modification du chiffre des dizaines du terme du haut et l'apparition de 10 unités supplémentaires sur son chiffre des unités.

3 L'élève doit poser les opérations sur un quadrillage Seyès.

52 – 29

	d	u
	4 ~~5~~	12
–	2	9
	2	3

41 – 26

	d	u
	3 ~~4~~	11
–	2	6
	1	5

75 – 47

	d	u
	6 ~~7~~	15
–	4	7
	2	8

Erreurs possibles

– Opération mal posée.
– Les mêmes erreurs que dans l'exercice 2.

Remédiation

Travailler en petits groupes pour détailler et justifier les différentes étapes du calcul.

Réinvestissement

4 Distinguer le solide réel et sa représentation.

Sur ce dessin de pavé droit,
je vois ..3.. faces
..3.. faces sont cachées.

Sur ce dessin de pyramide,
je vois ..3.. faces
..2.. faces sont cachées.

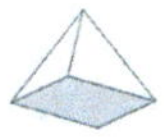

Remédiation

Manipuler les solides géométriques.

Différenciation

Consolidation Photofiche 99c

Dans cette photofiche, les élèves doivent effectuer neuf opérations en trois exercices de trois opérations chacun.
Dans le premier exercice, les opérations sont posées dans un tableau de numération.
Dans le deuxième exercice, les opérations sont posées sur un quadrillage Seyès.
Dans le troisième, l'élève doit poser trois soustractions sur un quadrillage Seyès et les effectuer.

112 Tracer des cercles

Fichier p. 127

Programme 2018	**Reconnaître, nommer, décrire, reproduire, construire quelques figures géométriques** Construire un cercle connaissant son centre et un point, ou son centre et son rayon. ▪ Vocabulaire approprié pour décrire les figures planes usuelles : cercle, disque, rayon, centre.
Compétence	Construire un cercle sans contrainte, puis à partir du centre et d'un point.
Remarques préalables	L'objectif de la leçon est d'aider les élèves, par l'intermédiaire de la construction, à passer progressivement de la reconnaissance perceptive du cercle à la découverte de sa propriété d'équidistance. Ils vont découvrir le centre du cercle (endroit où l'on place la pointe du compas), le rayon du cercle (écartement du compas de la pointe à la mine graphite) et l'importance de ce dernier qui fait la taille du cercle. **Difficulté de la leçon** Difficulté d'ordre technique : maîtriser le maniement du compas. **Aide** – Utiliser le primo compas page matériel H. – Familiariser les élèves à l'utilisation de l'outil par un entraînement fréquent.

Calcul mental 5 min

→ *Double de nombres < 20. Dire : « Double de 12 » ; l'élève écrit 24.*
***Items :** 12 ; 9 ; 15 ; 19 ; 18 ; 11 ; 17 ; 13 ; 16 ; 14.*

Prérequis oral

« Comment trace-t-on des cercles ? »
Cette question vérifie que les élèves connaissent le cercle de manière perceptive et la manière de le tracer avec un compas et des outils autres qu'un compas.

Manipulations préparatoires

20 min

En collectif

Matériel	Un compas par élève ; un primo compas (page matériel H) ; une feuille.
Organisation	Groupe classe.

Activité 1 : Manipuler un primo-compas sans contrainte

▪ Découper une bande, la coller sur un carton épais et percer les ronds blancs page matériel H.
▪ Sur une feuille blanche, placer la pointe d'un crayon (ou d'un stylo) à une extrémité de la bande marquée d'une croix et la pointe d'un autre crayon (ou d'un stylo) dans un rond blanc. Appuyer sur la pointe placée à l'emplacement marqué par la croix (on peut éventuellement la percer légèrement), ce sera le centre du cercle puis tracer un arc de cercle en se servant de la pointe placée dans un rond blanc.
▪ Faire ainsi tracer plusieurs cercles en changeant de ronds blancs.
L'avantage du primo compas est la fixation du rayon du cercle de façon plus constante qu'avec un compas classique.

Activité 2 : Manipuler le compas de la trousse sans contrainte

▪ Utiliser correctement un compas n'est pas simple. Il faut :
– mettre une pochette cartonnée ou d'autres feuilles sous la feuille de travail pour que la pointe du compas ne bouge pas ;
– conserver une pression suffisante sur la pointe pour qu'elle reste fixe, sans pour autant resserrer l'écart entre les deux branches ;
– incliner légèrement le compas pour qu'il ne soit plus vertical et accompagner cette inclinaison d'un mouvement du poignet et se servir du pouce et de l'index pour faire effectuer un mouvement de rotation au compas.
Il est difficile d'effectuer une rotation de 360° en une seule fois : deux étapes sont souvent nécessaires et il n'est pas rare que les deux tracés ne se referment pas !
▪ Si un grand nombre d'élèves éprouvent des difficultés pour réussir ce tracé, proposer de tracer librement plusieurs cercles « bien ronds et bien fermés » sur leur cahier d'essai. Tout en donnant ces différents conseils, s'assurer que chaque élève réussit correctement le tracé des cercles.

Activité 3 : Tracer un cercle à partir d'un point avec des écartements variables

▪ Dessiner un point rouge sur une feuille. Placer la pointe sèche sur ce point rouge et tracer un cercle à partir de ce point.
▪ Demander de comparer le cercle tracé avec celui du voisin.
▪ Poser la question : *« Comment se fait-il que les cercles ne sont pas les mêmes ? »*
On attend que les élèves fassent référence à l'écartement des branches des compas.
▪ Replacer la pointe sur le point rouge et tracer un cercle plus grand puis un plus petit que celui déjà tracé.

Découvrons

15 min

1 ▪ Lire l'ensemble des consignes et la bulle de Mathix.
▪ Expliquer les tâches à accomplir.
▪ Utiliser au choix le compas du commerce ou le primo compas.
▪ Tracer le premier cercle en suivant la première consigne. Il doit passer par le point vert.
▪ Tracer le second cercle en suivant la seconde consigne. Il doit être plus petit que le précédent.

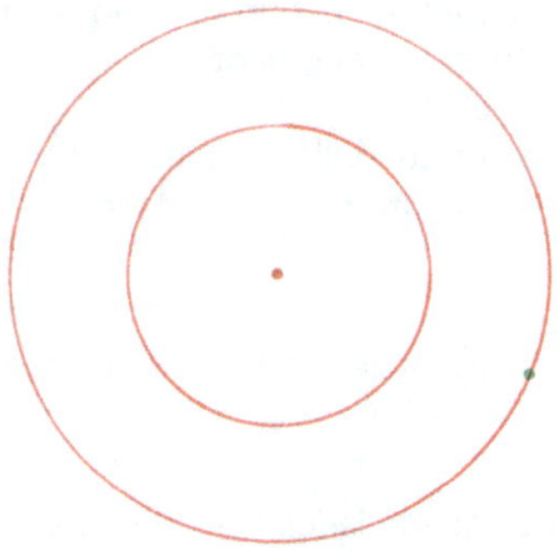

Institutionnalisation orale :
Poser la question : « *Qu'avons-nous appris aujourd'hui ?* »
Réponse attendue proche de : « *Nous avons appris à tracer un cercle avec un compas.* »

Je m'entraîne

10 min

En individuel

2 Lire la consigne et la commenter : il faut imaginer les deux cercles concentriques dont on ne voit que quelques arcs et comprendre que la couronne est l'espace compris entre les deux cercles.
Pour reproduire le premier cercle, il faut placer la pointe sur le point rouge puis placer la mine sur un des arcs proches du point rouge. Pour reproduire le second, il faut placer la pointe sur le point rouge et placer la mine sur un des arcs les plus éloignés du point rouge.

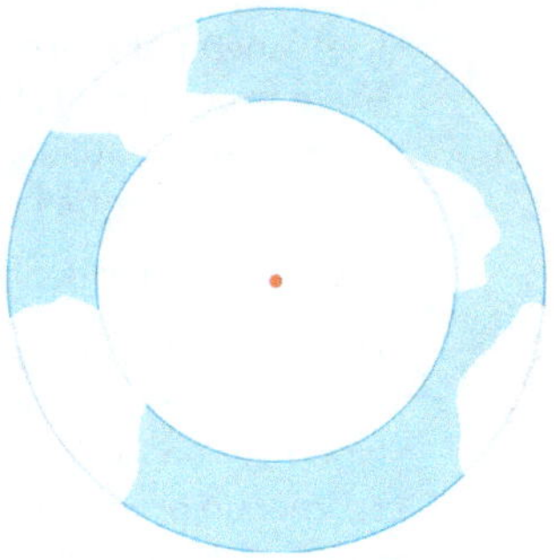

Erreur possible
Les deux cercles concentriques ne sont pas repérés.

Remédiation
Placer un calque sur le dessin avec les cercles concentriques dessinés sur le calque. L'élève reprend son tracé.

Différenciation

Consolidation Photofiche 100c
Cette photofiche comporte deux exercices. Dans le premier, il faut terminer le tracé d'un cercle et en tracer deux autres sans contrainte. Dans le second, il faut terminer une suite de cercles en repassant sur deux cercles tracés en pointillés puis en tracer deux autres. Les centres sont placés.

113 Programmer un déplacement avec un logiciel

Fichier p. 128

Programme 2018	**(Se) repérer et (se) déplacer en utilisant des repères et des représentations** Programmer les déplacements d'un robot ou ceux d'un personnage sur un écran : ▪ Repères spatiaux. ▪ Relations entre l'espace dans lequel on se déplace et ses représentations.
Compétence	Programmer les déplacements d'un personnage sur un écran.
Remarques préalables	Remarques préalables ▪ Nous avons choisi d'utiliser le logiciel Scratch Junior car il est disponible gratuitement sur tablette. Pour une installation sur un ordinateur, il faut d'abord installer un émulateur Android qui est un programme qui permet de faire tourner un programme qui, normalement, fonctionne dans un autre environnement. ▪ Ce logiciel propose des situations de déplacement allocentré ou absolu. ▪ Les élèves vont découvrir une façon de coder les déplacements sur quadrillage utilisant des flèches vers le haut, vers le bas, vers la droite ou vers la gauche. Ils vont également être confrontés au codage du début et de la fin du programme informatique. **Difficulté de la leçon** Savoir de déplacer sur quadrillage est la difficulté de la leçon. Il est possible que cette difficulté se retrouve à la fois dans le décodage et le codage d'un déplacement sur les cases d'un quadrillage. **Aide** Il est vivement conseillé de faire réaliser des déplacements sur des quadrillages dessinés au sol. En impliquant leur propre corps dans le déplacement, les enfants établiront plus facilement le lien entre codage et déplacement, la remédiation pourra être immédiate.

Calcul mental 5 min

→Suite de nombres. Écrire 45, 55, 65, 75, ... ; l'élève écrit les 5 nombres suivants : 85, 95, 105, 115, 125.
L'enseignant choisit une suite de 5 nombres qui figureront sur les 5 cases réservées au calcul mental.
***Item :** (45, 55, 65, 75, ...) ; (54, 64, 74, 84, ...) ; (28, 38, 48, 58, ...) ; (13, 23, 33, 43, ...) ; (69, 79, 89, 99, ...) ; (76, 86, 96, 106, ...) ; (17, 27, 37, 47, ...) ; (124, 134, 144, 154, ...) ; (186, 196, 206, 216, ...) ; (132, 142, 152, 462, ...).*

Manipulations préparatoires — 30 min

En collectif

Matériel	Une figurine aimantée ; quatre affiche A4 : Bas, Haut, Gauche, Droite ; deux affichettes de la taille d'une case : D (Départ) et A (Arrivée). Tablettes ou ordinateurs avec l'application **Scratch Junior** installée (pour les ordinateurs, installer d'abord un émulateur **Androïd**).
Organisation	Groupe classe.

Activité 1 : Déplacement sur quadrillage

▪ Dessiner au tableau un grand quadrillage à la craie ou le matérialiser à l'aide de ruban adhésif, de 8 × 8 carreaux.
▪ Positionner sur chaque côté du quadrillage les affiches : Bas, Haut, Gauche, Droite.
▪ Positionner l'affichette « Départ » (D) dans une case.

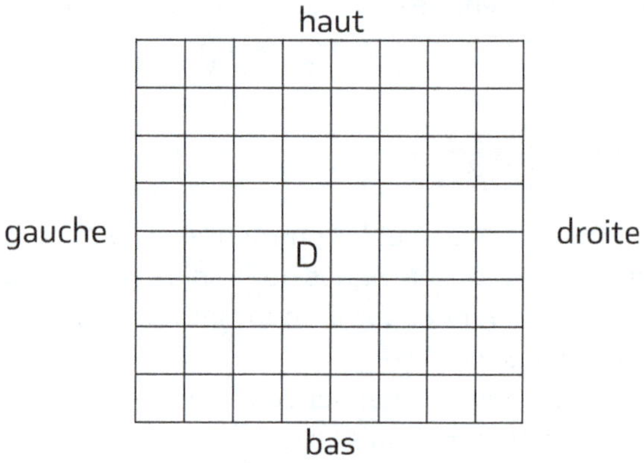

▪ Placer la figurine sur la case départ.
▪ Demander d'observer les deux déplacements suivants :
– Dessiner, au tableau, une flèche vers le haut et déplacer la figurine d'une case vers le haut du quadrillage.
– Dessiner une flèche vers la droite et déplacer la figurine d'une case vers la droite du quadrillage.
▪ Demander comment se déplacera la figurine si on dessine : une flèche vers le bas, une flèche vers la gauche, deux flèches vers le haut...
▪ Lorsque le codage est compris, proposer un parcours codé en dessinant, au tableau, une succession de flèches.

↓	↓	→	→	→	↑	↑	←

▪ Replacer la figurine sur la case départ.
Les élèves doivent déchiffrer le message qui code le déplacement de la figurine.
▪ Laisser les élèves donner leur avis.
Un élève déplace la figurine d'une case vers le bas. Un autre élève déplace à nouveau la figurine d'une case vers le bas et ainsi de suite jusqu'à la dernière case où une affichette « Arrivée » (A) est déposée.

Recommencer en changeant la case de départ et le codage du déplacement. Il est aussi possible de déposer un « trésor » dans une case et demander si le codage permet de l'atteindre. Les parcours codés sont imaginés par l'enseignant.

Activité 2 : Coder un déplacement

▪ À partir de la case D, improviser un trajet zigzaguant pour rejoindre la case A.

▪ Demander ensuite à chaque groupe d'établir le codage de son déplacement.

▪ Les codages sont confrontés et validés. La situation est reprise jusqu'à réussite de tous les groupes.

Activité 3 : Débuter avec Scratch Junior

▪ À l'ouverture du logiciel, cliquer sur l'« Écran d'accueil » représenté par une maison.

▪ Dans cette fenêtre, il y a, entre autres, l'« Aide » représentée par un manuel ainsi qu'une fenêtre « Mes projets ». Cliquer sur « + » pour ajouter un projet.

▪ Cet espace de travail est divisée en plusieurs parties dont la scène au centre, les personnages à gauche, la zone de programmation en bas de l'écran, ...

▪ Tout d'abord, choisir un fond d'écran en cliquant sur le bouton représentant une photo de paysage. Valider.

▪ Afficher la grille (bouton en haut de la scène) pour voir la case dans laquelle se trouve le personnage.

▪ Commencer la programmation : bloc jaune au début (glisser, sur la zone de travail, celui avec le drapeau vert pour débuter), blocs bleus de déplacement de case en case (glisser et accrocher les blocs les uns aux autres comme un puzzle), bloc rouge pour finir.

▪ Visualiser le programme en cliquant sur le drapeau vert en haut à droite de la scène.

▪ Sauvegarder le projet en cliquant sur le coin jaune, en haut à droite de l'écran.

Découvrons 15 min

1 ▪ Les élèves observent les illustrations du fichier. Le travail est semblable à ce qu'ils viennent de vivre précédemment.

▪ Faire le parallèle avec le codage réalisé en activités manipulatoires.

Individuellement, les élèves colorient le parcours de Théo à travers la pièce.

Institutionnalisation orale

Poser la question : *« Qu'avons-nous appris aujourd'hui ? »*
Réponse attendue proche de : *« Nous avons appris à coder et décoder un déplacement d'un personnage sur quadrillage à l'aide d'un logiciel. »*

Je m'entraîne 15 min

En individuel

2 ▪ Les élèves travaillent seuls. Observer leur travail pour remédier efficacement aux erreurs commises.

▪ Indiquer aux élèves de tracer des flèches normales pas comme celles du logiciel.

▪ La correction est collective.

Erreur possible

Ne pas prendre en compte la case jaune du personnage.

Remédiation

– Revenir au déplacement sur le quadrillage dessiné au tableau.

– Utiliser le logiciel Scratch Junior sur tablette.

Différenciation

Remédiation Photofiche 101R

Cette photofiche propose deux exercices semblables à ceux du fichier : dans le premier, les élèves décodent un programme pour déplacer un personnage jusqu'à un ballon ; dans le deuxième, les élèves codent le déplacement d'un personnage symbolisé sur le quadrillage pas des petits pas dans chaque case.

114 Problèmes (10) : Résoudre des problèmes à étapes (1)

Fichier p. 129

Programme 2018	**Résoudre des problèmes en utilisant des nombres entiers et le calcul** Résoudre des problèmes issus de situations de la vie quotidienne ou adaptés de jeux portant sur des grandeurs et leur mesure, des déplacements sur une demi-droite graduée, ... conduisant à utiliser les quatre opérations : ▪ Sens des opérations. ▪ Problèmes relevant des structures additives (addition/soustraction).
Compétence	Résoudre un problème du champ additif comportant deux étapes.
Remarques préalables	Cette leçon fait découvrir aux élèves des problèmes à étapes dans lesquels la question intermédiaire est explicitée dans la résolution. Au cycle 3, les élèves devront progressivement prendre l'initiative de formuler eux-mêmes les questions intermédiaires quand elles s'avèrent nécessaires. **Difficulté de la leçon** Jusque-là les élèves étaient habitués à répondre aux problèmes par une seule opération. Les problèmes étaient des problèmes à une seule étape. La difficulté vient ici qu'il faut comprendre l'enchaînement chronologique de deux situations qui peuvent être additives ou soustractives. **Aide** – Décomposer l'énoncé du problème en deux situations distinctes. – S'aider de manipulations et de schémas.

Calcul mental 5 min

➜ *Tables de multiplication par 3. Dire : « 5 × 3 » ; l'élève écrit 15.*
***Items :** 5 × 3 ; 6 × 3 ; 2 × 3 ; 3 × 3 ; 8 × 3 ; 7 × 3 ; 1 × 3 ; 4 × 3 ; 10 × 3 ; 9 × 3.*

Manipulations préparatoires 20 min

En collectif

Matériel	6 ou 8 enveloppes ; une boîte à chaussures ; une trentaine de jetons bleus rouges et verts.
Organisation	Groupe classe.

Activité : Jetons dans la boîte

Manipuler

▪ Demander à un élève de placer 3 jetons rouges dans une enveloppe et 4 jetons verts dans une autre. Il écrit le nombre de jetons sur chaque enveloppe et les montre à la classe.
▪ Placer les deux enveloppes dans la boîte à chaussures qui contient déjà 6 jetons bleus.
▪ Demander combien de jetons contient cette boîte après les ajouts.

Débattre, schématiser

▪ *« Peut-on trouver le résultat en faisant une seule opération ? Combien doit-on en faire ? »*
▪ Laisser un temps de recherche suffisant avant de mettre en commun les propositions des élèves. Chaque proposition est commentée :
▪ Certains vont proposer d'additionner le contenu de la première enveloppe au nombre de points contenus dans la boite au départ, puis d' ajouter le contenu de la dernière enveloppe pour trouver le nombre de jetons final.
▪ D'autres vont calculer le contenu des deux enveloppes et ajouter ce résultat au contenu initial de la boîte.

▪ Le débat permet de conclure que les deux méthodes sont correctes mais que pour chaque cas il faut faire deux calculs (deux étapes).
▪ Proposer ces schémas qui mettent en évidence ces deux étapes pour chaque solution proposée.

1re solution :

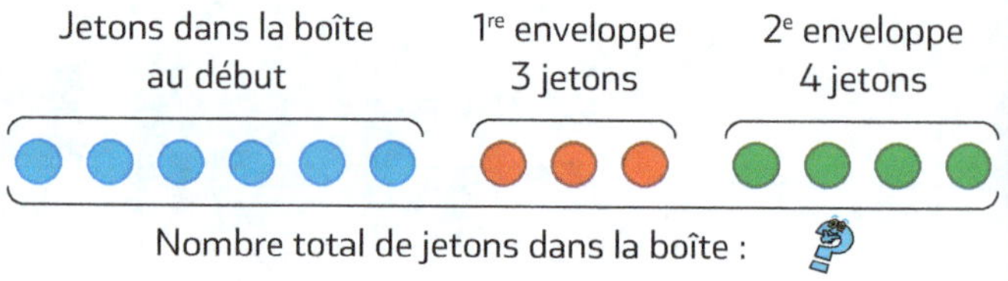

2e solution :

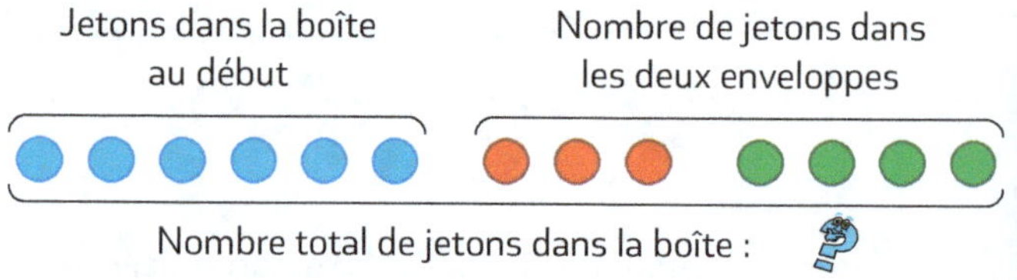

Il est important que les élèves comprennent ces schématisations avant de calculer le total final.

Symboliser

▪ Faire écrire les calculs qui traduisent les situations de façon mathématique :

1re solution :
Étape 1 : $6 + 3 = 9$
Étape 2 : $9 + 4 = 13$

2e solution :
Étape 1 : $3 + 4 = 7$
Étape 2 : $7 + 6 = 13$

Les élèves constatent que les deux calculs conduisent au même résultat ce qui prouve bien que les deux méthodes comme cela avait été dit sont correctes.
▪ D'autres manipulations sont proposées si nécessaire, les élèves choisissant la méthode de leur choix.

Problèmes du fichier

20 min

1 Décrire la situation et s'assurer que tous ont compris le problème.
Les élèves reconnaissent la première méthode utilisée dans les manipulations préparatoires.
Sur les pointillés, écrire : 15 + 25 = 40 pour la première étape et 40 + 30 = 70 pour la deuxième étape qui donne le résultat final.

Problèmes du fichier

20 min

En individuel

2 Procéder comme dans le problème précédent en différenciant bien les deux étapes.
Sur les pointillés, écrire :
60 – 45 = 15 pour la première étape et
15 – 12 = 3 pour la deuxième étape qui donne le résultat final.

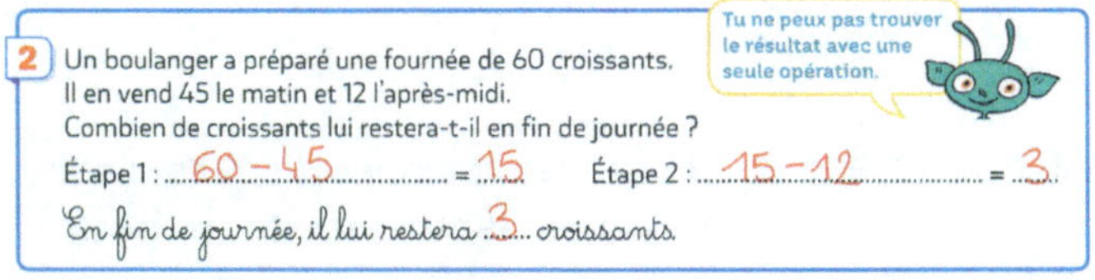

Erreurs possibles

La difficulté de ce problème vient de ce qu'il traduit une situation soustractive à deux étapes.

Remédiation

- Faire jouer la situation en simplifiant les nombres.
- Dessiner et expliciter un schéma au tableau.

3 Décrire la situation et s'assurer que tous ont compris le problème.

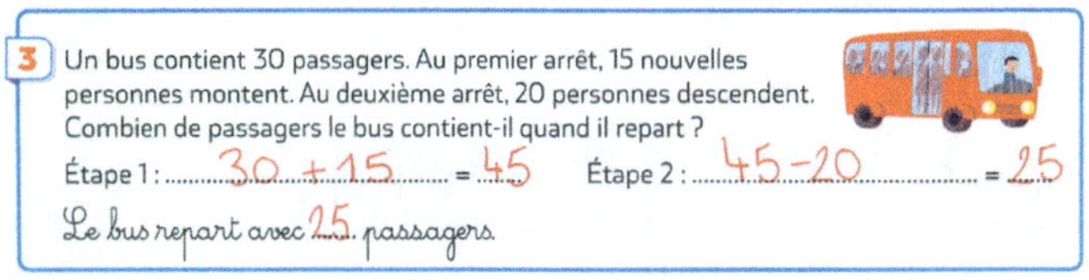

Erreur possible

L'élève ne perçoit pas que cette situation se compose de deux étapes, la 1re est additive, la 2e soustractive.

Remédiation

- Comme précédemment faire jouer la situation en simplifiant les nombres.
- Dessiner et expliciter un schéma au tableau.

Différenciation

Consolidation Photofiche 102c
Cette photofiche comporte 3 problèmes du champ additif à étapes dans lesquels la question intermédiaire est explicitée dans la résolution.

Cahier Problèmes : Leçon 13

115 Je fais le point (9)

Fichier pp. 130 et 131

– Procéder régulièrement au bilan des compétences des élèves. L'élève fait le point sur ses connaissances. Les résultats permettent aussi de repérer les notions maîtrisées par la majorité des élèves et celles qui doivent donner lieu à un travail de remédiation en atelier.
Comme les items des pages « Je fais le point » peuvent être faits à la maison, leur préférer ceux proposés dans le guide pédagogique pour réaliser les évaluations finales des demi-périodes.
– Utiliser alors les pages « Je fais le point » du fichier comme activités préparatoires aux évaluations finales.

Consignes de passation

Pour chaque exercice, les élèves travaillent individuellement.
– Lire une fois la consigne à haute voix et leur laisser un temps raisonnable pour réfléchir, calculer et rédiger la réponse puis passer à l'exercice suivant. L'ensemble des exercices de la page peut être traité en deux séances. La correction se fera à la fin de chaque séance.

Connaissances et compétences	Commentaires	Propositions de remédiation
1. **Comprendre et utiliser des nombres entiers pour dénombrer, ordonner, repérer, comparer.** → Repérer un rang ou une position dans une file ou sur une piste.	Trouver un référent pour réussir un repérage respectant l'ordre.	Elsa est le référent. Faire jouer les situations. → **Photofiche 95R**
2. **Comprendre et utiliser des nombres entiers pour dénombrer, ordonner, repérer, comparer.** → Compléter une suite de nombres.	– Difficulté à voir la régularité de la suite numérique. – Difficulté à compléter la bande numérique sans utiliser le calcul.	Utiliser des bandes numériques avec lacunes, des compteurs. → **Photofiche 97R**
3. **Calculer avec des nombres entiers. Calcul posé : mettre en oeuvre un algorithme de calcul posé pour l'addition, la soustraction, la multiplication.** → Poser et effectuer une soustraction avec retenue	– Savoir placer correctement les chiffres en colonne. – Comprendre la notion de retenue et savoir modifier l'écriture du premier terme de la différence.	– Utiliser les colonnes du quadrillage séyès pour bien aligner les chiffres. – Utiliser le matériel de numération pour justifier les changements d'écriture du premier terme.
4. **Résoudre des problèmes en utilisant des nombres entiers et le calcul** → Utiliser la décomposition canonique des nombres pour résoudre un problème.	L'élève doit décomposer 63 en dizaines et unités, puis utiliser cette décomposition pour résoudre un problème	Utiliser le matériel de numération ou un tableau de numération pour décomposer 63 en 6 dizaines et 3 unités. Faire ensuite le lien entre une boîte de 10 jetons et une dizaine de jetons.

Connaissances et compétences	Commentaires	Propositions de remédiation
5. **Comparer, estimer, mesurer des longueurs, des masses, des contenances, des durées.** **Utiliser le lexique, les unités, les instruments de mesures spécifiques à ces grandeurs.** → Mesurer une masse.	De nos jours, la balance de Roberval est rarement utilisée dans la vie courante, mais elle est irremplaçable pour l'étude des masses car elle permet d'effectuer des comparaisons sans passer nécessairement par la mesure, ce qui n'est pas le cas avec les balances automatiques.	Ici encore, le meilleur moyen de remédiation consiste à organiser des ateliers pratiques de pesées, toujours plus efficaces que le travail sur papier. → **Photofiche 94R**
6. **Reconnaître, nommer, décrire, reproduire quelques solides.** → Construire un cube	Le dénombrement des arêtes et des faces risque de poser des problèmes. Il est conseillé de marquer, à l'aide d'un crayon, les faces ou les arêtes au fur et à mesure du comptage.	La remédiation passe par la manipulation. Revenir au « Découvrons » de la leçon 110 dans lequel Théo et Léa construisent le cube.
7. **Reconnaître, nommer, décrire, reproduire quelques figures géométriques.** → Tracer des cercles.	La difficulté principale de cette leçon est d'ordre technique. Les élèves doivent maîtriser l'utilisation du compas (pointe sèche piquée sur le centre du cercle, faire tourner le compas sans changer le rayon pour tracer un cercle correct.	– Utiliser un primo compas (page matériel H du fichier avant d'utiliser le compas classique. – Familiariser les élèves à des utilisations fréquentes du compas (tracés de rosaces, etc.).
8. **(Se) repérer et (se) déplacer en utilisant des repères.** → Décoder un déplacement.	L'élève doit décoder un déplacement sur les cases d'un quadrillage. Le code est le même que celui de la leçon 113.	Revenir sur le décodage étudié en leçon 113. Vérifier avec l'application Scratch Jr. → **Photofiche 101R**

E9 Évaluation (9)

Fichier CE1
Leçons 106 à 114

Prénom .... **Date** ....

Connaissances et compétences	Évaluation
Nombres et calculs	
Comprendre et utiliser des nombres entiers pour dénombrer, ordonner, repérer, comparer	
1. Repérer un rang ou une position dans une file.	
2. Compléter une suite de nombres.	
Calculer avec les nombres entiers	
3. Poser et calculer une soustraction avec retenue.	
Résoudre des problèmes utilisant des nombres entiers et le calcul	
4. Résoudre un problème en utilisant la décomposition canonique des nombres.	

1 Dans le cross de la Vallée, Loïc occupe la 49e place.

Combien de coureurs sont devant Loïc ?...........

Quelle est la place de Mélissa? .... De Théo ? ....

2 **Compte** de 10 en 10. 143 ; 153 ; .... ; .... ; .... ; .... ; .... ; .... ; ....

Compte de 50 en 50. 200 ; 250 ; .... ; .... ; .... ; .... ; .... ; .... ; ....

3 **Pose** et **calcule**.

52 – 27 = ...

	d	u	

83 – 36 = ...

	d	u	

4 Boris range 56 images dans des pochettes contenant 10 images.
Combien de pochettes seront complètes ?

Complète. 56 = ... dizaines .... unités.

.... pochettes seront complètes. Il restera .... images.

d	u
....	....

Connaissances et compétences	Évaluation
Grandeurs et mesures	
Comparer, estimer, mesurer des longueurs, des masses, des contenances, des durées	
5. Mesurer une masse.	

5 **Écris** la masse du melon.

.... kg .... g

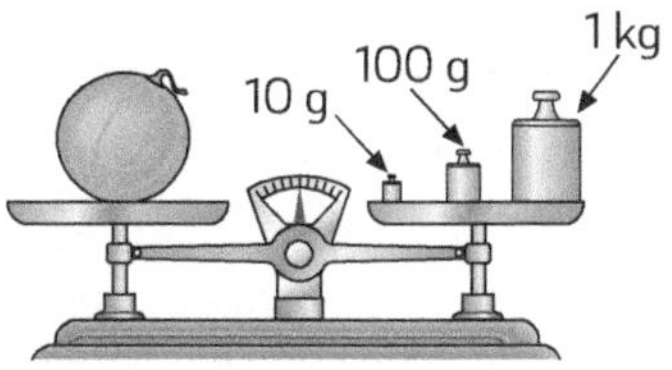

Connaissances et compétences	Évaluation
Espace et géométrie	
Reconnaître, nommer, décrire, reproduire, construite quelques solides	
6. Construire un cube.	
Reconnaître, nommer, décrire, reproduire, construite quelques figures géométriques	
7. Tracer un cercle.	
8. Décoder un déplacement.	

6 **Coche** les faces nécessaires pour construire ce cube.

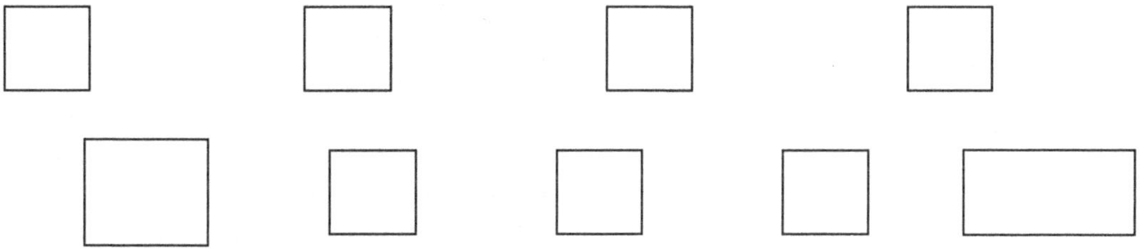

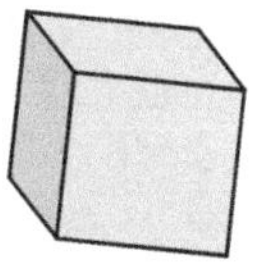

7 **Trace** un cercle.
Son centre est le point noir,
ce cercle passe par le point gris.

8 Le papillon butine des fleurs avant de se poser sur la fleur grise.
Utilise le codage pour colorier les fleurs que le papillon butine.

↑	←	↑	↑	→	→	→	↓	→

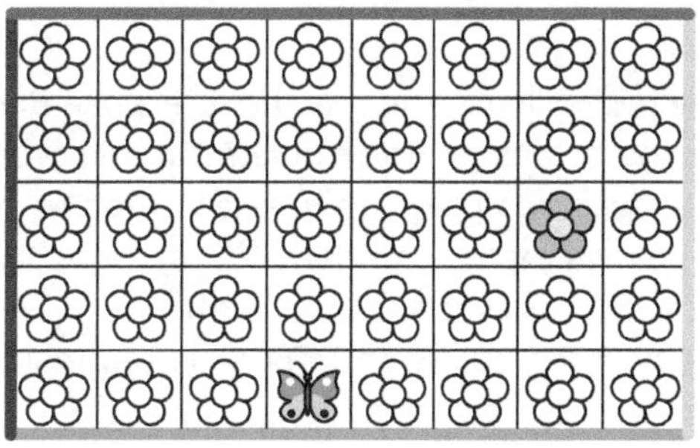

116 Rendre la monnaie

Fichier p. 132

Programme 2018	**Résoudre des problèmes impliquant des longueurs, des masses, des contenances, des durées, des prix** Résoudre des problèmes, notamment de mesurage et de comparaison, en utilisant les opérations sur les grandeurs ou leurs mesures : ▪ Principes d'utilisation de la monnaie (en euros et centimes d'euros).
Compétence	Rendre la monnaie en euros et en centimes.
Remarques préalables	▪ Travailler avec la monnaie, matériel que les élèves ont déjà manipulé, est un exercice concret et motivant. Cependant, faire le lien entre la vie quotidienne et les mathématiques est encore nécessaire pour ceux qui ont des difficultés à relier ce qu'ils ont appris en mathématiques et « le concret » de la monnaie. Pour les aider à faire ce lien et en faire usage dans leurs calculs, rien ne vaut une situation jouée avec le groupe classe. ▪ De nombreux élèves de CE1 ne tiennent pas compte des chiffres gravés sur les pièces et donnent encore la valeur « un » à chaque pièce ; il faut donc attirer leur attention sur ce point en insistant par exemple sur le fait qu'avec une pièce de 2 € on peut acheter autant qu'avec deux pièces de 1 €. ▪ D'autre part, rendre la monnaie n'est pas une démarche naturelle pour des CE1. Cette démarche doit donc être justifiée et explicitée avant d'être l'objet de calculs. **Difficulté de la leçon** Trouver le complément en utilisant les centimes. **Aide** Travailler ce genre de situation et utiliser la monnaie dans des exercices pratiques.

Calcul mental — 5 min

→ *Suites de nombres. Écrire 100, 150, 200, 250 ; l'élève écrit les 5 nombres suivants : 300, 350, 400, 450, 500. L'enseignant choisit une suite de 5 nombres qui figureront sur les 5 cases réservées au calcul mental.*
***Items :** (100, 150, 200, 250) ; (200, 250, 300, 350) ; (550, 600, 650, 700) ; (600, 650, 700, 750) ; (50, 100, 150, 200) ; (500, 550, 600, 650) ; (650, 700, 750, 800) ; (300 , 350, 400, 450) ; (150, 200, 250, 300) ; (450, 500, 550, 600).*

Prérequis oral

« Un ballon coûte 19 €. Puis-je l'acheter avec un billet de 10 € ? de 20 € ? de 50 € ? »
Cette question permet de faire le point sur les acquis de la leçon 73. Les élèves peuvent répondre négativement quand l'appoint n'est pas possible. Leur faire découvrir que donner plus est possible à condition de « rendre la monnaie ».

Manipulations préparatoires — 30 min

En collectif

Matériel	Monnaie factice (voir matériel fichier pages E et F).
Organisation	Groupe classe.

Activité : Le jeu de la marchande

Manipuler, débattre

Un élève jouant le rôle du marchand expose des objets, des dessins ou des photos d'objets sur une table, face à la classe, avec des prix exprimés en euros et centimes d'euro, par exemple : croissant 90 c ; brioche : 80 c ; stylo : 2 € 60 c ; crayon : 1 € 40 c, etc.

▪ Pour payer ces objets on impose la monnaie donnée au marchand (pièces de 1€, de 2 €, billet 5 €).

▪ Avant de commencer le jeu montrer un objet valant 80 c et demander aux élèves s'ils peuvent l'acheter avec une pièce de 1 €.

▪ La discussion permet d'affirmer que l'achat est possible car la valeur de 1 € = 100 c est supérieure au prix de l'objet. Elle met en évidence le fait que le marchand doit rendre l'argent donné en plus.

▪ Nommer cette opération : rendre la monnaie.

▪ Les élèves doivent rendre la monnaie avec leur monnaie factice qu'ils déposent sur leur bureau.

Le débat met en évidence plusieurs possibilités.

Symboliser

Il faut rendre 20 c au marchand soit en lui donnant une pièce de 20 c ou 2 pièces de 10 c.

Représenter la situation par un schéma :

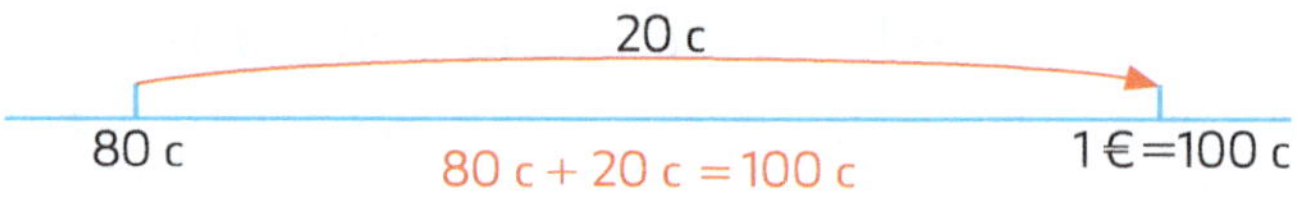

▪ Proposer ensuite de rendre la monnaie sur le même achat, le client donnant une pièce de 2 €.

▪ Les élèves doivent rendre la monnaie avec leur monnaie factice.

Le débat met en évidence que le problème se résout en 2 étapes :

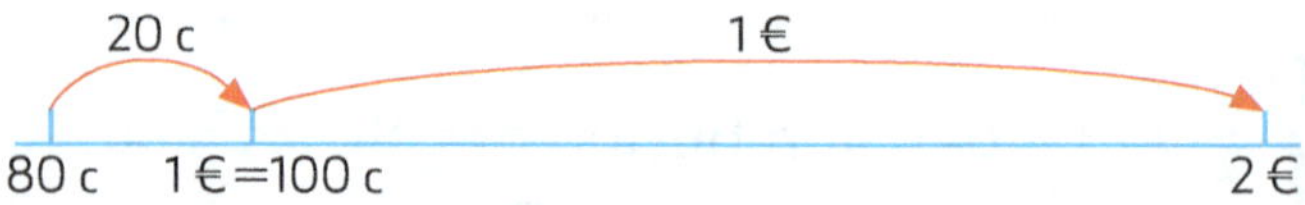

On doit rendre 20 c pour « aller » à 1 € puis on doit encore rendre 1 € pour « aller » à 2 € soit
20 c + 1 € = 1 € 20 c, ceci par exemple, avec une pièce de 20 c et une pièce de 1 €.

▪ Quand l'ensemble de la classe a compris le principe du rendu de la monnaie, lancer le jeu du marchand, les élèves venant à tour de rôle acheter un objet en ne donnant au marchand que des pièces ou billets en euros. Le marchand rend la monnaie sous la surveillance des autres élèves. Permuter les rôles.

Découvrons

15 min

1 ▪ Cette situation est traitée collectivement. Les élèves observent la situation illustrée.

▪ S'assurer de sa compréhension en détaillant la signification de chaque cadre de la présentation.

Mélissa achète une sucette qui coûte 70 c avec une pièce de 2 €.

▪ Demander si l'achat peut se faire.

La discussion confirme que l'achat est possible car 2 € = 200 c, c'est plus que 70 c. La marchande doit « rendre la monnaie », c'est-à-dire qu'elle rend l'argent donné en trop par Mélissa.

▪ Les élèves se mettent par deux et jouent la scène avec la monnaie des pages matériel E et F du fichier. Quand ils ont fini leurs calculs et manipulations, quelques-uns viennent les expliquer au tableau. La classe les valide ou les infirme. Les sommes exactement rendues sont dessinées au tableau. Les élèves se rendent compte que, si la monnaie rendue varie dans sa forme, la somme est toujours de 1 € 30 c. Les élèves reviennent au fichier et entourent la monnaie qui doit être rendue. Il y a une seule possibilité : une pièce de 1 € une pièce de 20 c et une pièce de 10 c.

▪ Dessiner au tableau, le schéma suivant et demander de le compléter :

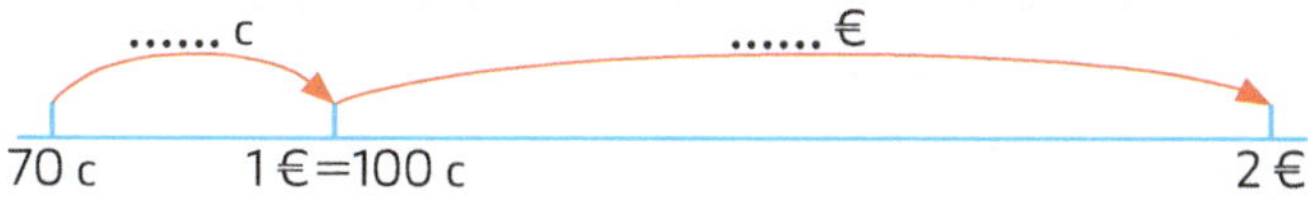

▪ Souligner qu'il est possible de calculer ces compléments avant de manipuler la monnaie.

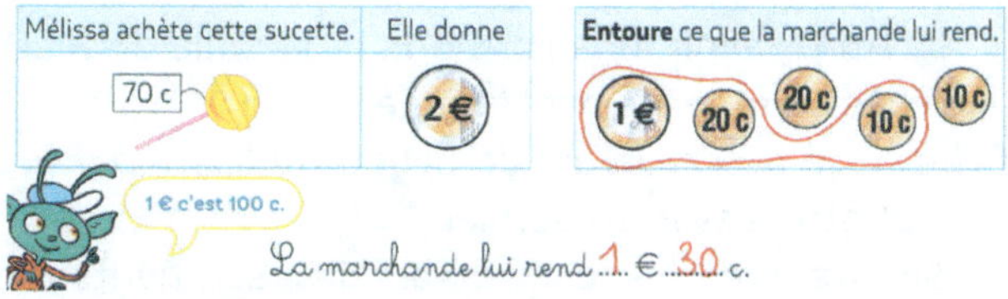

Institutionnalisation orale

Poser la question : « *Qu'avons-nous appris aujourd'hui ?* »
On attend une réponse proche de : « *Nous avons appris à rendre la monnaie.* »

Je m'entraîne

15 min

En individuel

2 S'assurer de la compréhension de la situation qui reprend celle utilisée dans la partie *Découvrons*.
Théo achète un croissant à 80c qu'il paie avec une pièce de 1 €. La vendeuse doit donc lui rendre 20 c.
Pour la correction, faire rejouer la situation avec la monnaie factice ou se servir d'un schéma (comme dans l'exercice précédent) dessiné au tableau pour calculer le complément.

Erreur possible
Erreur dans la recherche du complément.

Remédiation
Mémo page 14.

3 Le prix d'achat est en euros et centimes et Léa donne deux pièces de 2 €.
Cette situation est donc plus délicate que la précédente. Il faut tout d'abord connaître la somme donnée au vendeur (4 €) pour pouvoir calculer la somme rendue par le vendeur .
La correction peut être conduite de la même façon que l'exercice précédent.

Erreurs possibles
– Erreur de calcul.
– L'élève ne calcule pas d'abord le complément à 3 €.

Remédiation
Reprendre le schéma et l'expliciter au fur et à mesure que la scène est jouée.

Réinvestissement

4 Réinvestissement de la leçon 97 : Multiplier par un nombre entier de dizaines, de centaines.

8 × 10 = 80	4 × 20 = 80	3 × 30 = 90
8 × 100 = 800	4 × 200 = 800	3 × 300 = 900

Erreurs possibles
Oubli des zéros, erreur dans les tables.

Remédiation
– Rappel des observations de Léa et de Théo dans l'exercice 1 de la leçon 97.
– Revoir les tables de multiplication.

Différenciation

Consolidation Photofiche 103c
Elle propose des exercices comme ceux du fichier : l'élève doit entourer les pièces rendues par le marchand. Ces 5 exercices sont de difficulté croissante. Les prix dans les items sont de plus en plus complexes et la somme donnée au marchand peut comporter plusieurs billets. L'élève doit donc calculer l'argent donné avant d'entourer l'argent rendu.

Cahier Problèmes : Leçon 17

117 Reproduire un assemblage de figures

Fichier p. 133

Programme 2018	**Reconnaître, nommer, décrire, reproduire, construire quelques figures géométriques** Décrire, reproduire des figures ou des assemblages de figures planes sur papier quadrillé ou uni.
Compétence	Reproduire sur quadrillage un assemblage de figures.
Remarques préalables	• Les élèves de CE1 ont une perception globale des figures géométriques surtout quand elles sont figuratives (maison, auto...). • Pour les reproduire sur quadrillage, ils doivent adopter une perception plus analytique en décomposant la figure en une suite de segments dont les extrémités sont des nœuds du quadrillage. • Dans ces conditions, ce sont les segments « obliques » (non portés par les lignes du quadrillage) qui posent le plus de problèmes car, pour être correctement reproduits, ils doivent être perçus comme l'hypoténuse d'un triangle rectangle dont il faut repérer les longueurs des deux côtés de l'angle droit. Cette leçon initie les élèves à cet exercice. **Difficulté de la leçon** Savoir repérer, sur un quadrillage, les deux extrémités d'un segment oblique. **Aide** Indiquer le chemin à suivre sur les lignes du quadrillage qui permet d'aller d'une extrémité à l'autre d'un segment oblique.

Calcul mental 5 min

➜ *Somme de deux nombres de deux chiffres.*
Écrire 36 + 25 =.... ; l'élève écrit 61.
***Items :** 36 + 25 ; 15 + 12 ; 25 + 15 ; 27 + 14 ; 49 + 12 ; 38 + 15 ; 48 + 11 ; 51 + 21 ; 36 + 14 ; 25 + 25.*

Manipulations préparatoires — 20 min

En collectif

Matériel	Une feuille photocopiée par groupe de 2 élèves et deux ou trois transparents du modèle à reproduire (cf. matériel photocopiable).
Organisation	Groupes de 2 élèves.

Activité : Reproduire les rayons du soleil

Manipuler, tracer

• Distribuer à chaque groupe de 2 élèves une feuille photocopiée comportant un modèle et un quadrillage vierge sur lequel ils doivent reproduire le modèle.

• Après un temps permettant à chaque groupe d'achever sa reproduction, fournir un transparent comportant le modèle à reproduire et demander aux élèves de relever leurs erreurs.

• Faire remarquer que la plupart des erreurs portent sur des traits « obliques », en demander la raison.

Débattre

• Faire émerger la méthode de repérage de l'inclinaison des traits obliques en suivant les lignes du quadrillage qui permettent de passer d'une extrémité à l'autre du trait oblique.

Schématiser

• Dessiner au tableau un trait oblique sur un quadrillage dont les extrémités sont des nœuds du quadrillage. Marquer ses deux extrémités d'un point bleu, puis dessiner en couleur le chemin à suivre sur le quadrillage pour relier ces deux extrémités (voir fichier : bulle de Mélissa).

• Demander à quelques élèves de venir dessiner ce même type de chemin pour d'autres segments obliques tracés au tableau.

Découvrons — 15 min

1 Après avoir lu la consigne et la bulle de Mathix, les élèves commence par tracer le carré.
Le tracé du cercle qui demande l'utilisation du compas peut être réalisé en dernier.
Bien repérer les extrémités des segments obliques avant de les tracer à la règle.

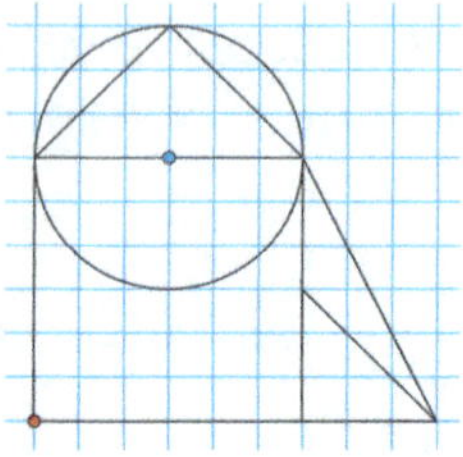

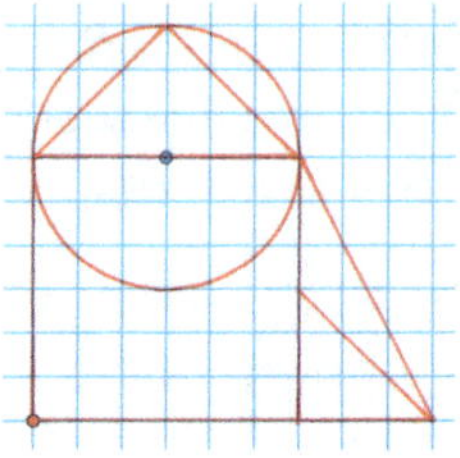

Institutionnalisation orale

Poser la question : « *Qu'avons-nous appris aujourd'hui ?* »
Réponse attendue proche de : « *Nous avons appris à reproduire sur quadrillage une figure comportant des obliques.* »

Je m'entraîne

5 min

2

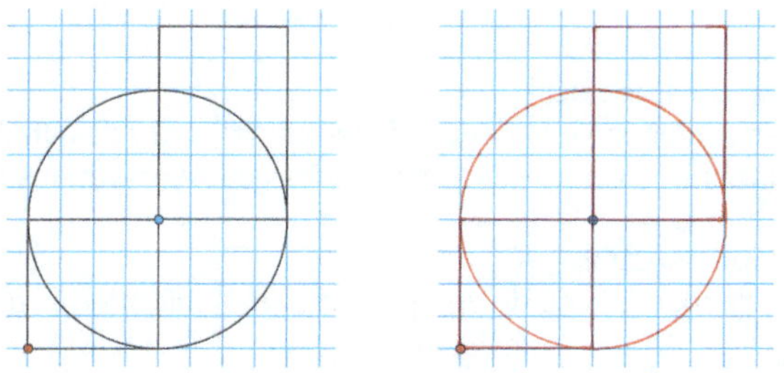

Erreurs possibles

- Reproduction approximative fondée sur une perception globale du modèle.
- Mauvaise utilisation du compas.
- Dessin à main levée.

Remédiation

- Faire constater les erreurs en s'aidant d'un transparent (photocopie du modèle) et en le superposant à la production de l'élève.
- Manipuler le compas en petits groupes.

Différenciation

Remédiation Photofiche 104R

Cette fiche comporte deux exercices. Dans chacun d'eux les élèves doivent reproduire un modèle sur quadrillage comportant des lignes obliques et des cercles.
La présence de points de repère noirs est une aide au travail de reproduction.

Cahier Problèmes : Leçon 15

117 Reproduire une figure sur quadrillage (2)

Matériel photocopiable

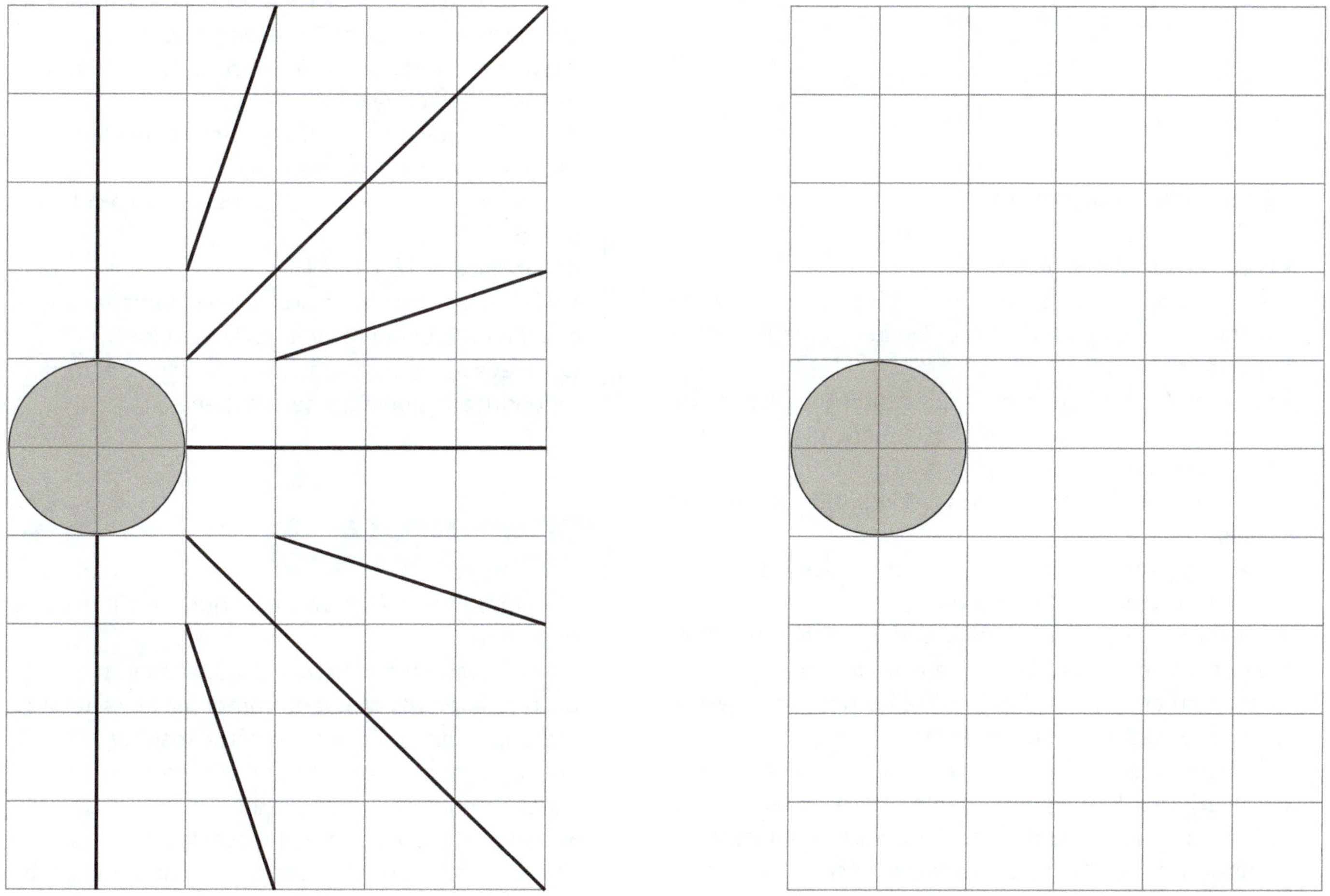

118 Problèmes (11) : Résoudre des problèmes à étapes (2)

Fichier p. 134

Programme 2018	**Résoudre des problèmes en utilisant des nombres entiers et le calcul** Résoudre des problèmes issus de situations de la vie quotidienne ou adaptés de jeux portant sur des grandeurs et leur mesure, des déplacements sur une demi-droite graduée, ... conduisant à utiliser les quatre opérations : ▪ Sens des opérations. ▪ Problèmes relevant des structures additives (addition/soustraction). ▪ Problèmes relevant des structures multiplicatives, de partages ou de groupements (multiplication/division).
Compétence	Résoudre un problème à deux étapes mixant addition, soustraction et multiplication.
Remarques préalables	Cette leçon renforce l'apprentissage de la résolution de problèmes à deux étapes, jusque-là réservée au champ additif (leçon 114), en l'étendant au champ multiplicatif. Les élèves du cycle 2 habitués à la convention : une question, une opération, vont à nouveau être confrontés à la résolution de problèmes à deux étapes. Problèmes pour lesquels il faut deux calculs pour répondre à l'unique question de certains problèmes. La lecture de l'énoncé réclame donc une attention soutenue pour repérer le calcul qui correspond à la première étape qui permettra d'effectuer celui qui correspond à la deuxième et ainsi de résoudre le problème. **Difficulté de la leçon** Comprendre que la réponse nécessite deux calculs. **Aide** Repérer les deux étapes dans l'énoncé.

Calcul mental 5 min

➔ *Dictée de nombres. Dire : « 705 » ; l'élève écrit 705.*
Items : *705 ; 856 ; 960 ; 775 ; 892 ; 907 ; 847 ; 986 ; 678 ; 801.*

Manipulations préparatoires 20 min

En collectif

Matériel	18 jetons ; 4 enveloppes.
Organisation	Groupe classe.

Activité : Les gâteaux

Manipuler

▪ Écrire ce problème au tableau.
« Paul a apporté 3 boîtes de 4 gâteaux et Natacha une boîte de 6 gâteaux. Combien de gâteaux ont-ils apportés en tout ? »

▪ Montrer 4 enveloppes qui représentent les boîtes de gâteaux : 3 enveloppes qui contiennent 4 jetons chacune et une qui contient 6 jetons.
Expliquer que les enveloppes serviront à vérifier les calculs.

▪ Pour répondre à la question, laisser les élèves schématiser ou calculer avec les nombres.

▪ Quand ils ont fini leur recherche, demander aux élèves qui ont utilisé le schéma d'écrire leurs réponses à droite du tableau et à ceux qui ont utilisé les nombres d'écrire leurs réponses à gauche du tableau.

▪ Demander à un élève qui a utilisé le schéma de le dessiner et de l'expliquer au tableau et à un élève qui a utilisé seulement les nombres d'expliquer son raisonnement au tableau. Dans les deux cas, la classe valide ou non.

Débattre

▪ Demander combien d'enfants ont apporté des gâteaux. Pour trouver combien de gâteaux ont été apportés en tout que faut-il calculer ?
Le nombre de gâteaux apportés par Paul et le nombre de gâteaux apportés par Natacha.
Quelle opération écrire pour le nombre de gâteaux de Paul ?
Deux possibilités : $4 + 4 + 4$ ou 3×4 privilégier la deuxième écriture plus économe en signe et facile à calculer lorsqu'on connaît la table de 3 de la multiplication. Le résultat est trouvé : $3 \times 4 = 12$.
Y a-t-il besoin d'un calcul pour trouver le nombre de gâteaux apportés par Natacha ?
Quelle opération faut-il effectuer pour calculer le nombre total de gâteaux ?
Il faut calculer $12 + 6 = 18$.

▪ Vérifier les résultats sur le coin droit et sur le coin gauche du tableau et avec les enveloppes.
Les élèves constatent qu'il a fallu deux opérations pour répondre à la question du problème.

Problèmes du fichier 20 min

1 ▪ Lire l'énoncé et s'assurer que tous ont compris le problème.

▪ Les élèves recherchent individuellement la résolution du problème. Ils peuvent comparer leurs résultats, se regrouper quand ils ont un même résultat.
Un représentant de chaque groupe vient au tableau, écrit le résultat trouvé et l'explique.

▪ Analyser la question : s'il reste des biscuits après que 80 ont été mangés, c'est que le nombre de biscuits achetés est supérieur à 80.

Dans l'énoncé, dans quelle phrase est indiqué le nombre de biscuits achetés ?
Dans la première phrase, il est écrit qu'Emma a acheté 4 paquets de 25 biscuits.
Est-ce que l'on connaît le nombre de biscuits achetés ?
Il faut calculer : 25×4.
Les élèves calculent $4 \times 25 = 100$. Ils expliquent leurs calculs.
Ce premier calcul est l'étape 1. Elle correspond à l'opération qu'il faut effectuer en premier.
- Comment calculer les biscuits qui restent ?

Il faut retrancher 80 biscuits aux 100 biscuits achetés : il faut calculer 100 – 80.
Les élèves calculent $100 - 80 = 20$. Ils expliquent leur calcul.
Ce deuxième calcul est l'étape 2.
- Les élèves constatent qu'il faut deux opérations pour répondre à la question du problème.

Pour trouver les biscuits qu'il lui reste, tu dois faire deux opérations : une opération par étape.

1 Pour son anniversaire Emma achète 4 paquets de 25 biscuits.
Ses invités mangent 80 biscuits.
Combien de biscuits reste-t-il ?

Étape 1

4 × 25 = 100
Emma a acheté 100 biscuits.

Étape 2
Les invités mangent 80 biscuits.
100 – 80 = 20
Il reste 20 biscuits.

Erreurs possibles
- Incapacité à trouver l'opération correspondant à l'étape 1.
- Erreurs de calcul.

Remédiation
- Montrer qu'il faut traduire 4 paquets de 25 biscuits en nombre de biscuits, c'est-à-dire écrire une opération et la calculer.
- Utiliser la distributivité ou l'addition réitérée pour la correction de la multiplication et revoir la technique « retrancher des dizaines à des dizaines » (**Mémo** page 11).
- Reprendre l'énoncé avec des nombres plus petits.

Problèmes du fichier

20 min

En individuel

2 Procéder comme dans le problème précédent.
Admettre l'addition réitérée à la place de la multiplication.

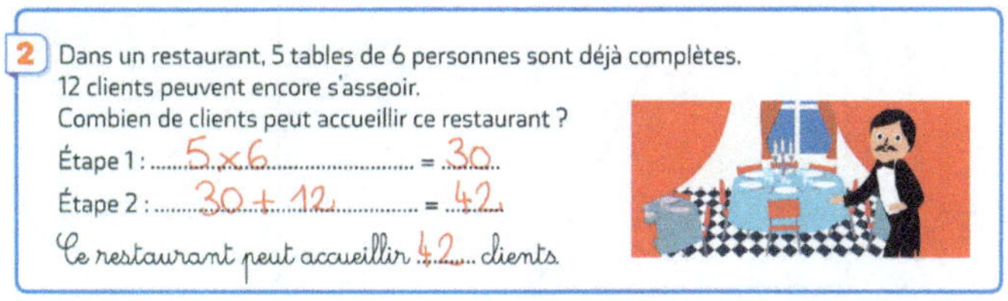
2 Dans un restaurant, 5 tables de 6 personnes sont déjà complètes.
12 clients peuvent encore s'asseoir.
Combien de clients peut accueillir ce restaurant ?
Étape 1 : 5 × 6 = 30
Étape 2 : 30 + 12 = 42
Ce restaurant peut accueillir 42 clients.

Erreurs possibles
- Incapacité à trouver l'opération de l'étape 1.
- Ne pas avoir compris que 5 tables de 6 personnes c'est 5×6.
- Produit erroné.

Remédiation
- Jouer la scène avec des nombres plus petits.
- Apprendre la table de multiplication par 5.
- Nommer les étapes :

Étape 1 : Je calcule le nombre de clients qui sont déjà assis.
Étape 2 : Je cherche le nombre total de places : les clients assis et les places encore libres.

3 Procéder comme avec les problèmes précédents.
Le calcul de l'étape 1 ne se fait pas en s'appuyant sur la première phrase mais sur la deuxième.

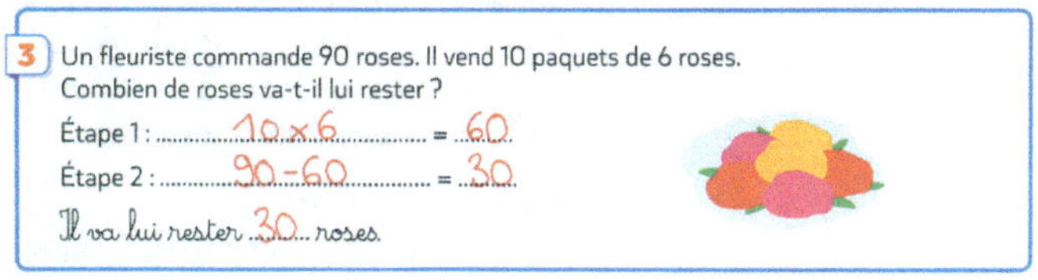
3 Un fleuriste commande 90 roses. Il vend 10 paquets de 6 roses.
Combien de roses va-t-il lui rester ?
Étape 1 : 10 × 6 = 60
Étape 2 : 90 – 60 = 30
Il va lui rester 30 roses.

Erreurs possibles
- Incapacité à trouver l'opération de l'étape 1.
- Ne pas avoir compris que 10 paquets de 6 roses c'est 10×6.
- Erreurs de calcul.

Remédiation
- Jouer la scène avec des nombres plus petits.
- Revoir la multiplication par 10.
- Revoir le calcul des différences de dizaines entières (**Mémo** page 11).
- Nommer les étapes :

Étape 1 : Nombres de roses vendues.
Étape 2 : Nombres de roses restantes.

Différenciation

Consolidation Photofiche 105c
Cette photofiche propose trois problèmes dont les résolutions réclament la multiplication associée à la soustraction pour les deux premiers et à l'addition pour le troisième.

Cahier Problèmes : Leçon 13

119 Compléter un assemblage de figures

Fichier p. 135

Programme 2018	**Reconnaître, nommer, décrire, reproduire, construire quelques figures géométriques** **Reconnaître et utiliser les notions d'alignement, d'angle droit, d'égalité de longueurs, de milieu, de symétrie** – Décrire, reproduire sur papier quadrillé ou uni des figures ou des assemblages de figures planes *(éventuellement à partir d'éléments déjà fournis de la figure à reproduire qu'il s'agit alors de compléter).* – Utiliser la règle, le compas ou l'équerre comme instruments de tracé.
Compétence	Compléter un assemblage de figures sur papier uni.
Remarques préalables	Pour construire une figure, les élèves de CE1 n'éprouvent pas le besoin d'utiliser tous les outils de la géométrie, pour eux, la règle suffit. Avec cette leçon, ils vont apprendre à les utiliser tous. La restauration d'un assemblage de figures à partir d'un modèle demande l'analyse du modèle comme un assemblage de figures élémentaires dont il faut identifier les propriétés caractéristiques pour choisir les outils de construction. Nous avons choisi de faire compléter carrés, cercles et segments. Pour compléter les carrés, il faut prolonger avec une règle deux côtés pour construire le sommet manquant, ou utiliser l'équerre pour construire l'angle droit. Pour tracer les cercles, il faut trouver les centres et les rayons. Dans chacune des constructions, nous avons privilégié le difficile tracé du cercle. L'utilisation du compas n'est pas simple : il faut conserver une pression suffisante sur la pointe pour qu'elle reste fixe, sans pour autant resserrer l'écart entre les deux branches. Pour faciliter le tracé, il faut incliner légèrement le compas pour qu'il ne soit plus vertical et accompagner cette inclinaison d'un mouvement du poignet. Il est difficile d'effectuer une rotation de 360° en une seule fois : deux étapes sont souvent nécessaires et il n'est pas rare que les deux tracés ne se referment pas ! **Difficultés de la leçon** – Comprendre la nécessité d'utiliser les instruments de la géométrie pour avoir des reproductions fidèles du modèle. – L'utilisation du compas. – La précision du tracé pour faire coïncider le prolongement du segment avec le segment à prolonger déjà tracé. **Aide** Exercer les élèves à l'utilisation du compas, de l'équerre et de la règle.

Calcul mental 5 min

→ *Tables de multiplication par 2, 3, 4, 5. Dire : « 4 × 3 » ; l'élève écrit 12.*
Items : *4 × 3 ; 5 × 3 ; 3 × 3 ; 4 × 5 ; 5 × 2 ; 6 × 5 ; 6 × 4 ; 10 × 4 ; 5 × 5 ; 9 × 2.*

Manipulations préparatoires 15 min

En collectif

Matériel	Figure matériel photocopiable.
Organisation	Classe entière.

Activité : Reproduire une figure

▪ Dessiner au tableau les deux figures de la fiche photocopiable (voir en fin de leçon). Les élèves sont munis de la fiche photocopiable.

▪ Donner la consigne : observer le modèle et compléter la figure de droite.

Les élèves décrivent l'assemblage de figures et nomment les figures qui le composent ainsi que leurs propriétés qui seront utiles pour la reproduction, sans oublier les noms des points bleus et le point rouge. Les angles droits sont marqués.

▪ Demander quelle figure élémentaire ils vont compléter en premier et pourquoi.

▪ Débattre et arriver à la conclusion qu'ils peuvent commencer par le cercle, le rectangle ou par le segment oblique (diagonale) qui va de droite à gauche mais pas par celui qui va de gauche à droite (l'autre diagonale), expliquer pourquoi : pour tracer le deuxième segment, il manque le point d'arrivée. Il faut donc tracer ce point d'arrivée et pour cela, tracer le rectangle.

▪ Les élèves nomment les outils de la géométrie nécessaires pour tracer les figures : règle, compas et équerre. Ils réalisent individuellement la consigne.

La mise en commun se fait sur la figure du tableau, chaque tracé est réalisé par un élève.

▪ Veiller au maniement correct de l'équerre, du compas et à la précision des tracés ne pas hésiter à reprendre les techniques du prolongement des segments, de l'utilisation de l'équerre et de celle du compas.

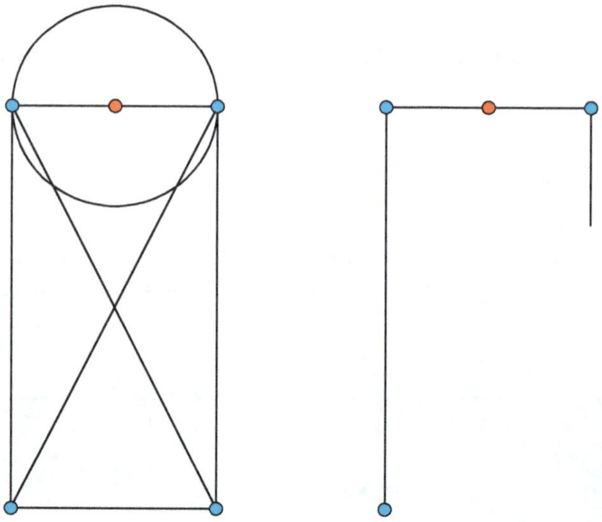

Découvrons

20 min

1 ▪ Le modèle agrandi est reproduit au tableau. La figure incomplète est reproduite trois fois au tableau. Le modèle servira pour la justification des réponses des élèves lors de l'analyse de la figure complexe. Les trois figures incomplètes serviront pour montrer la pluralité de la reproduction.

▪ Faire observer, décrire le modèle et énoncer les propriétés des figures simples. C'est une figure faite avec plusieurs figures simples : un carré, deux cercles et deux triangles rectangles. Les points bleus sont les sommets du carré. Les points rouges sont les centres des cercles. Le carré a quatre côtés de même longueur et quatre angles droits, les triangles rectangles ont chacun un angle droit. Faire repérer les angles droits et les marquer, mesurer les côtés du carré.

La mesure du rayon du cercle est la mesure de la longueur du segment compris entre le point rouge (le centre) et le point bleu.

▪ Faire nommer les parties manquantes et les instruments de géométrie (matériel page D) utilisés pour les tracer.

▪ Demander : *« Comment construire le sommet bleu manquant du carré ? »*

Il y a trois solutions :

1. Tracer avec l'équerre la droite qui porte le côté manquant ; prolonger le segment vertical à droite pour tracer la droite qui porte ce côté ; le sommet bleu manquant se trouve au point de rencontre de ces deux droites, le faire marquer. Tracer le cercle après avoir fait trouver le centre et le rayon.

2. Tracer le cercle après avoir fait trouver le centre et le rayon.

Tracer le côté droit du carré en prolongeant la partie déjà tracée, à l'intersection du cercle et du côté prolongé marquer le point bleu du sommet manquant. On peut alors tracer le côté manquant du carré.

3. Mesurer le côté du carré. Utiliser une équerre pour tracer l'angle droit en bas à gauche puis la règle graduée pour tracer la longueur du côté du bas. Marquer le point bleu au bout du côté pour avoir le sommet bleu en bas à droite. Tracer le côté de droite en prolongeant la partie déjà tracée de ce côté avec l'équerre ou la règle graduée. Vérifier que le côté mesure 4 cm.

▪ Pour finir le tracé, demander : *« Comment construire les deux triangles placés au-dessus du carré ? »*

Il suffit de prolonger vers le haut les deux côtés verticaux du carré et de prolonger ensuite les segments obliques jusqu'à leur rencontre avec les prolongements verticaux.

▪ Les élèves choisissent une méthode de construction et complètent la figure sur leur fichier. Lors de la mise en commun les tracés sont effectués sur les figures tracées au tableau.

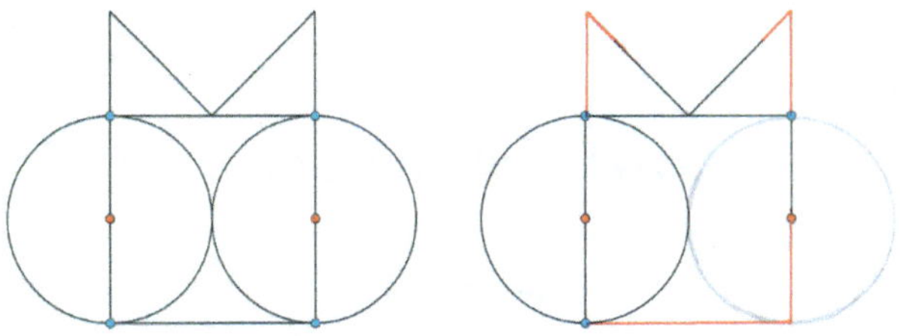

Institutionnalisation orale

Poser la question : « *Qu'avons-nous appris aujourd'hui ?* »
Réponse attendue proche de : « *Nous avons appris à compléter un assemblage de figures.* »

Je m'entraîne

15 min

En individuel

2 Demander aux élèves de nommer les figures qui composent le modèle, de retrouver les propriétés du rectangle, propriétés utiles pour construire le sommet manquant, de dire par quelles figures ils vont commencer leur tracé. Ils ont le choix mais attirer leur attention sur le grand segment oblique (la diagonale du rectangle) : Que doivent-ils d'abord faire avant de le tracer ? Pourquoi ?

Les élèves complètent individuellement la figure.

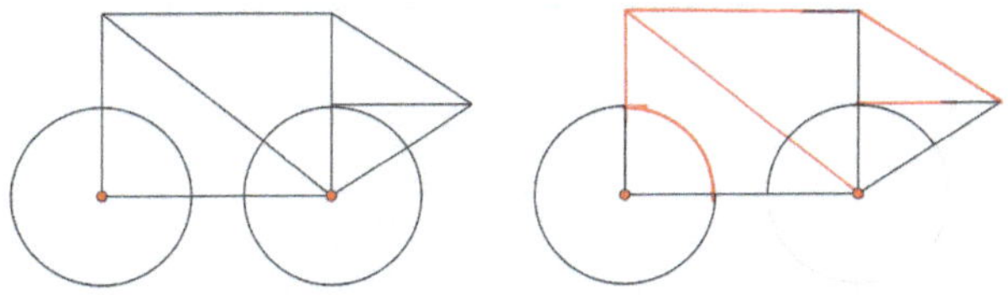

Erreurs possibles

– Tracés approximatifs de l'angle droit réalisés uniquement avec la règle.

– Utilisation maladroite du compas.

Remédiation

– Reprendre le tracé des angles droits avec l'équerre.

– Reprendre l'utilisation du compas.

Différenciation

Remédiation Photofiche 106R

Cette photofiche propose deux figures à compléter dans lesquelles les tracés de cercles tiennent une place importante.

Cahier Problèmes : Leçon 15

119 Compléter un assemblage de figures

Matériel photocopiable

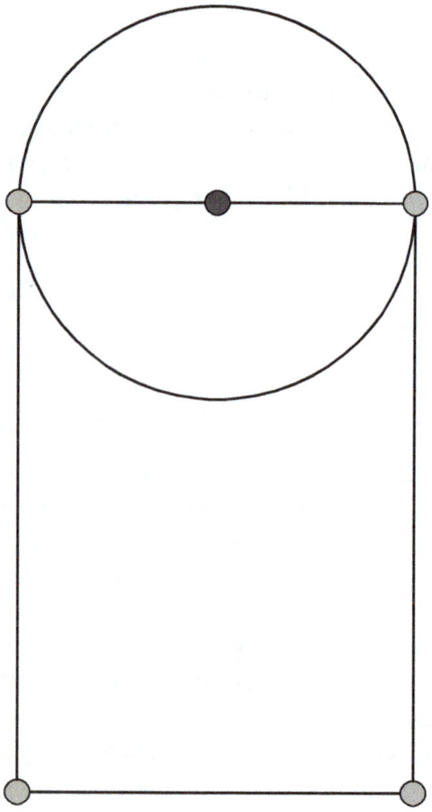

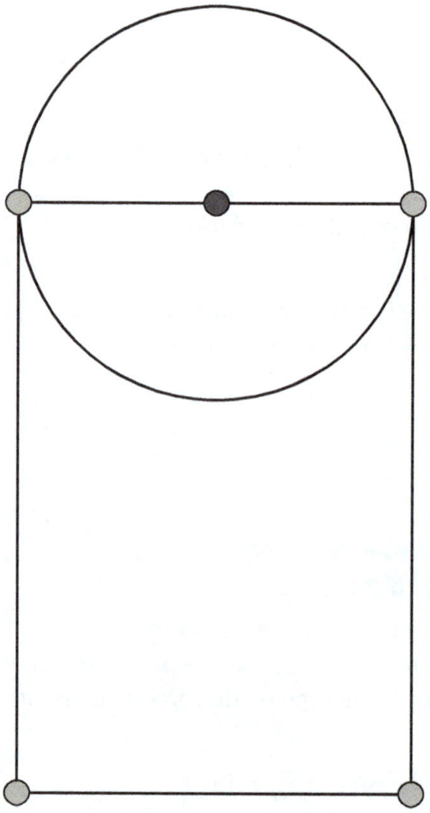

120 Mesurer des contenances : le litre

Fichier p. 136

Programme 2018	**Comparer, estimer, mesurer des longueurs, des masses, des contenances, des durées** Dans des cas simples, mesurer des longueurs, des masses et des contenances en utilisant un instrument adapté (règle graduée, bande de 1 dm de long gradué ou non, balance à plateaux, balance à lecture directe, verre mesureur). ▪ Unités de mesures usuelles : L, dL, cL et leurs relations.
Compétences	Comparer des contenances. Introduire le litre.
Remarques préalables	Cette leçon ne peut faire l'économie de manipulations réalisées concrètement par les élèves pour s'approprier la notion de contenance. **Difficultés de la leçon** – Associer la variété des formes des contenants pour un même contenu. – Difficulté avec les comparaisons indirectes. **Aide** Différents transvasements pour comparer la contenance de divers récipients.

Calcul mental — 5 min

➜ *Suite de nombres. Écrire 225, 250, 275, 300, ... ; l'élève écrit les 5 nombres suivants : 325, 350, 375, 400, 425.*
Items : *(225, 250, 275, 300) ; (50, 75, 100, 125) ; (300, 325, 350, 375) ; (575, 600, 625, 650) ; (725, 750, 775, 800) ; (125, 150, 175, 200) ; (0, 25, 50, 75) ; (425, 450, 475, 500) ; (100, 125 ; 150 ; 175) ; (475, 500, 525, 550).*

Prérequis oral

« *Que signifie 1 L sur l'étiquette d'une bouteille ?* »
Cette question permet d'attirer l'attention des élèves sur cette inscription qu'ils ont vue maintes fois sur des récipients sans le plus souvent en connaître le sens.

Manipulations préparatoires — 30 min

En collectif

Matériel	Bouteilles en plastique vides de 1 L ; récipients divers : boîtes, casseroles, verres en plastique, seau, etc. (par sécurité : pas d'objets en verre).
Organisation	Groupe classe.

Activité : Transvaser des liquides dans différents contenants

Il est prudent de conduire cette activité à l'extérieur ou dans un lieu adapté pour éviter de transformer la classe en pataugeoire. Les manipulations peuvent aussi s'envisager avec du sable, plus facile à gérer que de l'eau.

▪ Répartir les élèves en quatre ou cinq groupes qui disposent chacun de trois ou quatre récipients de formes différentes : un seau, un verre, une boîte, une bouteille.

▪ Préciser le vocabulaire : indiquer que la contenance d'un récipient est la quantité de liquide qu'il peut contenir.

▪ Poser le problème suivant : « *Comment pouvons-nous comparer et ranger les contenances de ces récipients ?* »

Manipuler, débattre

▪ Laisser les élèves expérimenter leurs méthodes : certains groupes utiliseront les transvasements directs, d'autres auront l'idée d'utiliser une mesure unité.

▪ Débattre d'abord sur la méthode du transvasement direct : confirmer lors du débat que, si le contenu de l'un des récipients peut être entièrement transvasé dans un autre récipient, c'est que le premier a une contenance inférieure ou égale à celle du second.

▪ Il ressort des manipulations qu'en organisant les transvasements avec méthode, on peut ranger les récipients selon leur contenance.

▪ Débattre ensuite en prenant pour modèle un groupe qui a eu l'idée d'étalonner les contenus avec le même récipient : par exemple, le contenu d'un verre devient l'unité de contenance.

▪ Chaque récipient est rempli par un même verre. La contenance des récipients est mesurée avec une unité arbitraire (le contenu du verre). Il est alors facile de ranger ces récipients d'après le nombre de verres que contient chaque récipient.

▪ Constater que les deux méthodes fournissent le même rangement.

Découvrons — 15 min

1 ▪ Cet exercice propose de mettre en œuvre la seconde méthode de comparaison rencontrée dans les manipulations préparatoires.

▪ Observer le tableau qui récapitule les diverses contenances. Les faire verbaliser de la façon suivante : « *Le récipient A a une contenance de 12 verres. Le récipient B a une contenance de 4 verres. Le récipient C a une contenance de 2 verres. Le récipient D a une contenance de 8 verres.* »

▪ *« Rangez ces récipients d'après leur contenance. »* Les élèves proposent un rangement en ordre croissant ou décroissant.

▪ Faire constater que le rangement a été réussi grâce à la mesure de chaque contenance avec la même unité bien que l'unité choisie (la contenance du verre) soit arbitraire. Elle permet cependant d'exprimer les contenances de différents récipients, puis de les comparer.

Range ces récipients de la plus grande contenance à la plus petite. A ; D ; B ; C

2 Observer un récipient qui porte la mention 1 L.

« Que signifie 1 L sur la bouteille ? »

Préciser que 1 L (un litre) représente l'unité légale qui sert à exprimer les contenances.

▪ Demander : *« Combien de verres a-t-il fallu pour remplir la bouteille B de 1 L ? »* (4 verres.) Les élèves doivent déduire que, s'il faut 4 verres pour obtenir 1 L, comme il faut 2 fois 4 verres (8 verres) pour remplir la casserole, celle-ci a une contenance de 2 L.

2 litres

Institutionnalisation orale

« Qu'avons-nous appris aujourd'hui ? » Réponse attendue proche de : *« Nous avons appris à comparer des contenances de plusieurs récipients et appris que le litre (L) est l'unité légale de contenance. »*

Je m'entraîne

15 min

En individuel

3 Exercice de réflexion. La même bouteille peut être remplie avec 2 bols ou avec 8 pots de yaourt : la contenance de 2 bols est la même que celle de 8 pots de yaourt ; donc 1 bol a la même contenance que 4 pots yaourt.

C'est le bol qui a une plus grande contenance.

Un pot de yaourt a-t-il une plus grande contenance qu'un bol ? ☐ oui ☒ non

Erreur possible

L'élève répond proportionnellement aux nombres de bols et de pots de yaourt, il ne maîtrise pas le raisonnement précédent.

Remédiation

La meilleure remédiation sera la vérification par une manipulation.

4 Cet exercice sur les contenances fait appel au calcul.

L'arrosoir de Théo contient : 2 L + 2 L + 2 L = 6 L

L'arrosoir de Léa contient : 5 × 1 L = 5 L

L'arrosoir de Théo a la plus grande contenance.

Contenance de l'arrosoir de Théo : 6 L | Contenance de l'arrosoir de Léa : 5 L

L'arrosoir de Théo a la plus grande contenance.

Erreur possible

Difficulté à interpréter l'énoncé.

Remédiation

Reprendre la situation en la mimant si nécessaire.

Réinvestissement

5 Cet exercice réinvestit la leçon 116 : Rendre la monnaie.

20 − 18 = 2

Le marchand lui rend 2 €.

Remédiation

– Utiliser la monnaie factice.

– **Mémo** page 14 « Je sais rendre la monnaie ».

Différenciation

Remédiation Photofiche 107R

Elle propose trois exercices illustrés.

Le premier et le troisième sont des exercices de comparaison indirecte de 2 contenances.

Le deuxième propose d'associer des contenances à des objets de la vie courante. S'assurer que les élèves ont bien reconnu les objets représentés.

121 Programmer un robot

Fichier p. 137

Programme 2018	**(Se) repérer et (se) déplacer en utilisant des repères et des représentations** Programmer les déplacements d'un robot ou ceux d'un personnage sur l'écran.
Compétences	Coder ou décoder pour représenter et réaliser des déplacements sur un quadrillage (langage autocentré ou relatif).
Remarques préalables	La leçon 113 proposait de décoder et coder un déplacement sur quadrillage en se servant des codages empruntés à l'application Scratch Jr. Avec cette leçon, les élèves vont apprendre à décoder et à coder un déplacement sur quadrillage d'un objet orienté en utilisant les flèches : avance d'une case, tourne à gauche, tourne à droite. **Difficultés de la leçon** – Tenir compte de l'orientation de l'objet qui se déplace. – Mémoriser : ▪ qu'une flèche verticale avec la pointe en haut signifie : avance d'une case ; ▪ que trois flèches côte à côte signifient : avance de trois cases ; ▪ que les changements de direction s'effectuent sans changer de case. **Aide** Jouer les déplacements avec les élèves.

Calcul mental 5 min

➜ *Double des nombres usuels. Dire : « Double de 25 » ; l'élève écrit 50.*
***Items :** 25, 15, 12, 20, 10, 30, 80, 35, 50, 40.*

Prérequis oral

« Votre camarade devient un robot. Guidez-le, par la voix, jusqu'au bureau de l'enseignant. »
Répondre à cette question demande l'utilisation d'un vocabulaire spécifique : « avance d'un pas », « tourne à droite », « tourne à gauche ».

Manipulations préparatoires 15 min

En collectif

Matériel	Seize cerceaux si impossibilité de se servir d'un carrelage. Une bande de papier sur laquelle est reproduit le codage de l'activité 1. Des feuilles de papier (ou des ardoises) pour coder les déplacements de l'activité 2. Une quinzaine de jetons pour marquer les déplacements dans l'activité 2. Dessin de la coccinelle pour la correction collective au tableau.
Organisation	Groupe classe pour l'activité 1 ; groupes de 5 élèves pour l'activité 2.

Activité 1 : Déplacement sur carrelage

En classe ou en salle d'éducation physique.
▪ Se servir de quatre rangées de quatre dalles de la classe ou préparer seize cerceaux en quatre rangs de quatre cerceaux en salle d'éducation physique.
▪ Présenter les signes qui vont servir au codage et les commenter :

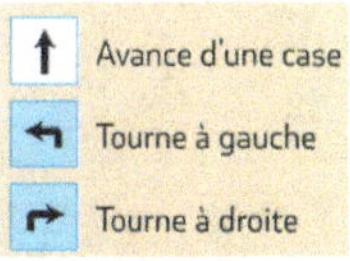

La pointe dirigée vers le haut de la flèche « Avance d'une case » ne signifie pas aller vers le haut. Il faut tenir compte de l'orientation de celui qui se déplace. Le nombre de flèches successives indique le nombre de cases parcourues.
▪ Préciser que lorsqu'on tourne, on tourne sur place en restant dans la même case (on pivote).
▪ Faire jouer quelques exemples de déplacements sur le quadrillage tracé sur le sol.
▪ Proposer par exemple le problème suivant :
Un robot se trouve sur la case départ D et regarde le côté opposé du quadrillage. Il doit rejoindre sa base d'arrivée A ou B. Voici le programme qu'il doit suivre. Sur quelle base arrivera-t-il ?

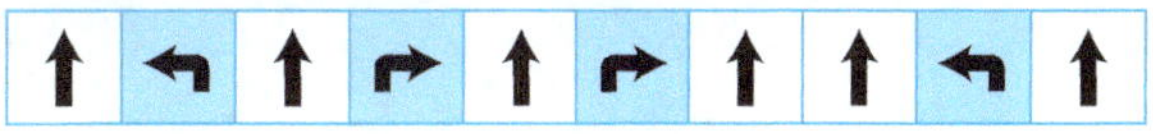

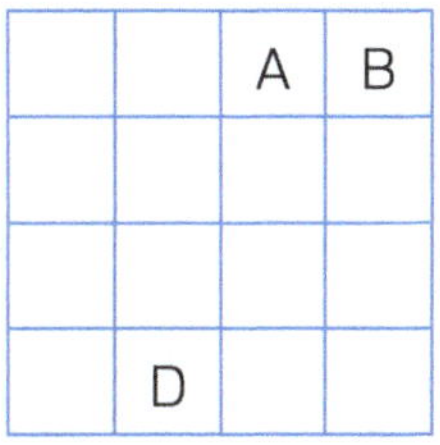

▪ Faire jouer le rôle du robot à un élève. Il suit pas à pas le message. Un élève différent intervient chaque fois qu'une erreur se produit. Le cheminement est marqué par le dépôt d'un jeton.
▪ Veiller particulièrement à la lecture des cases « Tourne à droite » et « Tourne à gauche », les élèves ont tendance à avancer en même temps qu'ils tournent.

Activité 2 : Codage d'un déplacement

Les élèves sont organisés en groupes de 5, munis de feuilles de papier et de gros feutres noirs.

- Poser des jetons sur le quadrillage indiquant un cheminement qui part de D pour arriver en B. Chaque groupe doit coder ce cheminement.

Les codages sont affichés, analysés et validés ou corrigés.

- Faire coder d'autres déplacements possibles pour aller de D à B.
- Corriger comme l'exercice précédent.
- Faire constater que le programme dépend de l'orientation initiale du robot.

Découvrons

15 min

1 ▪ Lire le codage et la mise en garde de Mathix.

- Repérer la coccinelle : sa tête indique le sens de la marche.
- Dessiner un point sur les cases par lesquelles la coccinelle est passée pour arriver jusqu'à la fleur rouge avant de tracer le chemin.

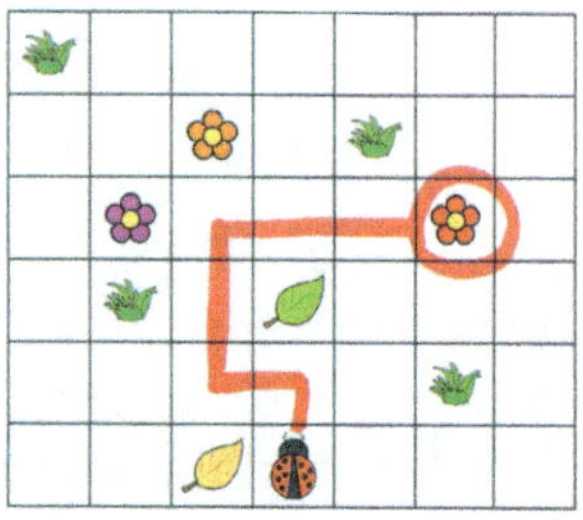

Institutionnalisation orale

Poser la question : « *Qu'avons-nous appris aujourd'hui ?* »
Réponse attendue proche de : « *Nous avons appris à décoder et à coder un déplacement sur quadrillage en utilisant des flèches.* »

Je m'entraîne

15 min

En individuel

2 ▪ Repérer la coccinelle et le chemin en blanc qu'elle doit parcourir. L'orientation de la coccinelle est semblable à celle du *Découvrons*, elle donne le sens du déplacement.

- Veiller aux trois changements de direction : le premier à droite et les deux autres à gauche.

Erreurs possibles

– Flèches représentant le nombre de cases parcourues dessinées horizontalement en indiquant le sens du déplacement au lieu d'être verticales avec la pointe en haut.
– Codage erroné des pivotements.

Remédiation

– Reprendre la définition du symbole de la flèche verticale.
– Exercices pour reconnaître sa gauche et sa droite avec des orientations différentes de son corps.
– Utiliser le dessin d'une coccinelle pour effectuer le déplacement en tenant compte de l'orientation de la coccinelle lors de la correction collective au tableau.

Différenciation

Consolidation Photofiche 108c
Cette photofiche comporte deux exercices. Dans le premier, il faut décoder un message pour trouver l'île au trésor. Dans le second, il faut coder le chemin suivi par une coccinelle.

122 Problèmes (12) : Résoudre des problèmes sur les durées

Fichier p. 138

Programme 2018	**Résoudre des problèmes impliquant des longueurs, des masses, des contenances, des durées, des prix** Résoudre des problèmes, notamment de mesurage et de comparaison, en utilisant les opérations sur les grandeurs ou leurs mesures : ▪ Relations entre les unités usuelles.
Compétence	Résoudre des problèmes de durées.
Remarques préalables	Les élèves de CE1 maîtrisent encore insuffisamment la lecture de l'heure, et c'est le cas pour le calcul des durées. Une approche, qui consiste à aborder ces notions dans le cadre d'un projet concret suscitera leur intérêt davantage qu'un problème décontextualisé. Choisir, par exemple, la préparation d'une sortie (la visite d'un musée ou d'une ferme pédagogique, un voyage scolaire...) dont l'organisation temporelle est confiée aux élèves. Ces derniers doivent alors lire les horaires du moyen de transport utilisé, établir le programme de la sortie, calculer la durée de chaque activité, évaluer les marges d'erreurs pour donner un peu de souplesse au planning prévu... bref, calculer des durées pour la réussite de la sortie. Plus modestement, déterminer l'heure de départ pour se rendre au stade ou à la piscine, celle du retour aux vestiaires et toutes tâches de cet ordre peuvent être confiées aux élèves. Ces pratiques concrètes de calcul des durées facilitent la conceptualisation de ces notions difficiles. **Difficultés de la leçon** – Difficultés de lecture et d'interprétation de l'énoncé. – Distinguer les situations additives des situations soustractives ou multiplicatives. **Aide** – Expliquer le sens des mots de chaque énoncé. – Aide au raisonnement : représenter les situations par des dessins, des schémas. – Jouer les situations avec l'horloge de la page matériel du fichier.

Calcul mental 5 min

→ *Tables de multiplication par 2, 3, 4, 5. Dire : « 4 × 4 » ; l'élève écrit 16.*
Items : *4 × 4 ; 3 × 5 ; 6 × 2 ; 7 × 3 ; 9 × 5 ; 7 × 2 ; 5 × 3 ; 9 × 4 ; 8 × 2 ; 7 × 4.*

Problèmes du fichier — 50 min

En collectif

1 Il s'agit d'un problème soustractif.

▪ Cet exercice paraîtra comme simple, lorsque les élèves auront clairement identifié l'heure de départ et l'heure de fin de cet entraînement. La durée de l'entrainement représente la transformation.

▪ Dessiner au tableau un schéma qui représente la situation. Il sera explicité par les élèves.

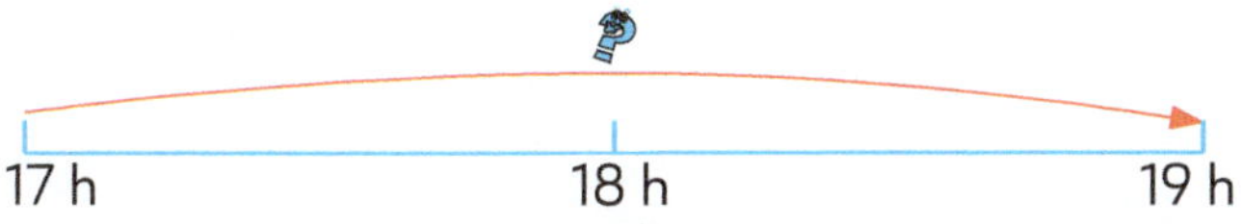

▪ Demander aux élèves de compléter individuellement le fichier.

19 h – 17 h = 2 h

> **1** Léa a son entraînement de basket le mercredi de 17 h à 19 h.
> Quelle est la durée de son entraînement ?
> 19 h – 17 h = 2 h
> L'entraînement dure 2 h.

Erreurs possibles

– Mauvaise interprétation de la situation.
– Erreur dans l'exécution du calcul.

Remédiation

Jouer la situation en se servant de la pendule de la page matériel C.

2 Une lecture explicitée de l'énoncé reste souhaitable. Les élèves vont noter la similitude avec l'exercice précédent. La difficulté ici aussi viendra de repérer l'état initial et l'état final. Les élèves du CE1 résolvent généralement ce problème par une addition à trou :
15 + ... = 18

> **2** Quand Théo arrive à son entraînement de foot, l'horloge du stade indique 15 h.
> Quand il termine son entraînement, elle indique 18 h.
> Quelle est la durée de son entraînement ?
> 18 h – 15 h = 3 h
> L'entraînement a duré 3 h.

Dessiner le schéma suivant et instaurer le débat avec ceux qui ont proposé la soustraction :
18 – 15 = 3.

Erreurs possibles

– Mauvaise interprétation de l'énoncé.
– L'addition à trou ou la soustraction sont mal posées.
– Erreur de calcul.

Remédiation

Jouer la situation en se servant de la pendule de la page matériel C du fichier.

3 Ce problème est du même type que les deux précédents, c'est une situation soustractive avec recherche de la transformation. La différence vient de ce que les durées sont ici exprimées en heures et minutes. Par le débat, faire constater que le nombre d'heures ne change pas, seuls les nombres des minutes varient. Pour trouver la durée du trajet de Melissa il suffit de compter les minutes qui se sont écoulées ente 8 h 15 min et 8 h 30 min.

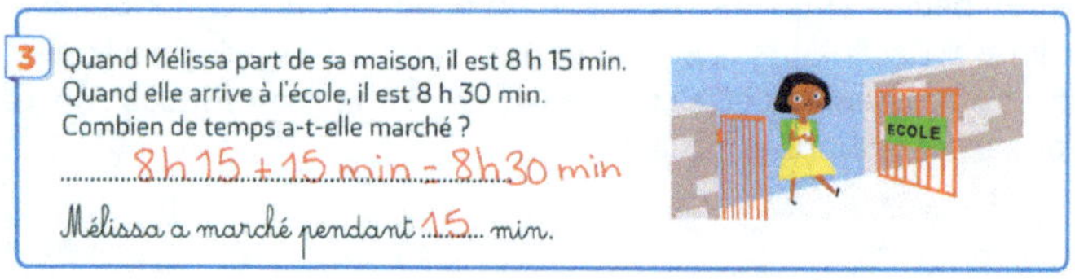
3 Quand Mélissa part de sa maison, il est 8 h 15 min.
Quand elle arrive à l'école, il est 8 h 30 min.
Combien de temps a-t-elle marché ?
8h15 + 15 min = 8h30 min
Mélissa a marché pendant 15 min.

Erreurs possibles

- L'élève ne perçoit pas une situation soustractive.
- Erreur de calcul.

Remédiation

Ici aussi jouer la situation en se servant de la pendule de la page matériel C.

4 Les élèves doivent résoudre une situation multiplicative. Deux méthodes sont à leur disposition :

▪ Certains élèves vont résoudre cette situation multiplicative par une addition réitérée :
40 min + 40 min = 80 min.

▪ D'autres vont utiliser la multiplication :
$2 \times 40 = 80$.

▪ Instaurer le débat pour comparer et expliciter les deux méthodes.

4 Un match de rugby dure 2 fois 40 minutes.
Pendant combien de minutes les joueurs ont-ils joué ?
Ont-ils joué plus ou moins d'une heure ?
2 x 40 = 80
80 min = 1h20 min
Ils ont joué pendant 80 min.
Ils ont joué plus d'une heure. ☒ oui ☐ non

Erreurs possibles

- L'élève ne perçoit pas une situation multiplicative.
- Erreur de calcul.

Remédiation

Avec les plus fragiles, utiliser l'addition réitérée pour expliquer cette situation multiplicative.

Différenciation

Consolidation Photofiche 109c

Elle propose 4 problèmes de même type que ceux étudiés dans le fichier :

- Une situation additive avec recherche de l'état final (heure de fin).
- Une situation qui reprend celle du problème n° 2.
- Une situation où il faut trouver l'état initial (heure du départ).
- Une situation additive avec recherche de l'état final. (fin des devoirs).

123 Problèmes (13) : Résoudre des problèmes du champ additif ou multiplicatif

Fichier p. 139

Programme 2018	**Résoudre des problèmes en utilisant des nombres entiers et le calcul** – Résoudre des problèmes issus de situations de la vie quotidienne ou adaptés de jeux portant sur des grandeurs et leur mesure, des déplacements sur une demi-droite graduée, ... conduisant à utiliser les quatre opérations : ▪ Sens des opérations. ▪ Problèmes relevant des structures additives (addition/soustraction). ▪ Problèmes relevant des structures multiplicatives, de partages ou de groupements (multiplication/division). – Modéliser ces problèmes à l'aide d'écritures mathématiques : ▪ Sens des symboles +, −, ×, ÷.
Compétences	Identifier et résoudre des situations additives, soustractives, multiplicatives ou de groupement.
Remarques préalables	Les situations variées proposées dans cette leçon obligent les élèves à mobiliser l'ensemble des connaissances acquises au cours de l'année. Choisir la gestion de classe qui semble la mieux adaptée ; plusieurs possibilités s'offrent : – donner aux élèves les quatre énoncés avec la possibilité de résoudre les problèmes dans l'ordre de leur préférence. Ce rangement renseigne sur les appréhensions des élèves qui n'auraient pas forcément été perçues dans un autre contexte ; – laisser les élèves travailler seuls ou en groupes de deux. Les situations de recherche sont plus dynamiques en petits groupes ; – corriger après la résolution de l'ensemble des problèmes ou corriger après la résolution de chacun des problèmes. **Difficultés de la leçon** – Difficultés de lecture et d'interprétation de l'énoncé. – La taille des nombres risque d'être un obstacle pour les élèves utilisant le dénombrement. – Distinguer les situations additives des situations soustractives. – Résoudre une situation de groupement à partir de la numération. **Aide** – Expliquer le sens des mots de chaque énoncé. – Aide au raisonnement : représenter les situations par des dessins, des schémas. – Jouer les situations.

Calcul mental — 5 min

➜ *Tables de multiplication par 2, 3, 4, 5. Dire : « 6 × 5 » ; l'élève écrit 30.*

Items : *6 × 5 ; 4 × 3 ; 3 × 7 ; 2 × 8 ; 7 × 5 ; 5 × 8 ; 3 × 8 ; 9 × 4 ; 3 × 6 ; 4 × 6.*

Problèmes du fichier — 15 min

En collectif

1 Il s'agit d'un problème de comparaison d'états qui présente des difficultés qui persistent souvent au-delà du CE1.

L'expression « Suzie en a 18 de moins » n'est pas évidente pour les élèves car la comparaison des nombres de billes que possèdent Suzie et Margot est une opération mentale difficile. En effet, cela revient à penser que, pour avoir autant de billes que Suzie, Margot devrait en avoir 18 de moins. Or, ces deux collections ne sont pas appelées à être modifiées : elles sont statiques. Cela ne signifie pas que l'on doive se résigner à ne pas aborder ce type de problème, mais on doit savoir que les élèves risquent d'avoir besoin d'aide pour les surmonter.

Lors de la correction, un dessin des deux collections (avec un découpage de celle de Margot en deux parties faisant apparaître une partie équipotente à la collection de Suzie contenant 32 billes et une partie supplémentaire contenant 18 billes) aidera les élèves en difficulté.

1 Margot possède 50 billes.
Suzie en a 18 de moins.
Combien de billes Suzie possède-t-elle ?
50 − 18 = 32
Suzie possède 32 billes.

4 5 10
− 1 8
3 2

Erreurs possibles

– Mauvaise interprétation de la situation.
– Erreur dans l'exécution du calcul.

Remédiation

Montrer que cette situation peut se traduire par des formulations différentes ; on peut dire : « Suzie en a 18 de moins que Margot » ou bien « Margot en a 18 de plus que Suzie » ou bien « Il faudrait donner 18 billes à Suzie pour qu'elle ait autant de billes que Margot ». Le jeu sur les formulations associé à un schéma sera aussi une aide pour les élèves.

2 Une lecture explicitée de l'énoncé reste souhaitable. Les élèves parviendront rapidement à s'orienter vers une démarche de calcul additif. Toutefois, la taille des nombres peut causer quelques difficultés aux élèves ne maîtrisant pas encore très bien la technique opératoire de l'addition avec retenue.

> **2** Pour l'été, Naomi achète cette chaise et ce parasol.
> Combien Naomi va-t-elle payer ?
> 155 + 75
> Naomi va payer 230 euros.
>
> 
>
>
> | | ① | ① |
> |---|---|---|
> | | 1 5 | 5 |
> | + | 7 | 5 |
> | 2 | 3 | 0 |

Erreurs possibles

- Mauvaise interprétation de l'énoncé.
- L'addition est mal posée.
- Erreur de calcul.

Remédiation

Cerner le type d'erreur (addition mal posée ou oubli de la retenue) pour proposer une remédiation adaptée.

3 C'est un exercice à deux étapes qu'il faut identifier :
- Calculer d'abord le nombre de balles dans les 6 premières boîtes.
- Ajouter au résultat les 4 balles que contient la dernière boîte.

> **3** Corentin a acheté 6 boîtes de 3 balles de tennis et une boîte de 4 balles de tennis.
> Combien de balles a-t-il achetées ?
> 6 × 3 = 18
> 18 + 4 = 22
> Corentin a acheté 22 balles.
>
> 

Erreurs possibles

- L'élève ne perçoit pas une situation multiplicative et calcule 6 + 3.
- Erreur de calcul.

Remédiation

- Analyser l'énoncé.
- Montrer l'importance de connaître par coeur les tables de la multiplication.
- Utiliser l'addition réitérée.
- Montrer que 6 × 3 = 3 × 6 et qu'il est plus facile de calculer 6 + 6 + 6 que 3 + 3 + 3 + 3 + 3 + 3.

4 Ce problème de groupement peut être résolu en utilisant la décomposition canonique de 45.
45 = 4 dizaines 5 unités = 10 + 10 + 10 + 10 + 5
4 boîtes seront donc complètes.

> **4** Théo a reçu un sac de 45 petites voitures.
> Il les range dans des boîtes.
> Chaque boîte peut contenir 10 voitures.
> Combien de boîtes seront complètes ?
> 45 = 4 dizaines et 5 unités
> 4 boîtes seront complètes.
>
> 
>
>
> | d | u |
> |---|---|
> | 4 | 5 |

Erreurs possibles

- L'élève veut résoudre ce problème en dessinant 45 croix puis en réalisant des groupements de dix : cela entraîne des erreurs de dénombrement
- Erreur dans la décomposition de 45.

Remédiation

Montrer l'intérêt d'utiliser la décomposition de 45 en dizaines et unités puisque les groupements réalisés sont par paquets de 10.

Différenciation

Consolidation Photofiche 110c

Elle propose quatre problèmes de même type que ceux étudiés dans le fichier :
- une situation où il faut interpréter l'expression « de plus que » qui conduit à une soustraction ;
- une situation faisant intervenir la multiplication par 10 ;
- une situation où il faut correctement interpréter l'expression « il reste » qui conduit à une addition ;
- une situation de division faisant intervenir la table de 3 de la multiplication.

124 Maths Aventures (5)
Randonnée en montagne

Fichier p. 140

Programme 2018	**Attendus de fin de cycle 2** Au cycle 2, la résolution de problèmes est au centre de l'activité mathématique des élèves, développant leurs capacités à chercher, raisonner et communiquer. Les problèmes permettent d'aborder de nouvelles notions, de consolider des acquisitions, de provoquer des questionnements. Ils peuvent être issus de situations de vie de classe ou de situations rencontrées dans d'autres enseignements, notamment « Questionner le monde ». Ils ont le plus souvent possible un caractère ludique.
Remarques préalables	▪ Les pages « Maths Aventures » concluent chacune des cinq périodes. ▪ Le contexte de ces pages, bien que plus ludique, est plus complexe que celui d'un problème classique. Répondre aux cinq ou six questions nécessite une recherche d'informations et le réinvestissement des notions et des techniques étudiées durant la période. ▪ Les cinq pages « Maths Aventures » sont traitées de la même façon, le jour même : lecture et explications de l'enseignant ; travail individuel. **Difficultés de la leçon** Difficulté à réinvestir les manipulations et les compétences des leçons de la période dans un contexte inédit. **Aide** – Reformulation des énoncés. – Revenir aux *Découvrons* des leçons concernées.

La découverte — 15 min

En collectif

▪ Pendant quelques minutes, les élèves observent le dessin, puis communiquent leurs observations à la classe.
▪ Poser quelques questions pour attirer leur attention sur les points qui n'ont pas été relevés et sur les éléments indispensables pour répondre aux questions.

« Où se situe la scène ? »
« Qu'est-ce qu'un refuge ? »
« Qui est déjà parti en randonnée ? Avez-vous campé ? »
« Qu'est-ce qu'un piolet ? »
« Que signifie : "Entrée du parc 8 € 50 c" ? »
« Montrez-moi la marmotte ? Pourquoi dit-on dormir comme une marmotte ? »
« Que signifie un bouquetin pèse autant que 20 marmottes ? »
« Quels conseils donner avant de partir en randonnée en montagne ? »

Les problèmes — 30 min

En individuel

▪ Lire ou faire lire chaque énoncé à voix haute, puis le commenter, surtout si le texte, ou le contexte, n'est pas compris par certains.
▪ Laisser les élèves travailler individuellement. Aider les élèves en cas de difficulté. Quand tous ont complété les réponses aux questions, ils peuvent comparer leurs résultats par groupes de 2, 3 ou 4, sans corriger leurs réponses. Les groupes s'entendent sur une solution qui sera présentée lors de la mise en commun. Cette dernière permet de confronter les réponses données, de les justifier ou éventuellement de les corriger.

1 Il faut additionner indépendamment les kg et les g.
1 kg + 2 kg + 1 kg = 4 kg
400 g + 500 g = 900 g
Son sac pèse 4 kg 900 g.

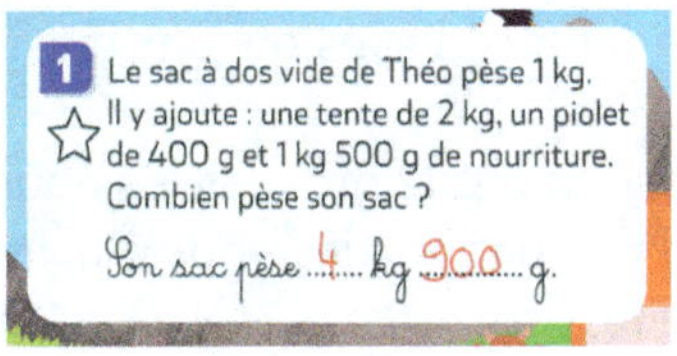

2 Question portant sur l'ordinal. Si la vache marron est la 20e du troupeau, il y a 19 vaches qui sont devant elle.

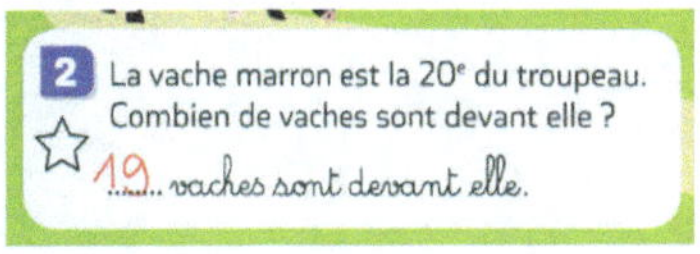

3 L'élève doit tracer 2 cercles concentriques. Leur centre est donné ainsi que les rayons puisque ces cercles sont tracés en partie.

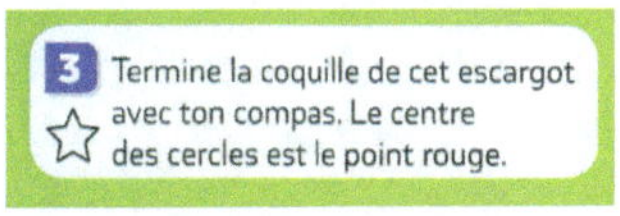

4 Cet exercice est difficile car il porte sur Rendre la monnaie et, de plus, il faut aller chercher une information sur l'illustration (prix de l'entrée du parc).

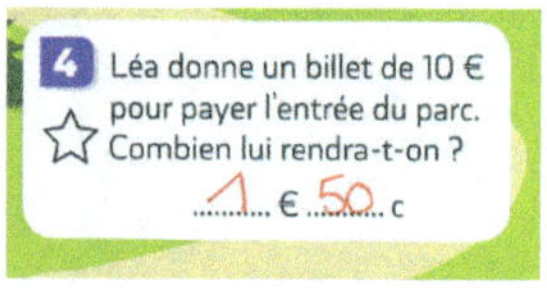
4 Léa donne un billet de 10 €
pour payer l'entrée du parc.
Combien lui rendra-t-on ?
1 € 50 c

5 Cet exercice est plus difficile car il faut interpréter correctement l'énoncé : « Un bouquetin pèse autant que 20 marmottes. »
Le poids d'un bouquetin est donc celui d'une marmotte multiplié par 20 soit 20 × 4 kg = 80 kg.
Un bouquetin pèse 80 kg.

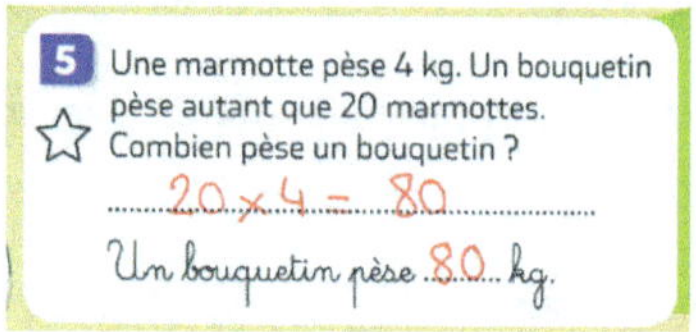
5 Une marmotte pèse 4 kg. Un bouquetin
pèse autant que 20 marmottes.
Combien pèse un bouquetin ?
20 × 4 = 80
Un bouquetin pèse 80 kg.

Erreurs possibles

- Erreur dans le calcul d'une somme de masses exprimées avec des unités différentes.
- L'élève ne sait pas rendre la monnaie.
- L'élève ne sait pas utiliser correctement son compas.
- Difficulté de compréhension de l'énoncé de l'exercice 5.

Remédiation

- En cas de difficulté de compréhension de l'énoncé, l'élève demande l'aide de l'enseignant.
- Demander aux élèves qui ont réussi d'expliquer à leur camarade.
- Travailler en petits groupes les notions non acquises.
- Jouer la situation de rendre la monnaie avec de la monnaie factice.

Le bilan

- L'activité terminée, l'élève compte les exercices qu'il a réussis, c'est-à-dire son nombre d'étoiles : s'il colorie 5 étoiles, il colorie la médaille d'or ; 3 ou 4 étoiles, il colorie la médaille d'argent ; sinon il colorie la médaille de bronze. Ainsi, tous les élèves colorient une médaille.
- Pour recenser et comparer les résultats obtenus pour toutes les périodes de l'année, l'élève note son score en coloriant les étoiles et la médaille correspondante sur la fiche récapitulative (cf. matériel photocopiable leçon 25). Ces informations seront utiles pour d'éventuelles séances de remédiation organisées avant les évaluations de fin de période.
- Ce type d'évaluation à la fois ludique et rapide informe sur le degré de réussite de la classe. Son information sera complétée par les résultats à l'évaluation qui suivra dans laquelle les élèves feront le point sur la demi-période écoulée.

125 Je cherche (5)

Fichier p. 141

Programme 2018	On veillera à proposer aux élèves dès le CP des problèmes pour apprendre à chercher qui ne soient pas de simples problèmes d'application à une ou plusieurs opérations mais nécessitent des recherches avec tâtonnements.
Compétence	Résoudre un problème de recherche personnelle dans la structuration de l'espace et dans la numération.
Remarques préalables	▪ Comme le recommandent les programmes de 2018, il est souhaitable de proposer aux élèves de CE1 des problèmes pour apprendre à chercher qui les obligent à faire des essais successifs. Montrer que trouver le résultat d'un problème n'est pas le fruit de la chance ou du hasard mais celui d'une démarche qui s'appuie sur des premiers essais infructueux, qu'il faut corriger pour atteindre la réponse. Cest l'objectif de cette leçon. ▪ Cette démarche demande de l'initiative, de la réflexion, de la méthode aussi. Elle ouvre une autre voie à l'activité mathématique différente de la résolution des problèmes arithmétiques portant sur les différentes opérations, sans en amoindrir l'importance. ▪ Elle peut permettre à de nombreux élèves de retrouver confiance en eux.

En individuel

Activité 1

20 min

Matériel	Une photocopie des dessins du fichier pour chaque élève afin de permettre de faire des essais en dehors du fichier. Une photocopie grand format à afficher au tableau.
Organisation	Travail individuel.

Solution :

40	70	23	74	88
60	31	65	47	73
71	45	71	60	98
41	39	67	36	65
90	92	82	73	77

▪ Expliciter l'expression « est entouré » qui désigne toutes les cases ayant un contact par un côté commun ou par un sommet commun avec la case de référence. Chaque case qui n'est pas au bord du cadre, est entourée de 8 cases voisines.
Distribuer une photocopie des dessins du fichier. Lire l'énoncé et s'assurer que tous l'ont compris.
▪ Laisser un temps de recherche individuelle de 15 minutes (le nombre de comparaisons est important) avant de procéder à une mise en commun orale.
▪ Vérifier les différentes propositions au tableau.
▪ Mettre en évidence qu'il n'y a qu'une solution.
▪ Conclure ce travail en évoquant un début de méthodologie : Procéder ligne par ligne ou colonne par colonne avec méthode ; choisir un nombre, chercher s'il a un voisin plus petit que 58. Si c'est le cas, passer aussitôt au nombre suivant.
▪ Pour les élèves les moins rapides, supprimer la première colonne du tableau.

Activité 2

15 min

Matériel	Ardoise ; fichier de mathématique.
Organisation	Travail individuel.

Solution
25 = 24 + 1
Moitié de 24 = 12
12 + 13 = 25

▪ L'élève doit résoudre un problème additif portant une contrainte.
L'élève travaille avec son ardoise et son fichier. Lire l'énoncé et s'assurer que tous l'ont compris.
▪ Laisser un temps de recherche individuelle de 5 minutes : l'élève peut tâtonner en faisant des essais successifs, utiliser la numérotation des pages de son fichier : pages 12 et 13.
Procéder à une mise en commun orale.
▪ Vérifier les différentes propositions au tableau. Mettre en évidence qu'il n'y a qu'une solution et la vérifier en ouvrant les pages 12 et 13 du fichier.
Conclure ce travail en évoquant un début de méthodologie : Si les pages se suivent et pour ne pas obtenir un petit nombre ou un trop grand nombre, il faut faire des essais autour de la moitié de 24 ou de 26 car 25 n'a pas de moitié entière.

Activité 3

10 min

Matériel	Par élève, 3 étiquettes avec les prénoms : Léa, Théo, Mélissa.
Organisation	Travail individuel.

Solution

- L'élève doit résoudre un problème de logique.

L'élève travaille sur son fichier avec des étiquettes portant les prénoms des enfants. Lire l'énoncé et s'assurer que tous l'ont compris.

- Laisser un temps de recherche individuelle de 5 minutes : l'élève peut tâtonner en faisant des essais successifs avec les étiquettes qu'il place sous les cubes.
- Procéder à une mise en commun orale.
- Vérifier les différentes propositions au tableau.

Conclure ce travail en évoquant un début de méthodologie : Prendre un cube de référence, y placer une étiquette puis essayer de placer les autres étiquettes d'après l'énoncé. Si cela ne marche pas, changer de cube de référence.

Différenciation

Consolidation Photofiche 111c
Cette fiche propose un jeu de l'oie en forme de spirale avec deux règles originales. Les élèves doivent retrouver la position du pion de chacun des trois joueurs à partir de la série de dés qu'ils ont lancés. Cela exige de revivre chacune des parties des trois joueurs.

Cahier Problèmes : Leçon 14

126 Je fais le point (10)

Fichier pp. 142 et 143

Procéder régulièrement au bilan des compétences des élèves. L'élève fait le point sur ses connaissances. Les résultats permettent aussi de repérer les notions mathématiques et les techniques de calcul maîtrisées par la majorité des élèves et celles qui doivent donner lieu à un travail de remédiation en atelier.
Comme les items des pages « Je fais le point » peuvent être faits à la maison, leur préférer ceux proposés dans le guide pédagogique pour réaliser les évaluations finales des demi-périodes. Utiliser alors les pages « Je fais le point » du fichier comme activités préparatoires aux évaluations finales.

Consignes de passation

Pour chaque exercice, les élèves travaillent individuellement. Lire une fois la consigne à haute voix. Leur laisser un temps raisonnable pour réfléchir, calculer et rédiger la réponse puis passer à l'exercice suivant. L'ensemble des exercices de la page peut être traité en deux séances. La correction se fera à la fin de chaque séance.

Connaissances et compétences	Commentaires	Propositions de remédiation
1. **Résoudre des problèmes en utilisant des nombres entiers et le calcul.** → Résoudre une situation soustractive.	L'élève doit résoudre une situation soustractive avec recherche de la transformation.	Jouer la situation avec des petits nombres pour mieux saisir le sens de la situation. Faire un schéma.
1. **Résoudre des problèmes en utilisant des nombres entiers et le calcul.** → Résoudre un problème à 2 étapes.	L'élève doit résoudre un problème à 2 étapes : calculer le nombre d'élèves occupant les 5 tables de 6 auquel il faut ajouter les 4 élèves de la dernière table.	Représenter la situation. Décomposer les 2 étapes. Aider les élèves pour l'addition réitérée.
3. **Résoudre des problèmes impliquant des longueurs, des masses, des contenances, des durées, des prix.** → Rendre la monnaie.	S'assurer que les enfants ont bien compris la situation.	Le jeu du marchand, qui permet aux enfants de manipuler la monnaie constitue la meilleure remédiation Ils doivent ensuite être capables de compléter l'égalité correspondante. → Mémo page 14
4. **Comparer, estimer, mesurer des longueurs, des masses, des contenances, des durées. Utiliser le lexique, les unités, les instruments de mesures spécifiques à ces grandeurs.** → Comparer des contenances.	Exercice délicat car il faut comparer deux unités de contenance : contenance d'un verre bleu et celle d'un verre violet. Comme pour les longueurs le résultat de la mesure d'une contenance dépend de l'unité choisie.	Jouer la situation en diminuant les nombres de verres (2 verres bleus et 3 verres violets) afin d'avoir une meilleure représentation. → **Photofiche 107R**

Connaissances et compétences	Commentaires	Propositions de remédiation
5. **Comparer, mesurer, estimer des longueurs, des masses, des contenances, des durées. Utiliser le lexique, les unités, les instruments de mesure spécifiques à ces grandeurs.** → Calculer une durée.	Un exercice sur le calcul d'une durée est toujours difficile. Toutefois les heures proposées sont entières et proches.	Utiliser une droite graduée où l'on positionnera 14h et 16 h. Repasser en rouge, sur cette droite, la durée correspondante.
6. **Reconnaître, nommer, décrire, reproduire, construire quelques figures géométriques. Décrire, reproduire sur papier quadrillé ou uni des figures ou des assemblages de figures planes. Utiliser la règle, le compas ou l'équerre comme instruments de tracé.** → Compléter un assemblage de figures planes sur papier uni.	Exercice difficile car le travail est sur papier uni. L'élève doit élaborer une stratégie de construction et savoir utiliser la règle, l'équerre et la compas.	Aider l'élève dans la succession des taches à accomplir : 1. Terminer le carré. 2. Tracer les diagonales pour avoir le centre du cercle. 3. Tracer le cercle après avoir déterminé son rayon. → **Photofiche 106R**
7. **(Se) repérer et (se) déplacer en utilisant des repères et ses représentations.** → Décoder un déplacement.	Cet exercice difficile reprend le codage utilisé dans la leçon 121 : langage autocentré ou relatif.	S'assurer que le codage demandé est bien compris. S'appuyer sur la bulle de Mathix de la leçon 121 et rejouer la situation décrite dans l'activité préparatoire.

E10 Évaluation (10)

Fichier CE1
Leçons 116 à 123

Prénom .... **Date** ....

Connaissances et compétences	Évaluation
Nombres et calculs	
Résoudre des problèmes en utilisant des nombres entiers et le calcul	
1. Identifier et résoudre des situations additives, soustractives, multiplicatives ou de groupements.	
2. Résoudre un problème à deux étapes mixant addition, soustraction et multiplication.	

1 Un marchand reçoit une caisse de 27 avocats.
Il les vend par filets de 3.
Combien de filets peut-il faire ?

Il peut faire .... filets.

2 Dans la cour de l'école, il y a 80 élèves. 20 nouveaux élèves arrivent dans la cour et 45 partent en sport.
Combien d'élèves reste-t-il dans la cour ?

1re étape : ....

2e étape : ....

Il reste .... élèves dans la cour.

Connaissances et compétences	Évaluation
Grandeurs et mesures	
Comparer, estimer, mesurer des longueurs, des masses, des contenances, des durées	
3. Rendre la monnaie en euros et centimes.	
4. Comparer des contenances. Introduire le litre.	
5. Résoudre des problèmes de durées.	

3 **Colorie** et **complète**.

Théo achète ce croissant	Il donne
95 c 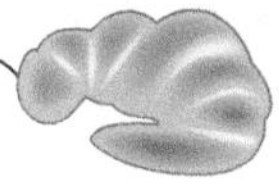	2 €

Colorie ce que la vendeuse lui rend.			
5 c	1 €	20 c	50 c

95 c + ... = 2 €

4 **Entoure** l'unité de contenance.

mètre kilogramme litre heure

5 Marie s'absente pendant 48 h. Combien de jours est-elle absente ?

.... Marie est absente .... jours.

Connaissances et compétences	Évaluation
Espace et géométrie	
Se repérer se déplacer en utilisant des repères et des représentations	
6. Reproduire un assemblage de figures sur quadrillage.	
7. Compléter un assemblage de figures sur papier uni.	
8. Coder ou décoder pour représenter des déplacements sur un quadrillage (langage autocentré ou relatif).	

6 **Reproduis** l'assemblage de figures.

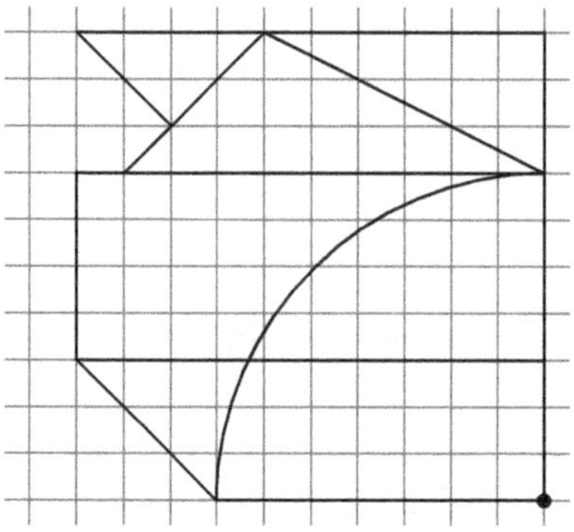

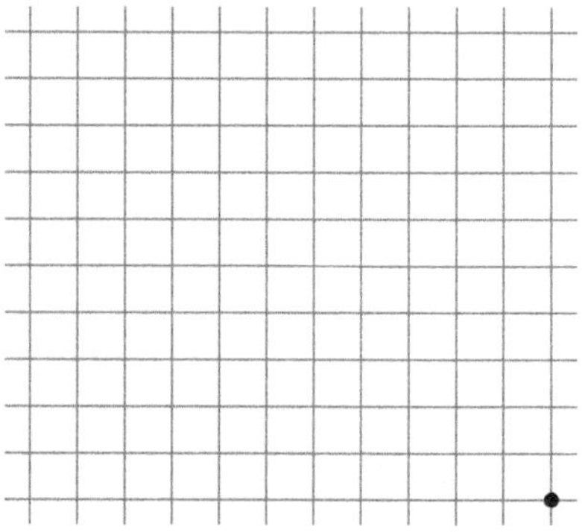

7 **Observe** le modèle et **complète** la figure en utilisant l'équerre, la règle et le compas.

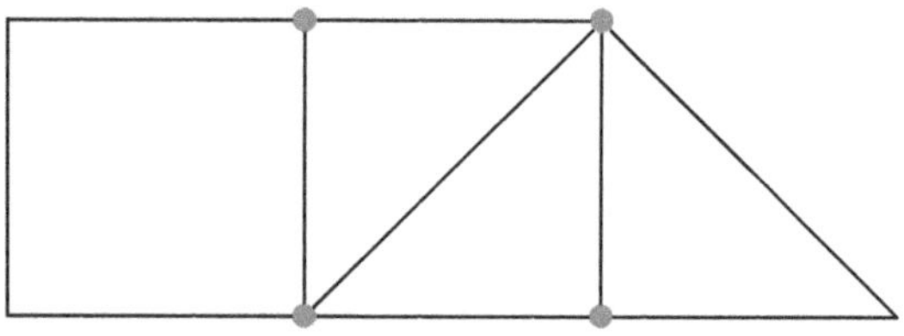

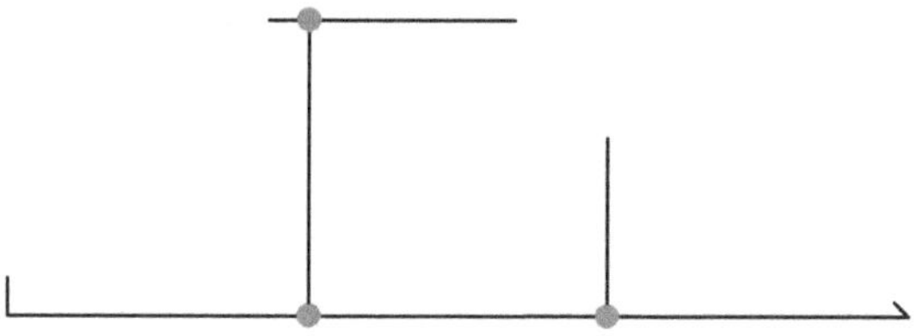

8 Voici le codage du déplacement de coccibot le robot.

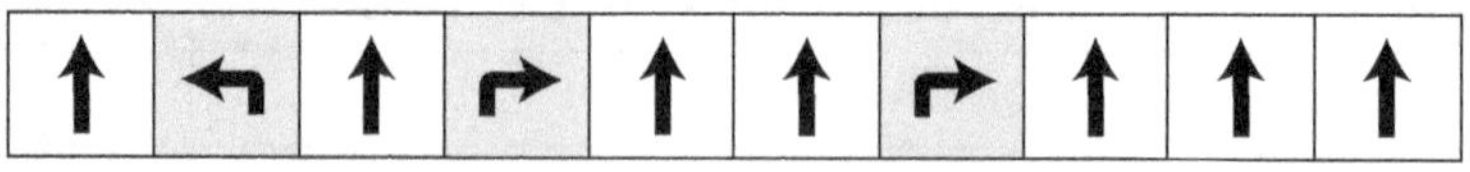

Trace le chemin de coccibot le robot. **Entoure** la fleur d'arrivée.

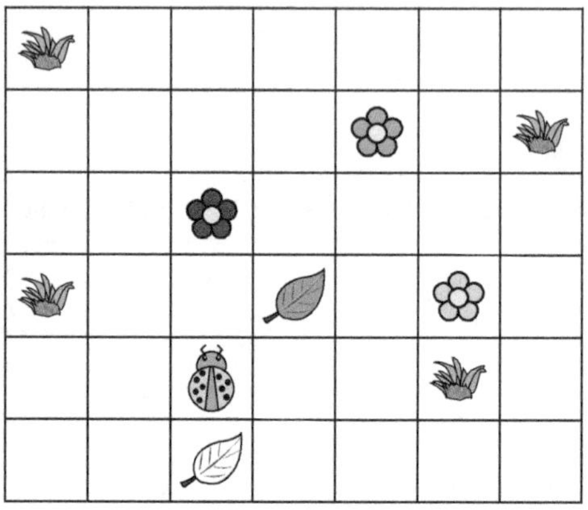

Code
- ↑ Avance d'une case
- ↰ Tourne à gauche
- ↱ Tourne à droite

Attention aux cases grises ! Quand tu tournes, tu tournes sur toi-même sans changer de case.

Annexes

ANNEXE 1
La classification des problèmes du champ additif d'après Gérard Vergnaud

Gérard Vergnaud, élève de Jean Piaget, ancien directeur de recherche au CNRS, s'est engagé dans la recherche en didactique des mathématiques avec un point de vue de psychologue qui le conduit à s'intéresser particulièrement aux différents cheminements des enfants au cours de leur apprentissage. Il cherche également à analyser la variété des opérations de pensée qu'ils sont amenés à mettre en œuvre pour résoudre des problèmes d'arithmétique élémentaire.

Les problèmes élémentaires du champ conceptuel additif font en général intervenir trois nombres, on les appelle des problèmes ternaires, contrairement aux problèmes du champ multiplicatif qui font généralement intervenir quatre nombres, l'un de ces quatre nombres étant souvent l'unité qui intervient de manière implicite.
Pour les situations qui concernent l'école primaire, Gérard Vergnaud distingue trois fonctions différentes pour les nombres intervenant dans un énoncé de problème additif ou soustractif :
– les nombres indiquant un état (mesure, position) ;
– les nombres indiquant une transformation d'état positive (gain, avancée) ou négative (perte, recul) ;
– les nombres indiquant une comparaison entre deux états (associés aux expressions « de plus que... » ou « de moins que... »).
À partir de ces distinctions, il identifie quatre catégories de problèmes additifs ou soustractifs :
– les problèmes de transformation d'états où intervient une chronologie ;
– les problèmes de composition d'états ou de réunion de deux parties disjointes formant un tout ;
– les problèmes de comparaison d'états ;
– les problèmes de composition de transformations.
Une même catégorie de problèmes peut fournir des énoncés de difficultés très différentes selon sur quel nombre porte la question de l'énoncé. Analysons chacune des quatre catégories précédentes.

• **Dans la catégorie des problèmes de transformation d'états**, si la question porte sur la valeur de l'état final, pourvu que les valeurs des nombres soient bien choisies, les élèves parviennent à résoudre ces problèmes dès la classe de GS ou de CP, que la transformation soit additive ou qu'elle soit soustractive.
Exemples :
« Théo possède 5 images, il en gagne 3 ; combien en a-t-il maintenant ? »
« Théo possède 8 images, il en perd 3 ; combien en possède-t-il maintenant ? »

– Si la question porte sur la valeur de l'état initial, les élèves ont besoin d'une maturité plus grande pour parvenir à inverser la chronologie de l'énoncé ; ils commencent à y parvenir à partir du CE1.
Exemple : « Léa possède des images, sa maman lui offre un paquet qui contient 6 images, maintenant elle a 15 images. Combien d'images avait-elle avant ? »

– Si la question porte sur la valeur de la transformation, les élèves ont plus de difficulté à l'identifier. Selon le contexte et la taille des nombres, certains élèves y parviennent au cours du CE1, la plupart n'y réussiront qu'à partir du CE2.
Exemple : « Ce matin, Théo avait 14 billes dans sa poche ; au cours de la journée, il a joué aux billes avec ses camarades. Quand il rentre chez lui, il a 9 billes dans sa poche. Que s'est-il passé dans la journée ? »

• **Dans la catégorie des problèmes de composition d'états** n'interviennent que des états. Si la question porte sur la valeur du tout, les élèves réussissent à répondre correctement dès le CP.
Exemple : « Théo a 5 billes jaunes et 3 billes rouges ; combien a-t-il de billes en tout ? »

– Par contre si la question porte sur la valeur de l'une des deux parties connaissant le tout, on doit attendre la classe de CE1 pour voir la plupart des élèves réussir à résoudre le problème.
Exemple : « 23 élèves sont inscrits dans la classe parmi lesquels il y a 14 filles. Combien de garçons sont inscrits dans cette classe ? »

Remarque : Dans un problème de transformation d'état où la transformation est additive et où l'on recherche la valeur de l'état final, les élèves mobilisent une addition pour le résoudre. Dans un problème de composition d'états dans lequel on cherche la valeur du tout, les élèves mobilisent aussi une addition pour le résoudre, mais ils percevront plus facilement l'addition comme une opération commutative dans le second cas que dans le premier qu'ils associeront plus naturellement à un surcomptage. Les problèmes au travers desquels les élèves perçoivent le sens des opérations ne sont donc pas sans incidence sur leur conception de l'opération.

• **Dans la catégorie des problèmes de comparaison d'états**, les élèves de cycle 2 ont des difficultés pour concevoir ce qu'est une comparaison et comment elle opère entre deux états. La comparaison est une opération mentale qui pourrait se traduire par une question du type : *« Que faudrait-il donner à celui qui en a le moins pour qu'il en ait autant que celui qui en a le plus ? »* L'expérience montre que les élèves ont du mal à imaginer cette égalisation fictive complexe de deux états. Quand une comparaison positive ou négative s'établit entre deux états, l'un des deux états joue le rôle de référent et l'autre joue le rôle de référé.
Si on énonce : *« Paul a 5 images de plus que Tony »*, le nombre d'images de Tony est le référent, Paul est le référé.
Si on énonce : *« Tony a 5 images de moins que Paul »*, le nombre d'images de Paul est le référent et le nombre d'images de Tony est le référé.

– Quand la question porte sur la valeur de l'état référé, le problème est plus simple que lorsque la question porte sur la valeur de l'état référent. Quand la question porte sur la transformation, les élèves sont souvent dans l'embarras à cause des difficultés de conception associées à la notion de comparaison. Il faudra attendre le cycle 3 pour que ces situations soient mieux comprises par la plupart des élèves.
Exemples : « Paul a 8 images, Tony a 5 images de plus que Paul. Combien d'images Tony a-t-il ? » Cet énoncé, qui paraît très simple à un adulte (on cherche la valeur de l'état référé), est généralement mal réussi dans une classe de CE1.
« Tony a 5 images de plus que Paul, Tony a 12 images. Combien d'images possède Paul ? » Cet énoncé est plus délicat (on cherche la valeur de l'état référent) ; il est difficilement réussi en CE2.
« Tony a 17 images, Paul en a 14. Combien d'images Tony a-t-il en plus ? » Cet énoncé paraît lui aussi très simple à un adulte, mais les élèves peinent à le résoudre du fait de la présence d'une comparaison.

• **Dans la catégorie des problèmes de compositions de transformations**, aucune indication n'est donnée sur la valeur des états. On donne, par exemple, la valeur de deux transformations qui s'enchaînent (qui se composent) et on cherche la transformation résultant de leur composition. Ou bien, on donne la valeur d'une des deux transformations composantes et celle de la transformation résultante et on cherche la valeur de la deuxième composante. Ces problèmes se modélisent par la somme ou la différence de nombres relatifs, ils correspondent donc davantage aux classes du collège. Toutefois, dans certains cas très simples, les élèves de cycle 2 peuvent réussir à les résoudre :
Exemple 1 : « Jean-Paul joue aux billes à l'école. À la récréation du matin, il gagne 5 billes, à la récréation du soir, il gagne 3 billes. À la fin de la journée, a-t-il gagné ou perdu des billes et combien ? » Le fait de ne pas savoir combien de billes possède Jean-Paul au départ gêne beaucoup les élèves mais certains d'entre eux réussissent à résoudre un problème de ce type au CE1.
Exemple 2 : « Jean-Paul joue au billes. À la récréation du matin, il gagne 10 billes. Il rejoue aux billes à la récréation de l'après-midi. Quand il rentre chez lui, il découvre que, sur la journée, il a perdu en tout 5 billes. Que s'est-il passé à la récréation de l'après-midi ? »
Ce dernier problème est difficilement réussi en classe de 5e au collège !

Conclusion

Dans son article de *Grand N*, n° 38, Gérard Vergnaud[1] débute sa conclusion par ces mots : « *L'analyse précise des contenus conceptuels des problèmes d'addition et de soustraction conduit à distinguer plusieurs relations très différentes les unes des autres et une grande diversité de problèmes, de procédures, de représentations symboliques. Le développement des conceptions et des compétences de l'enfant consiste en un cheminement complexe à travers cet ensemble. Pour saisir ce cheminement, il faut analyser dans le détail les conduites des élèves en situation, leurs formulations, leurs procédures, les écarts entre les exigences de l'enseignant et les démarches des élèves* ».

Il est souhaitable que les enseignants de cycle 2 prennent conscience de cette complexité et acceptent l'idée que les élèves ont besoin de temps pour avancer, tout au long de leur scolarité primaire et même secondaire, dans le maquis des structures additives et soustractives.

---

1. Synthèse simplifiée d'après un article de Gérard Vergnaud paru dans la revue *Grand N*, n° 38, 1986, intitulé : « Psychologie du développement cognitif et didactique des mathématiques : un exemple, les structures additives » et son livre : *Apprentissages et didactiques, où en est-on ?*, Hachette, 1995.

ANNEXE 2
Calcul mental au CE1

Le calcul mental s'opère sans aide de l'écrit, c'est ce qui le distingue du calcul en ligne.
Il est l'essence même de toutes les formes de calcul, qu'il s'agisse du calcul en ligne ou du calcul posé, chaque opération élémentaire fait appel à un calcul mental.
Il a pour premier objectif la mémorisation de faits numériques (tables d'addition, calcul de doubles, compléments à 10, ...) qui doivent être construits en classe, récités, réinvestis avant de constituer un répertoire mémorisé fiable. C'est par cette première étape que les élèves dépassent le dénombrement et le surcomptage pour entrer dans le calcul.
Son deuxième objectif est la construction de procédures de calcul basées sur les propriétés de la numération et des opérations. Ces procédures font d'abord l'objet de démarches de calcul en ligne puis quand leur maîtrise est affirmée, elles deviennent des procédures de calcul mental.
La pratique du calcul mental peut prendre plusieurs formes qui s'adaptent au niveau de connaissances des élèves et évoluent avec elles. Les calculs à effectuer sont dits oralement ou écrits ; les résultats sont donnés oralement ou écrits sur l'ardoise ou sur le cahier.

1. Les activités d'entraînement systématique

Le procédé « La Martinière » est la méthode de base pour pratiquer le calcul mental automatisé. Elle a été mise au point au début du siècle par les instituteurs de l'école de la Martinière, à Lyon.
Chaque élève dispose d'une ardoise. L'enseignant donne la consigne « 3 + 4 ». Les élèves mémorisent les données et calculent dans leur tête. Au signal de l'enseignant, ils écrivent le résultat sur leur ardoise. Au signal suivant de l'enseignant, ils présentent leur résultat en levant immédiatement leur ardoise. L'enseignant peut alors contrôler d'un coup d'oeil les réponses.
L'enseignant doit imposer un rythme et un découpage du temps très précis :
- temps d'écoute des données ;
- temps de calcul dans sa tête ;
- temps de restitution (écriture) du résultat ;
- temps de validation (ardoise levée).

Les consignes peuvent être données par voie visuelle (présentation d'étiquettes), orale (l'enseignant énonce les données) ou auditive (l'enseignant frappe sur un tambourin).

La méthode, comportementaliste, met en œuvre le ***renforcement positif*** et la ***loi de récence***.

- ***Renforcement positif :*** les neuf dixièmes des élèves de la classe doivent donner une réponse juste aux différents items. C'est à l'enseignant d'ajuster la difficulté de la tâche au niveau des élèves. La réussite motive, encourage, a un effet bénéfique sur la mémorisation. L'emploi quotidien de la méthode permet d'élever progressivement le niveau d'exigence.
- ***Loi de récence :*** la confrontation immédiate de la réponse de l'élève, presque toujours juste, avec la réponse exacte renforce la conviction de l'élève. Il n'est pas recommandé d'apporter en cours de séance des explications sur les façons de calculer, car cela casse le rythme. Le travail sur les procédures de calcul doit prendre place à un autre moment.
  Enfin, le plus souvent, il est inutile d'écrire les données au tableau, car l'exercice consiste à mémoriser les données, à effectuer le calcul puis à restituer le résultat. On entraîne tout à la fois la mémoire à court terme et la mémoire à long terme. Cependant, lorsque l'on aborde une difficulté nouvelle (par exemple au CP, l'addition de deux nombres de deux chiffres), les données peuvent être écrites au tableau, les calculs s'effectuant dans la tête, le résultat seul s'écrivant sur l'ardoise.

Remarques : Les activités rituelles de calcul mental proposées au début de chaque leçon du fichier, correspondent à ce type de démarche, les étiquettes du fichier permettant de garder la mémoire des résultats obtenus par les élèves. Selon le choix de l'enseignant ce moment peut être prolongé par un travail ayant l'ardoise pour support et s'inspirant de la méthode « La Martinière ».

2. Construction des procédures de calcul

La construction des procédures de calcul relèvent du calcul en ligne. Par exemple, comment ajouter 9 à un nombre ? L'étude des procédures peut s'effectuer à l'occasion d'un calcul dans un problème, d'une recherche dans d'autres domaines disciplinaires ou lors d'une séance spécifique de calcul réfléchi. Dans tous les cas, il est nécessaire de passer par l'écrit pour fixer les données et décomposer une procédure. Le recours à l'écrit n'est pas naturel pour les jeunes élèves, il faut leur montrer qu'il permet d'alléger l'effort de mémorisation et qu'il est un appui dans l'organisation du calcul. L'entraînement au calcul mental se fera en utilisant les procédures.
Ces dernières s'inscrivent souvent dans une progression. Par exemple, la technique de « l'addition naturelle » s'élabore sur une longue période : somme de deux dizaines entières, ajouter des dizaines entières à un nombre, décomposition d'une somme par l'arbre à calcul, pour enfin arriver à la règle « ajouter les dizaines, ajouter les unités, ajouter les deux nombres obtenus ».
Plusieurs méthodes de calcul sont en général utilisables. Par exemple, calculer 37 + 16 peut se calculer en effectuant 30 + 10 + 7 + 6 ou 37 + 10 + 6 ; calculer 7 + 6 peut se calculer en effectuant (7 + 3) + 3 ou 6 + 6 + 1 ou (7 + 7) – 1. Comparer les méthodes, laisser les élèves choisir celle qui leur convient le mieux, puis les amener à utiliser les plus efficaces sont des moments essentiels du travail.

Exemple : 46 + 27 peut être obtenu par (40 + 20) + (6 + 7)
mais aussi (46 + 20) + 7
ou (40 + 27) + 6
ou (46 + 30) – 3
etc.

3. Les jeux numériques

Ils peuvent se substituer de temps en temps aux séances la Martinière ou faire l'objet de séances spécifiques.
Il en existe toute une série : dés, cartes, dominos, marelles ou damiers…
Voici, à titre d'exemple, quelques jeux à pratiquer avec la classe entière.

• Le loto

Prévoir des cartons 3 × 4 avec un « noir » par ligne. Les autres cases portent des nombres écrits dans le système de numération ordinaire. Au CE1, il faut prévoir un jeu avec des nombres inférieurs à 100 et un autre avec des nombres inférieurs à 1 000. Le travail de l'enseignant consiste à écrire des étiquettes adaptées aux objectifs de la séance qui seront tirées d'une boîte les unes après les autres.

Exemple :
| 3 + 2 | dix-sept | 10 + 10 + 3 |

Fabriquer chaque fois les cartons est beaucoup trop coûteux en temps et, de plus, rend la tâche trop difficile. C'est pour cette raison que des cartons et étiquettes à photocopier figurent dans les *Photofiches CE1*.

• Les papiers déchirés

Chaque élève déchire des bouts de papier sur lesquels il inscrit des nombres imposés par l'enseignant.
L'enseignant (ou un élève) choisit un nombre et l'énonce. Les élèves doivent alors le composer à l'aide de leurs bouts de papiers. L'enseignant peut imposer des contraintes : utiliser au moins trois bouts de papier, ne pas utiliser les papiers portant le nombre dix, etc.

Exemple pour composer quatorze :

- **Les lectures cachées**

L'enseignant écrit au tableau une suite de nombres. Il demande à un élève de lire à haute voix les suivants, les précédents, les suivants des suivants, les précédents des précédents des nombres écrits.

> Exemple :
> « Le nombre suivant »
> L'enseignant écrit : 1 ; 7 ; 3 ; 9 ; 8 ; 2.
> L'élève énonce : 2 ; 8 ; 4 ; 10 ; 9 ; 3.

- **Le jeu du portrait**

L'enseignant ou un élève choisit un nombre. La classe doit le deviner en posant des questions auxquelles il ne sera répondu que par « oui » ou par « non ».

- **La dictée rangement**

Quand les élèves réussissent bien l'épreuve de dictée de nombres, l'enseignant écrit trois nombres au tableau. Les élèves écrivent sur leur ardoise ces nombres du plus grand au plus petit.

> Exemple :
> L'enseignant dit : 8 ; 3 ; 7.
> L'élève écrit : 8 ; 7 ; 3.

La liste de ces jeux est loin d'être exhaustive. L'enseignant peut en bâtir d'autres en fonction des besoins de sa classe.

Achevé d'imprimer en juillet 2021
sur les presses de la Nouvelle Imprimerie Laballery – 58500 Clamecy
Dépôt légal : juillet 2021 N° d'impression : 107006
Collection n°85 - Edition n°3 - 75/5579/6
Imprimé en France

La Nouvelle Imprimerie Laballery est titulaire de la marque Imprim'Vert®